머리말

소방시설의이해1~4, 소방시설전기회로, 가스계소화설비, 스프링클러설비등 종이, 전자책을 통하여 독자님들의 많은 사랑을 받았습니다.
독자님들의 격려에 더 좋은 책을 쓰도록 노력 하겠으며, 감사의 인사를 드립니다.

전기공학의 한 분야인 시퀀스 회로에 대하여 소방시설 분야의 내용에 대하여 쉽게 이해할 수 있도록 책을 쓰려고 노력했습니다.

특히 소방의 기술분야 중 시퀀스 회로에 대해서는 처음부터 접근하기가 쉽지 않은 분야임을 알고 있습니다.

초보자도 용기를 가지고 학습할 수 있다는 자신감을 가질 수 있도록 노력했습니다.

이책이 소방분야를 학습하는 학교의 학생, 소방시설 시공자, 감리자, 기타 소방분야 업무를 보시는 분 들에게 도움이 되기를 바랍니다.

앞으로 더욱 효율적인 공부의 책이 되도록 계속 노력하겠습니다.

20024. 6.

글쓴이 김 태 완

책의 순서

Ⅰ. 기본 개요
1. 시퀀스 제어 ··· 3
2. 전기의 종류 ··· 7
3. 시퀀스 회로에서의 전기 ·· 8
4. 스위치 종류 등 기본용어 ·· 9
5. 논리회로 ·· 11
6. 릴레이(Relay) ·· 14
7. 릴레이(Relay)와 자기유지 ··· 15
8. 타이머(Timer) 회로 ··· 24
9. 플리커 회로 ·· 30
10. 인터록 회로(Inter lock) ··· 32
11. 후입력 우선회로 ·· 34
12. 전자접촉기(MC) 회로 ·· 36
13. 과전류계전기 회로 ··· 39
14. 정역운전 회로 ·· 42
15. Y-⊿(델타) 기동 회로 ·· 46

Ⅱ. 소방시설 시퀀스 회로 ··· 51
1. 2개소 전동기 기동, 정지회로 ·· 52
2. 급수설비 회로(플로트스위치를 사용한 레벨제어회로) ······· 53
3. 정역운전 회로 ·· 56
4. 전동기 Y-⊿(델타) 기동 회로 ··· 57
5. 상용전원 및 예비전원 결선도 ··· 62

Ⅲ. 시퀀스 회로 소방설비기사 기출문제 ······························· 67
(1997 ~ 2023년 출제문제)

Ⅳ. 논리회로 ··· 227
1. 불대수(Boolean) ··· 228
   가. 불대수(Boolean)의 기본정리 ····································· 228
   나. 시퀀스 회로와 논리회로 내용 ··································· 231
   다. 논리회로 표기 방법 ··· 232
   라. 치환법 ·· 233
   마. 릴레이(유접점) 및 로직(무접점) 시퀀스 ··················· 233

2. 타임차트(Time Chart), 논리회로 ···································· 238
   가. a접점 ··· 238
   나. 2개의 a접점 ··· 239
   다. b접점 ··· 240
   라. 자기유지 · 해제 ··· 241
   마. 후입력 우선 ··· 242
   바. 인터록 회로 ··· 243
   사. 카르노맵(Karnaugh map) ··· 245
   아. 타임차트 기출문제 ·· 246
   자. 논리회로 기출문제 ·· 264

Ⅰ. 기본 개요

1. 시퀀스 제어(Sequential Control)

Sequential : 순차적인
Control : 통제, 조정, 지배

가. 시퀀스 제어란

어떤 동작(작동)이 일어나는 순서를 말한다.
미리 정해진 순서 또는 일정한 논리에 의해 정해진 순서에 따라 제어(통제, 조정)의 각 동작(작동)을 진행해 나가는 것을 말한다.

나. 시퀀스 제어의 필요한 이유(필요성)

1. 제품의 품질이 균일화되고, 품질이 향상되어 불량품이 감소한다.
2. 생산능률이 향상된다.
3. 생산속도를 증가시킨다.
4. 작업의 확실성이 보장된다.
5. 작업인원이 감소되어 인건비 절약, 경제성이 향상된다.
6. 노동조건이 향상된다.
7. 생산설비의 수명이 연장된다.
8. 작업자의 위험방지 및 작업환경이 개선된다.

다. 시퀀스 제어 소자(素子)의 발전 방향

소자 素子 : 전자회로 따위의 구성 요소가 되는 낱낱의 부품

1960년대 : 전자 릴레이,
1970년대 : 트랜지스터 SCR, 디지털 IC 등,
1980년대 : 마이크로프로세서, PLC를 사용하여 시퀀스 제어를 하고 있다.

라. 시퀀스 제어 용어

① 개로(Open, OFF) : 전기회로의 일부를 스위치, 릴레이 등으로 여는 것
② 폐로(Close, ON) : 전기회로의 일부를 스위치, 릴레이 등으로 닫는 것
③ 동작(Actuation) : 어떤 원인을 주어서 정해진 동작(작동)을 하도록 하는 것
④ 복귀(Resetting) : 동작(작동) 이전의 상태로 되돌리는 것.
⑤ 여자(勵磁) : 전자 릴레이, 전자접촉기, 타이머 등의 코일에 전류가 흘러서 전자석으로 되는 것
    勵磁 : 힘쓸 여, 자석 자
⑥ 소자(消磁) : 전자코일에 흐르고 있는 전류를 차단하여 자력을 잃게 하는 것.
    消磁 : 사라질 소, 자석 자
⑦ 기동(Starting) : 기기 또는 장치가 정지상태에서 운전상태로 되기까지의 과정.
⑧ 운전(Running) : 기기 또는 장치가 소정(정해진 일)의 동작(작동)을 하는 상태
⑨ 제동(Braking) : 기기의 운전 상태를 억제(멈춤)하는 것.
⑩ 인칭(Inching) : 기계의 순간 동작 운동을 얻기 위해 미소(아주 작은) 시간의 조작을 1회 반복해서 행하는 것.
⑪ 보호(Protect) : 피 제어 대상품의 이상 상태를 검출하여 기기의 손상을 막아 피해를 줄이는 것
⑫ 조작(Operating) : 인력 또는 기타의 방법으로 소정(정해진 일)의 운전을 하도록 하는 것.
⑬ 차단(Breaking) : 개폐기기를 조작하여 전기회로를 열어 전기가 통하지 않는 상태로 하는 것.
⑭ 투입(Closing) : 개폐기류를 조작하여 전기회로를 닫아 전기가 통하는 상태로 하는 것.
⑮ 트리핑(Tripping) : 기구를 분리하여 개폐기 등을 개로(여는 것) 하는 것.
⑯ 쇄정(Inter Locking) : 복수의 동작을 관련시키는 것으로 어떤 조건이 갖추기까지의 동작(작동)을 정시시키는 것.
⑰ 연동(連動) : 복수의 동작을 관련시키는 것으로 어떤 조건이 갖추어졌을 때 동작을 진행하는 것.
⑱ 조정(Adjustment) : 양 또는 상태를 일정하게 유지하거나 혹은 일정한 기준에 따라 변화시켜 주는 것.
⑲ 부하 : 전기에너지를 소모하는 것(예 - 전구, 모터)

마. 조작용 스위치의 접점 종류

접점(Contact) : 회로를 접속(연결)하거나, 차단(끊음)하는 것

접점종류	접점 상태	별칭(또 다른 이름)
a 접점	열려있는 접점 (Arbeit contact)	· 메이크 접점(Make contact) · 열린 접점(Normally open contact)
b 접점	닫혀있는 접점 (Break contact)	· 브레이크 접점(Break contact) · 닫힌 접점(Normally close contact) (NC 접점 : 항상 닫혀있는 접점)
c 접점	전환 접점 (Change-over contact)	· 브헤이크 메이크 접점(Break make contact) · 트렌스퍼 접점 (Transfer contact)

	평상시 (릴레이 소자)	동작시 (릴레이 여자)
a 접점		
b 접점		
c 접점		

자동제어기구 기본번호

번호	기구명칭
52	교류 차단기(배선용 차단기)
49	회전기 온도 계전기(열동 계전기)
88	보조기용 전자 접촉기
28	경보장치
29	소화장치

접점

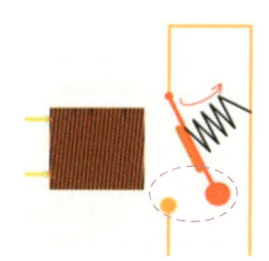

바. 시퀀스 기호(부호)

기호	이름	기호	이름
	푸시버튼(PB) a접점 Off상태 **NO**		푸시버튼(PB) a접점 On상태 **NO**
	푸시버튼(PB) b접점 On상태 **NC**		푸시버튼(PB) b접점 Off상태 **NC**
	릴레이 접점(자동복귀) 접점이 떨어져 있는 것 **a접점**		릴레이 접점(자동복귀) 접점이 붙어 있는 것 **b접점**
	릴레이 접점(수동복귀) 접점이 떨어져 있는 것 **a접점**		릴레이 접점(수동복귀) 접점이 붙어 있는 것 **b접점**
	플리커 접점이 떨어져 있는 것 **a접점**		플리커 접점이 붙어 있는 것 **b접점**
	열동계전기 THR **a접점** Off상태,　On상태		열동계전기 THR **b접점** Off상태,　On상태

타이머

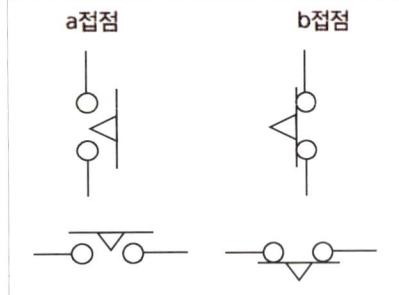

1. 순시동작 한시복귀
off delay timer

타이머 전원이 입력되면
입력됨과 동시에 열리고 닫히면서
동작을 하고
타이머에 설정해 둔 시간 이후에
복귀하는 것

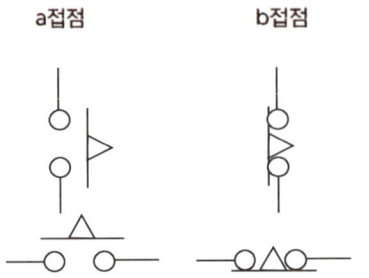

2. 한시동작 순시복귀
on delay timer

타이머 전원이 입력되면
타이머에 설정해 둔 시간 이후에
열리고 닫히면서 동작을 하고
타이머에 공급되던 전원이 끊기면
곧바로 복귀하는 것

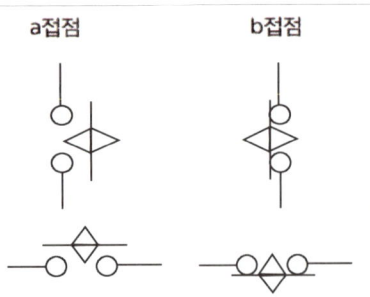

3. 한시동작 한시복귀
on-off delay timer

타이머 전원이 입력되면
타이머에 설정해 둔 시간 이후에
열리고 닫히면서 동작을 하며,
타이머에 공급되던 전원이 끊겨도
설정해 둔 시간 이후에 복귀하는 것

2. 전기의 종류

가. 교류전기(交流電氣)
전력회사에서 생산하는 전기로서 전기회로에서 전류의 방향이 바뀌는 전류를 말한다

나. 직류전기(直流電氣)
화학 전지에서 얻어지는 한 방향의 전류로서,
건전지처럼 (+), (-)극이 항상 같은 부하의 전하를 가지고 한 방향으로만 흐르는 전류를 직류라 한다.

다. 소방시설에서 사용하는 전기

① 교류전기 사용시설
옥내소화전 펌프의 전동기, 제연설비의 송풍기 등 큰 동력이 필요한 시설에 사용한다.

② 직류전기 사용시설
교류전기를 사용하지 않는 소방시설의 부품들은 모두 직류 24V 전기를 사용한다.
예를 들어 수신기 및 그 부품, 비상방송설비 및 그 부품, 가스계소화설비의 수신반 및 그 부품이 있다.

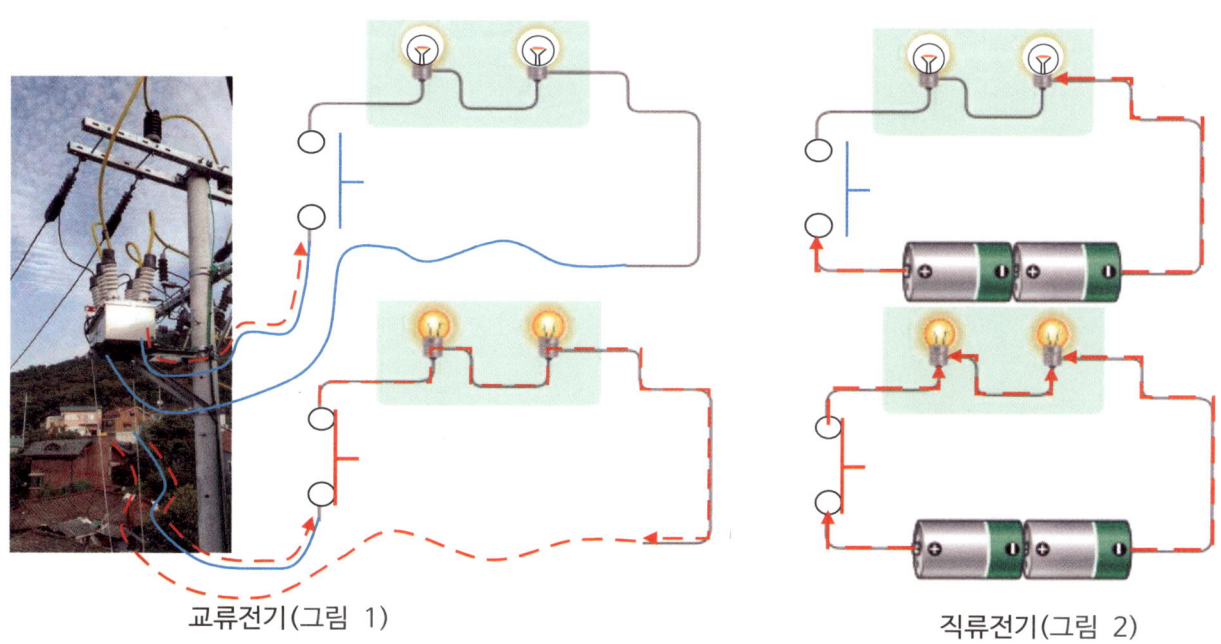

교류전기(그림 1)   직류전기(그림 2)

교류전기는 그림1과 같이 공급되는 전선 1선에 스위치를 설치하여 전선이 차단되면 전구에 전류가 공급되지 않으므로 전구가 소등되며, 스위치를 켜면 스위치를 통하여 전구에 전류가 공급되어 점등하며, 공급되는 전류는 다른 선으로 흘러간다. 교류전기는 +, -선이 없다.

직류전기는 그림2와 같이 +, -의 전원이 있다. +, -선 중 1선에 스위치를 설치하여 1선을 차단하면 전구가 소등되고, +, -선이 전구에 전류가 통하게 하면 전구가 점등한다.

3. 시퀀스 회로에서의 전기

시퀀스 회로에서 사용되고 있는 전기는 교류전기가 대부분이다.
소방시설전기회로 책의 내용에 대해서는 대부분이 직류전기를 사용하는 내용이다.

그림 1

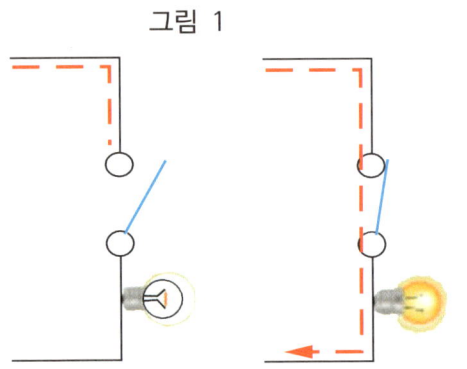

릴레이 스위치가 접점이 떨어져 있으면 전류가 전구에 통전하지 않으므로 전구가 점등이 되지 않는다.
릴레이 스위치 접점이 붙으면 전류가 전구에 통전되어 전구에 점등된다.

그림 2

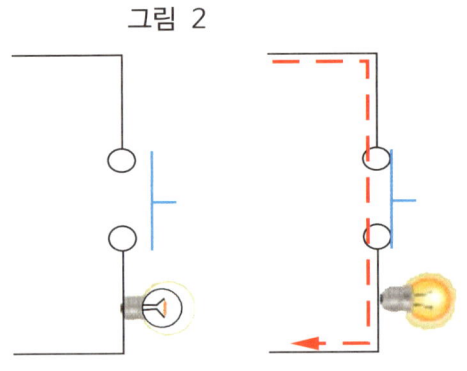

푸쉬버튼스위치(PB)가 접점이 떨어져 있으면 전류가 전구에 통전하지 않으므로 점등이 되지 않는다.
푸쉬버튼스위치(PB) 접점이 붙으면 전류가 전구에 통전되어 전구에 점등된다.

릴레이 스위치)

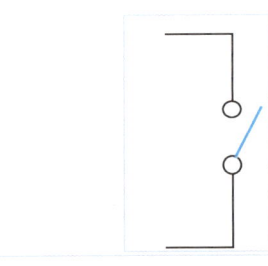

그림과 같은 스위치를 릴레이스위치라 한다.
a접점이라 부른다.
스위치가 Off(접점이 떨어진)상태이다.
　　a접점 Off상태, NO라 한다.

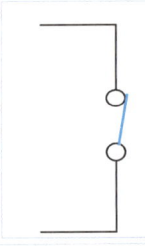

그림과 같은 스위치를 릴레이스위치라 한다.
b접점이라 부른다.
스위치가 On(접점이 붙은)상태이다.
　　b접점 On상태, NC라 한다.

PB(푸시버튼 스위치)

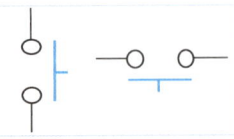

그림과 같은 스위치를 푸시버튼, PB라 한다.
a접점이라 부른다.
스위치가 Off(접점이 떨어진)상태이다.
　　a접점 Off상태, NO라 한다.
　NO의 뜻은 Nomal Open의 약자다.

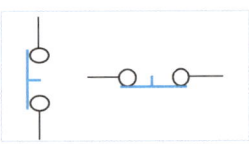

그림과 같은 스위치를 푸시버튼, PB라 한다.
b접점이라 부른다.
스위치가 On(접점이 붙은)상태이다.
　　b접점 On상태, NC라 한다.
　NC의 뜻은 Nomal Close의 약자다.

4. 스위치 종류 등 기본용어

스위치 종류
1. 수동조작 수동복귀 스위치(텀블러 스위치)
2. 수동조작 자동복귀 스위치(누름버튼 스위치, 푸쉬버튼 스위치-PB)
3. 자동조작 수동복귀 스위치(예 - 누전차단기)
4. 자동조작 자동복귀(릴레이 스위치)

가. 수동조작 수동복귀 스위치

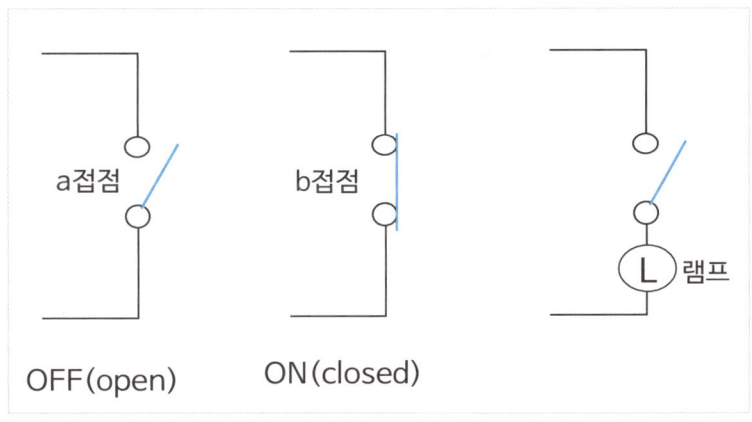

나. 푸쉬버튼 스위치(PB)

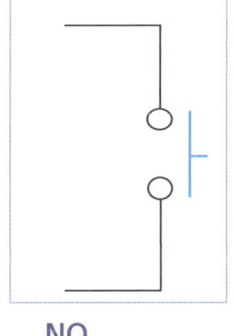

NO
평소 open(nomal open)

평소에는 스위치가 작동하지 않고 있다.
평소에는 그림과 같이 접점이 떨어져 있다
이런 그림의 버튼을 a접점이라 부른다

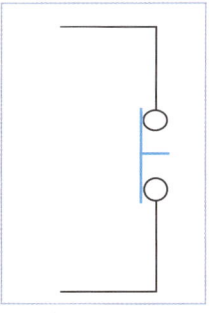

NC
평소 close(nomal close)

평소에는 스위치가 작동하고 있다.
평소에는 그림과 같이 접점이 붙어 있다
이런 그림의 버튼을 b접점이라 부른다

푸쉬버튼

다. 푸쉬버튼 스위치(PB)의 a접점, b접점

a접점   그림과 같은 스위치(버튼)를 a접점 이라 부른다.(부르기로 약속한 것이다)
         누르면 L1이 점등,   사례 : 초인종
평소에는 등이 꺼져 있다. 푸쉬버튼을 누르면 L1이 점등한다.
평소에는 그림 1과 같이 빨간 점선에만 전류가 통하고 있다.
푸쉬버튼(PB)을 누르면 그림 2와 같이 PB를 통하여 빨간점선으로 전류가 흘러 L1(램프)이 점등한다.

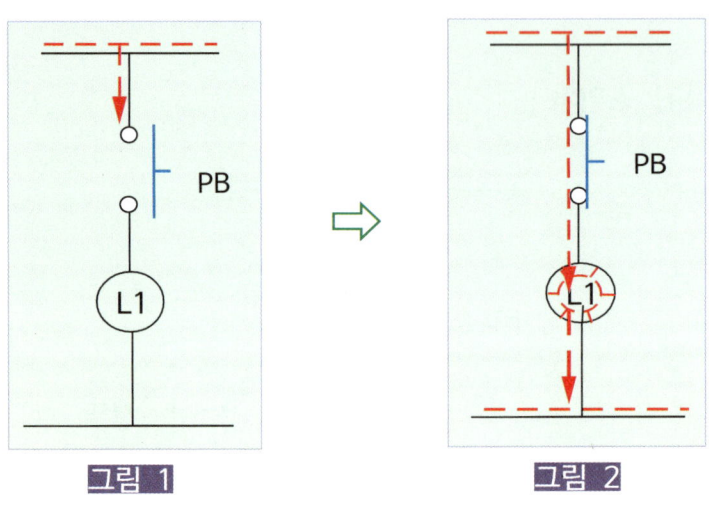

b접점   그림과 같은 스위치(버튼)를 b접점 이라 부른다.(부르기로 약속한 것이다)

누르면 L2가 꺼짐,   사례 : 냉장안의 등 스위치, 냉장고 문 접점(문을 닫으면 등 꺼짐)
평소에는 스위치 접점이 붙어있어 그림 3과 같이 PB를 통하여 빨간점선으로 전류가 흘러 L2(램프)가 점등해 있다.
푸쉬버튼(PB)을 누르면 그림 4와 같이 회로가 차단(끈겨)되어 빨간점선에만 전류가 통하고 있고,
L2(램프)는 소등한다.

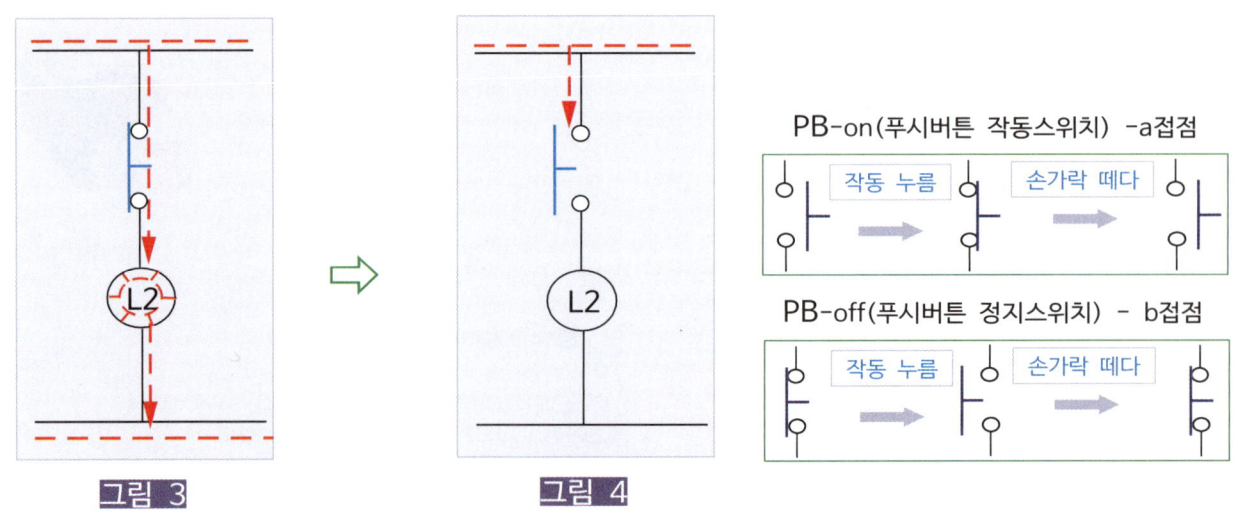

5. 논리회로

가. 논리곱(AND) - 이러한 그림의 회로를 논리곱(AND),직렬회로라 한다

두 개의 버튼(PB1, PB2)을 동시에 작동해야 램프(L)가 점등한다.
이러한 내용을 논리곱(AND)이라 한다.
평소에는 그림 1과 같이 버튼(PB1, PB2)이 작동하지 않고 있다. 빨간 점선까지만 전류가 흐른다.
그림 2와 같이 버튼(PB1, PB2)이 작동하면 빨간점선과 같이 전류가 흘러 램프(L)가 점등한다.

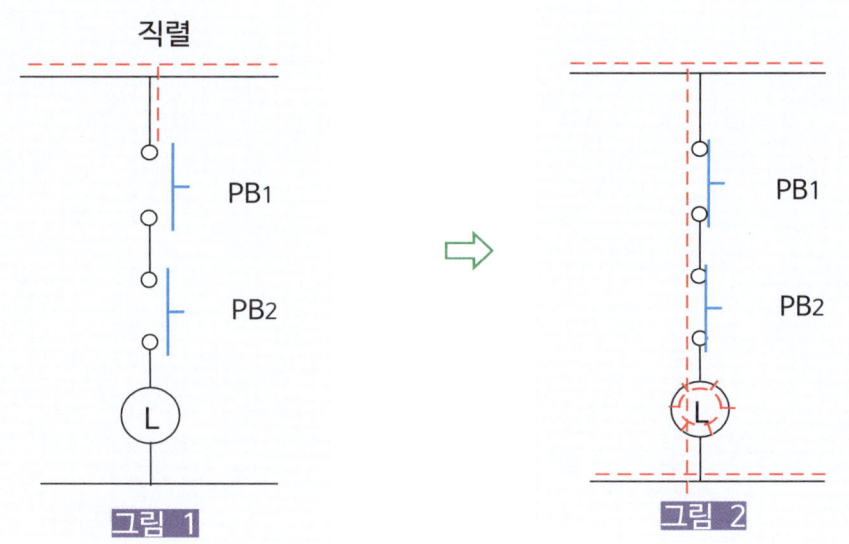

나. 논리합(OR) - 이러한 그림의 회로를 논리합(OR), 병렬회로라 한다

두 개의 버튼 PB1 또는 PB2 중 1개만 작동하면 램프(L)가 점등한다.
이러한 내용을 논리합(OR)이라 한다.
평소에는 그림 3과 같이 버튼(PB1, PB2)이 작동하지 않고 있다. 빨간 점선까지만 전류가 흐른다.
그림 4와 같이 버튼(PB1)이 작동하면 빨간점선과 같이 전류가 흘러 램프(L)가 점등한다.
그림 5와 같이 버튼(PB2)이 작동하면 빨간점선과 같이 전류가 흘러 램프(L)가 점등한다.

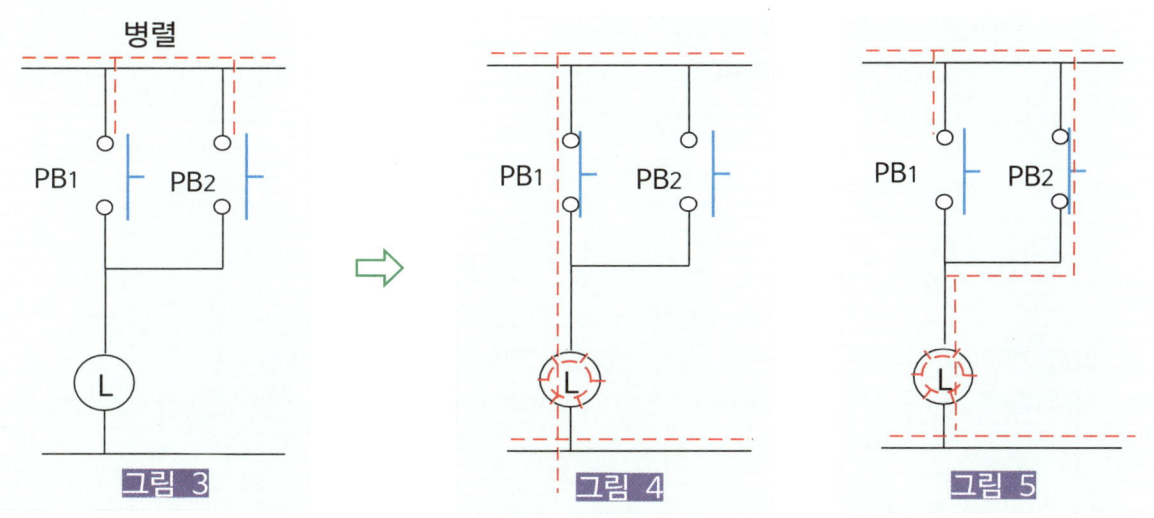

다. 논리회로의 응용회로

PB1 또는 PB2가 작동(ON)된 상태에서 PB3을 작동하면 램프(L)가 점등한다.
그림 1과 같이 버튼 PB1, PB2, PB3가 작동하지 않은 상태에서는 빨간 점선까지만 전류가 흐른다.
그림 2와 같이 PB1과 PB3이 작동하면 빨간점선으로 전류가 흘러 램프(L)가 점등한다.
그림 3과 같이 PB2과 PB3이 작동하면 빨간점선으로 전류가 흘러 램프(L)가 점등한다.

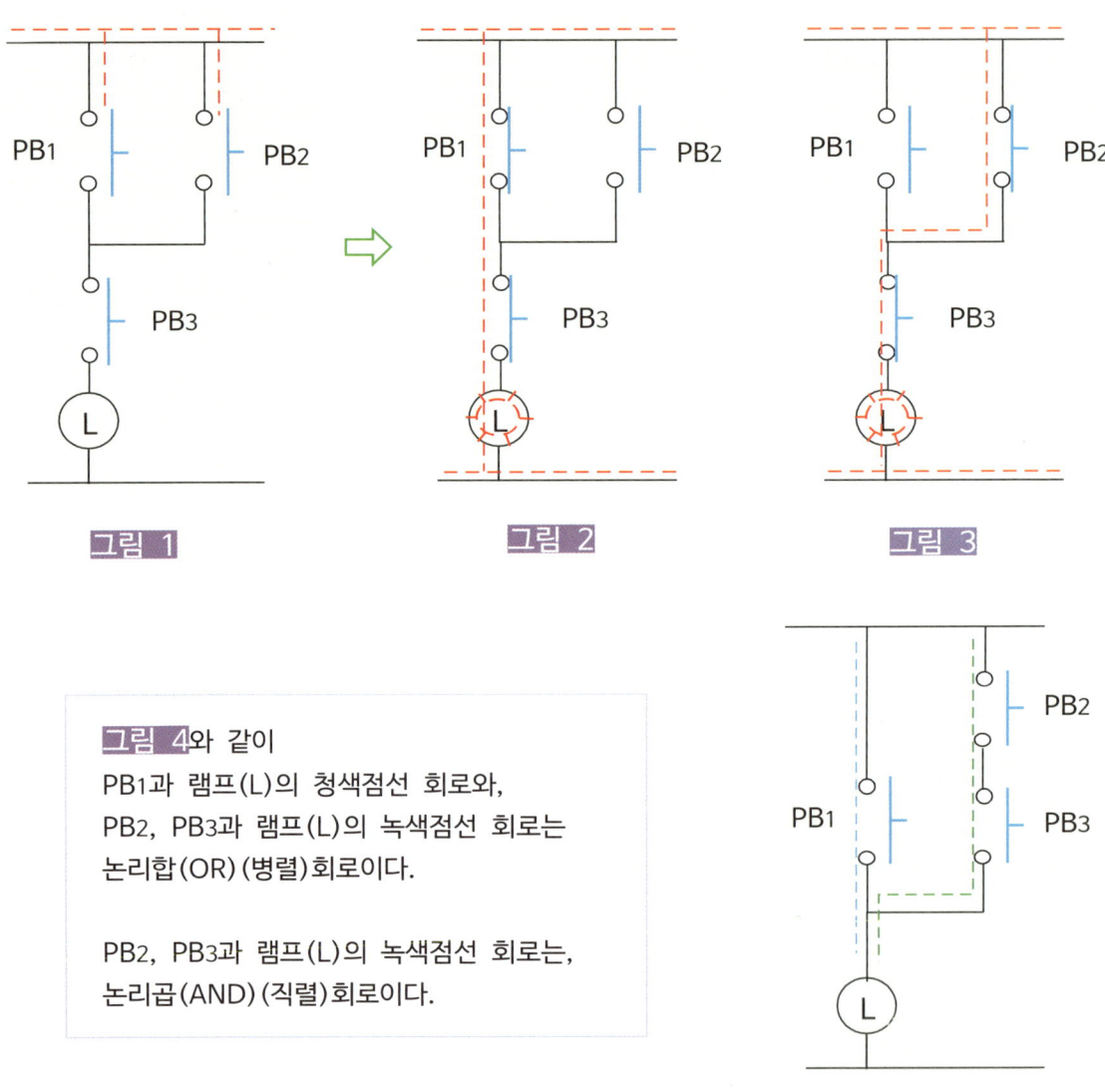

그림 4와 같이
PB1과 램프(L)의 청색점선 회로와,
PB2, PB3과 램프(L)의 녹색점선 회로는
논리합(OR)(병렬)회로이다.

PB2, PB3과 램프(L)의 녹색점선 회로는,
논리곱(AND)(직렬)회로이다.

PB(push Button)

누름 버튼을 영어로 푸쉬버튼 스위치라 하며, 수동조작 자동복귀스위치를 말한다.
또는 누름버튼(푸쉬버튼 스위치)을 말한다. Push Button의 약자로 PB는 누름버튼이라 기억해야 한다.

a접점, b접점 회로

1. a접점 회로(평소 접점이 떨어져 있는 접점)

그림 4와 같이 평소에는 버튼 PB1, PB2, PB3, PB4가 작동하지 않은 상태에서는 빨간 점선까지만 전류가 흐른다.
　PB1, PB2, PB3, PB4 어느 것을 작동해도 램프(L)가 점등한다.

그림 5와 같이 같이 PB3을 작동하면 빨간점선으로 전류가 흘러 램프(L)가 점등한다.

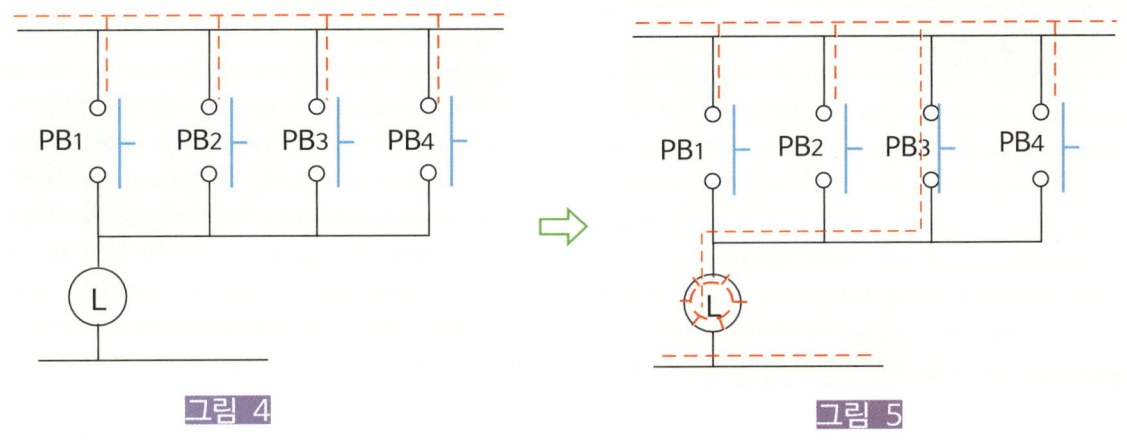

2. b접점 회로(평소 접점이 붙어 있는 접점)

그림 1과 같이 PB1, PB2, PB3, PB4 모두가 작동(ON)되어 빨간점선으로 전류가 흘러 램프(L)가
　평소에는 켜져(점등) 있다.

그림 2와 같이 PB1, PB2, PB3, PB4 모두를 눌러야(OFF), 램프(L)가 꺼진다(소등한다)
　PB1, PB2, PB3, PB4중 어느 1개만 누르지 않아도 램프는 점등되어 있다.

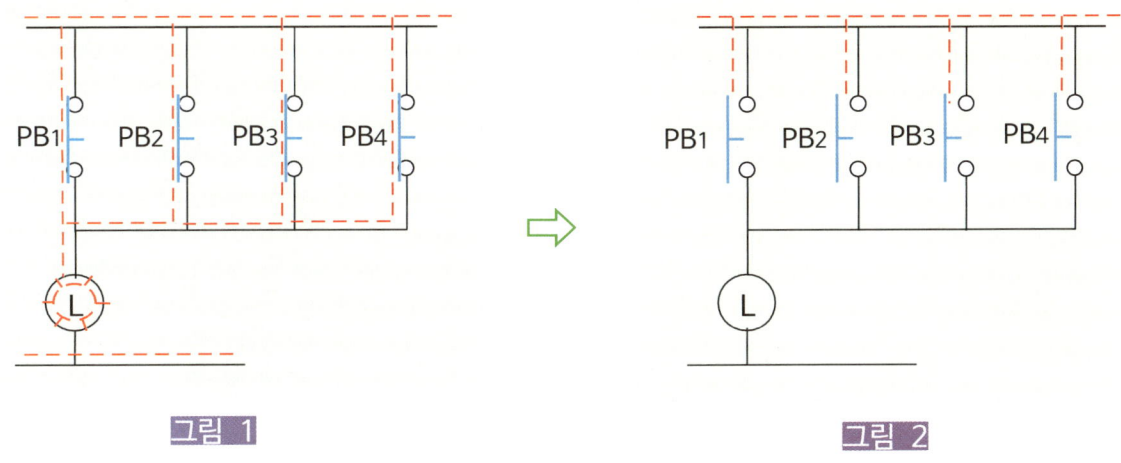

6. 릴레이(Relay)

전기 부품간의 회로 연결과 연결된 회로를 끊는 기능을 한다.
명령을 하면 작동하는 것을 릴레이라 한다.

릴레이

릴레이

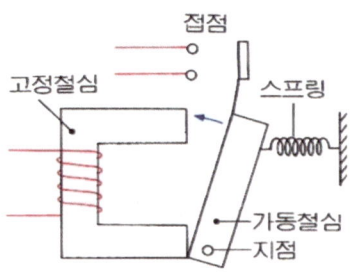

코일

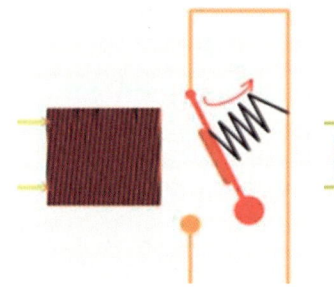
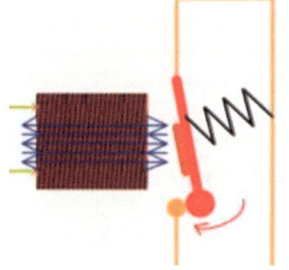

코일에 전류가 통전하면 전자석이 되어 그림과 같이 철판을 끌어당겨 접점이 붙는다

a접점	b접점
off상태	on상태
MC(전자접촉기)가 여자되면 코일에 전류가 통전하여 전자석이 되어 철판을 끌어당겨 접점이 붙는다	MC(전자접촉기)가 여자되면 코일에 전류가 통전하여 전자석이 되어 철판이 떨어지는 접점으로 붙는다

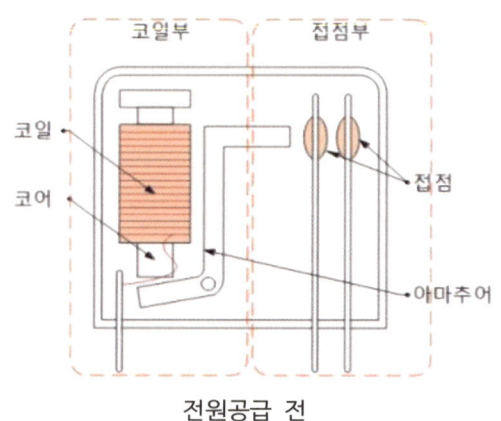

전원공급 전

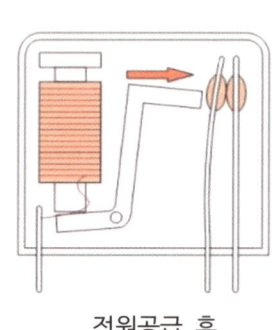

전원공급 후

7. 릴레이(Relay)와 자기유지

자기 유지 회로 磁氣維持回路
주어진 작동 조건이 계전기 작동 후에 소멸해도 자기의 접점을 더한 접점 회로에 따라 계전기가 계속 작동할 수 있는 조건을 형성하는 계전기 회로

그림과 같이 푸쉬버튼(PB) 직접눌러 A회로, B회로를 직접 눌러 램프를 점등한다.
이러한 직접눌러는 것을 극복하기 위해 만든 것이 릴레이다. 명령을 하면 작동하는 것을 릴레이라 한다.

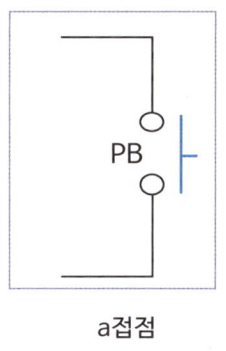
a접점

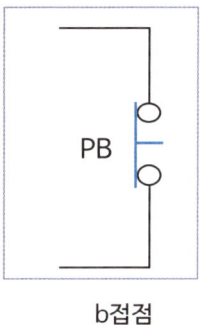
b접점

릴레이 용의의 뜻은 이어달리기이다.
400m 계주를 400m 이어 달리기(릴레이)라 하는 용어와 같은 뜻이다.
전기에서는 차단된 전선을 연결해 주는 기능을 말한다.

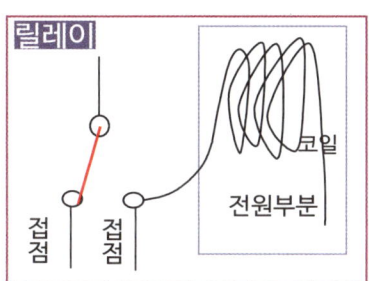

평소에는 그림과 같이 접점이 붙어 있다
평소에는 a접점으로 있다

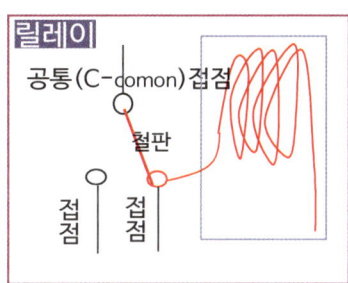

코일에 전원이 들어가면 코일이 전자석이되어 그림과 같이 철판을 끌어당겨 접점이 옮겨진다
코일에 전원이 들어가면 b접점이 된다.
릴레이에 전원이 투입(여자)되면, 접점이 동작된다

여자 : 전원을 투입하여 코일에 자력을 띠어 전자석이 되는 것
　　　　여자의 반대용어는 소자
소자 : 전원을 차단하여 자력이 없어 지는 것.

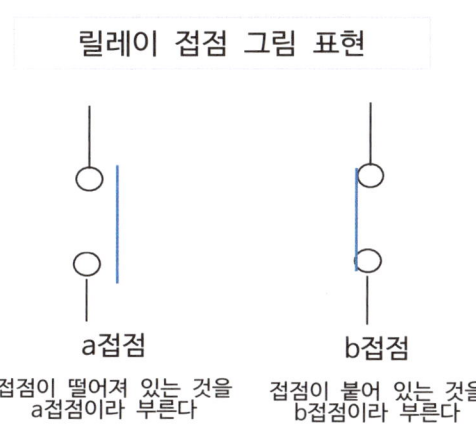

릴레이 접점 그림 표현
a접점 — 접점이 떨어져 있는 것을 a접점이라 부른다
b접점 — 접점이 붙어 있는 것을 b접점이라 부른다

릴레이

가. a접점 릴레이 작동흐름 내용

그림 1 푸쉬버튼(PB)이 작동되지 않고, 릴레이(a접점)도 작동되지 않아 램프회로에 전류가 통전되지 않아 램프는 소등되어 있다.

그림 2 푸쉬버튼(PB)을 누른다 → 릴레이(Ⓡ)에 전류가 들어가 릴레이를 작동하여 릴레이가 여자(전자석)된다. 릴레이가 접점을 붙여 램프회로에 전류가 통하여 램프가 점등된다.

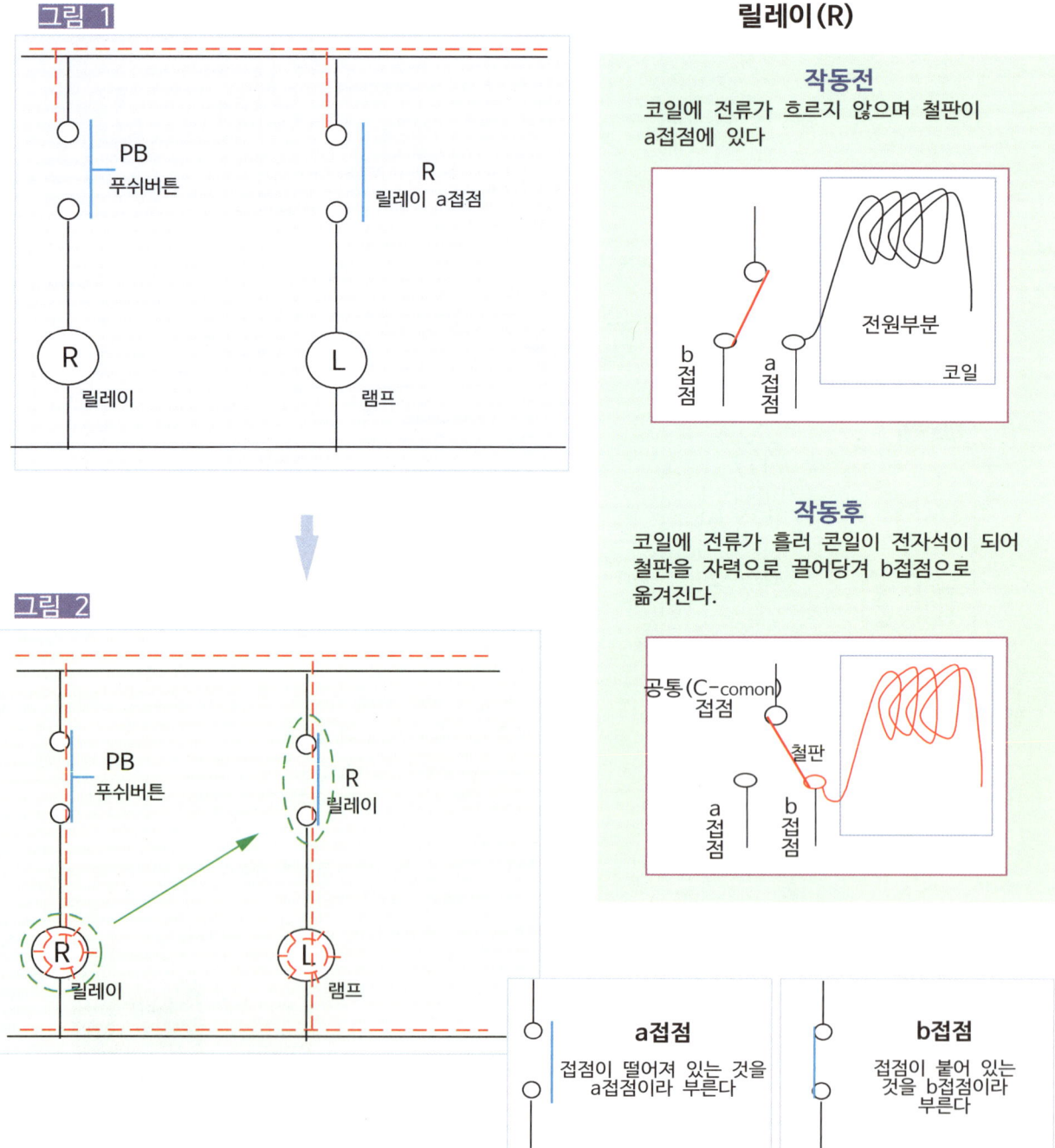

나. b접점 릴레이 작동흐름 내용

그림 1 푸쉬버튼(PB)이 작동되지 않고, 릴레이(b접점)는 작동되어 램프회로에 전류가 통전되어 램프는 점등되어 있다.

그림 2 푸쉬버튼(PB)을 누른다.
→ 릴레이(Ⓡ)에 전류가 들어가 릴레이를 작동하여 릴레이가 소자(전자석 해제)된다. 릴레이 접점이 떨어져 램프회로에 전류가 통하지 않아 램프가 소등된다.

그림 1

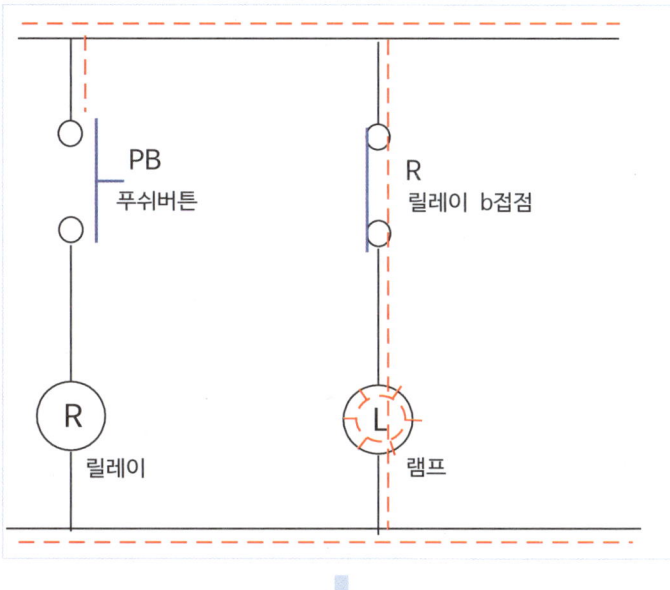

릴레이(R)

작동전

코일에 전류가 흘러 코일이 전자석이 되어 (여자 되어) 철판을 자력으로 끌어당겨 b접점으로 작동되고 있다.

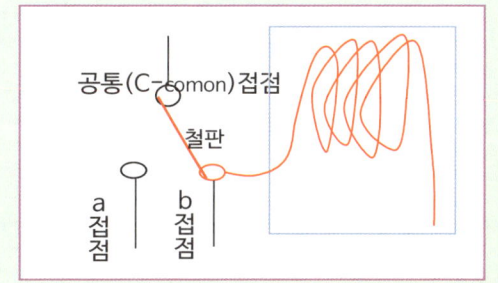

작동후

코일에 전류가 흐르지 않으며 철판이 a접점으로 옮겨진다.

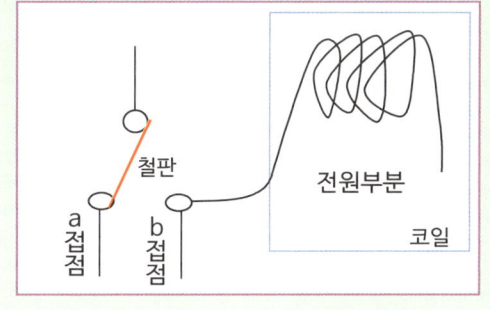

그림 2

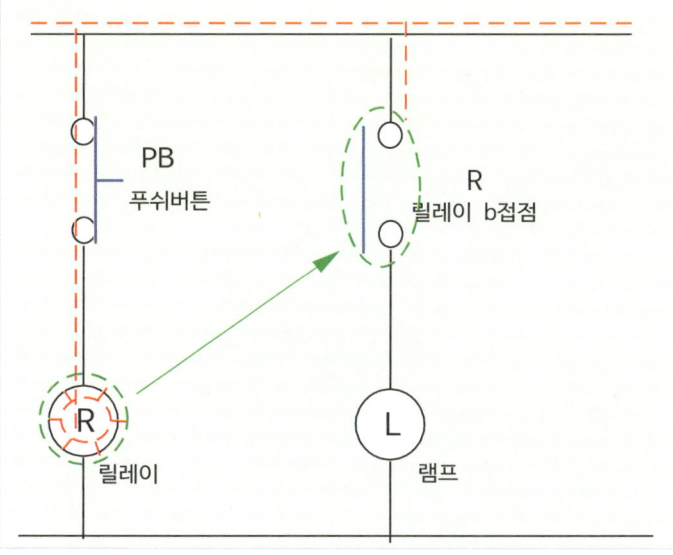

다. 평소의 상태 작동흐름 설명

그림 1 전원을 공급하면 a접점은 떨어져 있어 L1램프는 소등되어 있고, b접점은 붙어 있어 L2램프는 점등되어 있다.

― ― ―의 표현된 전선은 전류가 통전되고 있는 선이다.

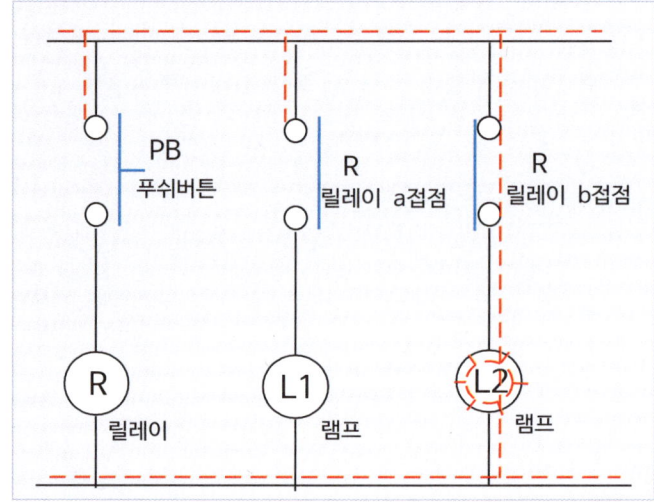

라. 푸쉬버튼(PB)을 누른 경우 작동흐름 설명

그림 2 푸쉬버튼(PB)를 누르면 릴레이(Ⓡ)에 전류가 들어가 릴레이를 작동하여 릴레이 a접점은 여자되어 떨어져 있던 a접점은 붙어 L1램프는 점등하고, 릴레이 b접점은 소자되어 붙어있던 릴레이 b접점은 떨어져 L2램프는 소등한다.

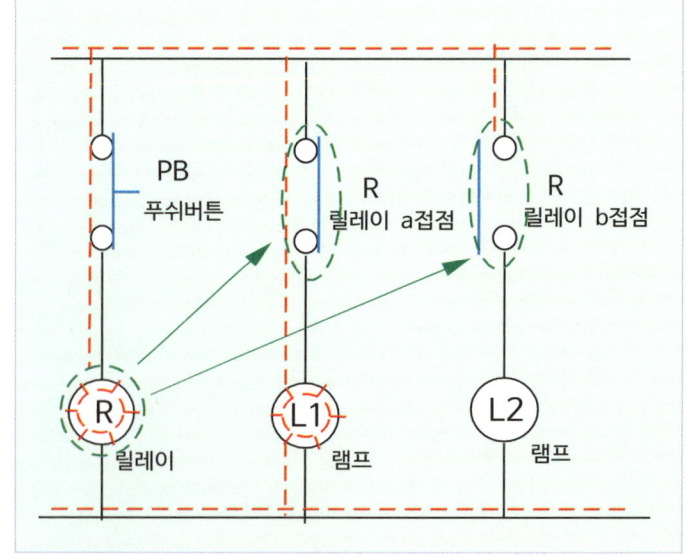

마. 자기유지 磁氣維持

자기유지란 버튼을 1번 누르면 누른 상태로 작동회로가 계속 유지되게 하는 현상을 말한다.

버튼에서 손을 떼어 버튼 작동이 복구되어도(전류가 차단되어도) 릴레이가 작동한 회로는 작동상태로 계속유지되는 현상을 말한다.

그림1은 평소에는 릴레이 R1, R2가 소자되어 램프(L1)가 소등되어 있다.

그림2는 푸쉬버튼(PB)를 눌러 릴레이에 전류가 공급되어 릴레이ⓡ가 작동, R1,R2릴레이가 여자되어 접점이 붙는다.

그림3은 푸쉬버튼(PB)에서 손을 떼면 버튼은 복구되며, 작동한 R1릴레이 a접점과 ⓡ릴레이와의 선로 (쌍 점선)이 자기유지회로가 형성되어 ⓡ릴레이가 계속 작동하므로 R2 릴레이는 복구되지 않고 계속 작동하여 램프는 계속 점등한다.

푸쉬버튼(PB) : 버튼을 누르면 손가락 힘에 의해 버튼이 눌러져 작동을 하며, 버튼에서 손가락을 떼면 버튼에 설치된 스프링의 힘에 의해 자동으로 버튼접점이 떨어지는 스위치이다.

자기유지 누름버튼 스위치

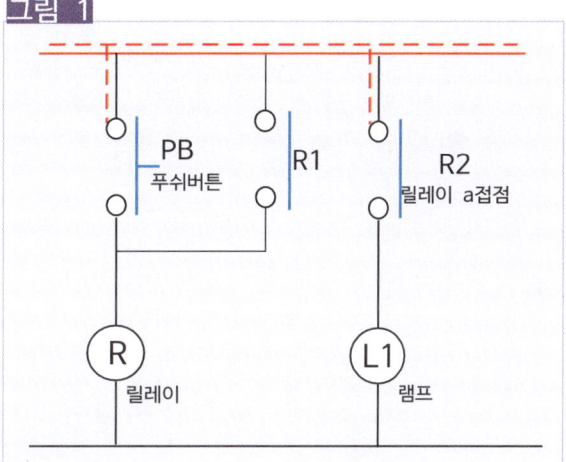

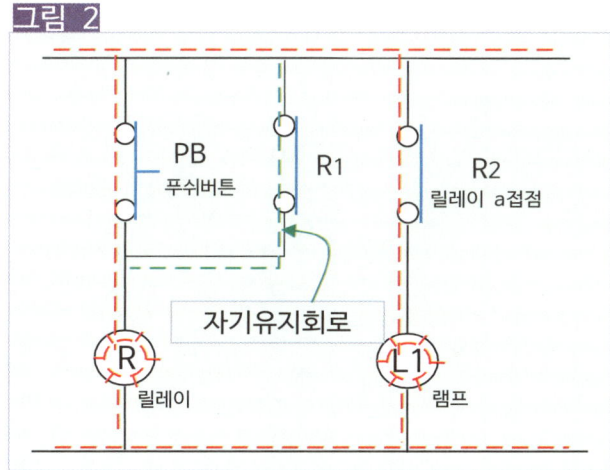

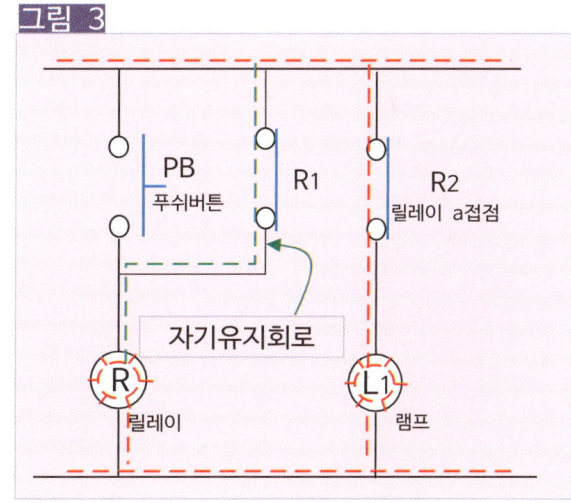

여자 : 전자 릴레이, 전자접촉기, 타이머 등의 코일에 전류가 흘러서 전자석으로 되는 것
소자 : 전자코일에 흐르고 있는 전류를 차단하여 자력을 잃게 하는 것.

릴레이 Ⓡ에 전류가 공급되면 떨어져 있던 여자되어(자석이 기능을 가져) 릴레이가 붙게한다.

릴레이라는 부품은 전류가 공급되면 멀리 떨어져 설치되어 있는 릴레이 접점을 붙게하는 기능을 한다.
릴레이 접점을 여자되게 한다.

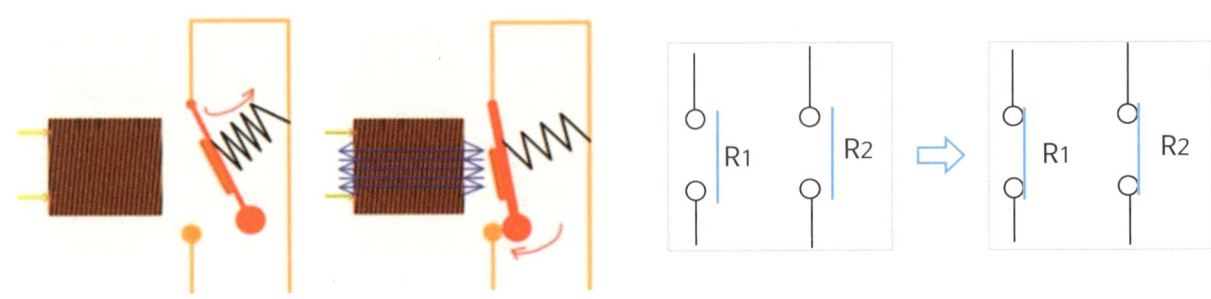

① 자기유지회로 사례

푸쉬버튼(PB)을 누르면 릴레이 R1,R2가 작동하여, 떨여져 있던 a접점은 붙어 L1램프는 점등한다.
눌렀던 푸쉬버튼(PB)을 손에서 떼면 푸쉬버튼은 복구되지만,
R1릴레이로 전류가 흘러 릴레이를 계속 작동하므로
R2릴레이도 계속 작동되어 램프는 계속 점등되어 있다. 이러한 회로를 자기유지회로라 한다.

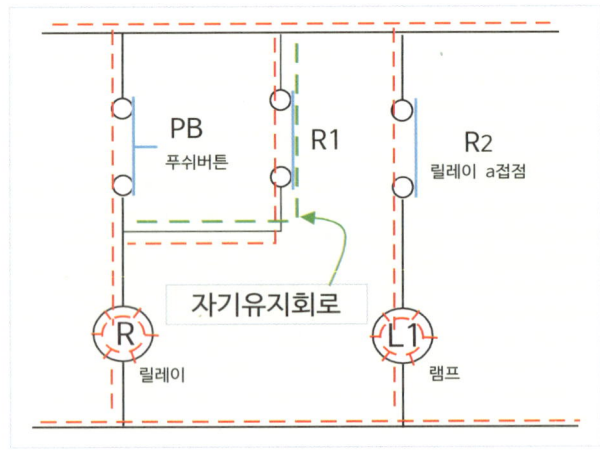

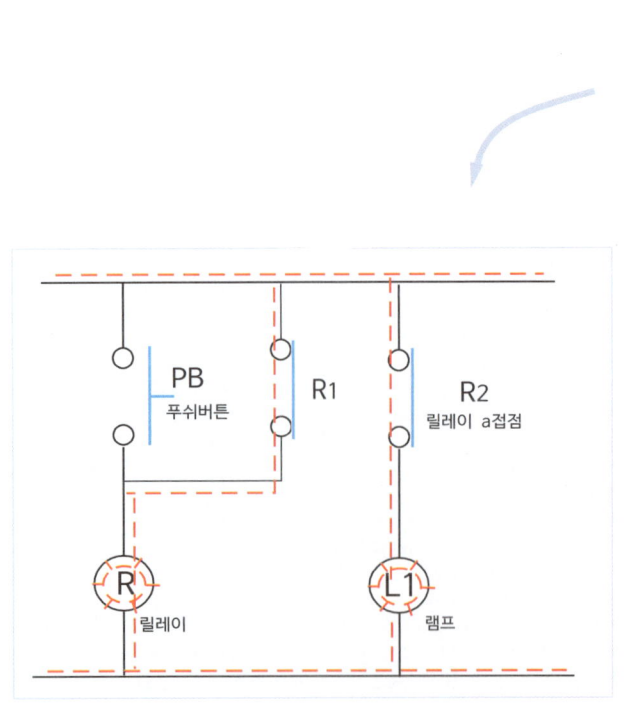

② 자기유지 응용문제(버스 천장에 있는 하차버튼 사례)

PB1, 2, 3, 4중 어느 것을 눌러도 릴레이(R)가 작동되어 램프 모두가 점등한다.
승객이 하차하기 위해서 PB1, 2, 3, 4중 어느것을 눌러도 릴레이(R)가 작동되어 릴레이가 여자되어 램프 모두가 점등한다. 그림에서 _ _ 의 표현은 전류가 통하는 선이다.

그림 1의 회로에서 그림 2의 PB2 버튼을 작동하면 릴레이(R)가 작동되어 릴레이 a접점이 붙어 램프가 모두 작동한다. R1릴레이 a접점과 ⓡ릴레이와의 선로가 자기유지회로가 형성된다.

그림 3에서는 PB2 버튼에서 손을 떼어 버튼이 복구되어도 릴레이(R) a접점과 릴레이(R) 사이의 자기유지회로가 형성되어 릴레이(ⓡ)가 계속 작동하므로(릴레이 a접점은 복구되지 않으므로) 램프는 계속 점등한다.

여자 : 전자 릴레이, 전자접촉기, 타이머 등의 코일에 전류가 흘러서 전자석으로 되는 것

그림 1

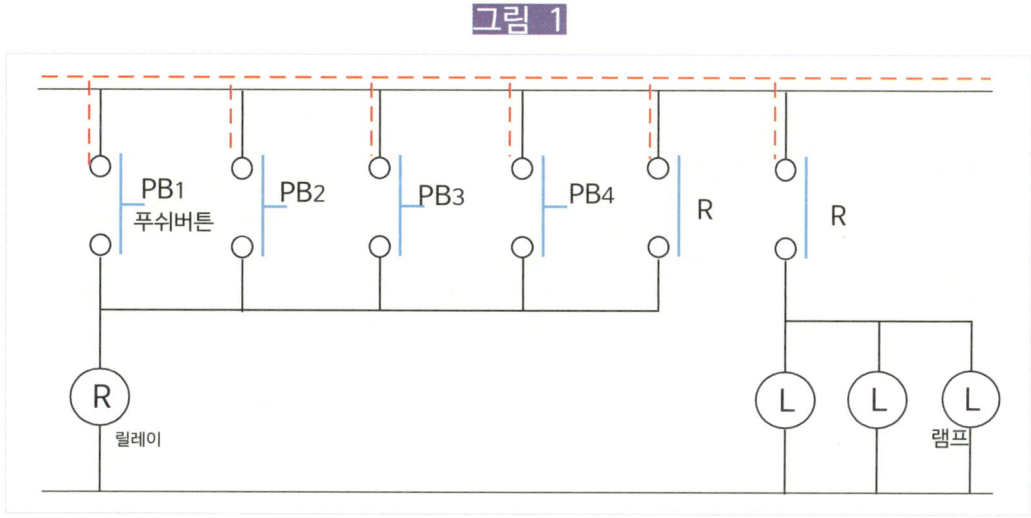

그림 2

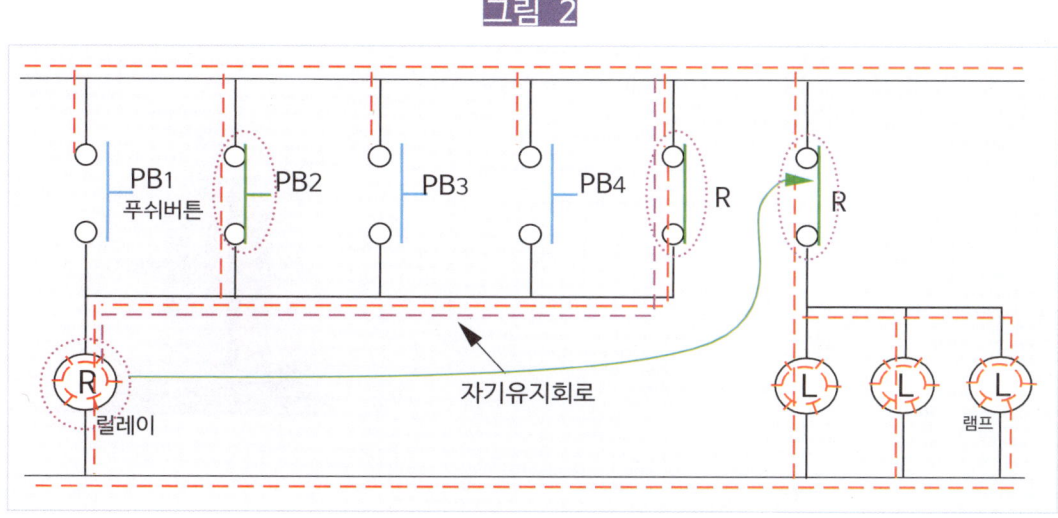

그림 3

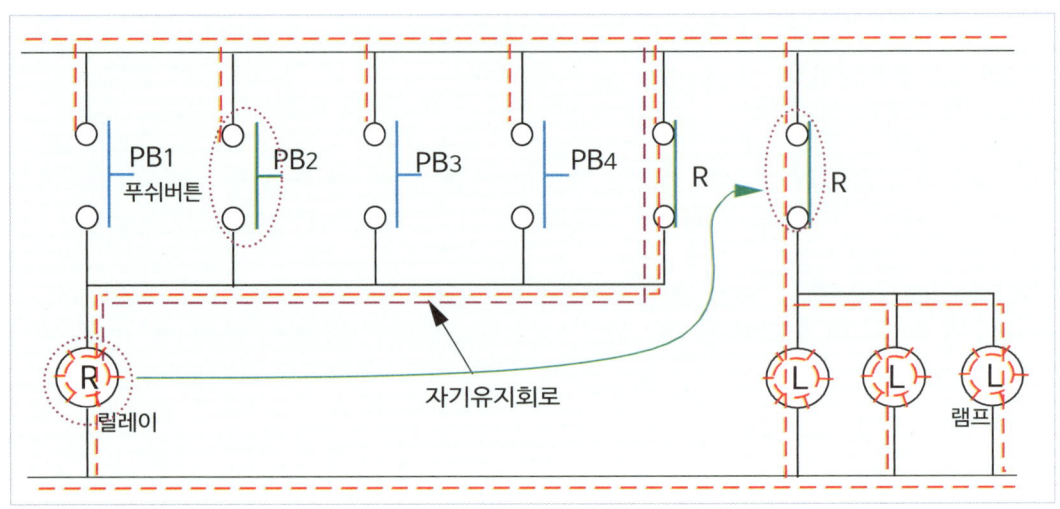

릴레이(R)

작동전
코일에 전류가 흐르지 않으며 철판이 a접점에 있다

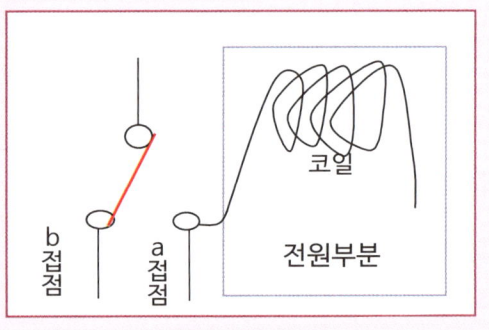

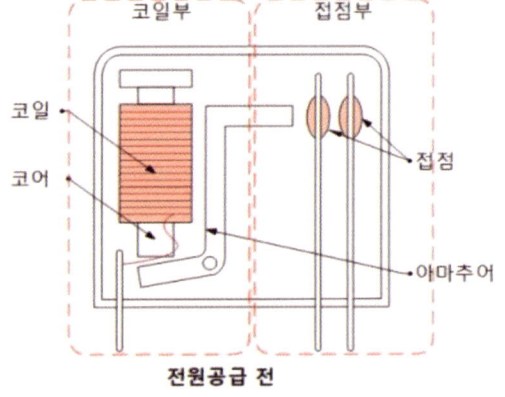

작동후
코일에 전류가 흘러 코일이 전자석이 되어 철판을 자력으로 끌어당겨 b접점으로 옮겨진다.

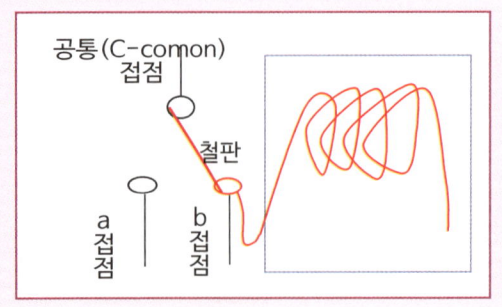

③ 자기유지회로 사례

그림 1 평소에는 PB1이 OFF이며, 릴레이(R)가 소자되어 램프(L)가 소등되어 있다.

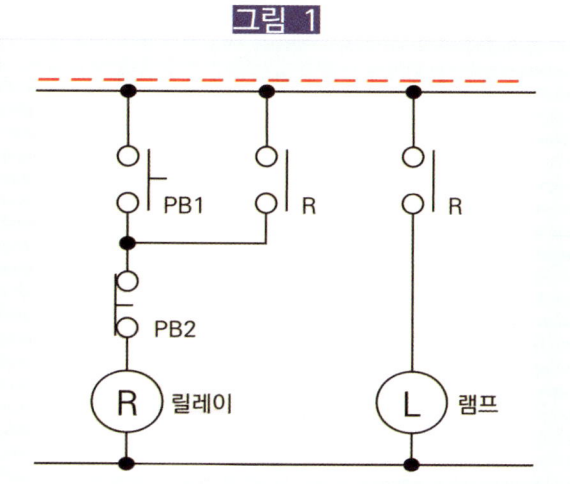

그림 1

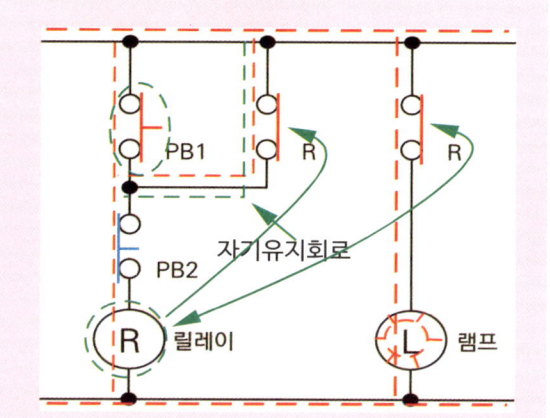

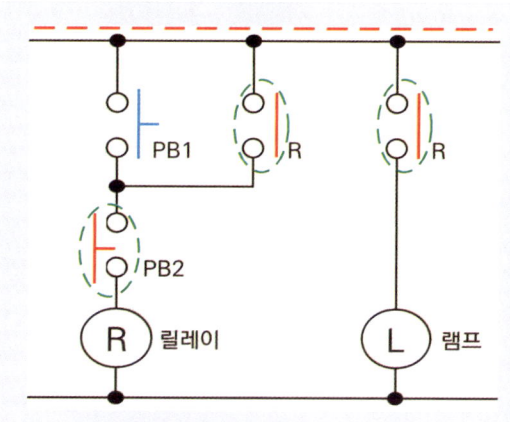

그림 2 푸쉬버튼(PB1)를 누르면 릴레이(Ⓡ) 여자(작동), 릴레이 R이 여자(작동)하여, 떨여져 있던 a접점은 붙어 L(램프)은 점등한다.

눌렀던 푸쉬버튼(PB)를 손에서 떼면 푸쉬버튼은 복구되지면 R(릴레이)로 전류가 흘러 자기유지회로가 형성되어 릴레이를 계속 작동하므로 램프는 계속 점등되어 있다.

PB1 누름 → Ⓡ여자 → R(릴레이) 여자(자기유지)
→ L(램프) 점등

그림 2 푸쉬버튼(PB2)를 누르면 R가 소자되며, 자기유지 해제된다.
R-a 접점의 복귀로 L이 소등된다

PB2 누름 → Ⓡ소자 → R(릴레이) 소자(자기유지 해제) → L(램프) 소등

여자 : 전자 릴레이, 전자접촉기, 타이머 등의 코일에 전류가 흘러서 전자석으로 되는 것
소자 : 전자코일에 흐르고 있는 전류를 차단하여 자력을 잃게 하는 것.

8. 타이머(Timer) 회로

타이머 기능 : 일정 시간 후(타이머에 설정된 시간)에 작동을 하도록 하는 기능을 한다. 시간 지연 기능을 하는 것
사용되는 시설 : 현장의 전등이 자동으로 켜졌다 일정시간이 지나면 등이 꺼지는 현상
예를 들어, 선풍기의 타이머 설정후 설정된 시간이 지나면 선풍기 작동이 멈추는 것,
타이머는 작동 시간지연기능을 한다.

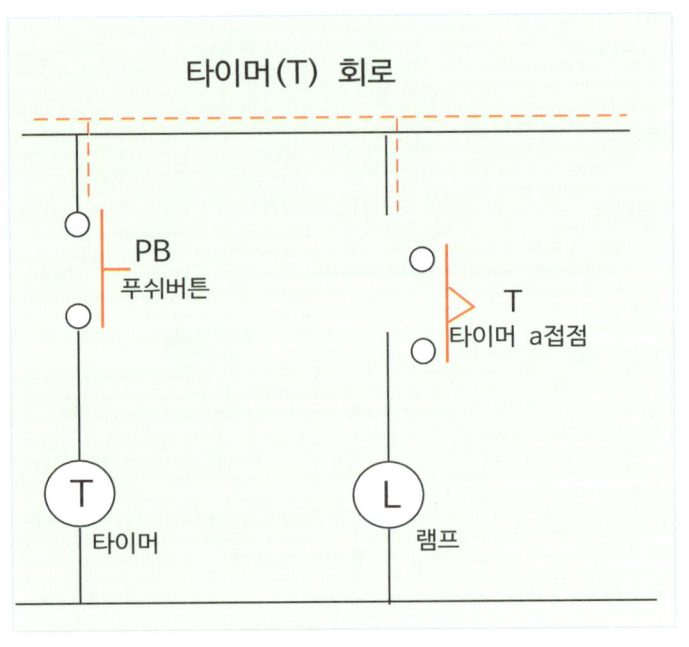

그림 1

타이머

타이머회로 그림 1 설명

전류가 빨간 점선까지 통전되고 있다.
PB(푸쉬버튼), T(타이머)가 작동하지 않아 램프는 소등되어 있다.

도시 기호

타이머		PB(푸시버튼)		R(릴레이)		타이머	램프
T	T	PB	PB	R	R	T	L
a접점	b접점	a접점	b접점	a접점	b접점		

타이머(T) 회로 작동순서

그림 1 푸쉬버튼(PB)이 OFF상태이며, 램프는 소등상태다.

그림 2 푸쉬버튼(PB)을 (ON)누른다.
→ T(타이머)가 여자된다.
→ T(타이머) 설정된 시간후에 T접점이 동작한다.
→ L(램프) 점등한다.

그림 3 푸쉬버튼(PB)이 (OFF)되면,
(버튼을 손에서 떼면 자동 OFF된다)
→ T(타이머)가 소자된다.
→ T(타이머)가 즉시 복귀(T접점이 떨어진다)한다.
→ L(램프) 소등한다.

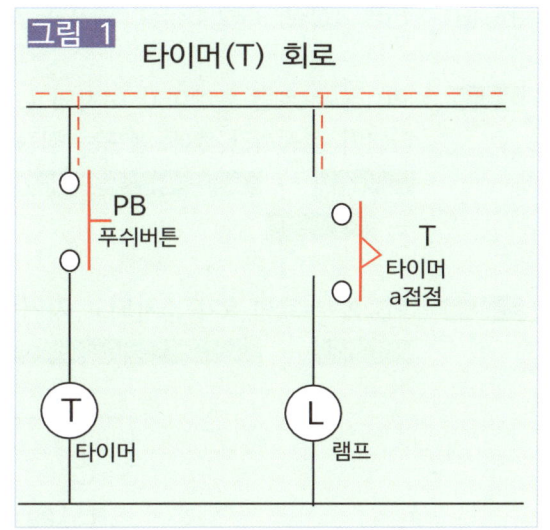

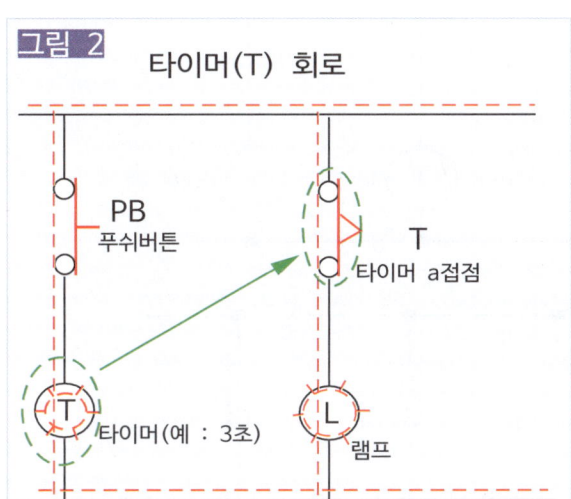

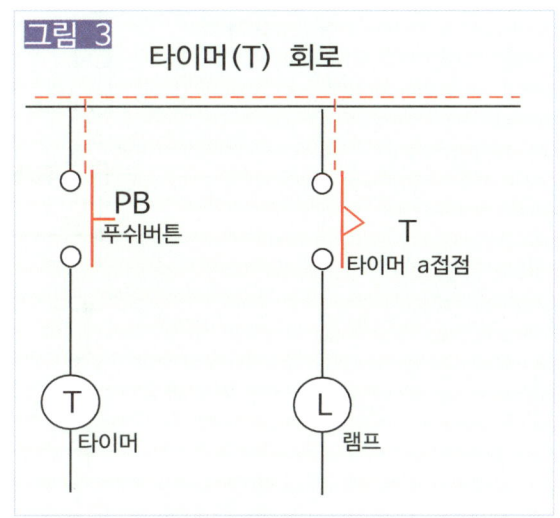

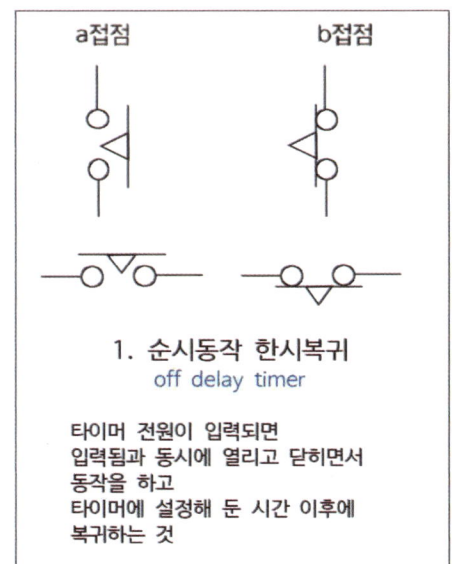

1. 순시동작 한시복귀
off delay timer

타이머 전원이 입력되면
입력됨과 동시에 열리고 닫히면서
동작을 하고
타이머에 설정해 둔 시간 이후에
복귀하는 것

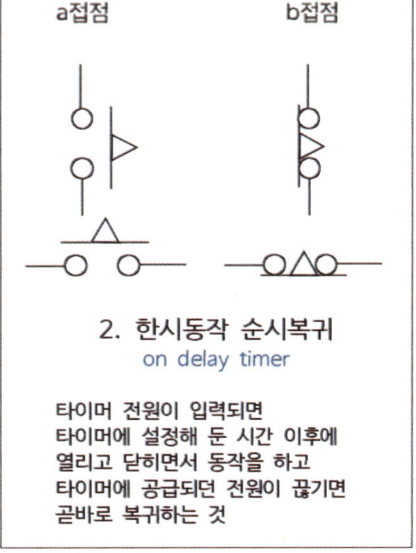

2. 한시동작 순시복귀
on delay timer

타이머 전원이 입력되면
타이머에 설정해 둔 시간 이후에
열리고 닫히면서 동작을 하고
타이머에 공급되던 전원이 끊기면
곧바로 복귀하는 것

타이머 설치 응용문제(타이머가 a접점일 경우)

그림 1 : PB1 a접점, PB2 b접점, 램프는 소등되어 있다.

그림 2 : PB1을 누르면 릴레이가 여자되고, 릴레이(R)는 자기유지되어 타이머가 ON된다.
타이머 설정시간 후에 램프는 점등한다.
PB1 ON → 릴레이(R) 여자된다(자기유지) → 타이머(T) ON → 타이머(T) 설정시간 후에
→ 램프 점등

그림 3 : PB2를 누르면 R이 소자되고 자기유지가 해제된다. T가 OFF되어 L이 소등된다.
PB2 ON → 릴레이(R) 소자된다(자기유지해제) → 타이머(T) OFF → 램프 소등

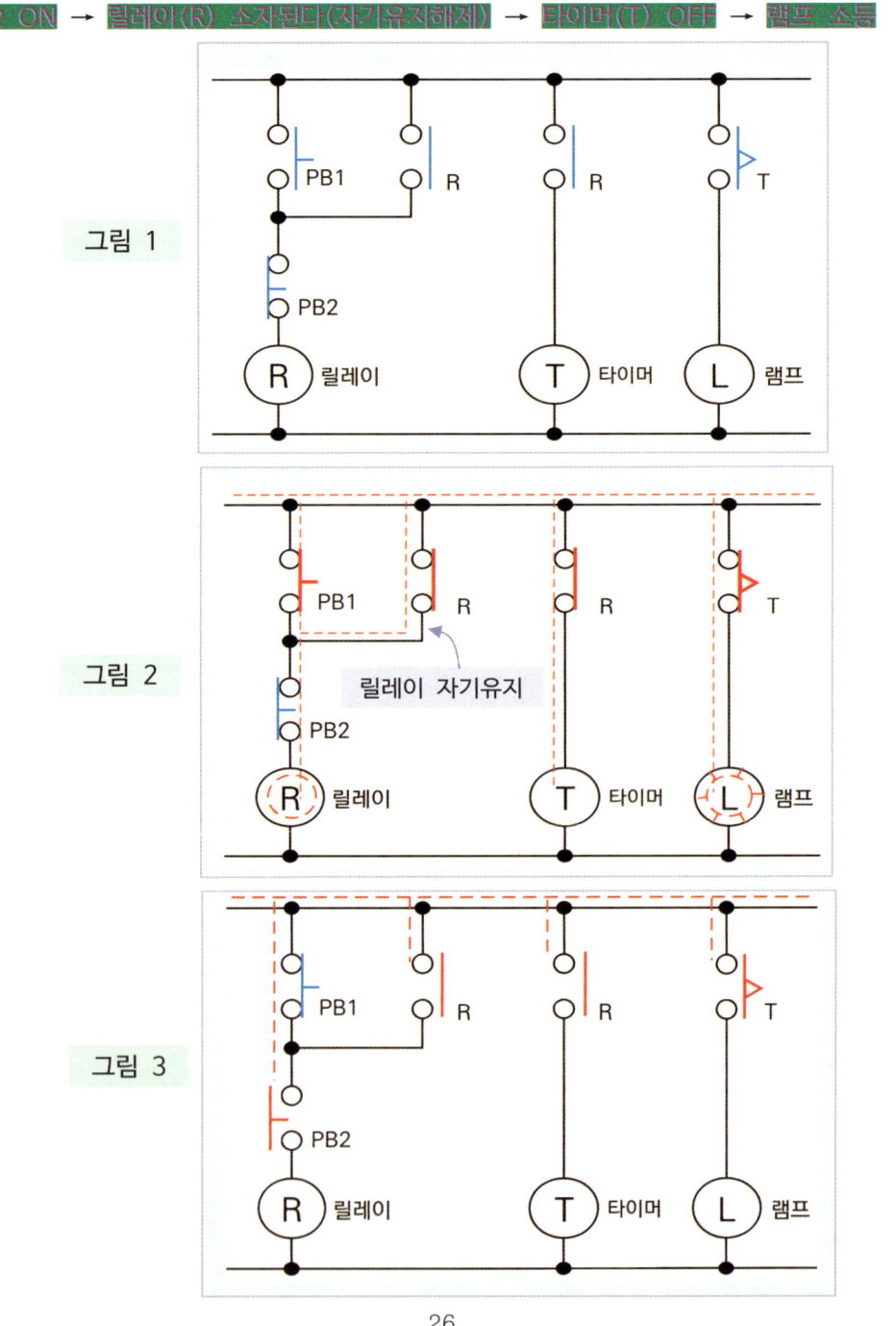

타이머 설치 응용문제(타이머가 b접점일 경우)

그림 1 : 전원을 투입하면 타이머(T) 접점이 붙어있어 램프가 점등된다.

그림 2 : **그림 1**의 상태에서 PB1을 (ON)누르면 릴레이가 여자되고 릴레이는 자기유지되어 타이머가 여자된다. 타이머 설정시간 후에 램프는 소등한다
  PB1 ON → 릴레이(R) 여자된다(자기유지) → 타이머(T) 여자된다 → 설정시간 후에 → 램프 소등

그림 3 : **그림 2**의 상태에서 PB2를 누르면 R이 소자되고 자기유지가 해제된다. T가 소자되어 L가 소등된다.
  PB2 ON → 릴레이(R) 소자된다 → 타이머(T) 소자 → 즉시 램프 소등

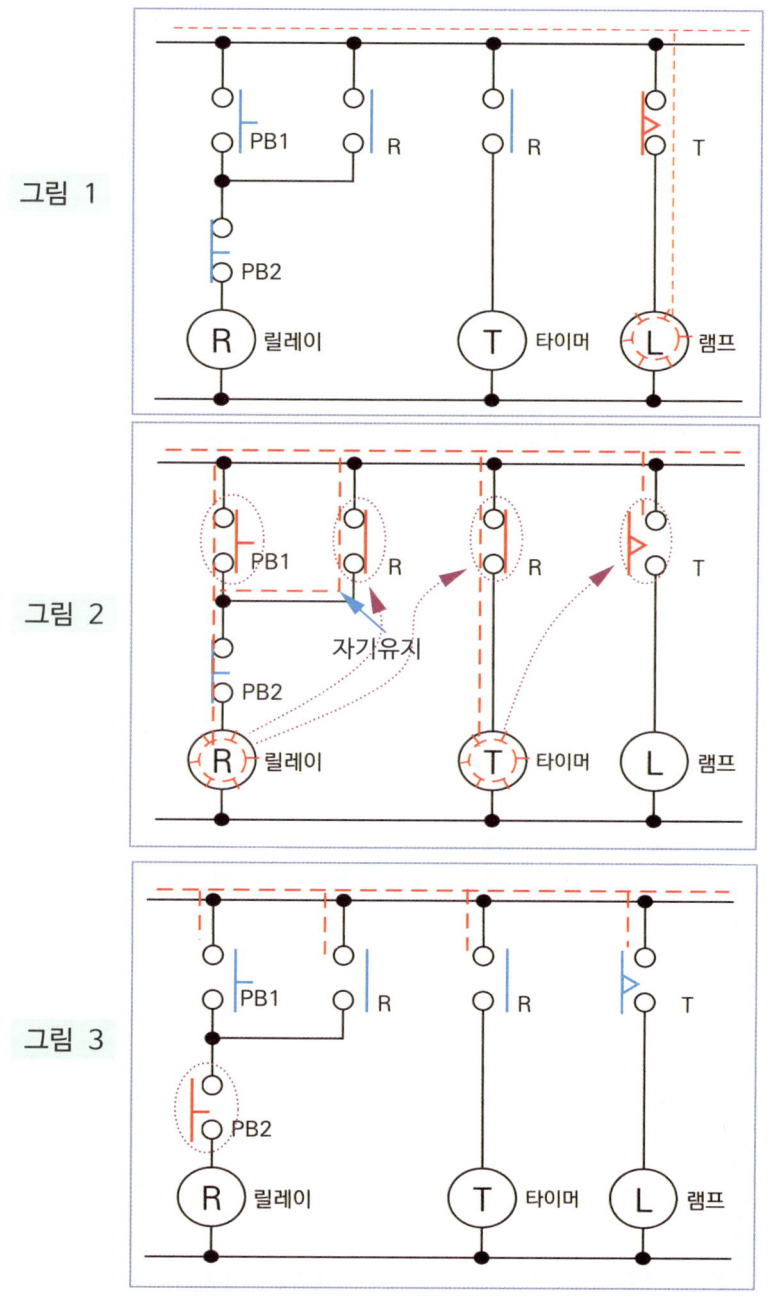

타이머 설치 응용문제(모터설치된 경우)

그림 1 : 전원을 투입하면 아무런 동작(작동)이 없다.

그림 2 : **그림 1**의 상태에서 PB₁을 ON(누르면)하면 릴레이가 여자되고 릴레이(R)는 자기유지되어 타이머는 여자(작동)된다. 모터는 작동한다. 타이머 설정시간 후에 모터는 정지한다
　PB1 ON → 릴레이(R) 여자된다(자기유지) → 타이머(T) 여자 → 모터 작동
　→ 타이머(T) 설정시간후 모터정지

그림 3 : **그림 1**의 상태에서 모터 작동중에 PB2를 (ON)누르면 R가 소자되고(자기유지 해제). T가 소자되어 모터가 정지한다.
　PB2 ON → 릴레이(R) 소자된다 → 타이머(T) 소자된다 → 모터 작동 정지

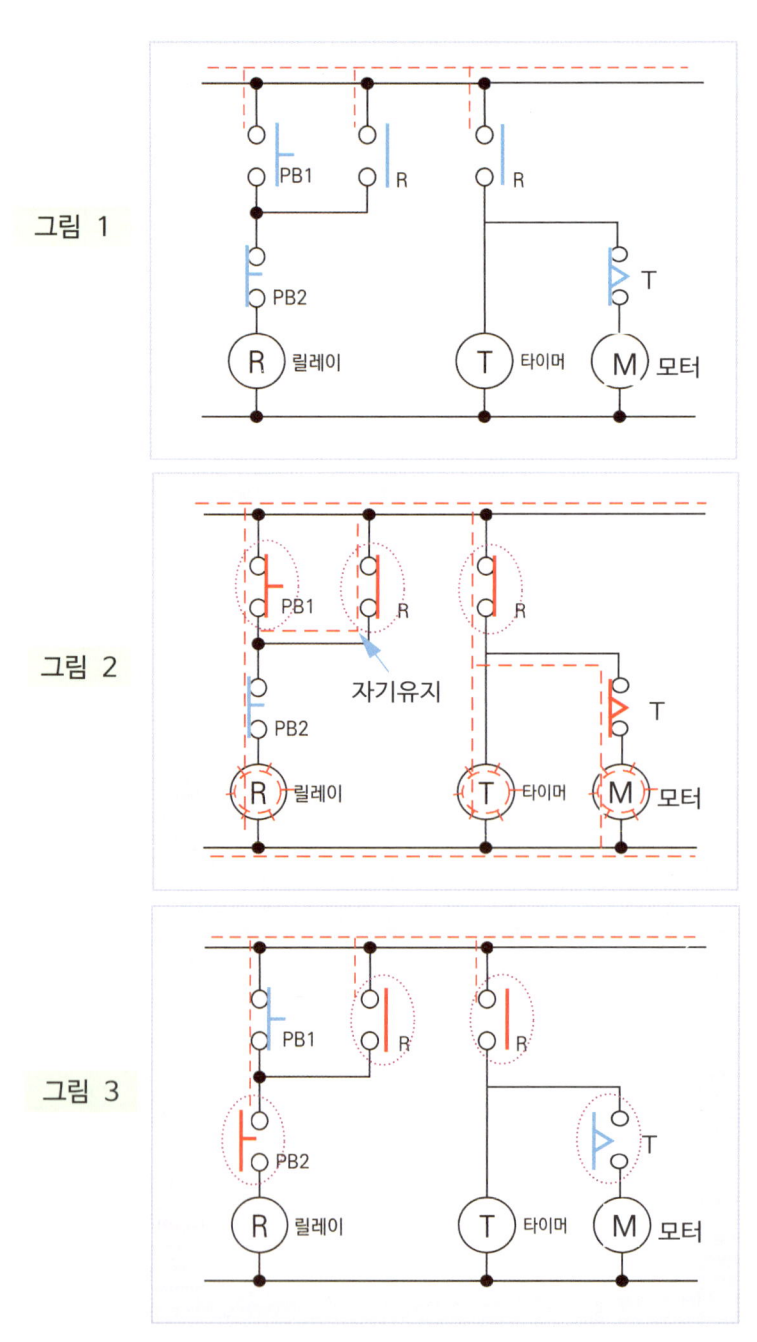

타이머 설치 응용문제 (버스 하차버튼 시스템)

그림 1 : 램프, 부저 작동하지 않고 있다.

그림 2 : 그림 1의 상태에서 승객이 PB1, 또는 PB2, PB3, PB4의 어느 버튼을 누르면 릴레이가 여자되어 자기유지가 되고, 램프가 점등, 부저가 울린다. T(설정시간 후)가 작동하여 부저 울림을 정지한다.

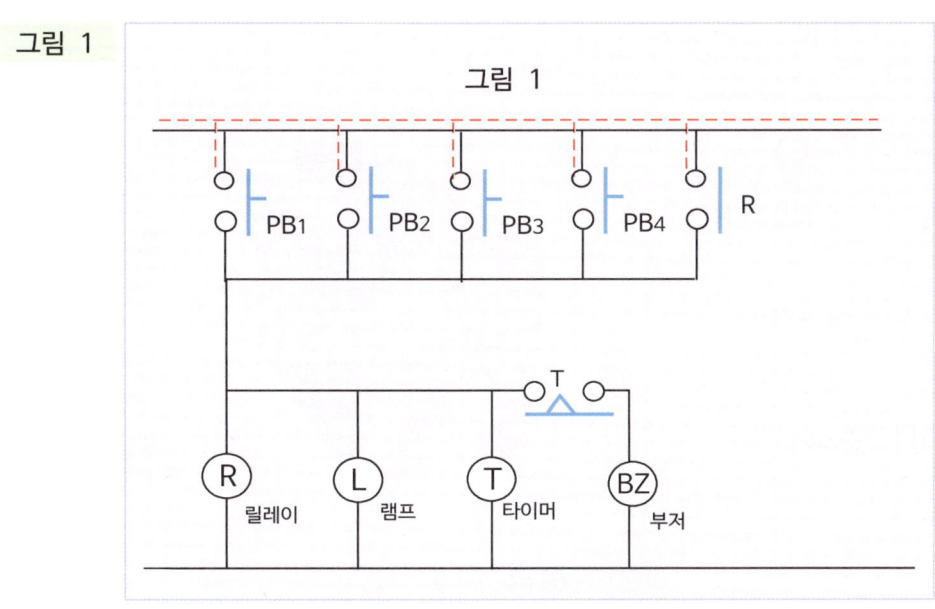

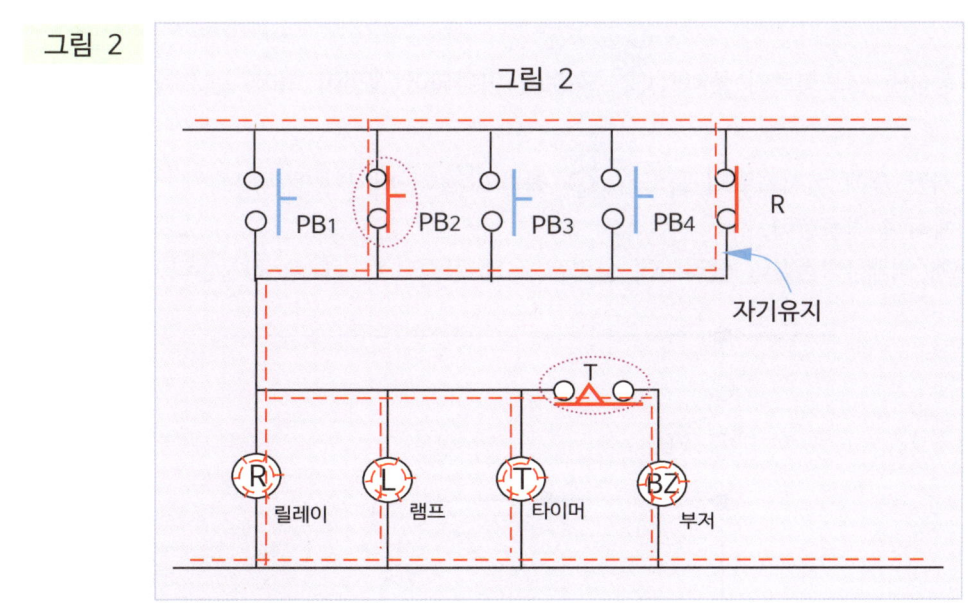

9. 플리커 회로

플리커 : flicker의 영어 단어이며, 『깜박이다』의 뜻이다. 깜박이 기능을 한다.
자동차의 방향지시등 깜박이 기능, 경보(버저)의 띠,띠,띠 부저(버저)울림 기능 등

전기회로에 플리커를 설치하여 전등이 일정시간 간격으로 깜박이게 하는 기능 또는 전등이 몇 회 깜박이고 멈추게 한다던지, 또는 부저를 일정시간 간격 또는 몇 회 울리고 멈추게 하는 기능을 하는 것이 플리커의 기능이다.

플리커의 기호

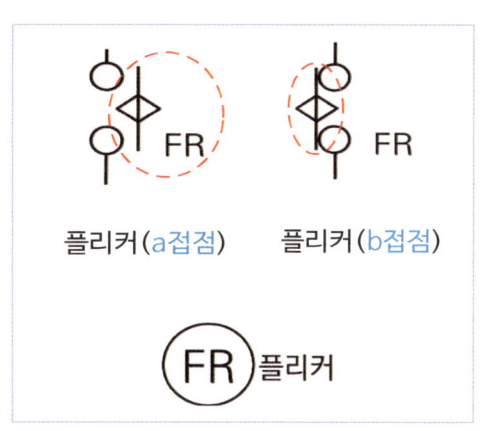

플리커

FR-a
FR-b

플리커회로 작동 내용

플리커 (FR)가 작동하면 램프회로의 플리커 회로가 여자되어(접점이 되어) 램프가 점등한다.

플리커에 설정된 시간 후에 버저회로의 플리커 접점이 붙어 버저가 울린다.
이러한 작동이 반복하여 작동한다.
 FR(플리커) 작동에 의해 FR접점이 플리커에 설정된 시간 간격으로 교대로 작동한다.

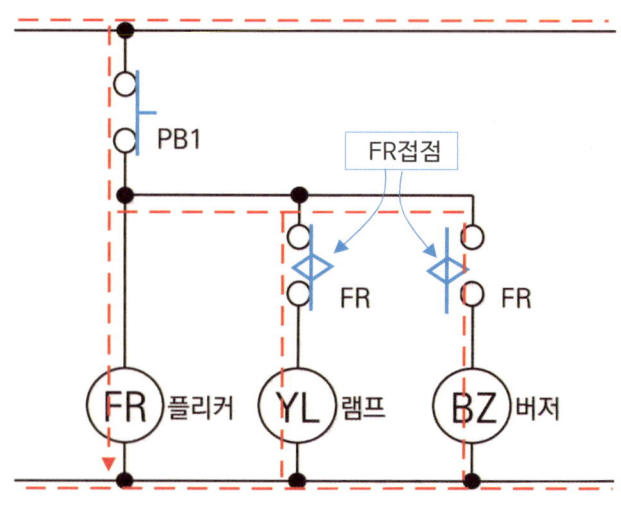

플리커 작동 내용(순서)

그림 1 : PB1(버튼)을 누르지 않은 상태에서는 플리커(FR), 램프(YL), 버저(BZ)가 작동하지 않는다.
그림 2 : PB1(버튼)을 누르면 FR(플리커)는 여자되고, 플리커에 설정된 시간타임으로 YL(램프)과 BZ(버저)가 교대로 동작한다.
그림 3 : PB1(버튼)에서 손을 떼면 FR(플리커)은 소자되고, YL(램프)과 BZ(버저)도 정지한다.

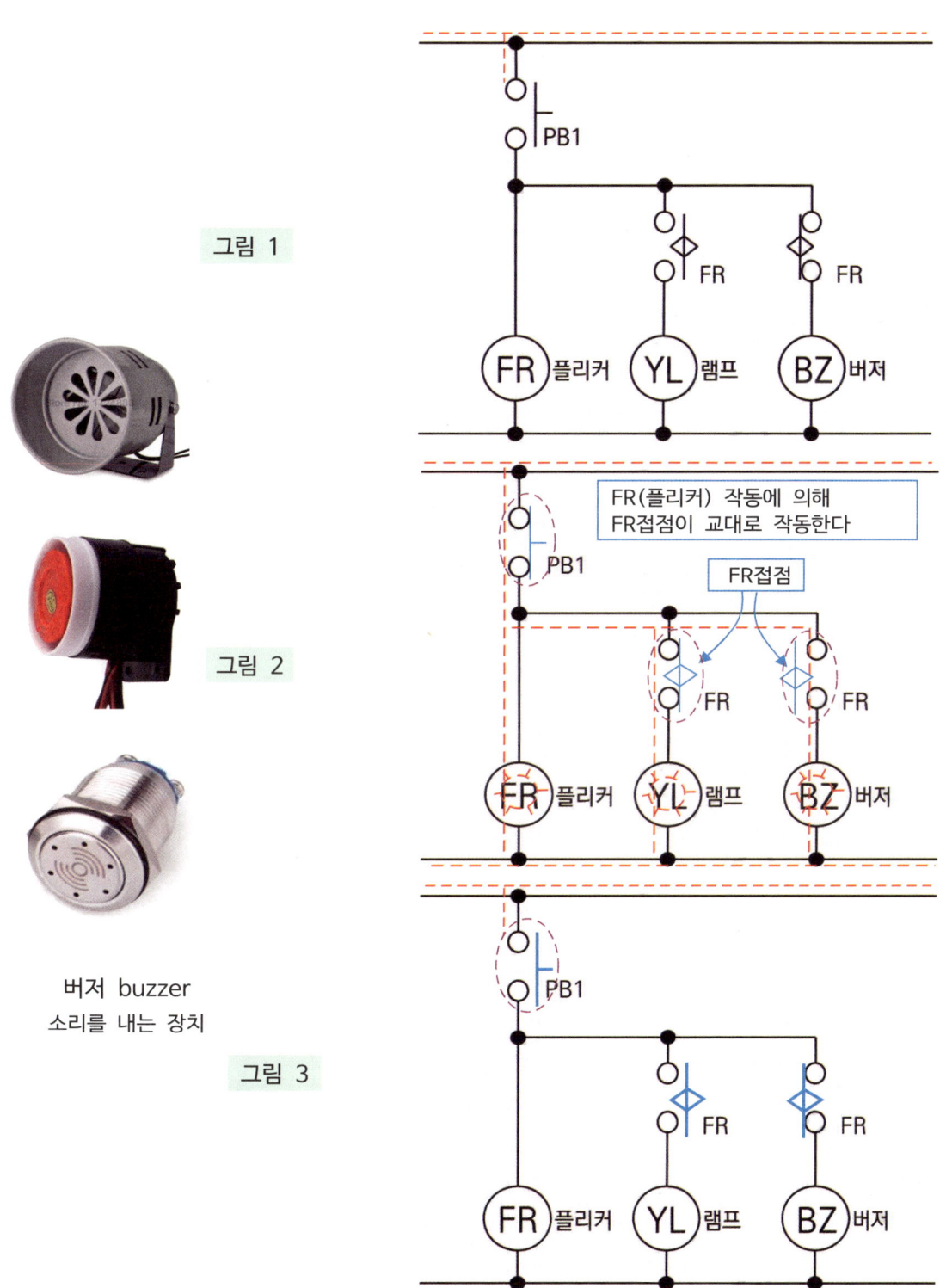

버저 buzzer
소리를 내는 장치

10. 인터록 회로(Inter lock)

Inter lock 서로 맞물리다

인터록 회로(선입력 우선회로)란

2가지 일을 동시에 시행하지 못하도록 하는 기능을 한다. 예를 들어 자동차에 브레이크와 엑셀레이터가 동시에 작동되어서는 되지 않는 것, 엘리베이터의 작동에서 위로 올라가는 일과 엘리베이터 문이 열리는 일이 동시에 작동되지 않도록 하는 회로를 말한다.

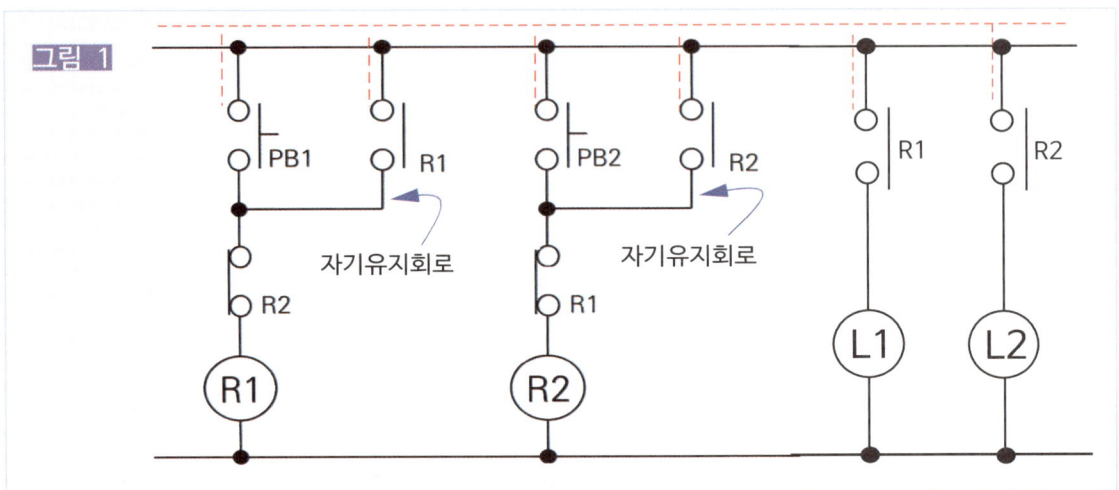

작동순서

그림 2 : 그림 1의 상태에서 PB1을 먼저 누르면 R1이 여자되고, 자기유지된다.
R1 릴레이가 작동하여 R1-a접점이 붙어 L1램프가 점등한다.
R1-b 접점을 떨어뜨려 R2 동작을 방해한다. 그러므로, R2 동작하여 L2램프가 점등할 수는 없다. PB2를 눌러도 R1-b 접점에 의해 R2 동작할 수 없게 된다.

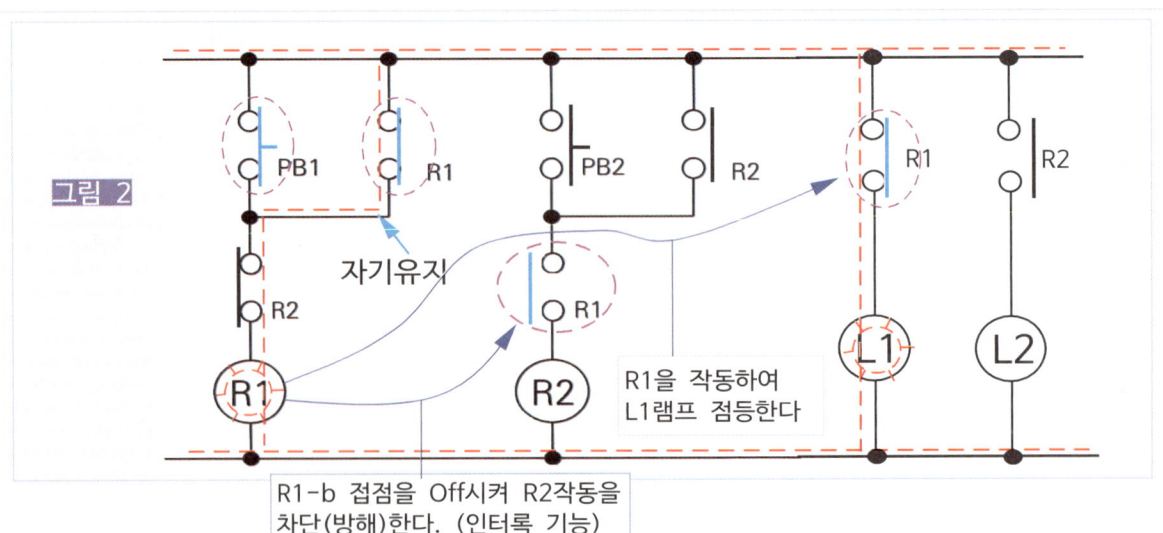

자기유지 : 버튼을 1번 누르면 눌러진 상태로 계속유지되게 하는 현상을 말한다.
여자(勵磁) : 전자 릴레이, 전자접촉기, 타이머 등의 코일에 전류가 흘러서 전자석으로 되는 것.
소자(消磁) : 전자코일에 흐르고 있는 전류를 차단하여 자력을 잃게 하는 것.

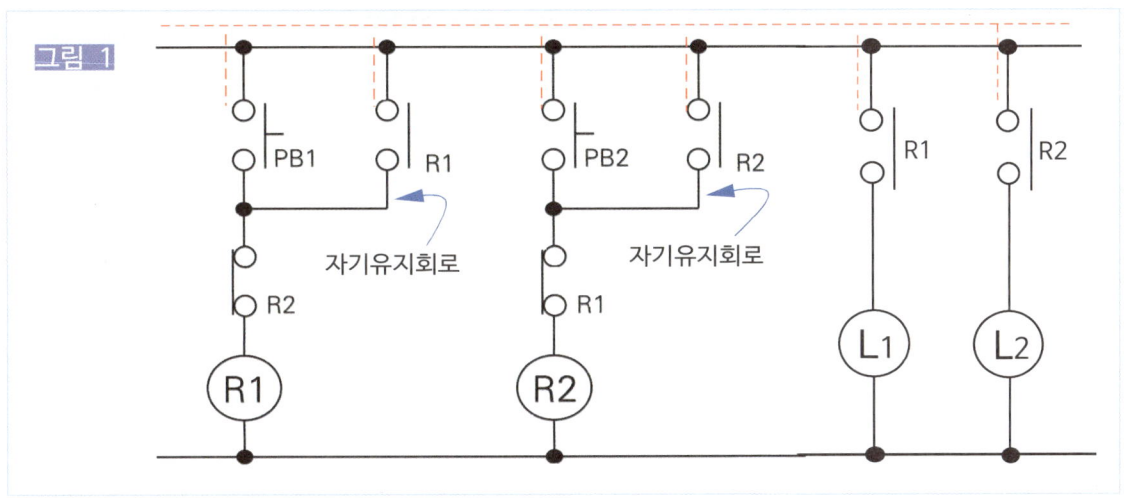

작동순서

그림 3 : 그림 1의 상태에서 PB2를 먼저 누르면 R2가 여자되고, 자기유지된다.
R2 릴레이가 작동하여 R2 a접점이 붙어 L2램프가 점등한다.
R2-b 접점을 떨어뜨려 R1 동작을 방해한다. 그러므로, R1 동작하여 L1램프가 점등할 수는 없다.
PB1을 눌러도 R2-b 접점에 의해 R1 동작할 수 없게 된다.

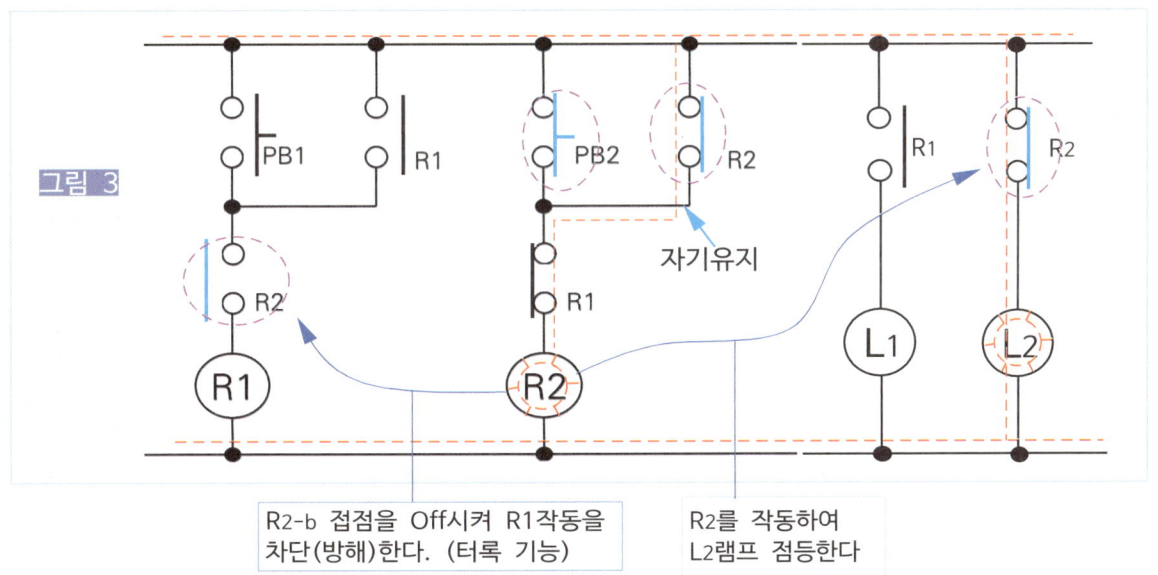

11. 후입력 우선회로

작동 순서

그림 1 PB1, PB2가 작동하지 않은 상태에서, R1, R2가 소자된 상태다.
　해설 : 빨간색 점선의 원 R1, R2의 b접점은 붙어 있다.

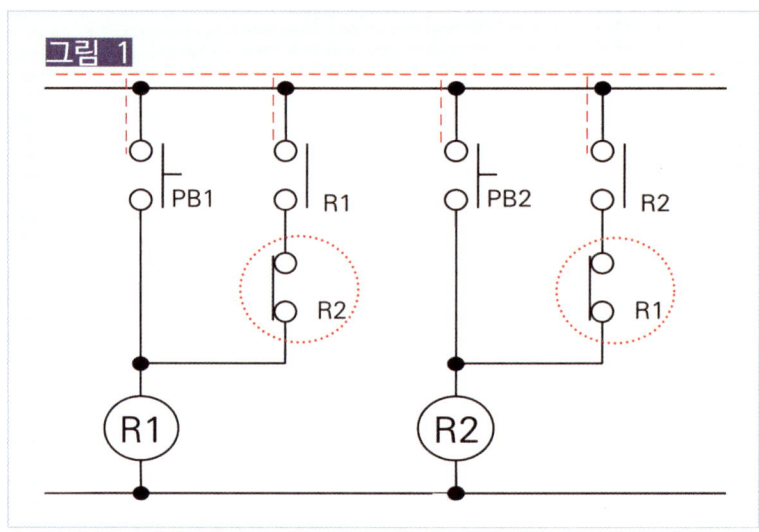

그림 2 PB1을 누르면 R1이 여자되어 자기유지된다. R1 a접점은 붙어 자기유지되고, R1 b접점은 떨어진다.

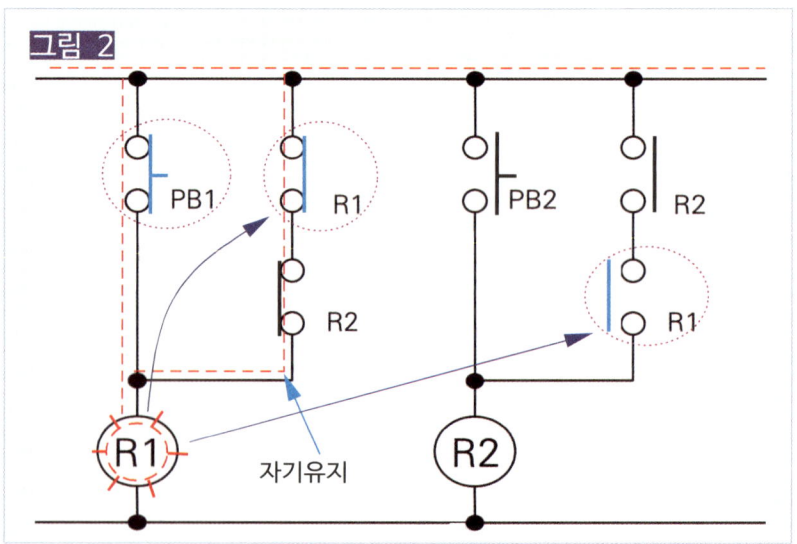

여자(勵磁) : 전자 릴레이, 전자접촉기, 타이머 등의 코일에 전류가 흘러서 전자석으로 되는 것.
소자(消磁) : 전자코일에 흐르고 있는 전류를 차단하여 자력을 잃게 하는 것.

작동 순서

그림 3 **그림 2**의 상태에서 PB2를 누르면 R2가 여자되어 자기유지된다.
R2 a접점은 붙고, R2 b접점은 떨어져 R1이 작동하지 못하게 한다.
이렇게 PB1 작동 중에 PB2를 작동하면 뒤에 누런(입력) 신호가 앞 신호보다 우선하여 작동한다.
뒤에 입력한 PB2 작동이 PB1 작동중인 내용을 우선하여 작동하는 것을 후입력 우선회로라 한다.

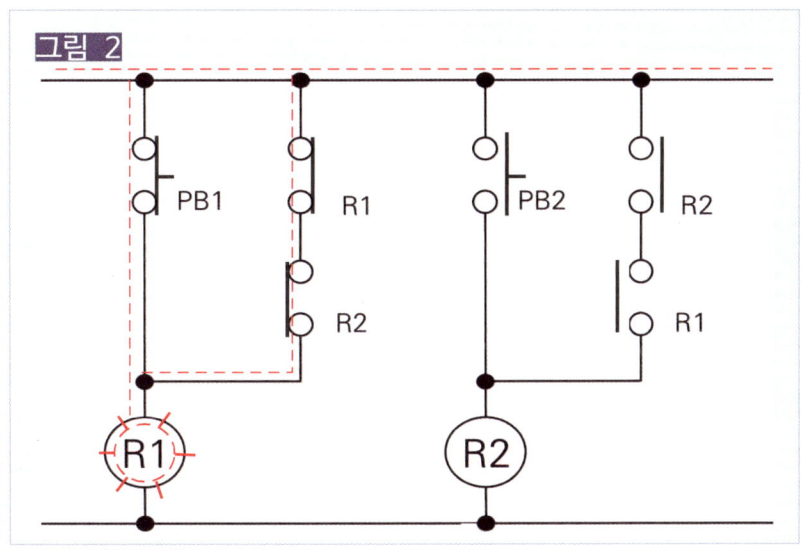

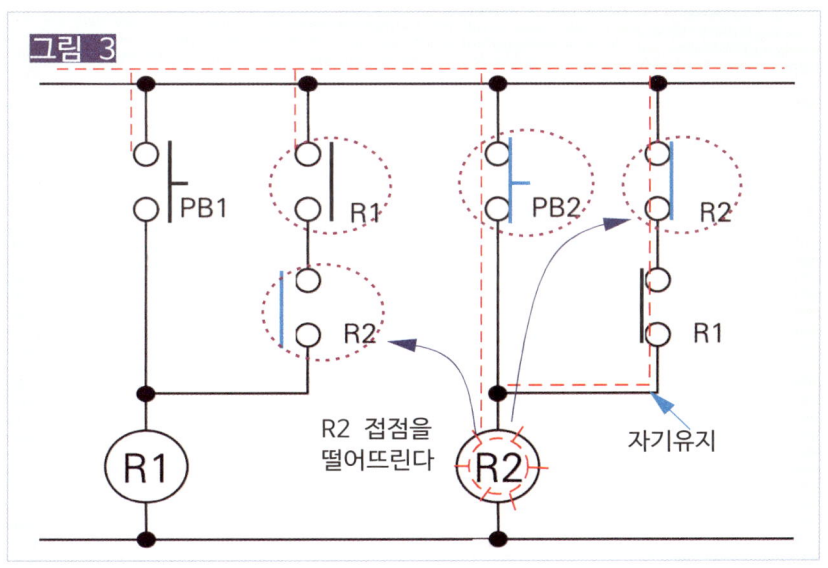

여자(勵磁) : 전자 릴레이, 전자접촉기, 타이머 등의 코일에 전류가 흘러서 전자석으로 되는 것.
소자(消磁) : 전자코일에 흐르고 있는 전류를 차단하여 자력을 잃게 하는 것.

12. 전자접촉기(MC) 회로

작동 순서

그림 1 차단기(MCCB)가 OFF 된 상태이며, GL, RL은 소등되어 있다.
차단기(MCCB)가 OFF되어 전원 공급이 되지 않으므로 GL, RL은 소등되어 있다.

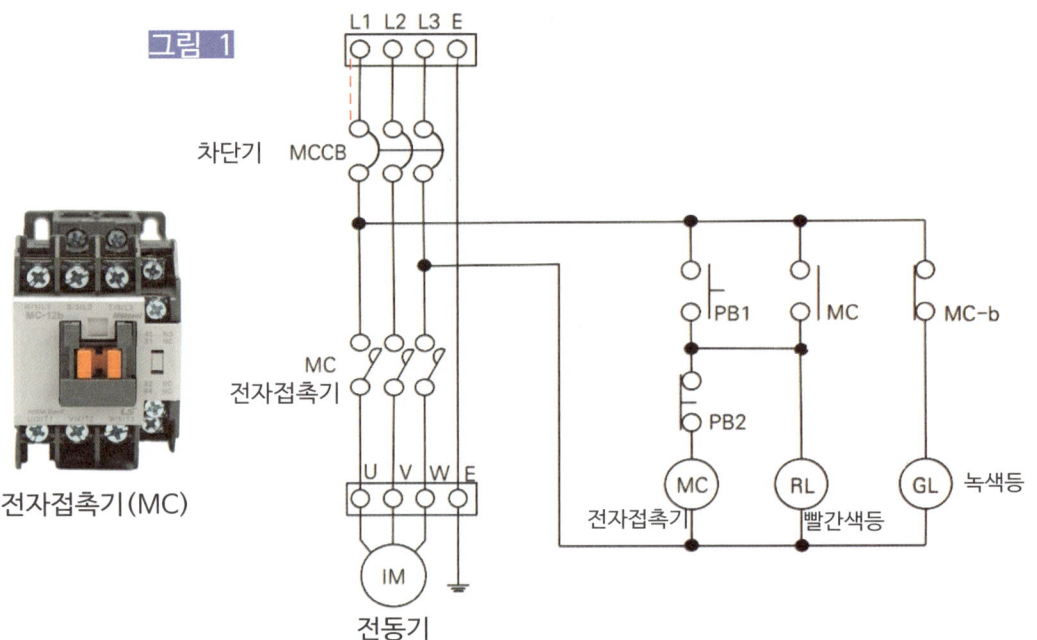

그림 2 그림 1에서 차단기를 ON 하면 GL이 점등된다.
차단기(MCCB)가 ON되면 전원 공급이 되어 GL이 점등한다.

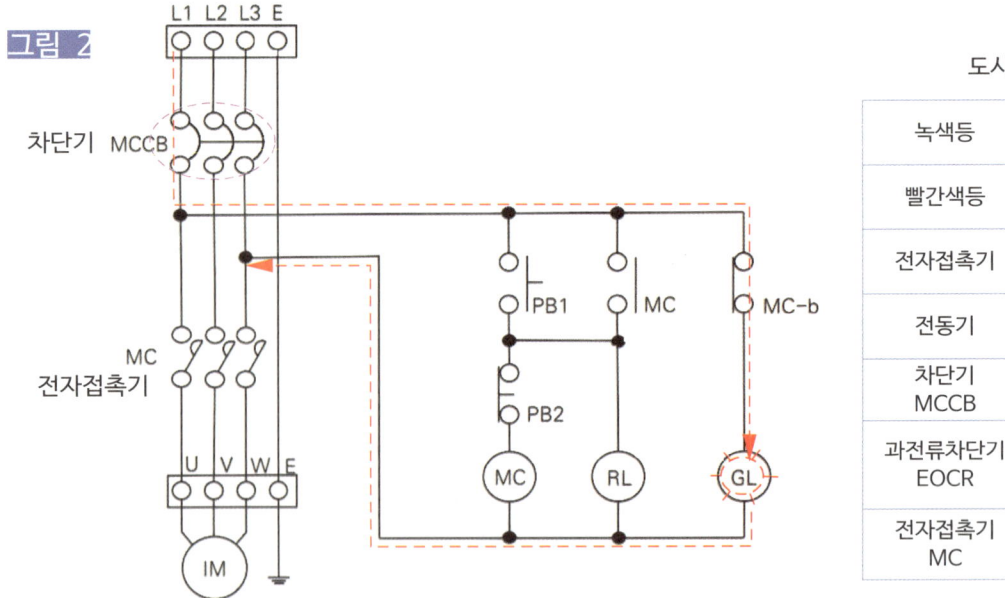

그림 3 그림 1에서 PB1을 누르면 MC는 여자되어 자기유지되고 RL은 점등하며, GL은 소등한다. IM(전동기) 기동한다.

상세작동 내용

PB1 ON →

→ MC a접점은 붙어 (MC) 작동(자기유지)
→ MC a접점은 붙어 RL등 점등
→ MC b접점은 떨어져 GL등 소등
→ 전자접촉기 주접점(MC) 붙어 전동기 기동

그림 1

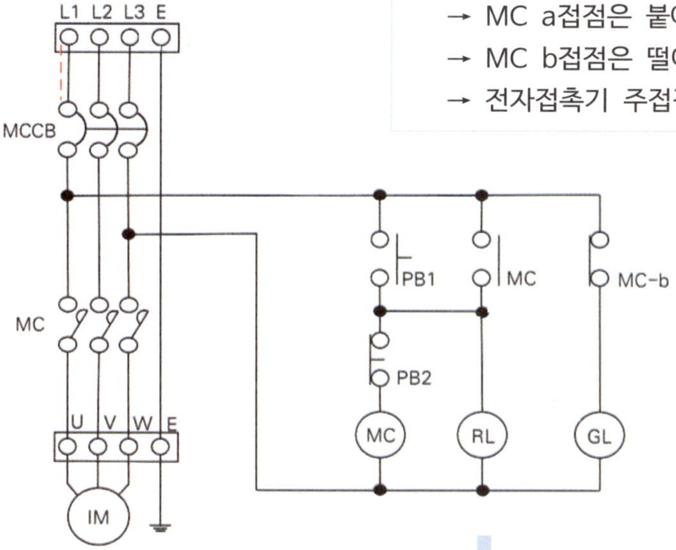

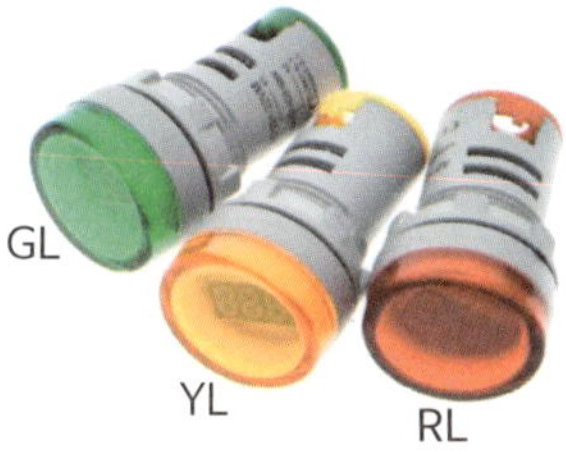

그림 3

표시등

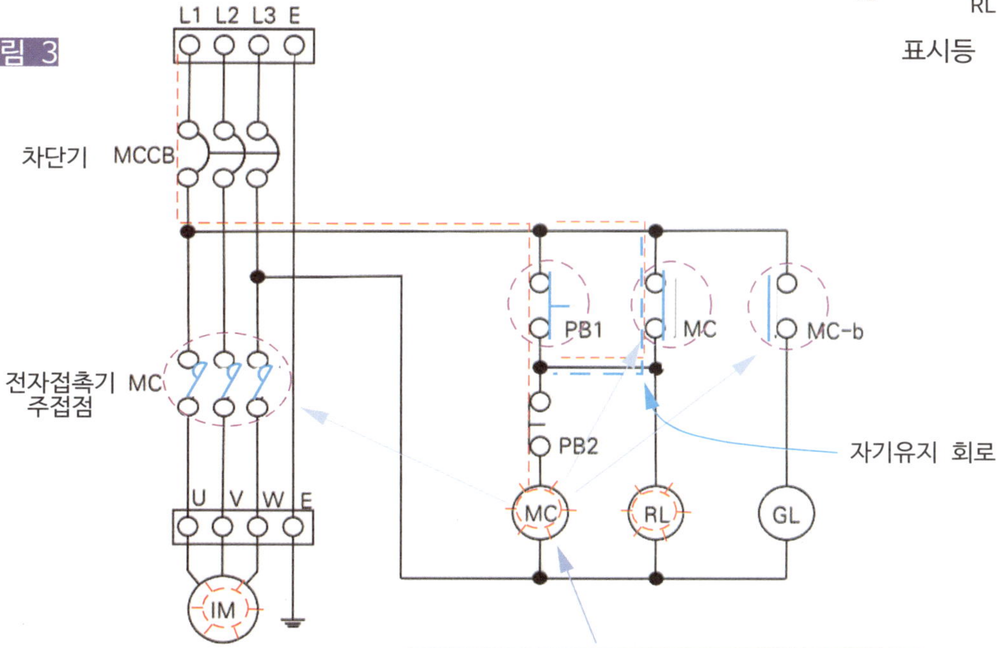

(MC) 여자(작동)로, 주접점 MC, MC-a, MC-b 릴레이 작동한다

자기유지 회로

그림 4 **그림 3** 전기동가 작동하고 있는 상태에서 PB2를 누르면 MC는 소자되고 자기유지는 해제되며, GL은 점등한다.

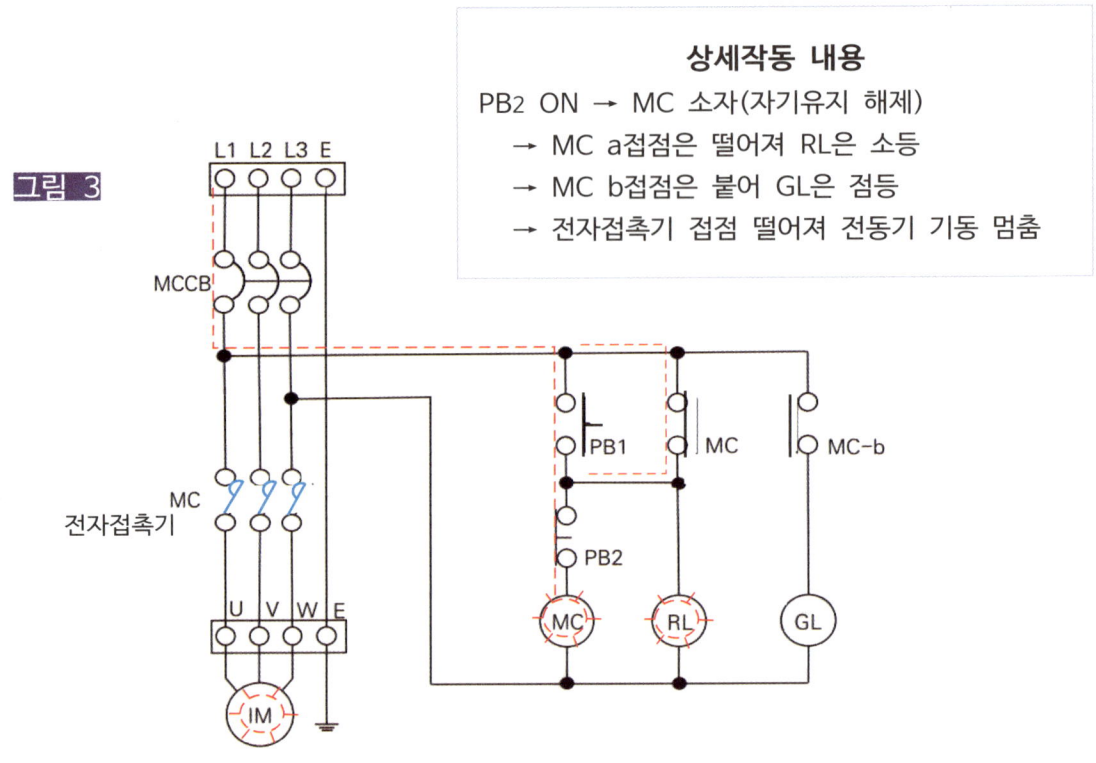

상세작동 내용
PB2 ON → MC 소자(자기유지 해제)
→ MC a접점은 떨어져 RL은 소등
→ MC b접점은 붙어 GL은 점등
→ 전자접촉기 접점 떨어져 전동기 기동 멈춤

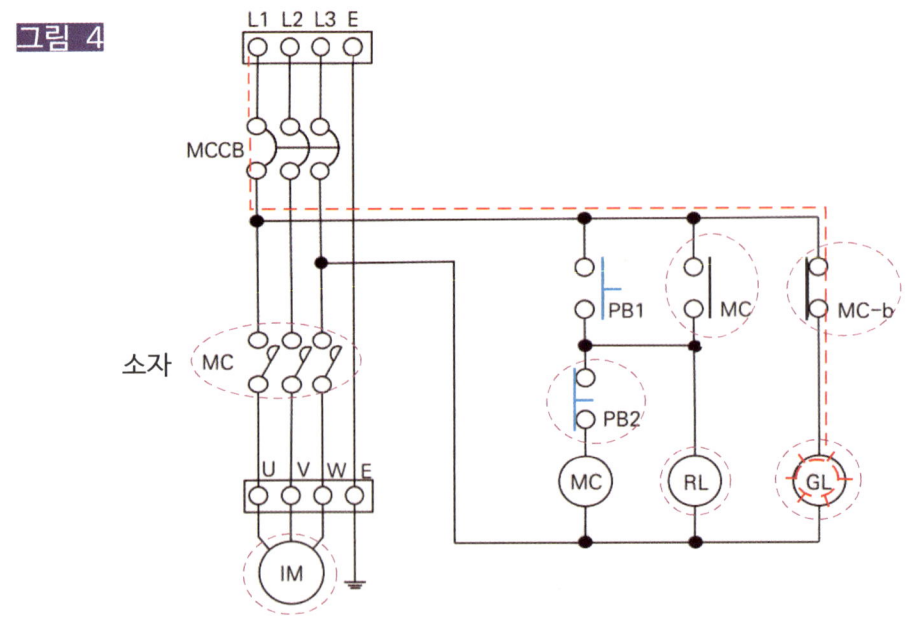

도시기호	
녹색등	GL
빨간색등	RL
전자접촉기	MC
전동기	IM
차단기 MCCB	
과전류차단기 EOCR	EOCR
전자접촉기 MC	

13. 과전류계전기 회로

과전류계전기(過電流繼電器)란
계전기에 흐르는 전류가 설정값 이상일 때 작동하는 계기이다.
전기 설비를 과전류로부터 보호하며, 전기 회로에서의 단락 사고를 막는 데 사용된다.

작동 순서

과전류계전기

그림 1 동작설명

차단기를 ON 하면 GL(녹색 표시등)이 점등된다.

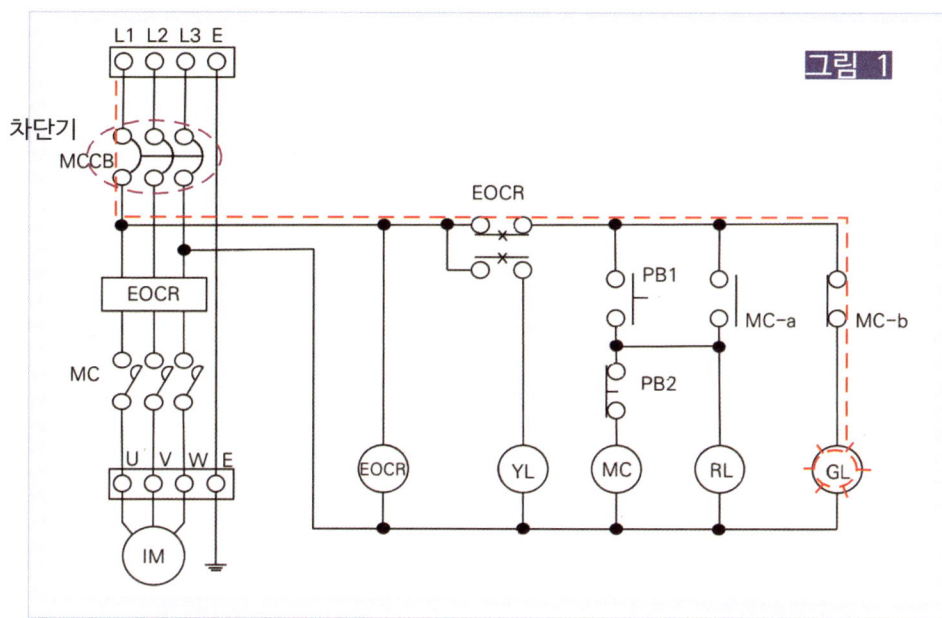

그림 2 동작설명

PB1을 누르면 MC가 여자, 자기유지되며 RL이 점등하고 GL이 소등한다. IM(전동기)이 기동한다.

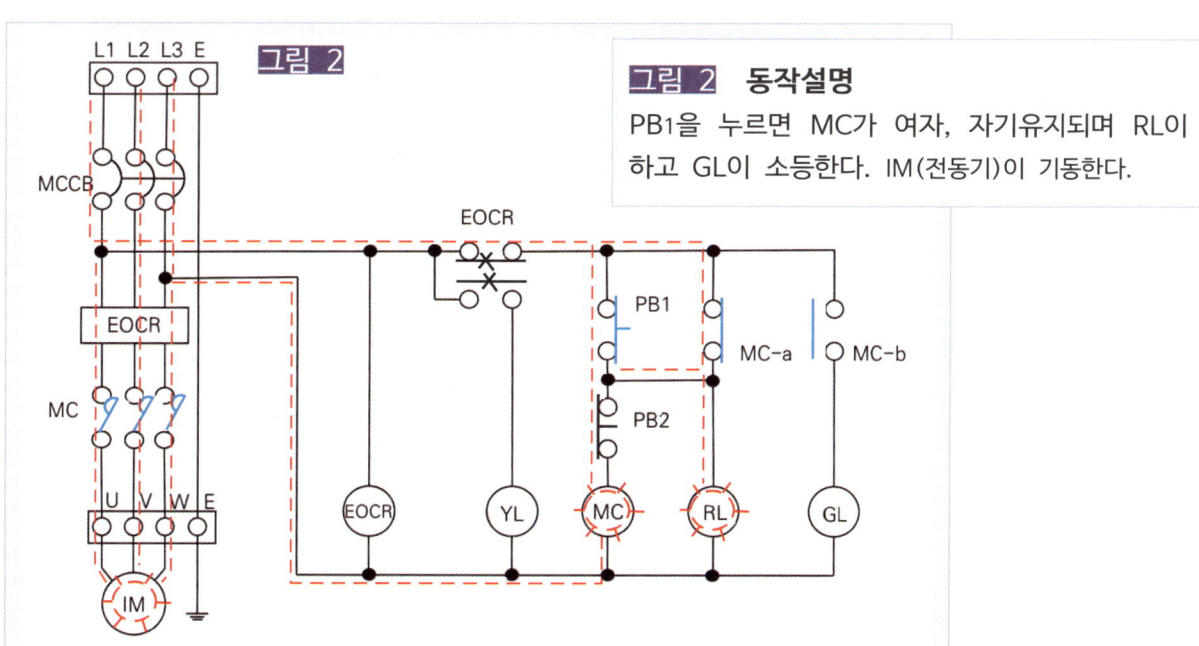

그림 3 동작설명

그림 2의 PB1을 눌러 MC가 여자, 자기유지되며 RL이 점등하고 GL이 소등한다.
IM(전동기)이 작동하고 있다.

그림 2의 전동기 기동상태에서,
그림 3의 PB2를 누르면 (MC)가 소자되어 주접점 MC는 접점이 열리고(떨어지고),
  MC-a 릴레이는 접점이 열려(떨어져) 자기유지가 해제되고 RL은 소등, GL은 점등한다.
  IM(전동기)이 작동은 멈춘다.

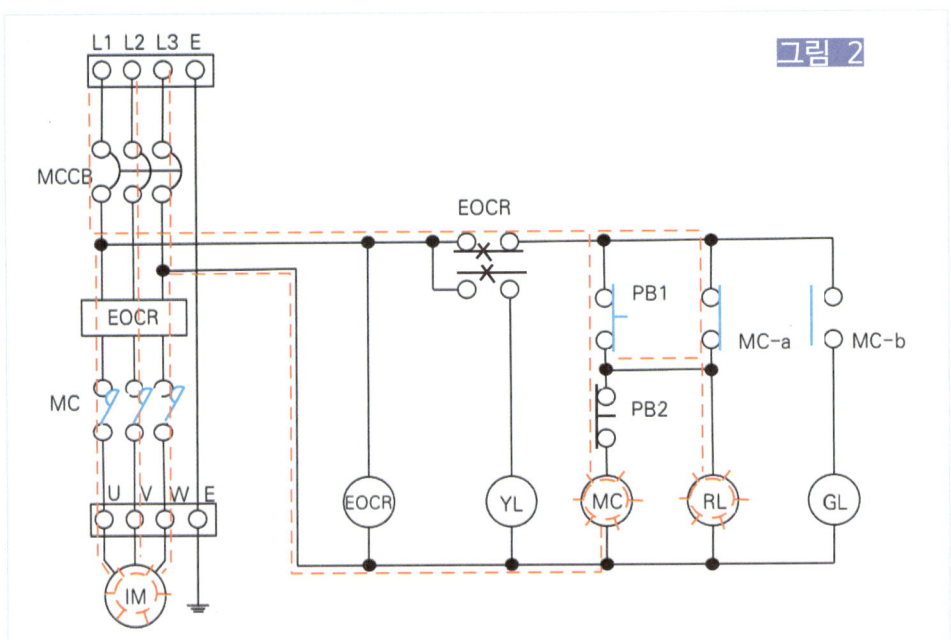

그림 2

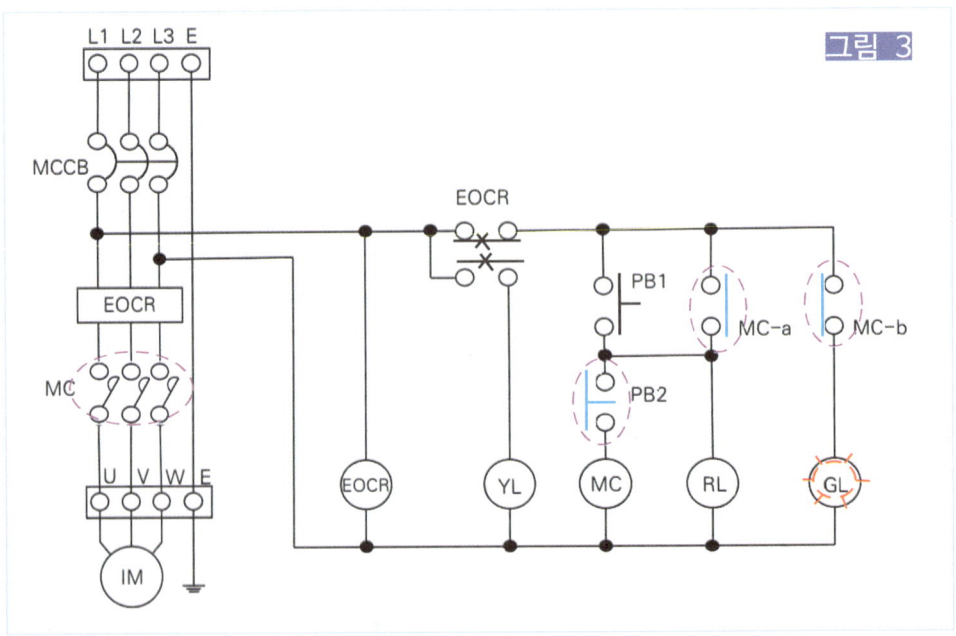

그림 3

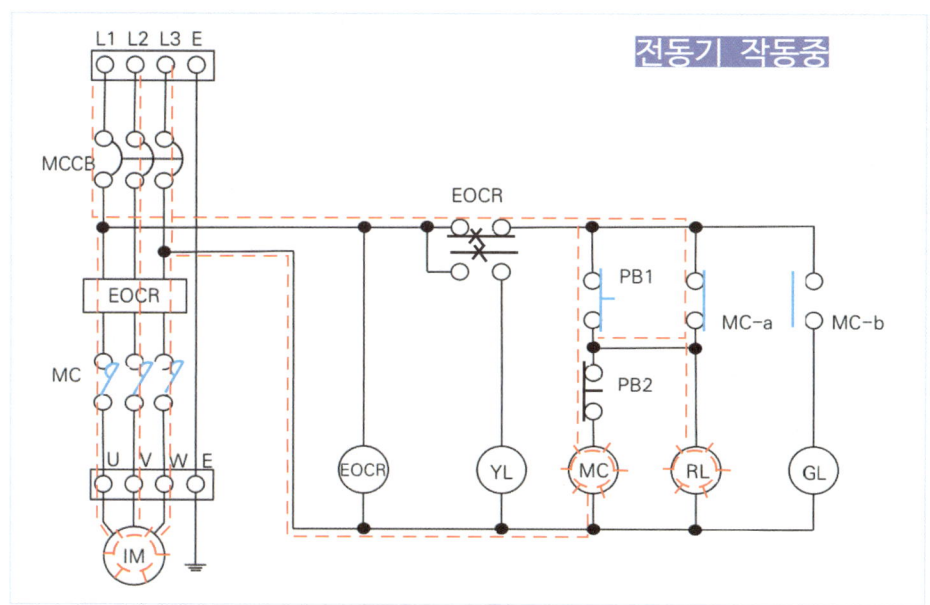

과전류차단기(EOCR) 작동

전동기 운전 중, 또는 평상시(전동기 멈춤)에서 전선에 과전류가 흘러 과전류차단기(EOCR)가 작동 했을 때
과전류차단기(EOCR) 작동 → EOCR a접점 릴레이는 붙고, b접점 릴레이는 열린다. YL등 점등한다.

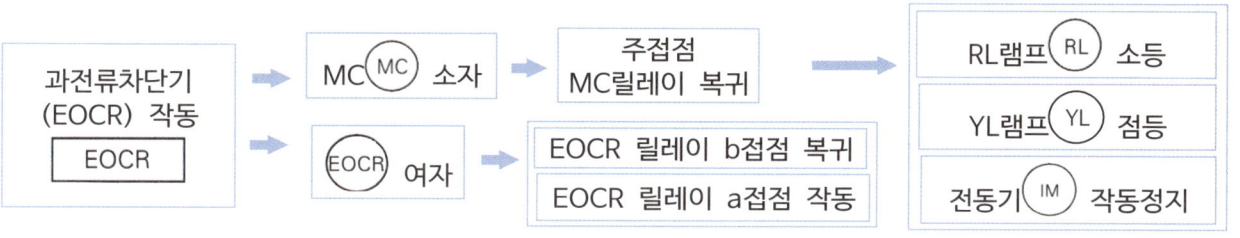

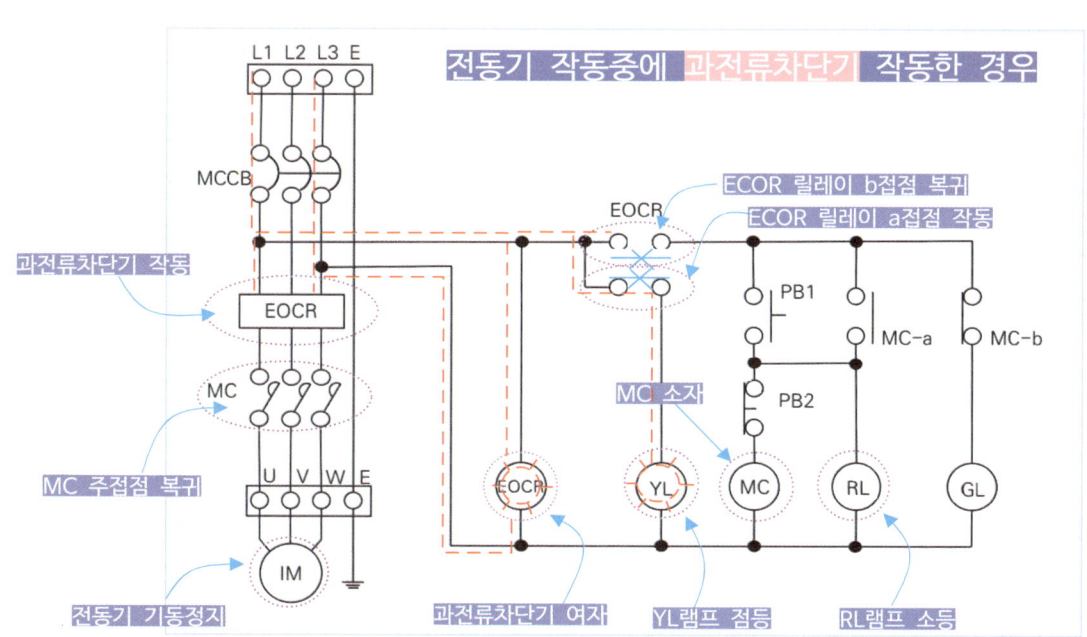

14. 정역운전 회로

정역운전이란 정방향 또는 역방향 운전(회전)이 가능한 회로를 말한다.
전동기의 정(정방향), 역(역방향)운전이 가능한 회로를 말한다.

R S T
M

그림 1

R S T
M

그림 2

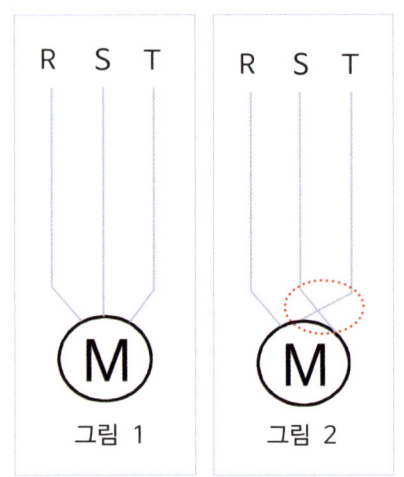

정역운전 전동기 회로

그림 1과 같이 전동기 연결 선 R, S, T의 결선으로 정방향 운전(회전)이 되는 결선상태에서,

그림 2와 같이 R, S, T의 3선 중 2선을 다른 곳에 결선하면 전동기가 역방향 운전(회전)이 된다(그림 2와 다르게 R, S, T의 3선 중 2선을 교차 연결하면 된다)

전동기를 (M), (IM)으로 표기한다

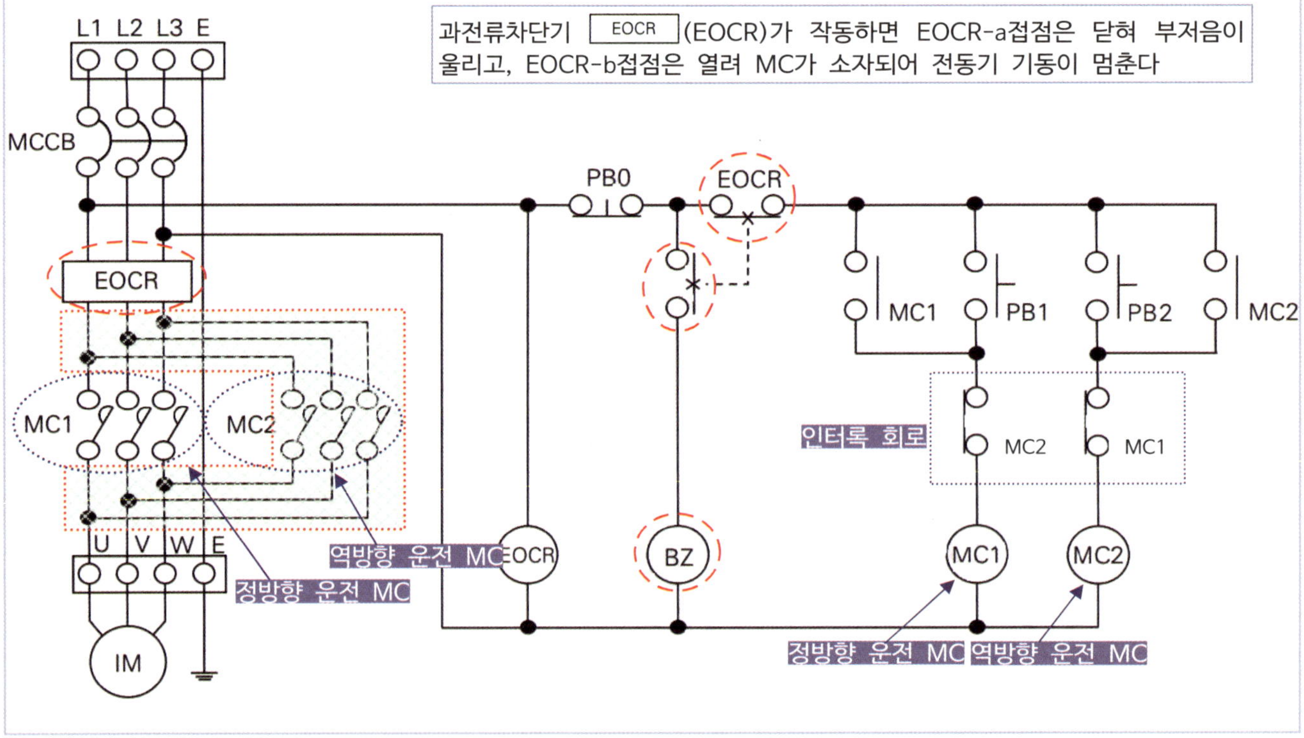

과전류차단기 EOCR (EOCR)가 작동하면 EOCR-a접점은 닫혀 부저음이 울리고, EOCR-b접점은 열려 MC가 소자되어 전동기 기동이 멈춘다
L1 L2 L3 E
MCCB
EOCR
MC1
MC2
U V W E
IM
역방향 운전 MC
정방향 운전 MC
PB0
EOCR
MC1
PB1
PB2
MC2
인터록 회로
MC2
MC1
EOCR
BZ
MC1
MC2
정방향 운전 MC
역방향 운전 MC

그림에서 L1(U), L2(V), L3(W) 결선으로 전동기(IM)가 정회전 한다.
빨간 점선 L1(W), L2(V), L3(U) 결선으로 전동기(IM)가 역회전 한다.

작동 순서

과전류차단기 EOCR 작동하면 열동계전기 a접점은 닫히고, b접점은 열린다.

그림 1

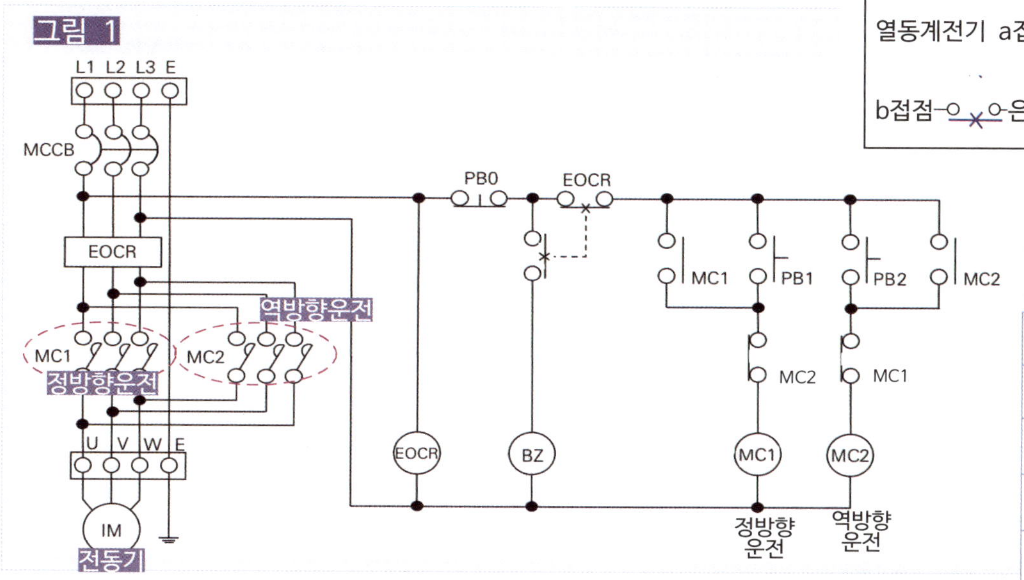

도시기호

부저	BZ
전자접촉기	MC
전동기 IM	IM
차단기 MCCB	
과전류계전기 EOCR	EOCR
전자접촉기 MC	

그림 2 정방향 운전 동작설명

그림 1 에서 PB1을 누르면 MC1이 여자되어 자기유지된다. 전동기는 정방향으로 회전한다.

PB1(버튼) 누름 → (MC1) 여자 → MC1 주접점 닫힘, MC1-a접점 닫힘(자기유지) → 전동기 정방향 회전

PB1 누름 → MC1 (MC1) 여자 → 주접점 MC1 릴레이 작동 / MC1-a 릴레이작동(자기유지) → 전동기 (IM) 작동 (정방향 운전)

과전류차단기 작동하면 EOCR여자되어 a접점은 닫혀 BZ가 울리고, b접점은 열려 MC가 소자, IM 기동정지한다

그림 2

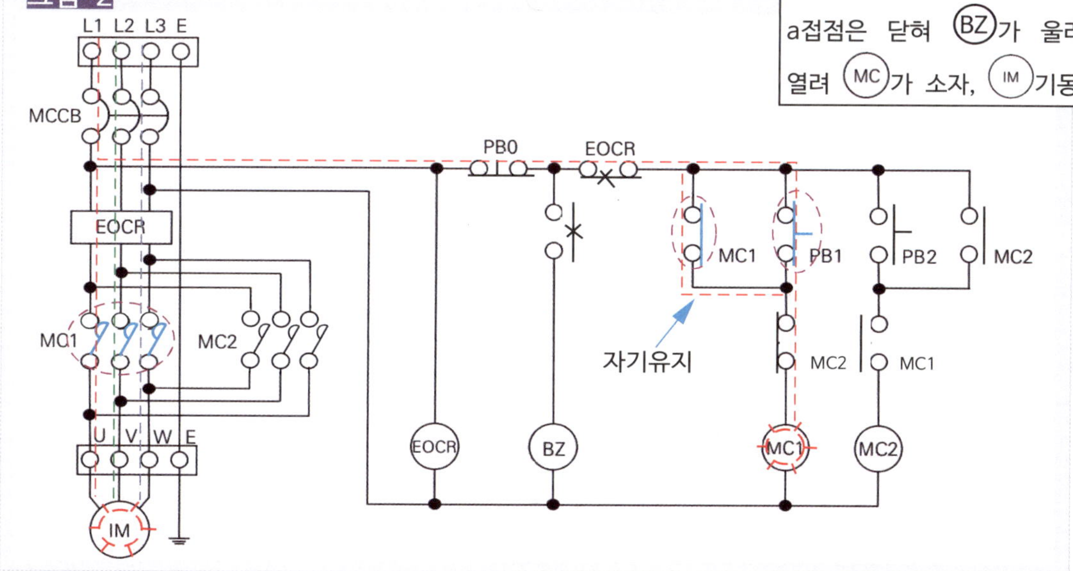

자기유지

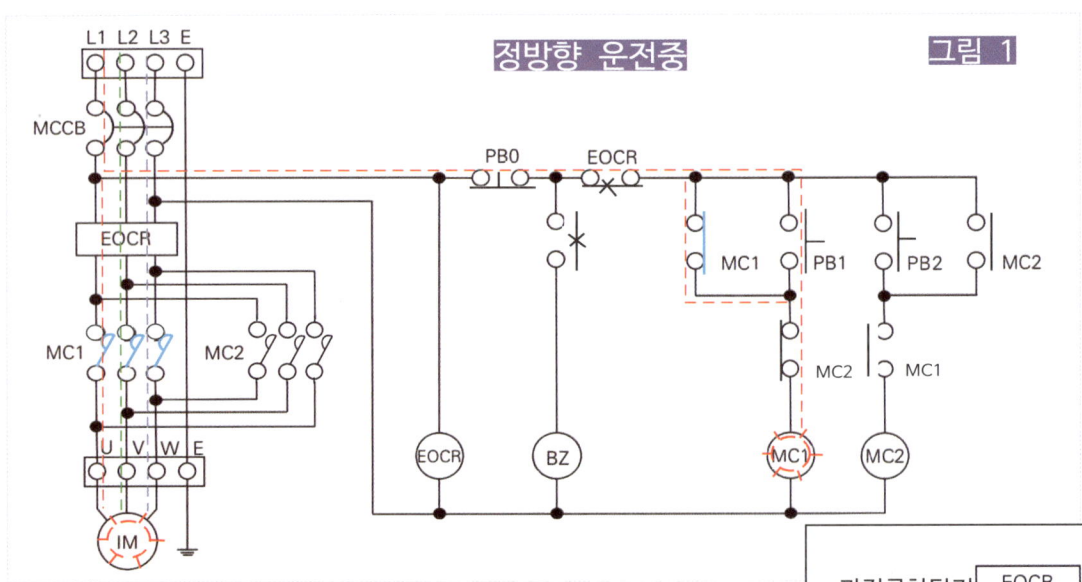

그림 2 역방향 운전 동작설명

PB2를 누르면,
MC2가 여자되고 자기유지된다. 전동기는 역방향으로 회전한다.

PB2(버튼) 누름 → MC2 여자(자기유지) → 전동기 역방향 회전

과전류차단기 EOCR 작동하면
열동계전기 a접점 —o⨯o— 은 닫히고,
b접점 —o⨯o— 은 열린다.

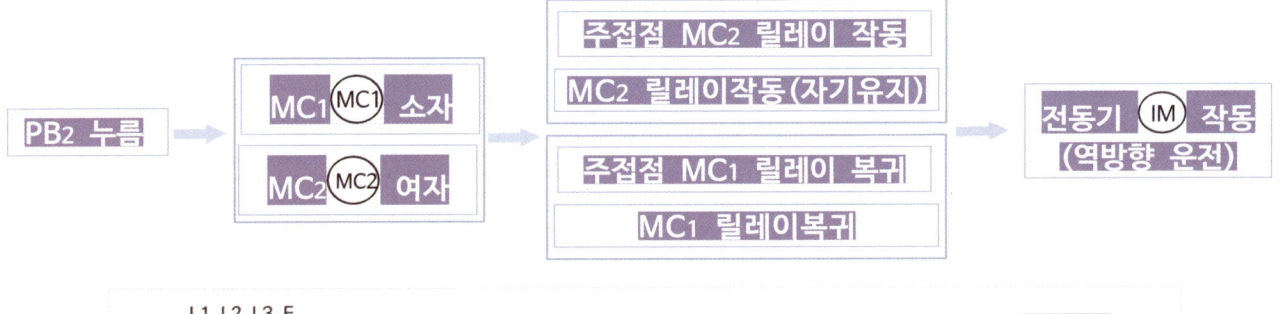

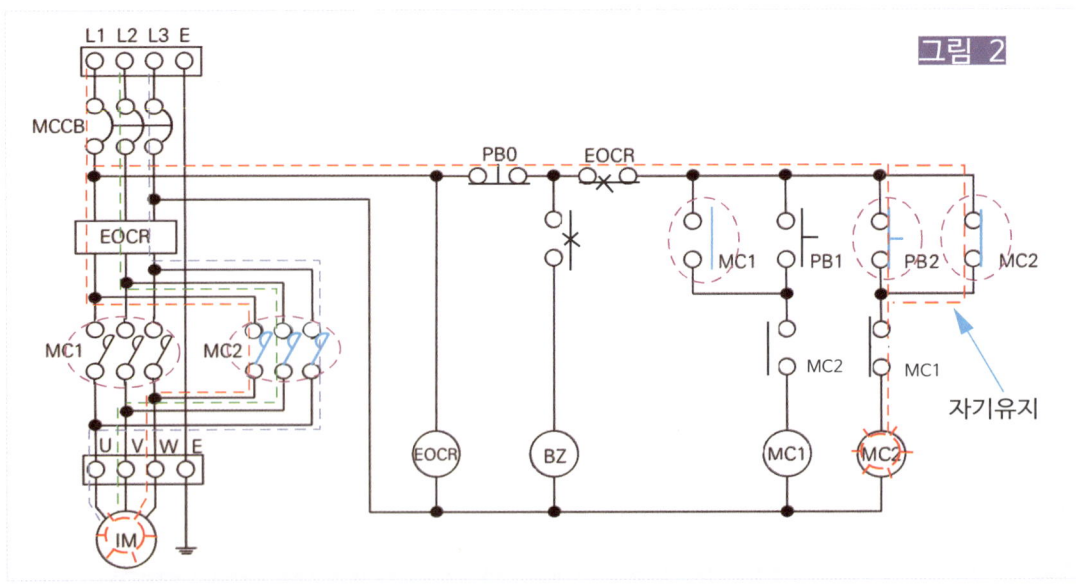

역방향 운전중   그림 1

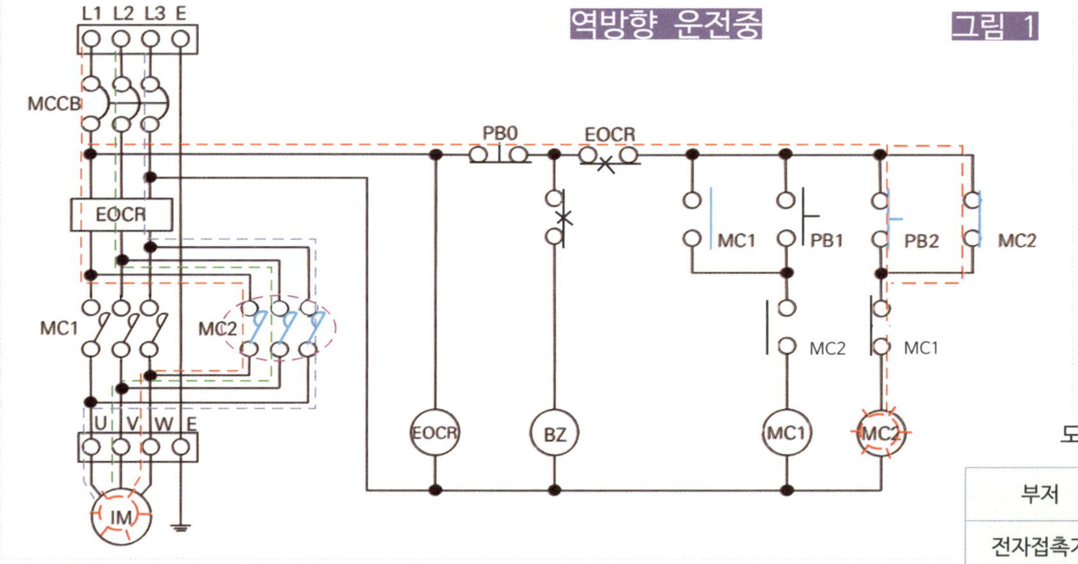

도시기호

부저	BZ
전자접촉기	MC
전동기 IM	IM
차단기 MCCB	
과전류계전기 EOCR	EOCR
전자접촉기 MC	

그림 2   전동기 작동정지 설명

그림 1에서 역방향전중 PB0를 누르면 회로는 초기화된다.

PB0(버튼) 누름 → 회로 초기화

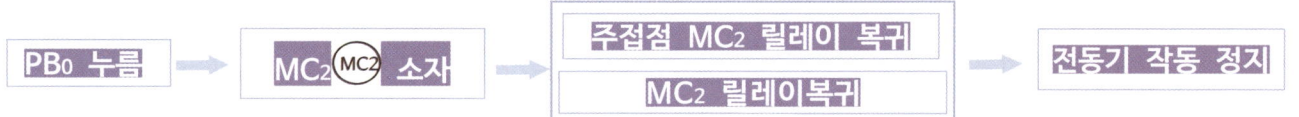

PB0 누름 → MC2 소자 → 주접점 MC2 릴레이 복귀 / MC2 릴레이복귀 → 전동기 작동 정지

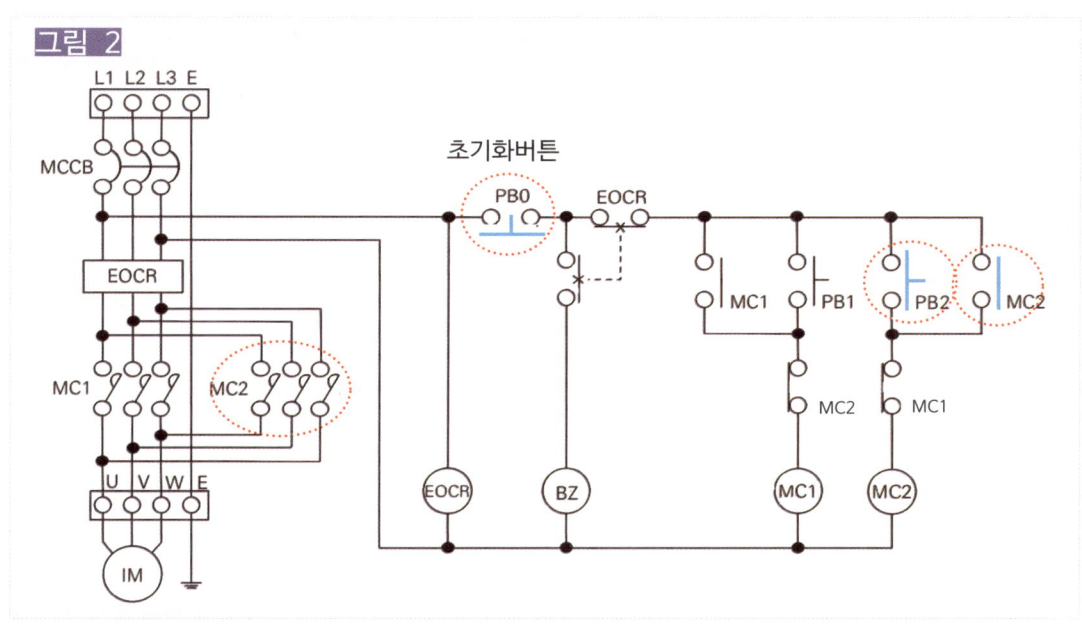

그림 2

초기화버튼

15. Y-⊿(델타) 기동 회로

Y-⊿ 기동 회로란, Y회로로 기동을 하며, ⊿회로로 운전하는 것을 말한다.
Y-⊿ 기동 회로를 사용하는 이유는 기동전류를 줄이는데 있다.

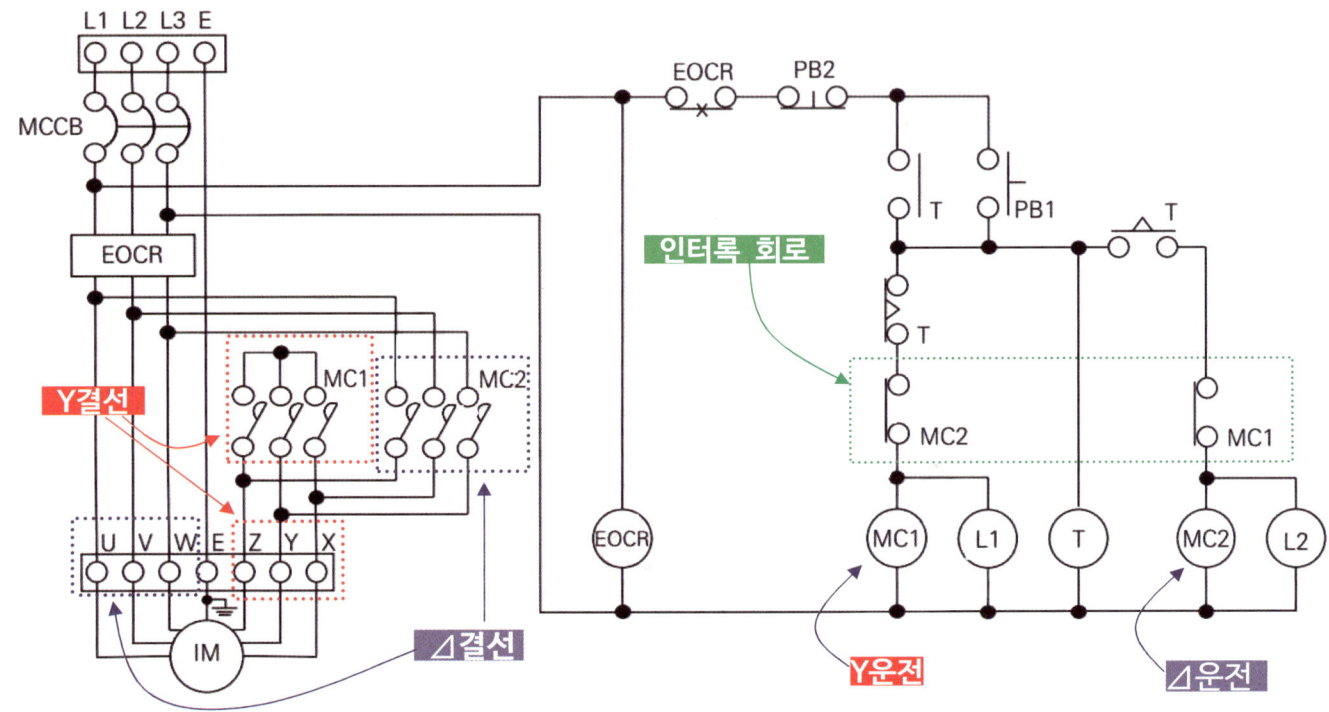

운전 순서

Y회로(결선) 운전후 T(타이머 설정시간)초후에 ⊿회로(결선) 운전을 한다.

Y회로(결선) 운전 : X, Y, Z선 운전
⊿회로(결선) 운전 : U, V, W선 운전

인터록회로

Y회로 운전과 ⊿회로 운전을 절대 동시에 작동하는 것을 방지하는 기능의 회로이다.
전자접촉기 MC1이 작동하면 MC1 b접점이 떨어져 회로를 차단하여 전자접촉기 MC2가 작동하지 못하도록 하고,
전자접촉기 MC2가 작동하면 MC2 b접점이 떨어져 회로를 차단하여 전자접촉기 MC1이 작동하지 못하도록 한다.

Y운전

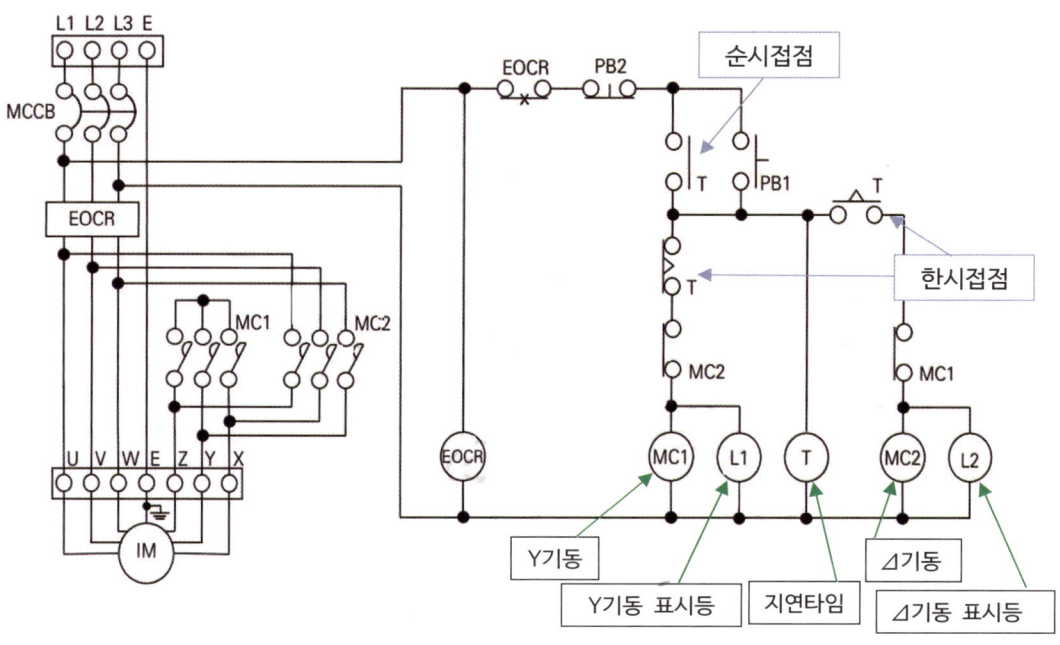

Y운전 순서

PB1을 누른다 → ⓣ작동(즉시작동) → T릴레이 a접점 붙고(녹색점선 자기유지회로), b접점 t초후 떨어진다. → MC1 작동 → 주접점 MC1릴레이 붙고, MC1릴레이 b접점 떨어진다 → 운전표시등 Ⓛ1 점등 → 전동기 ⓘⓜ Y운전

타이머

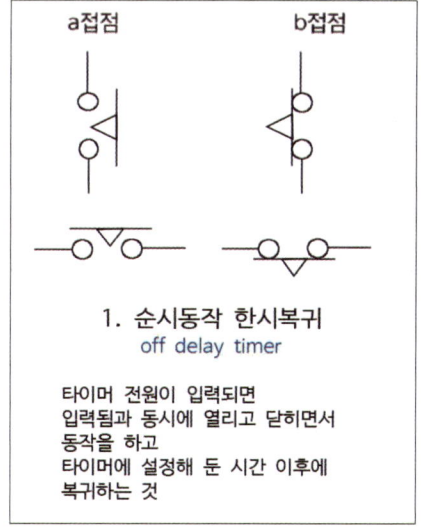

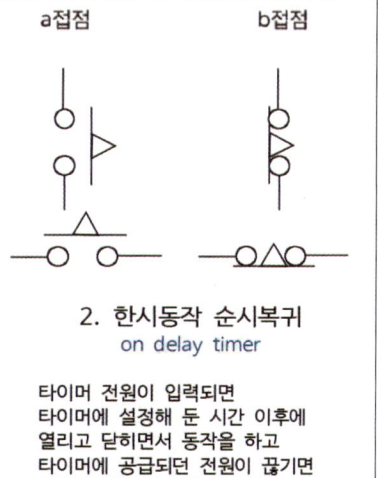

도시기호

타이머	T
전자접촉기	MC
전동기 IM	IM
차단기 MCCB	
과전류계전기 EOCR	EOCR
전자접촉기 MC	
타이머 순시동작 한시복귀	
타이머 한시동작 순시복귀	
타이머 즉시동작	T

작동 순서(흐름)

PB1 누름
↓
T 여자(작동)   MC1(MC1) 여자(작동)
↓
T릴레이 a접점 붙음
(녹색점선- 자기유지회로 구성)

타이머에 설정된 시간 경과후에
T릴레이 a접점 - 닫힘
T릴레이 b접점 - 열림

주접점 MC1 릴레이 붙음 → 전동기 IM Y운전

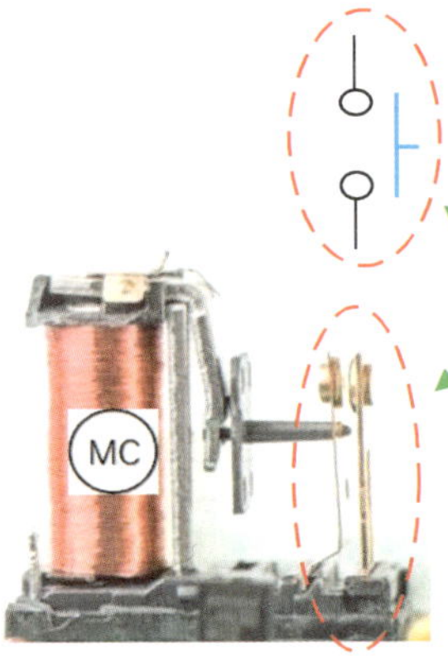

MC1 b접점 릴레이 떨어짐
(인터락 기능)

운전표시등 L1 점등

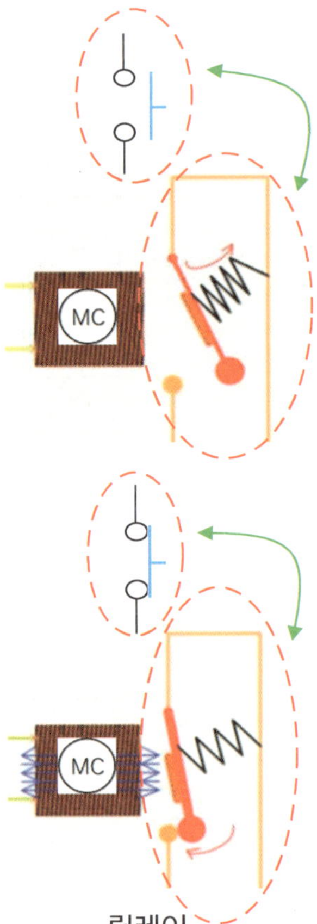

릴레이

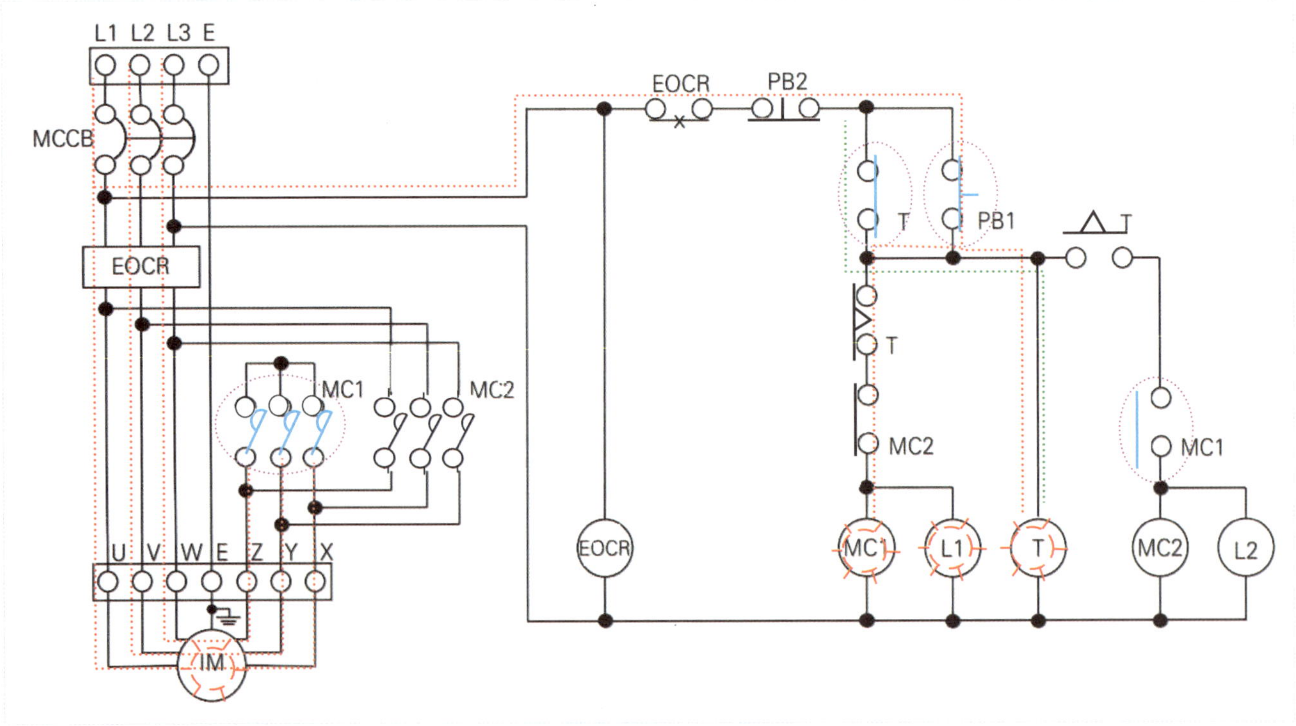

△운전

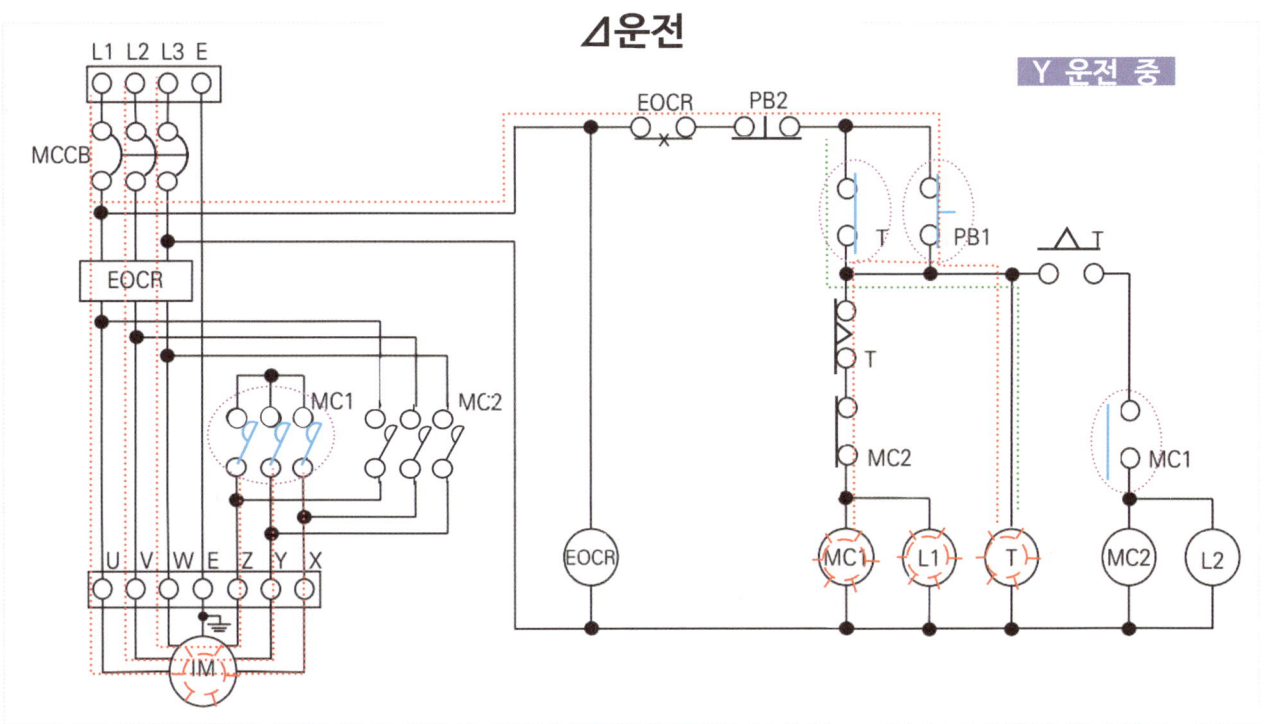

△운전 순서

T초후 → T릴레이 a접점 붙고(녹색점선 자기유지회로), b접점 떨어진다.
→ MC2(MC2)작동 → 주접점 MC2 릴레이 붙고, MC2 릴레이 떨어진다
→ 운전표시등 L2 점등
→ 전동기 IM △운전

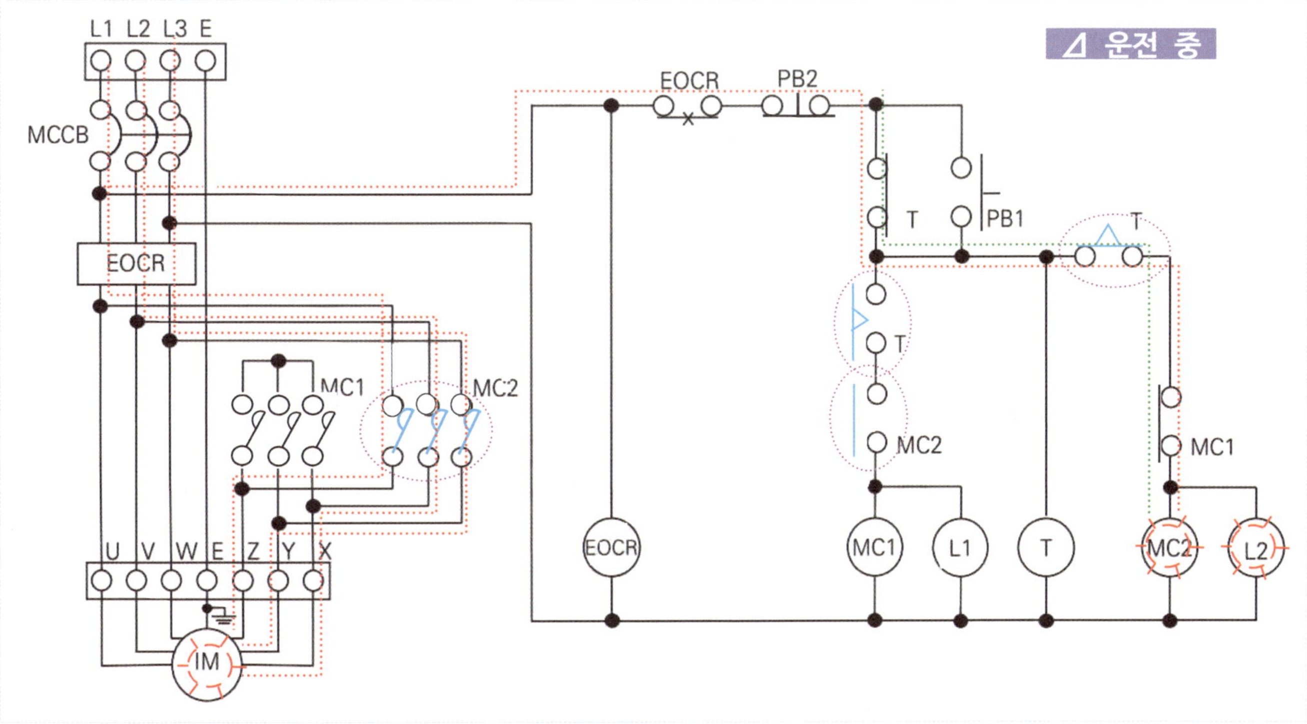

작동 순서(흐름)

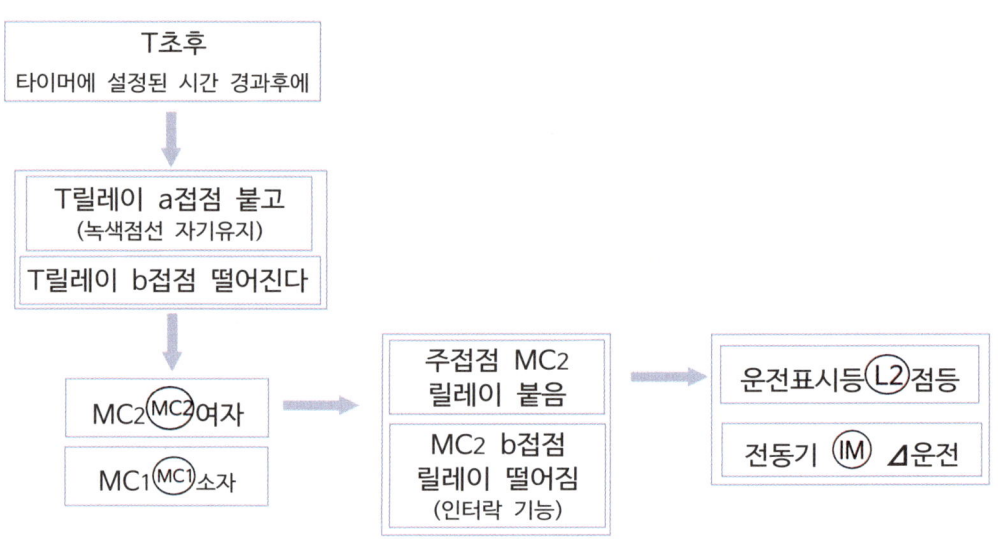

```
T초후
타이머에 설정된 시간 경과후에
      ↓
T릴레이 a접점 붙고
(녹색점선 자기유지)
T릴레이 b접점 떨어진다
      ↓
MC2(MC2)여자         →    주접점 MC2        →    운전표시등 L2 점등
MC1(MC1)소자              릴레이 붙음
                          MC2 b접점              전동기 IM Δ운전
                          릴레이 떨어짐
                          (인터락 기능)
```

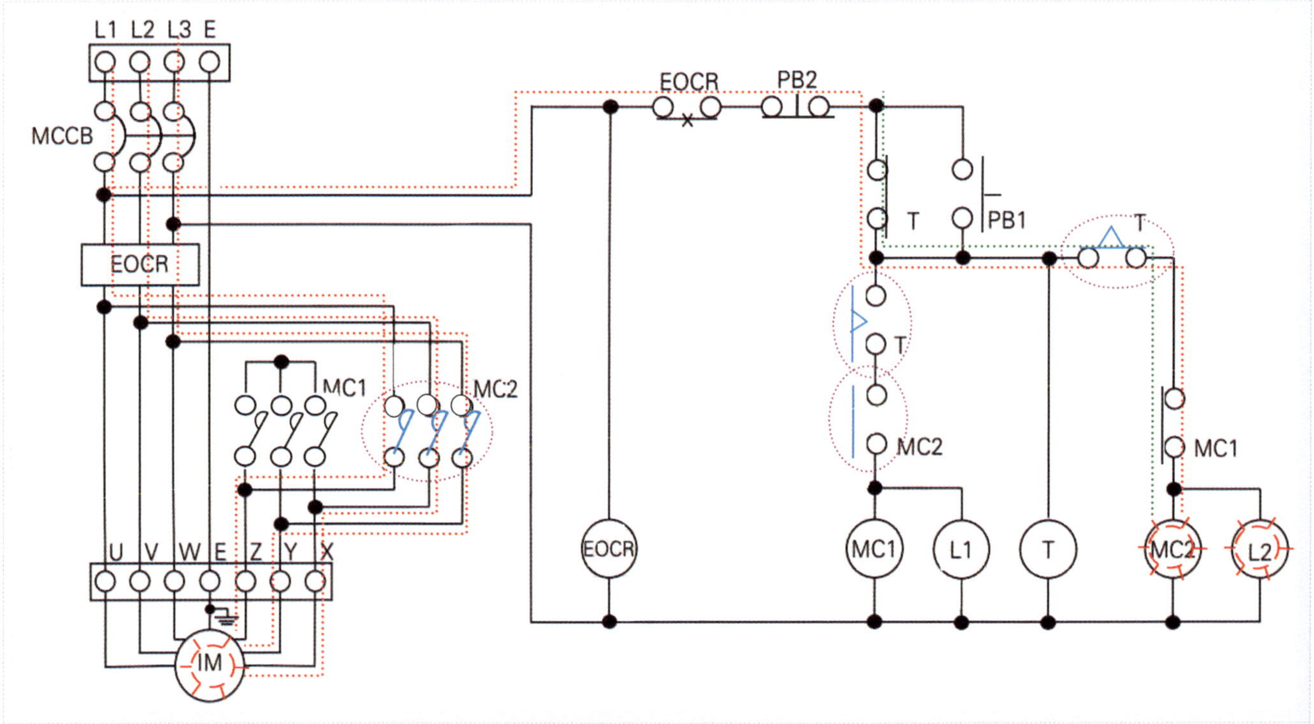

Ⅱ. 소방시설 시퀀스 회로

1. 2개소 전동기 기동, 정지회로 ································· 52
2. 급수설비 회로(플로트스위치를 사용한 레벨제어회로) ········ 53
3. 정역운전 회로 ·· 56
4. 전동기 Y-Δ(델타) 기동 회로 ································· 57
5. 상용전원 및 예비전원 결선도 ·································· 62

1. 2개소 전동기 기동, 정지회로

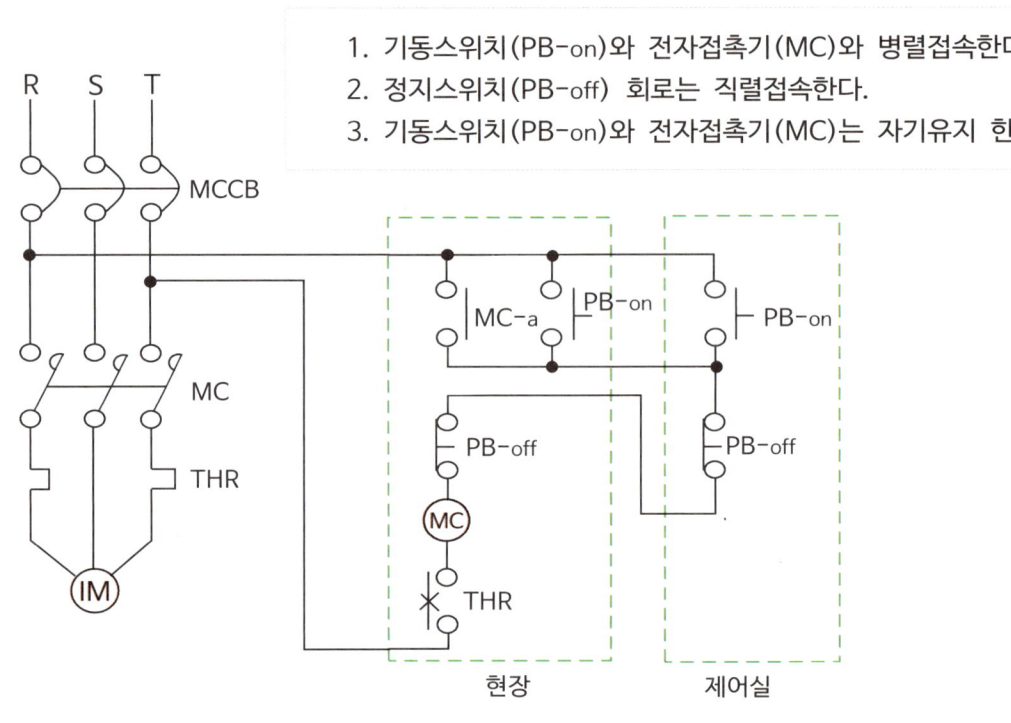

1. 기동스위치(PB-on)와 전자접촉기(MC)와 병렬접속한다.
2. 정지스위치(PB-off) 회로는 직렬접속한다.
3. 기동스위치(PB-on)와 전자접촉기(MC)는 자기유지 한다.

회로 연결 참고 내용

현장에 PB-on 1개, PB-off 1개설치,
제어실에 PB-on 1개, PB-off 1개설치해야 한다.

현장에서도 제어실에서도 모두 작동시킬 수 있도록 하려면, 전자접촉기(MC)는 PB-on과 병렬 연결해야 한다.(하나가 작동하면 회로연결이 되어 작동되도록 한다)

PB-on 과 PB-off는 직렬연결해야 한다.
PB-off 하나라도 작동하면 회로연결이 끊겨야 한다.

이름	기호	내용
전자접촉기	(MC)	전자석을 사용하여 전기 회로의 개폐를 하는 장치
전동기 IM	(IM)	전기 에너지로부터 회전력을 얻는 기계
차단기 MCCB		전류가 흐르지 못하도록 전선을 끊는 기구
열동계전기		온도가 일정한 값 이상이 되면 작동하는 계전기. 기기의 과부하 또는 과열 방지
전자접촉기 MC		MC OFF상태
전자접촉기 MC		MC ON상태
전자접촉기 MC a접점	MC-a	MC-a접점 OFF상태
전자접촉기 MC a접점	MC-a	MC-a접점 ON상태
푸시버튼 PB a접점		PB-a접점 OFF상태
푸시버튼 PB a접점		PB-a접점 ON상태
푸시버튼 PB b접점		PB-b접점 ON상태
푸시버튼 PB b접점		PB-b접점 OFF상태

2. 급수설비 회로 (플로트스위치를 사용한 레벨제어회로)

① 급수설비 회로

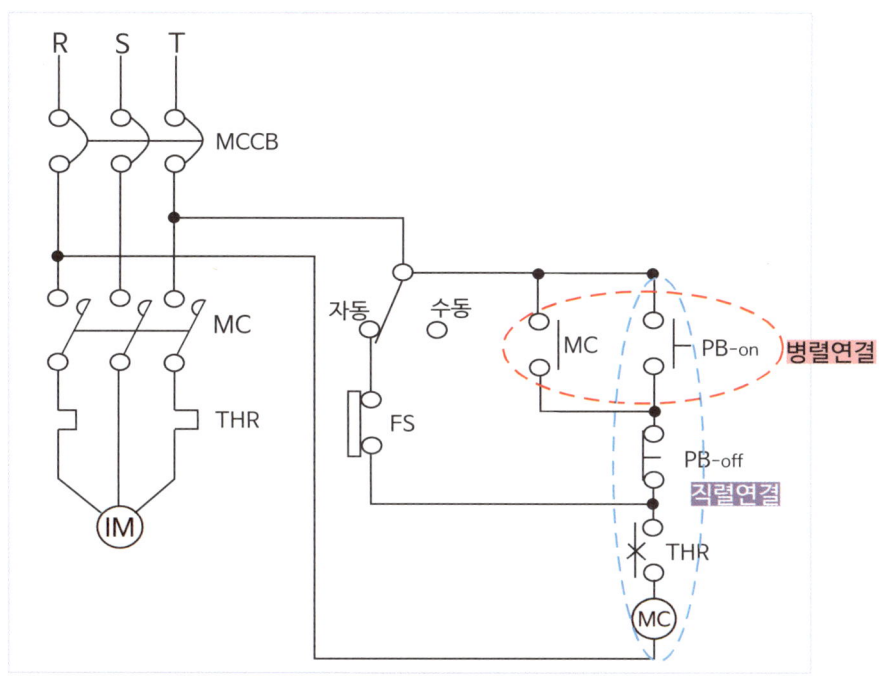

② 급수설비 회로

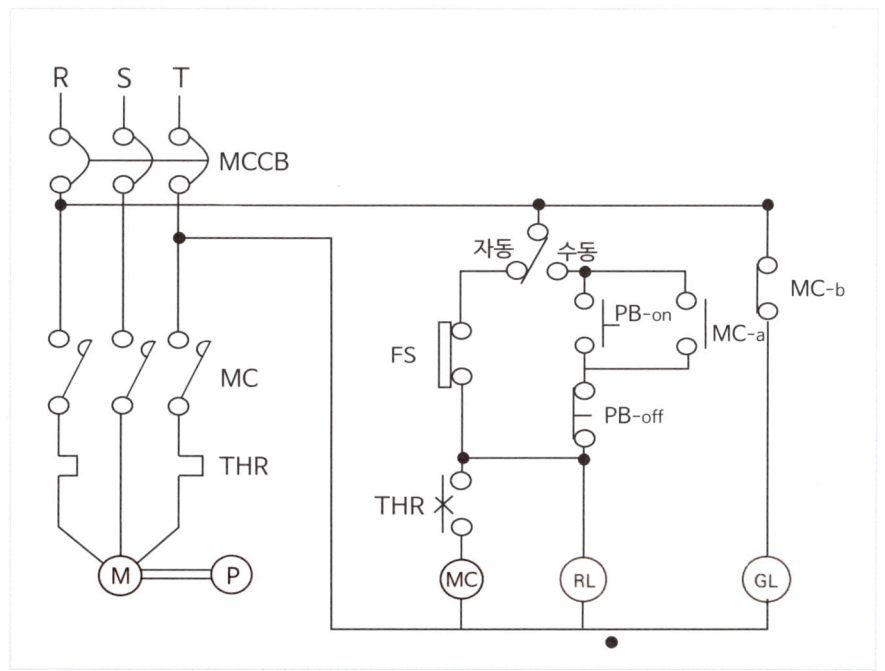

③ 급수설비 회로

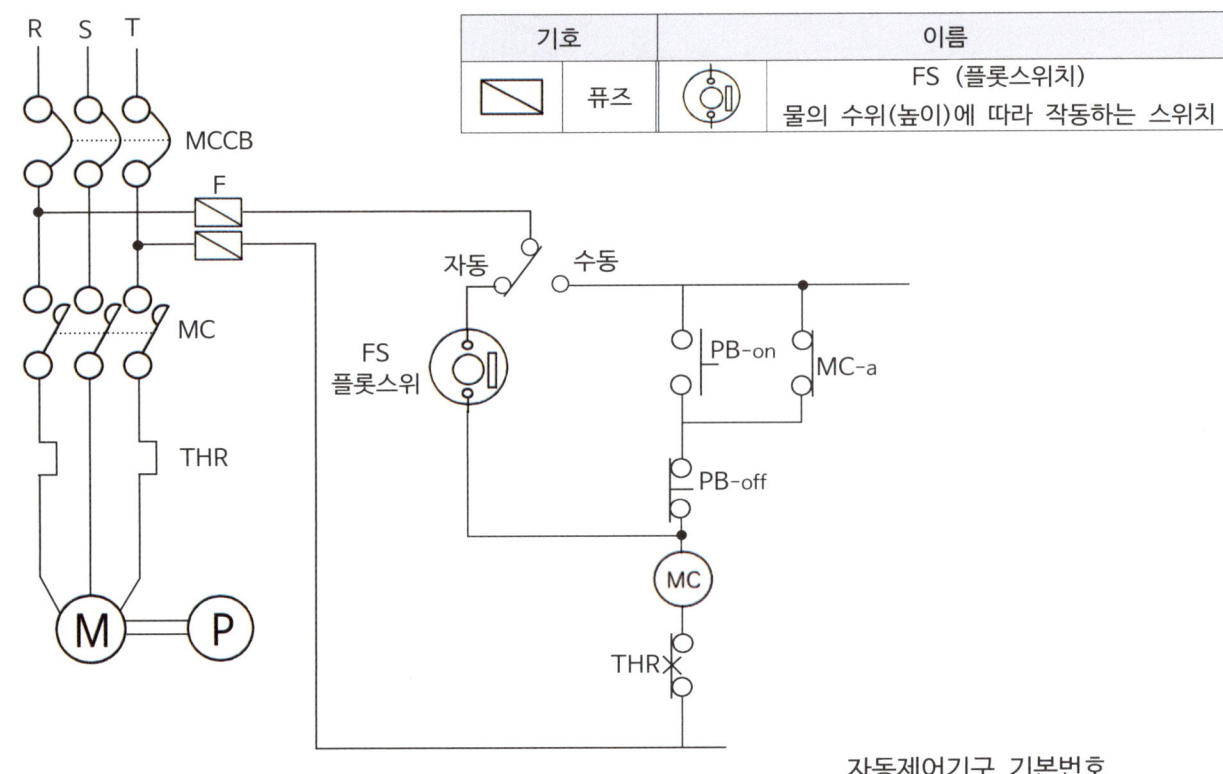

④ 급수설비 회로

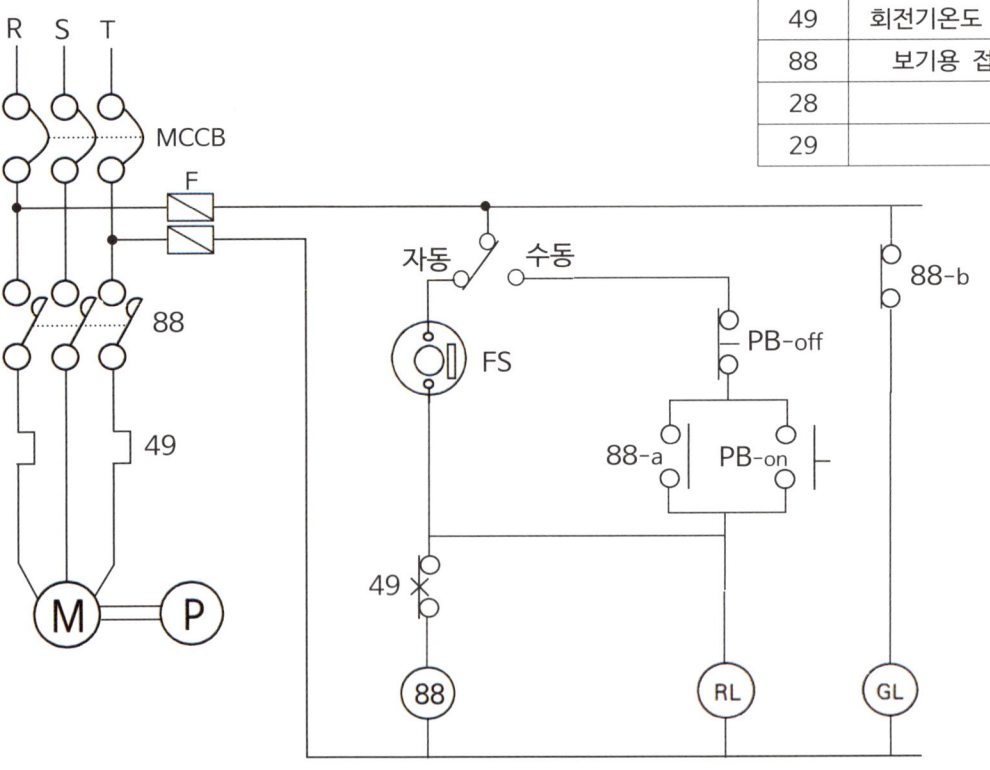

자동제어기구 기본번호

번호	기구명칭
52	교류 차단기(배선용 차단기)
49	회전기온도 계전기(열동 계전기)
88	보기용 접촉기(전자 접촉기)
28	경보장치
29	소화장치

⑤ 급수설비 회로

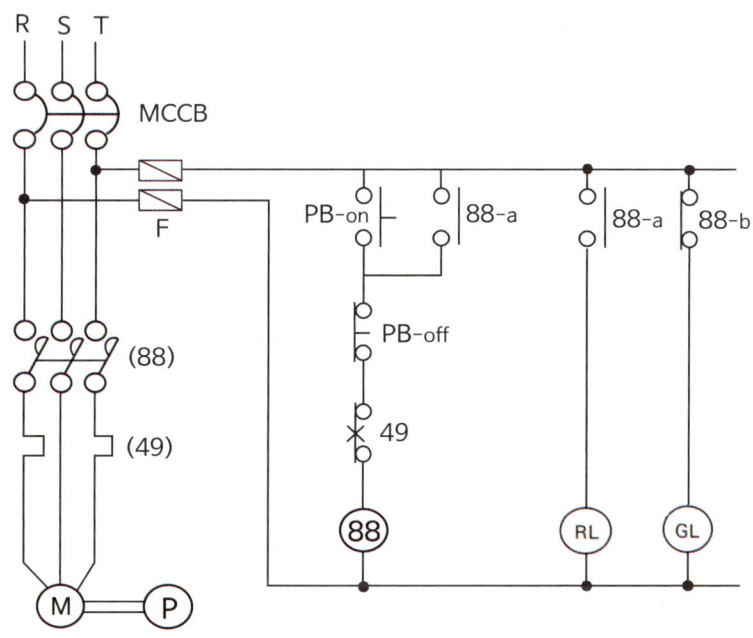

자동제어기구 기본번호

번호	기구명칭
52	교류 차단기(배선용 차단기)
49	회전기온도 계전기(열동 계전기)
88	보조기용 전자 접촉기
28	경보장치
29	소화장치

이름	기호	내용
전자접촉기	MC	전자석을 사용하여 전기 회로의 개폐를 하는 장치
전동기 IM	IM	전기 에너지로부터 회전력을 얻는 기계
모터	M	
펌프	P	
차단기 MCCB		전류가 흐르지 못하도록 전선을 끊는 기구
열동계전기 THR		온도가 일정한 값 이상이 되면 작동하는 계전기. 기기의 과부하 또는 과열 방지
전자접촉기 MC		MC OFF상태
전자접촉기 MC		MC ON상태
전자접촉기 MC a접점	MC-a	MC-a접점 OFF상태
전자접촉기 MC a접점	MC-a	MC-a접점 ON상태
전자접촉기 MC b접점	MC-b	MC-b접점 OFF상태
전자접촉기 MC b접점	MC-b	MC-b접점 ON상태
푸시버튼 PB a접점		PB-a접점 OFF상태
푸시버튼 PB a접점		PB-a접점 ON상태
푸시버튼 PB b접점		PB-b접점 ON상태
푸시버튼 PB b접점		PB-b접점 OFF상태

3. 정역운전 회로(전동기를 정회전 역회전 가능한 회로)

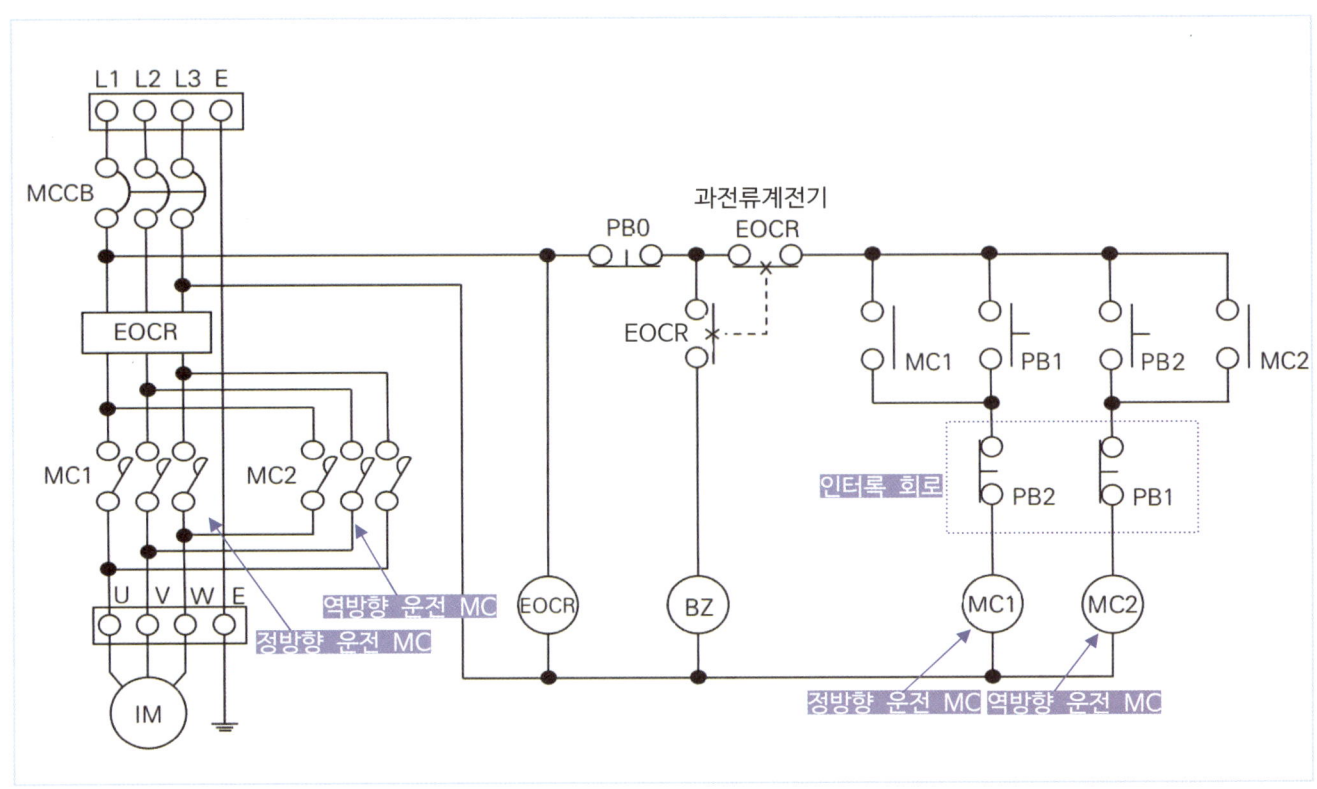

기호		이름		기호		이름	
FR	플리커	GL	녹색등	(MCCB 기호)	차단기 MCCB	BZ	부저
L	램프	RL	빨간색등	EOCR	과전류계전기 EOCR		열동계전기 THR
R	릴레이	YL	노란색등	(MC 기호)	전자접촉기 MC		
T	타이머	IM	전동기	MC	전자접촉기		

4. 전동기 Y-⊿(델타) 기동 회로

사례 1

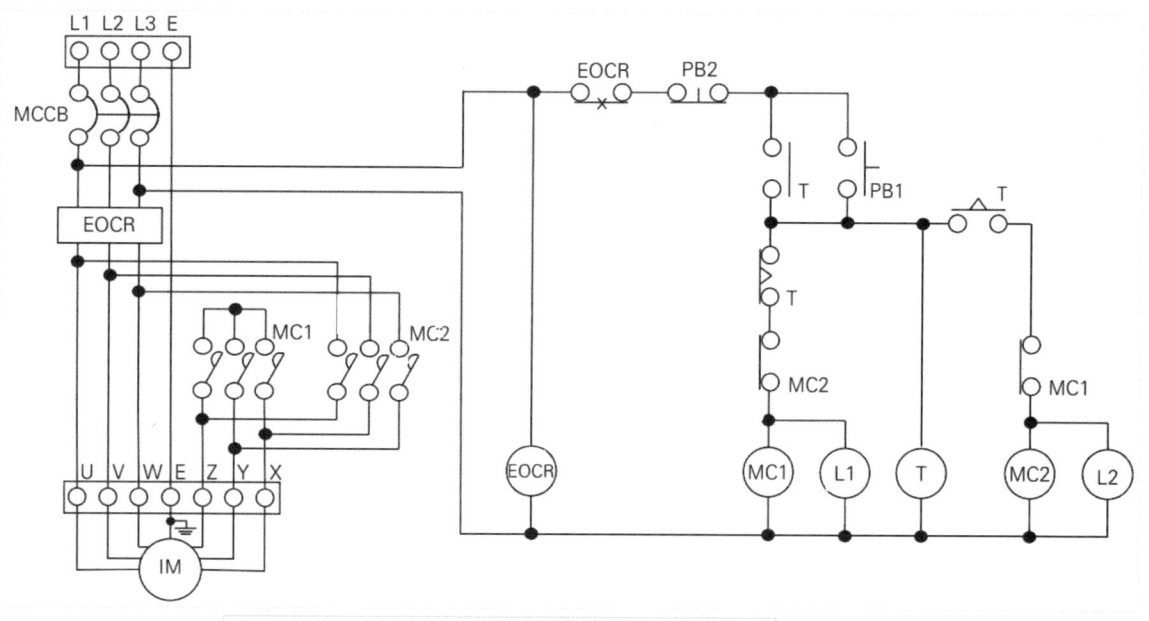

사례 2

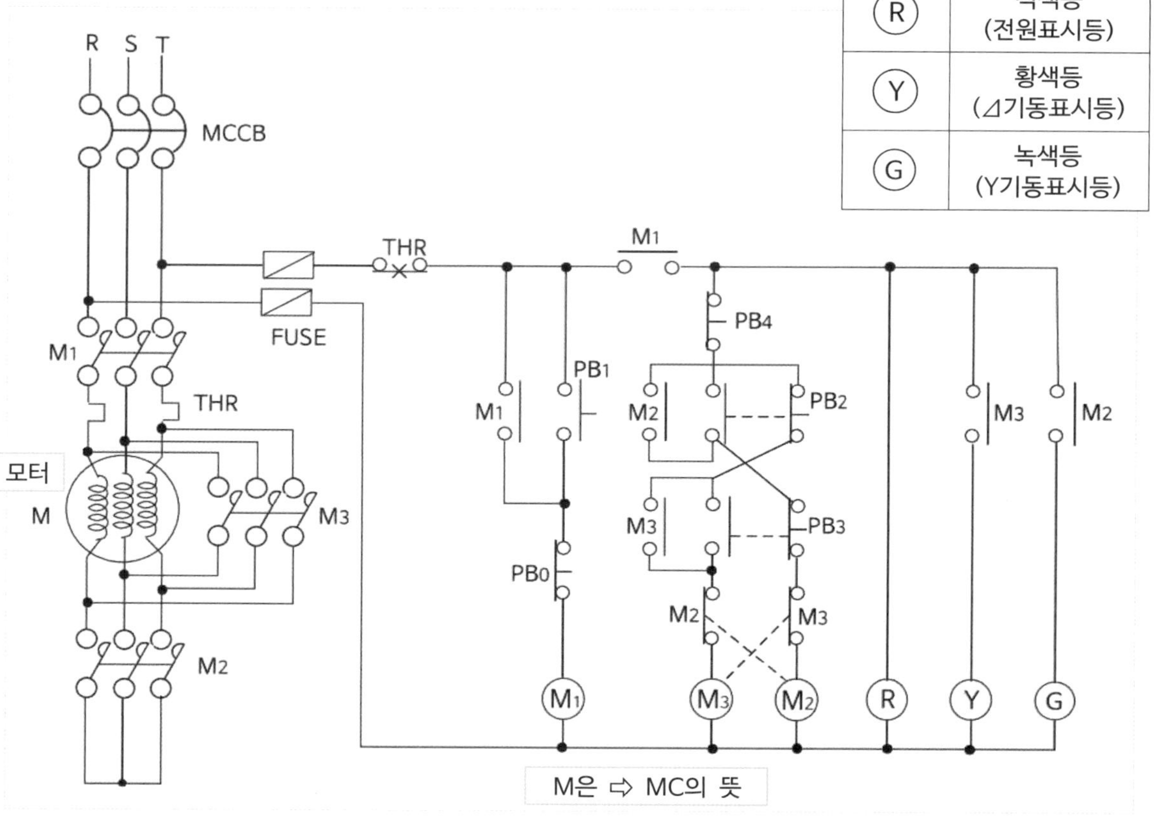

전동기 Y-Δ(델타) 기동 회로

사례 3

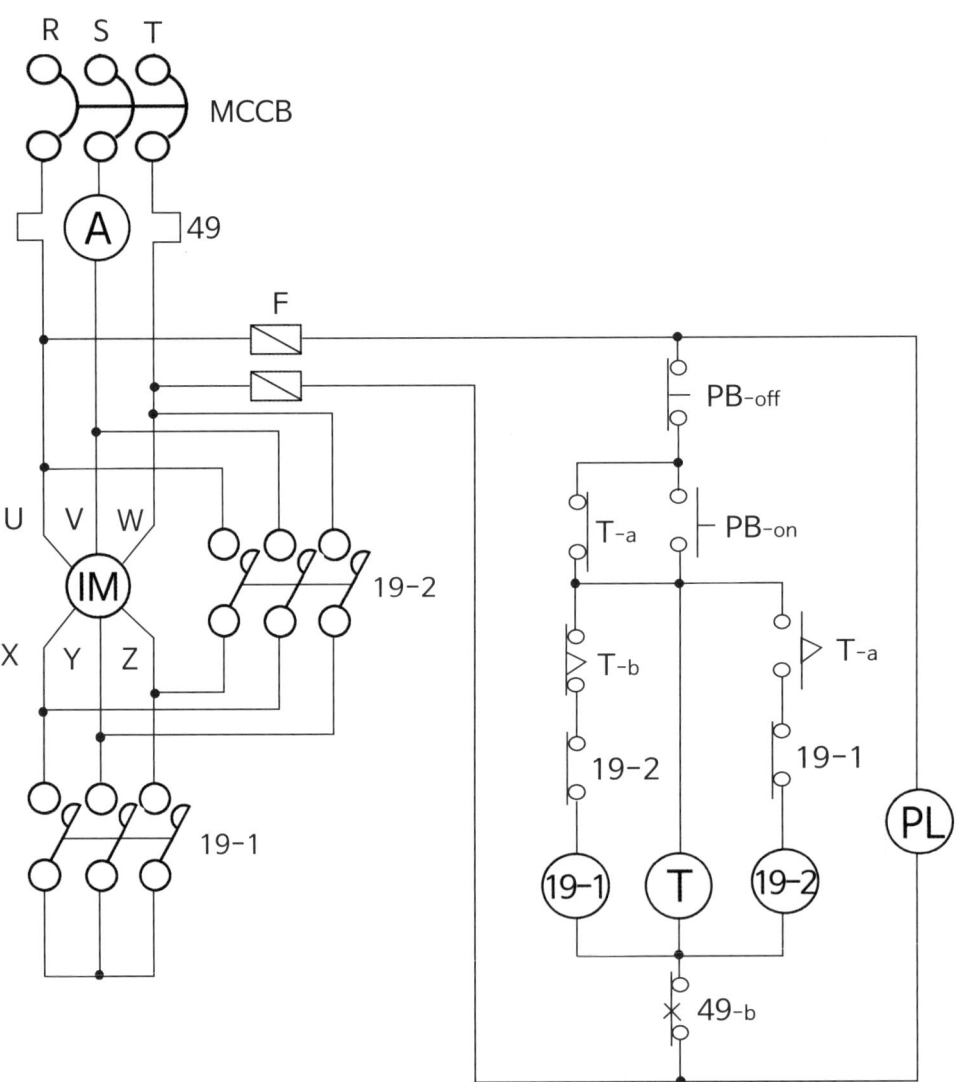

자동제어기구 기본번호

번호	기구명칭
52	교류 차단기(배선용 차단기)
49	회전기온도 계전기(열동 계전기)
88 19-1	보조기용 전자 접촉기
28	경보장치
29	소화장치

19-2	전자접촉기	49	열동계전기 THR
19-1	전자접촉기	IM	전동기
PL	전원램프		차단기 MCCB
T	타이머		전자접촉기 19-1,2

전동기 Y-Δ(델타) 기동 회로

사례 4

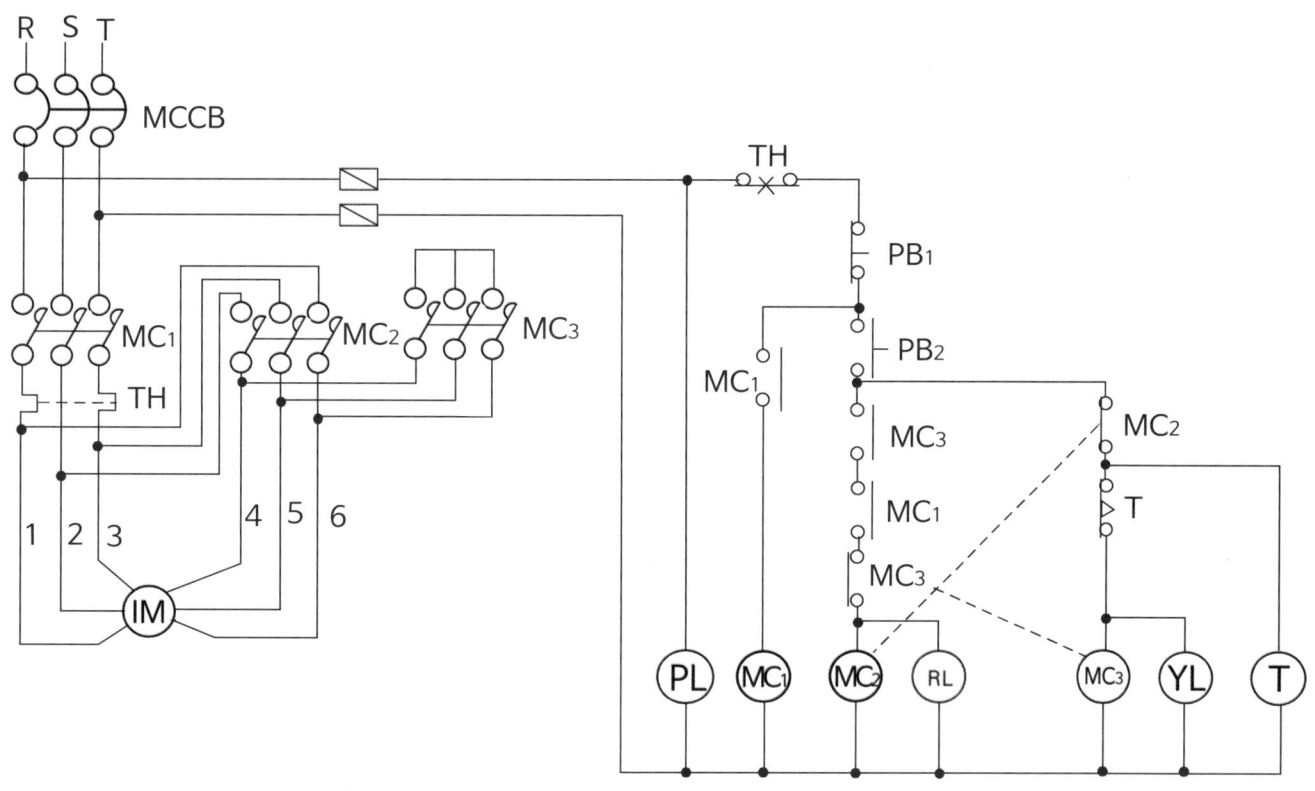

기호	이름	기호	이름	기호	이름
(FR)	플리커	(GL)	녹색등	차단기 (MCCB)	(BZ)	부저
(L)	램프	(RL)	빨간색등	EOCR 과전류계전기 (EOCR)	열동계전기 (THR)
(R)	릴레이	(YL)	노란색등	전자접촉기 (MC)	(PL)	전원표시등 (파워램프)
(T)	타이머	(IM)	전동기	(MC)	전자접촉기	(IM)	전동기

사례 5

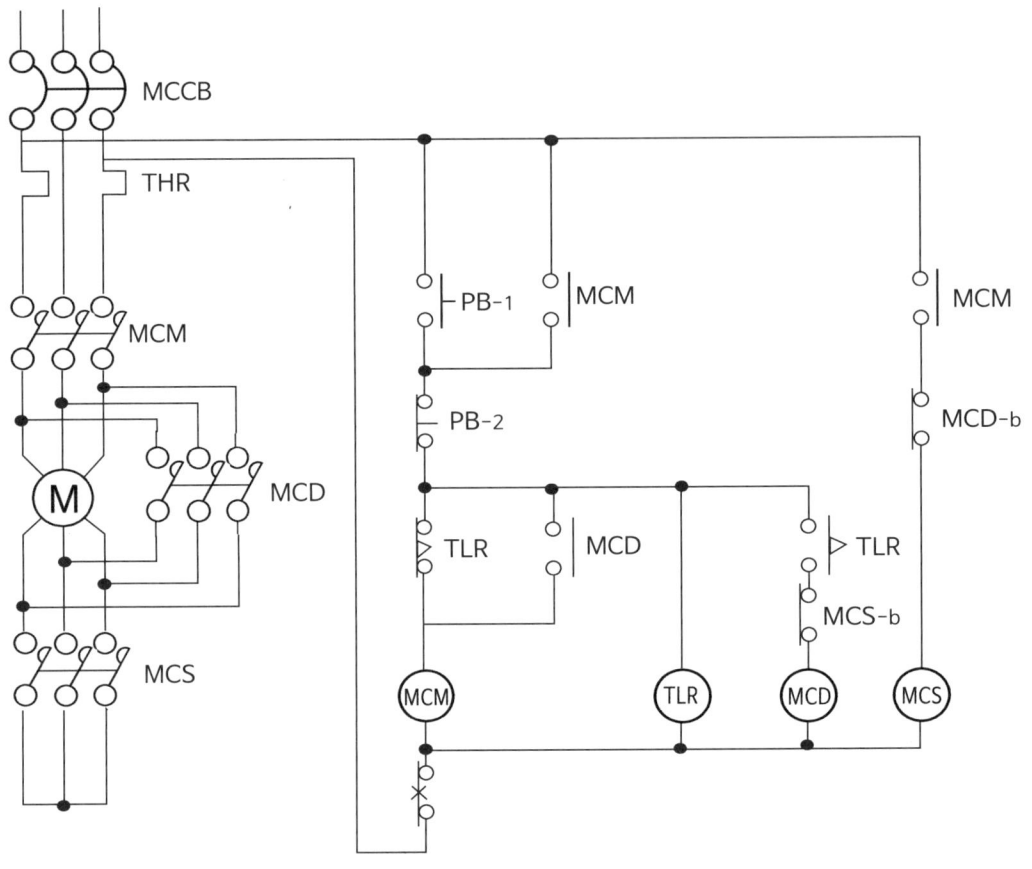

사례 6

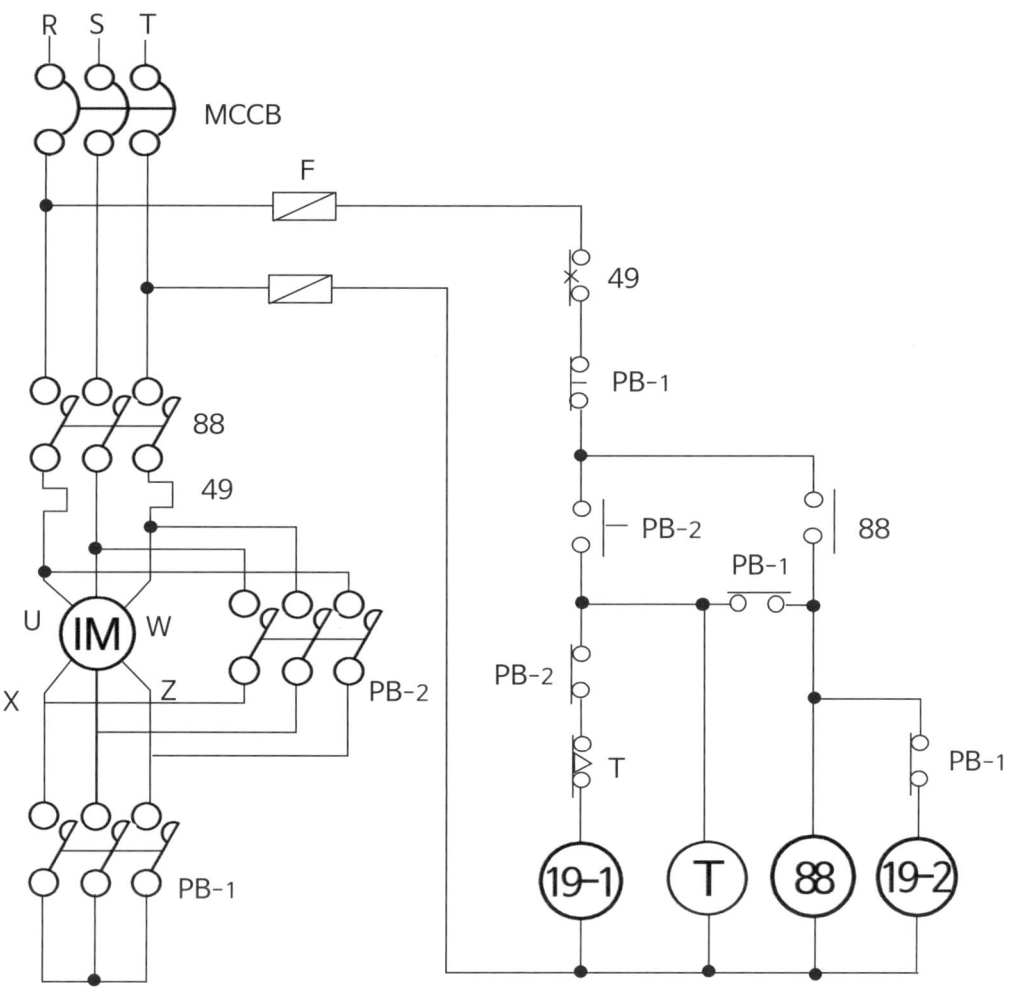

자동제어기구 기본번호

번호	기구명칭
52	교류 차단기(배선용 차단기)
49	회전기온도 계전기(열동 계전기)
88 19-1 19-2	보조기용 전자 접촉기
28	경보장치
29	소화장치

⑲-2	전자접촉기	49	열동계전기 THR
⑲-1	전자접촉기	IM	전동기
㊽	전자접촉기		차단기 MCCB
Ⓣ	타이머		전자접촉기 19-1,2

5. 상용전원 및 예비전원 결선도

사례 1

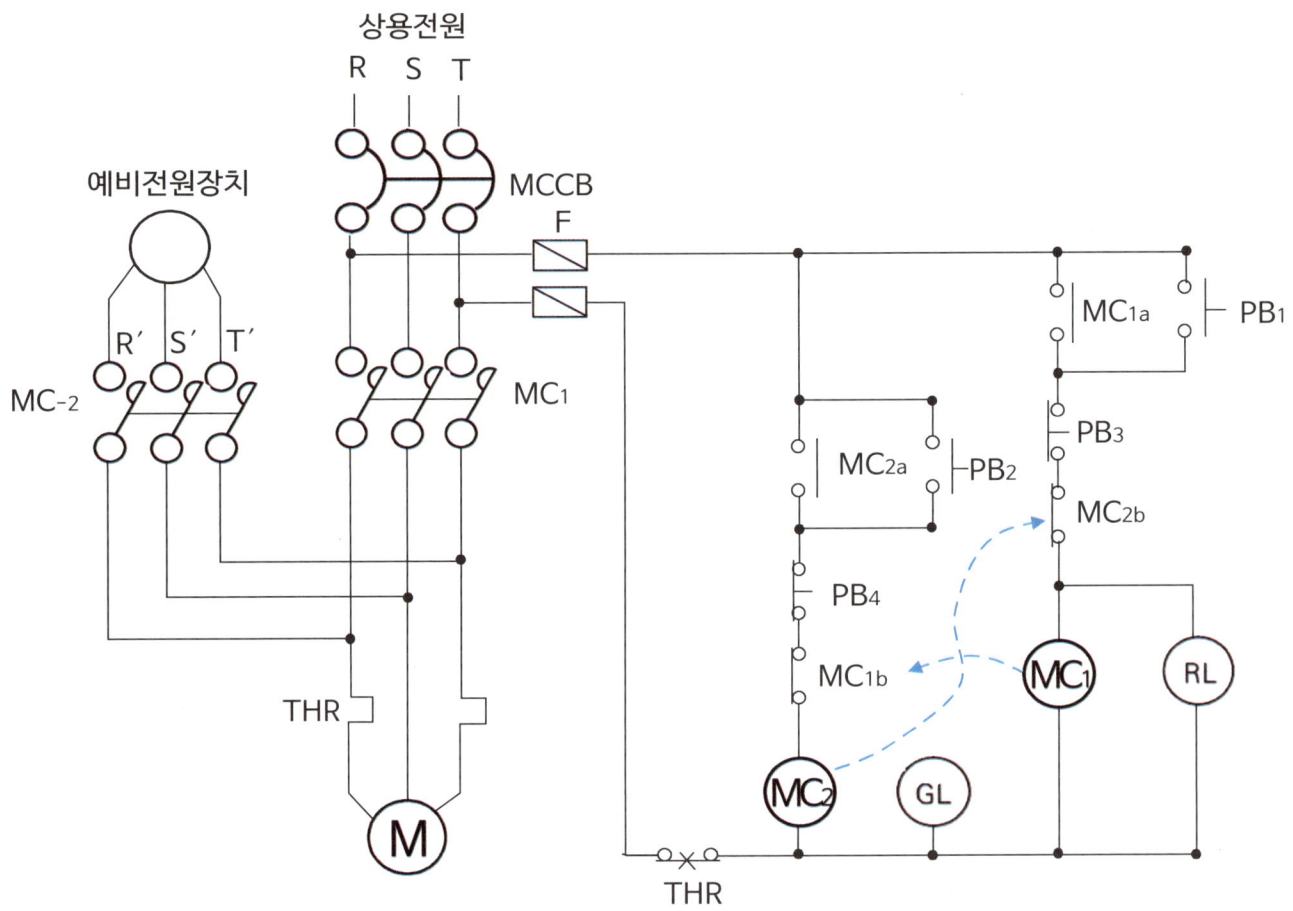

상용전원 및 예비전원 결선도

사례 2

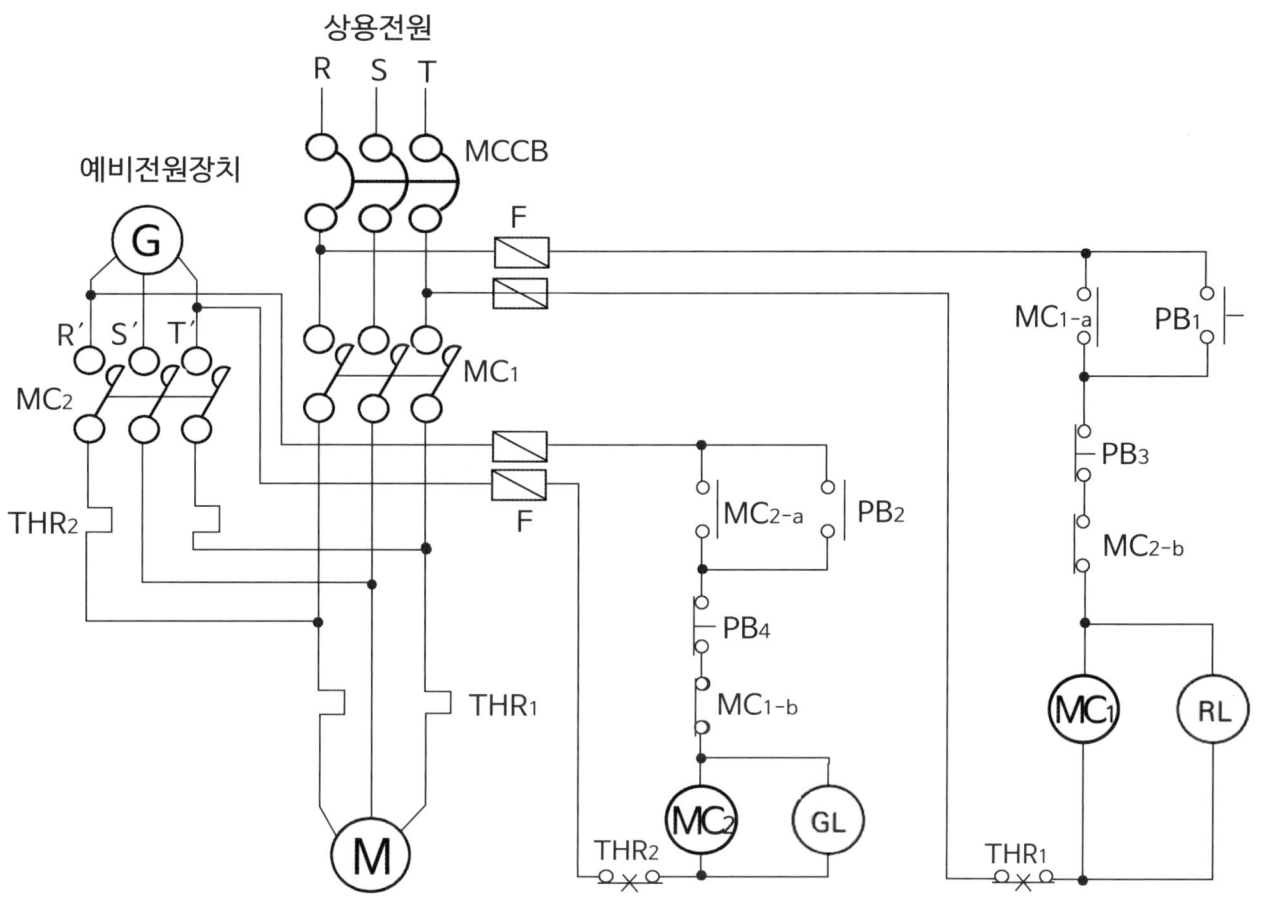

사례 3

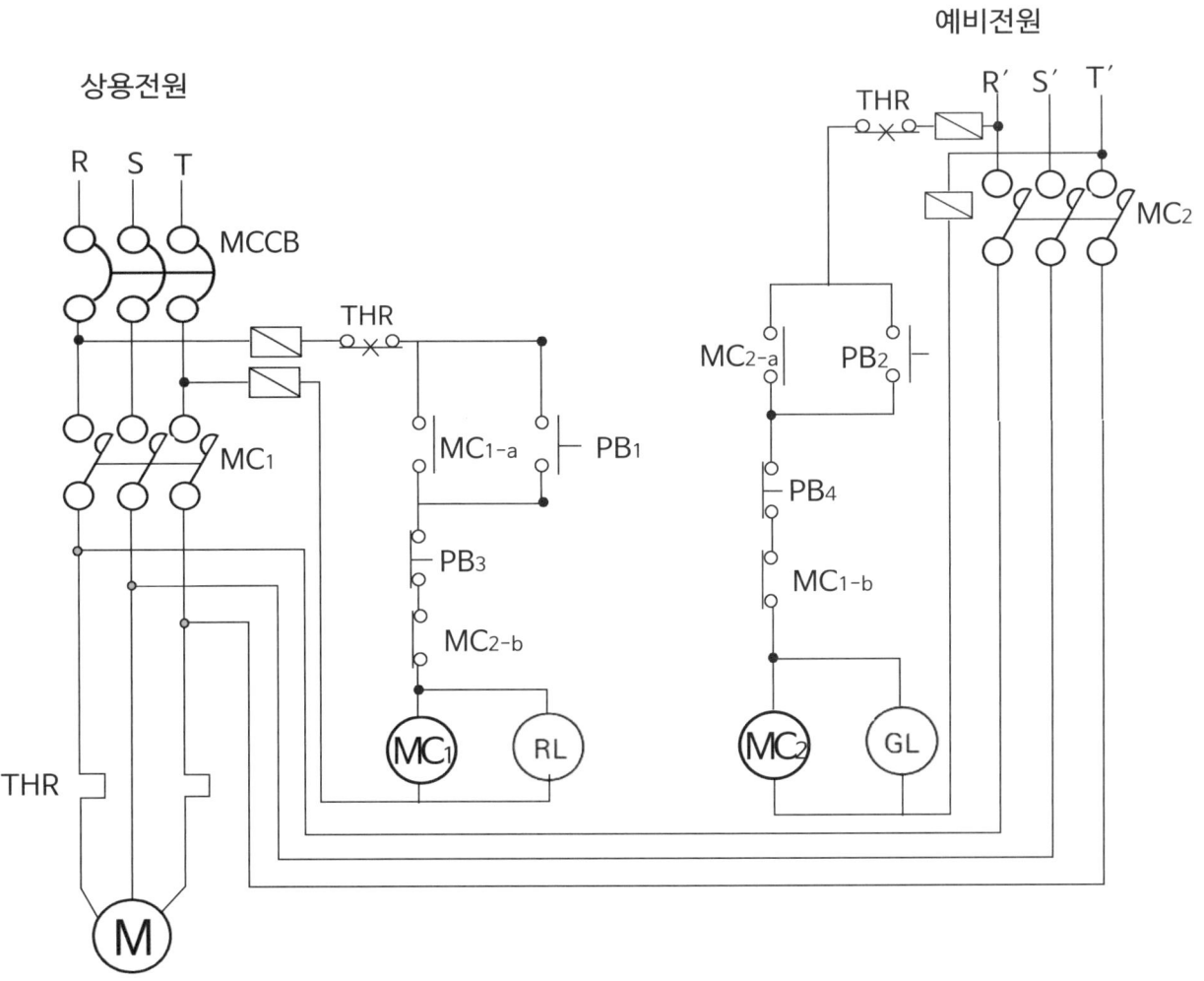

전기 부품의 도시기호

이름	기호	내용
전자접촉기	(MC)	전자석을 사용하여 전기 회로의 개폐를 하는 장치
전동기 IM	(IM)	전기 에너지로부터 회전력을 얻는 기계
모터	(M)	
펌프	(P)	
차단기 MCCB		전류가 흐르지 못하도록 전선을 끊는 기구
열동계전기 THR		온도가 일정한 값 이상이 되면 작동하는 계전기. 기기의 과부하 또는 과열 방지
전자접촉기 MC		MC OFF상태
전자접촉기 MC		MC ON상태
전자접촉기 MC a접점	MC-a	MC-a접점 OFF상태
전자접촉기 MC a접점	MC-a	MC-a접점 ON상태
전자접촉기 MC b접점	MC-b	MC-b접점 OFF상태
전자접촉기 MC b접점	MC-b	MC-b접점 ON상태
푸시버튼 PB a접점		PB-a접점 OFF상태
푸시버튼 PB a접점		PB-a접점 ON상태
푸시버튼 PB b접점		PB-b접점 ON상태
푸시버튼 PB b접점		PB-b접점 OFF상태

시퀀스 기호(부호)

기호	이름	기호	이름
	푸시버튼(PB) a접점 Off상태 **NO**		푸시버튼(PB) a접점 On상태 **NO**
	푸시버튼(PB) b접점 On상태 **NC**		푸시버튼(PB) b접점 Off상태 **NC**
	릴레이 접점(자동복귀) 접점이 떨어져 있는 것 **a접점**		릴레이 접점(자동복귀) 접점이 붙어 있는 것 **b접점**
	릴레이 접점(수동복귀) 접점이 떨어져 있는 것 **a접점**		릴레이 접점(수동복귀) 접점이 붙어 있는 것 **b접점**
	플리커 접점이 떨어져 있는 것 **a접점**		플리커 접점이 붙어 있는 것 **b접점**
	열동계전기 THR **a접점** Off상태, On상태		열동계전기 THR **b접점** Off상태, On상태

타이머

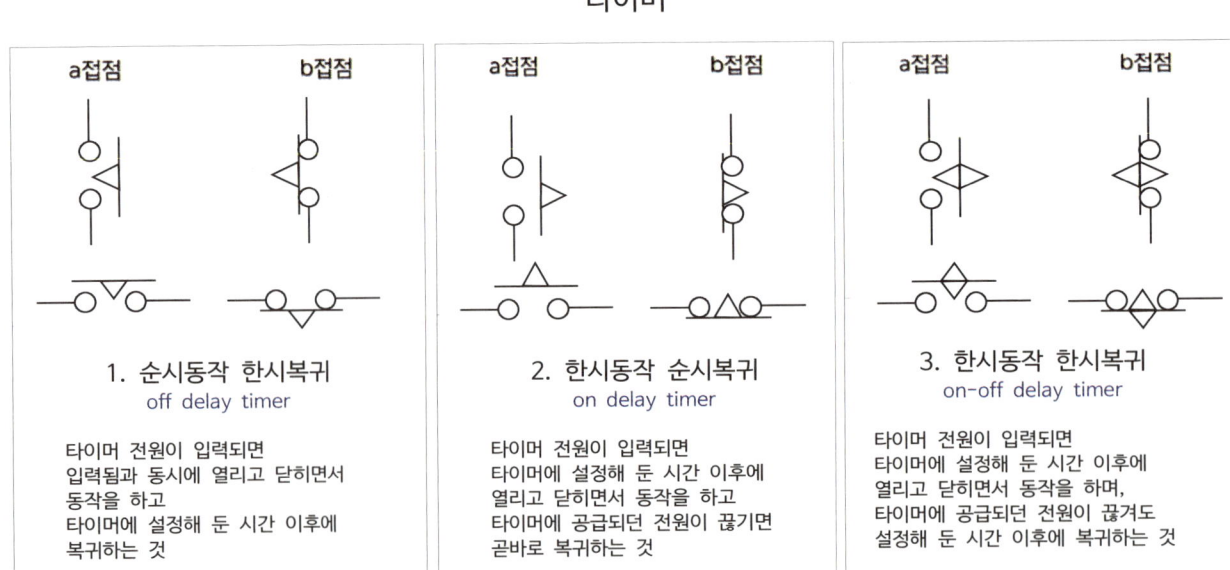

Ⅲ. 시퀀스 회로
소방설비기사 기출문제

1997~2023년 출제문제

문제 1

2003, 2005, 2006, 2013.7, 2021.7.22. 2022.7.24. 기출문제

유도전동기의 운전을 현장측과 제어실측 어느 쪽에서도 기동 및 정지제어가 가능하도록 가장 간단하게 배선하시오. (단, 푸시버튼스위치 기동용(PB-ON) 2개, 정지용(PB-OFF) 2개, 전자접촉기 a접점 1개(자기유지용)를 사용할 것)

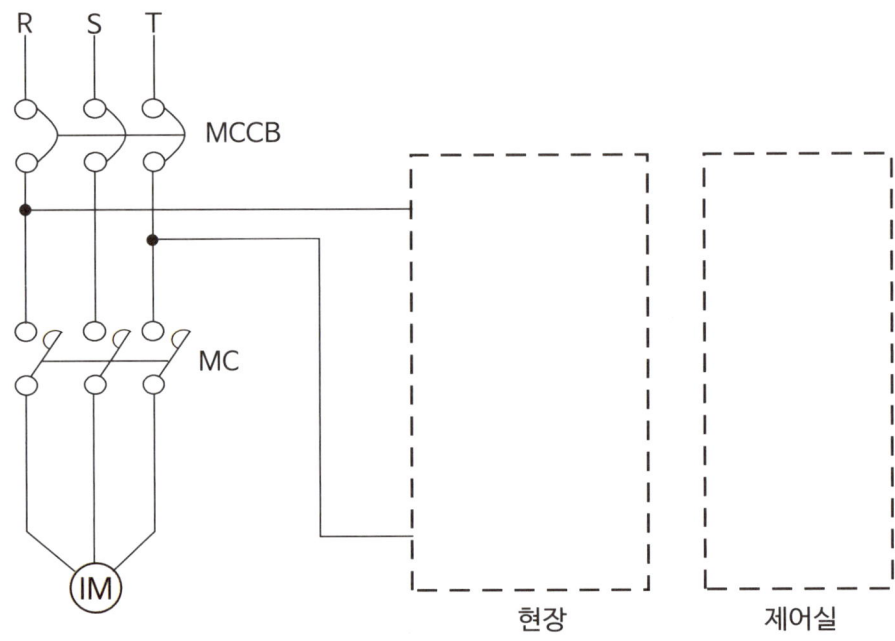

정답

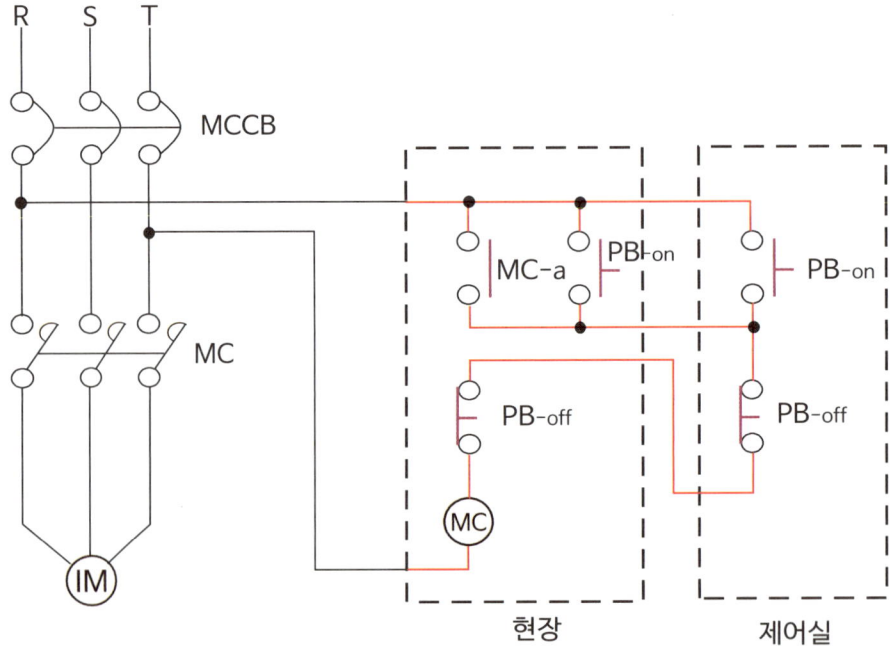

해설 【조건 내용】

유도전동기의 운전을 현장측과 제어실측 어느 쪽에서도 기동 및 정지제어가 가능하도록 가장 간단하게 배선하시오. (단, 푸시버튼스위치 기동용(PB-on) 2개, 정지용(PB-off) 2개, 전자접촉기 a접점 1개(자기유지용)를 사용할 것)

시퀀스회로 그리는 방법 Tip

- 현장측과 제어실측 어느쪽에서도 기동 및 정지가 되어야 하므로, 현장측과, 제어실측에 각각 PB-on, PB-off 1개씩 그린다.
- 현장측, 제어실측 PB-on은 각각 병렬연결한다.
- 현장측, 제어실측 PB-on은 각각 자기유지회로를 설치한다.
- 현장측과 제어실측 PB-on과 PB-off는 직렬연결한다.

회로 연결 참고 내용

현장에 PB-on 1개, PB-off 1개설치, 제어실에 PB-on 1개, PB-off 1개 설치해야 한다.

현장에서도 제어실에서도 모두 작동시킬 수 있도록 하려면, 전자접촉기(MC)과 PB-on은 병렬 연결해야 한다. (어느 하나가 작동하면 회로연결이 되어 작동되도록 한다)

PB-off는 직렬연결해야 한다. 어느 PB-off가 작동해도 회로연결이 끊겨야 한다.

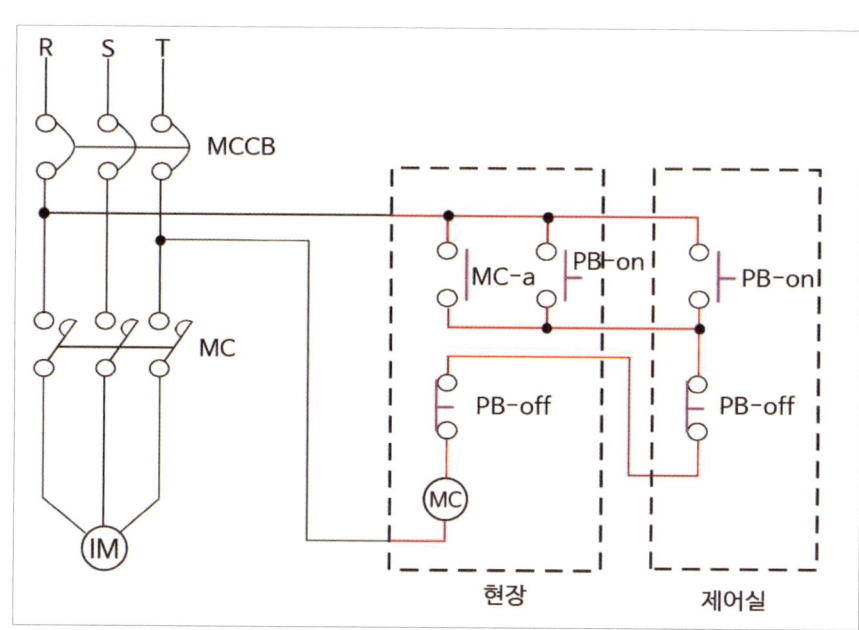

이름	기호	내용
전자접촉기	MC	전자석을 사용하여 전기 회로의 개폐를 하는 장치
전동기 IM	IM	전기 에너지로부터 회전력을 얻는 기계
열동계전기	┘	온도가 일정한 값 이상이 되면 작동하는 계전기. 기기의 과부하 또는 과열 방지
차단기 MCCB		전류가 흐르지 못하도록 전선을 끊는 기구
전자접촉기 MC		MC OFF상태
전자접촉기 MC		MC ON상태
전자접촉기 MC a접점	MC-a	MC-a접점 OFF상태

이름	기호	내용
전자접촉기 MC a접점	MC-a	MC-a접점 ON상태
전자접촉기 MC b접점	MC-b	MC-b접점 OFF상태
전자접촉기 MC b접점	MC-b	MC-b접점 ON상태
푸시버튼 PB a접점		PB-a접점 OFF상태
푸시버튼 PB a접점		PB-a접점 ON상태
푸시버튼 PB b접점		PB-b접점 ON상태
푸시버튼 PB b접점		PB-b접점 OFF상태

【조건 내용】
1. 유도전동기의 운전을 현장측에서 기동 가능하도록 한 내용

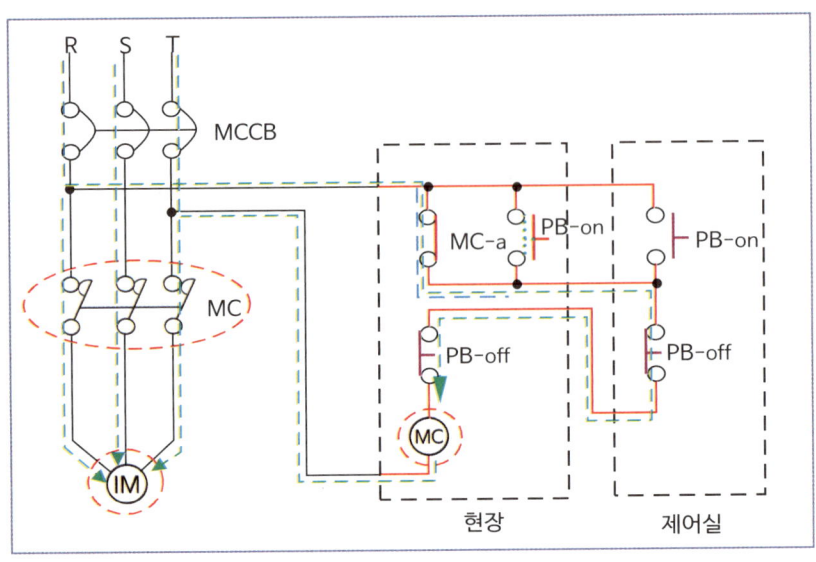

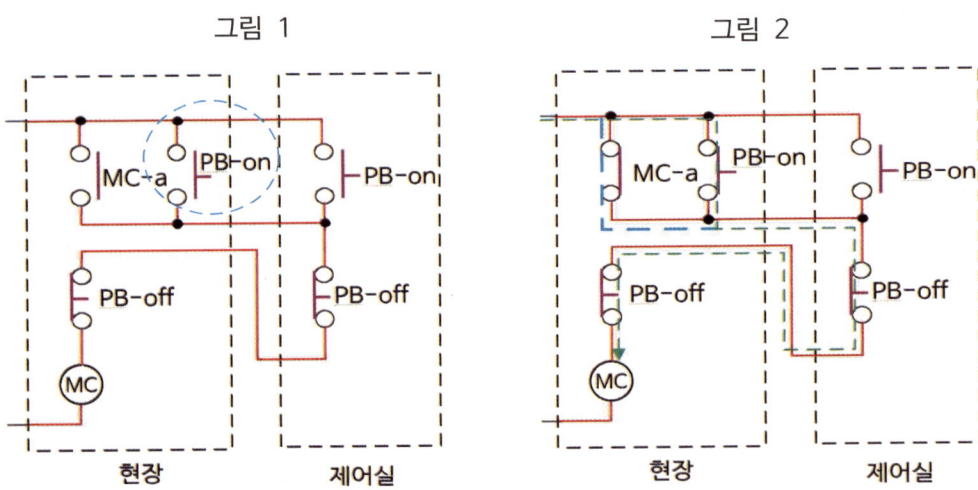

그림 1   그림 2

자기유지란 버튼을 1번 누르면 누른 상태로 회로의 연결이 계속 유지되게 하는 현상을 말한다.
버튼에서 손을 떼어 버튼작동이 복구되어도(전류가 차단되어도) 릴레이가 작동한 회로는 작동상태로 계속유지되는 현상을 말한다.
     누름버튼(PB) : a버튼은 누르면 접점이 연결되고 손가락에서 손을 떼면 복구(접점이 떨어짐)되는 스위치이다.
                  b버튼은 누르면 접점이 떨어지고 손가락에서 손을 떼면 복구(접점이 붙음)되는 스위치이다.

그림1의 상태에서 누름버튼(PB-on)을 누르면 그림2와 같이 녹색점선으로 전자접촉기까지 회로가 연결되어 (MC)가 여자(작동)되어,
그림2의 전자접촉기(MC-a접점)가 여자(작동 - 접점이 붙어) 청색점선으로도 회로가 연결된다.
눌렀던 누름버튼(PB-on)에서 손을 떼면 누름버튼은 자동 복구되어도 MC-a 접점이 붙어 있어 회로가 계속 유지된다.
청색점선을 자기유지회로라 한다.

                                                                 여자 勵磁 : 자석을 성질을 가짐

【작동순서 내용】

현장의 누름버튼(PB-on)을 누르면 전자접촉기 MC(MC)가 여자된다. MC-a접점이 닫히고(릴레이 접점이 붙음)
여자 : 전자접촉기의 코일에 전류가 흘러서 전자석으로 되는 것
자기유지가 된다.

주접점 전자접촉기(MC)가 작동하여 (여자되어) 전동기(IM)가 기동(작동)한다.

누름버튼(PB-on) 누름 ⇨ (MC) 여자 ⇨ MC-a접점 닫힘(자기유지) ⇨ 주접점 전자접촉기(MC) 작동
⇨ 전동기(IM) 기동

작동흐름(순서)

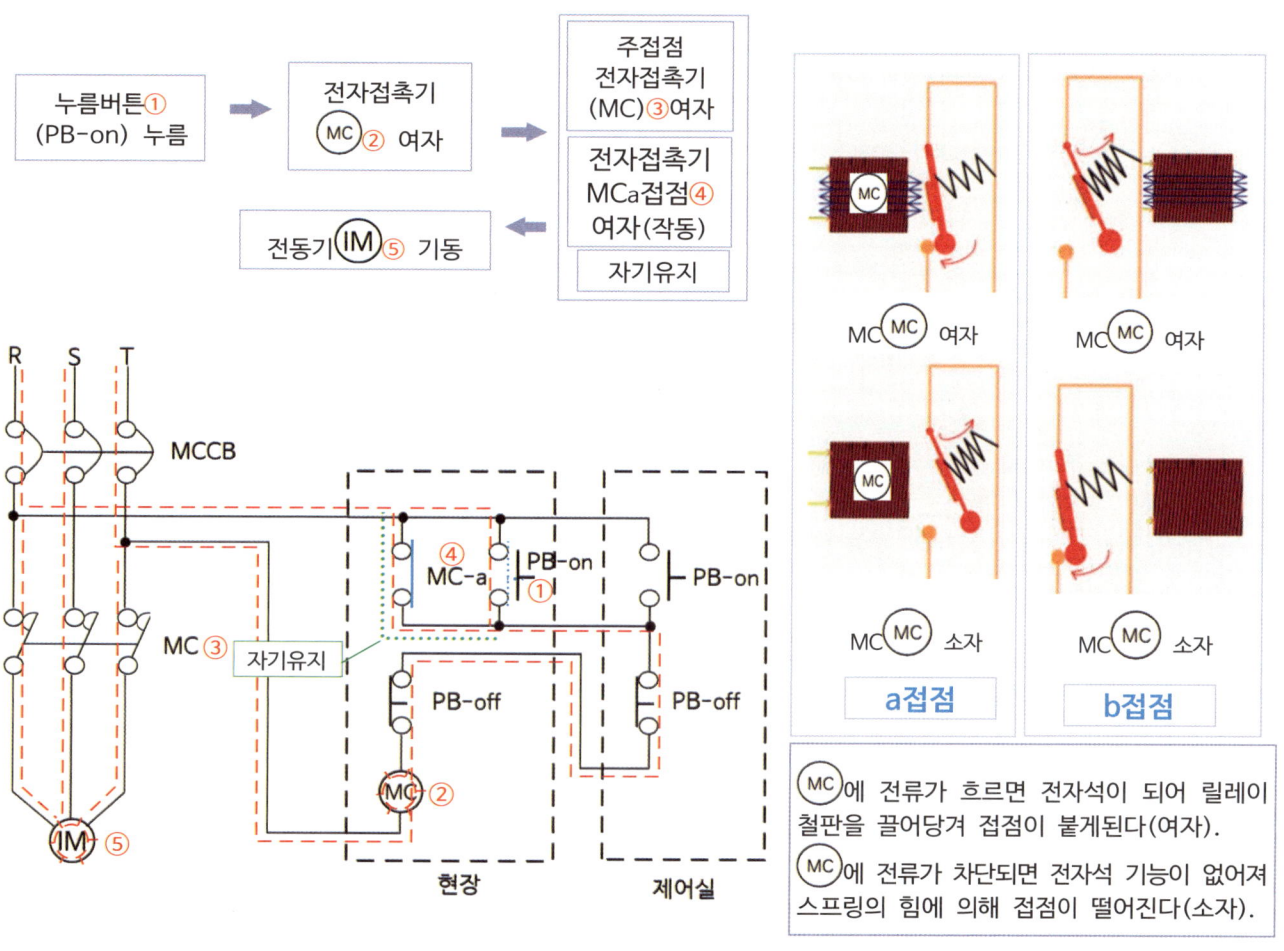

전자접촉기 MC(MC) 여자에 대한 **작동 설명**

(MC)에 전류가 통전되어 여자되면 MC 코일에 전류가 흘러서 전자석이 되어 시퀀스 회로에 설치된 릴레이를 작동한다.

MC-a 릴레이는 자력에 의해 작동 ⇨【평소에 릴레이 접점이 열려있다 |MC-a 】가【닫히게 한다 |MC-a 】.
MC-b 릴레이는 자력에 의해 작동 ⇨【평소에 릴레이 접점이 닫혀있다 |MC-b 】가【열리게 한다 |MC-b 】.
주접점 MC는 자력에 의해 작동 ⇨【평소에 릴레이 접점이 열려있다 】가【닫히게 한다 】.

【조건 내용】 1. 유도전동기의 운전을 현장측에서 기동 가능하도록 한 내용

작동 순서

누름버튼(PB-on) 누름 ⇨ MC(MC) 여자 ⇨ MC-a접점 여자-닫힘(자기유지)

⇨ 주접점 전자접촉기(MC) 여자-닫힘작동 ⇨ 전동기(IM)(IM) 기동(작동)

여자(勵磁) : 전자 릴레이, 전자접촉기, 타이머 등의 코일에 전류가 흘러서 전자석으로 되는 것. 여자의 반대가 소자
소자(消磁) : 전자코일에 흐르고 있는 전류를 차단하여 자력을 잃게 하는 것.

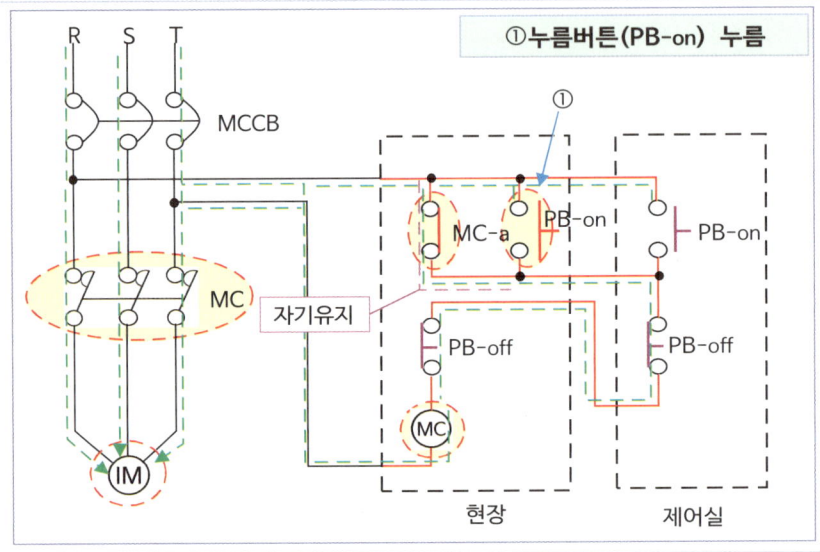

그림 1 ①누름버튼(PB-on) 누름

누름버튼(PB-on)에서 손을 떼면 그림2와 같이 버튼은 스프링의 힘에 의해 복귀한다.

누름버튼이 복귀해도 이미 (MC)가 여자되어 MC-a 접점이 붙어 빨간색 점선으로 자기유지회로가 형성되었다. MCCB(차단기)에서 전동기(IM)까지 녹색 점선으로 회로가 형성되어 전류가 통전되어 전동기가 기동한다.

(MC)(전자접촉기)가 여자되면 ⇨ MC-a MC-a 가 작동, 주접점 MC 도 작동하게 한다.

(MC)(전자접촉기)가 여자되면, MC-a는 전류에 의해 전자석이 되어 철판을 끌어당겨 MC-a 붙게한다.

주접점 MC는 전류가 통전되어 전자석이 되어 철판을 끌어당겨 → 접점이 붙게한다.

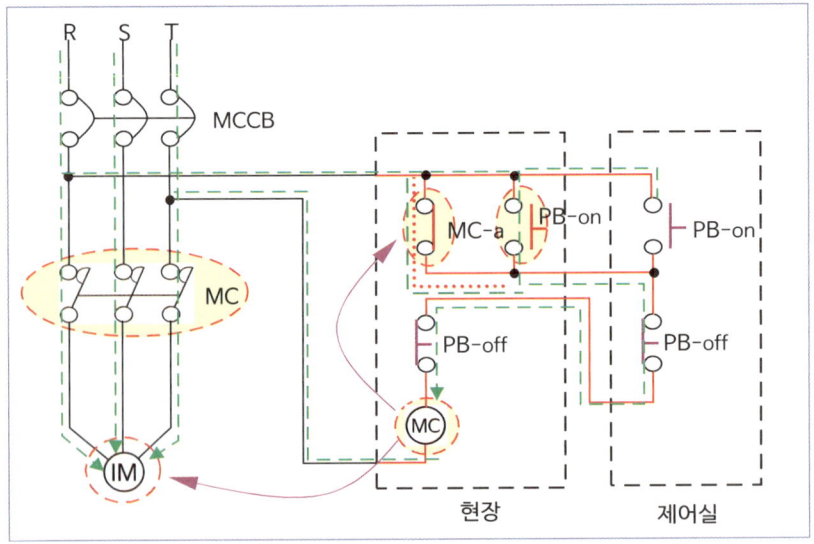

그림 2

【조건 내용】
2. 유도전동기의 운전을 현장측에서 기동중 정지제어가 가능하도록 한 내용

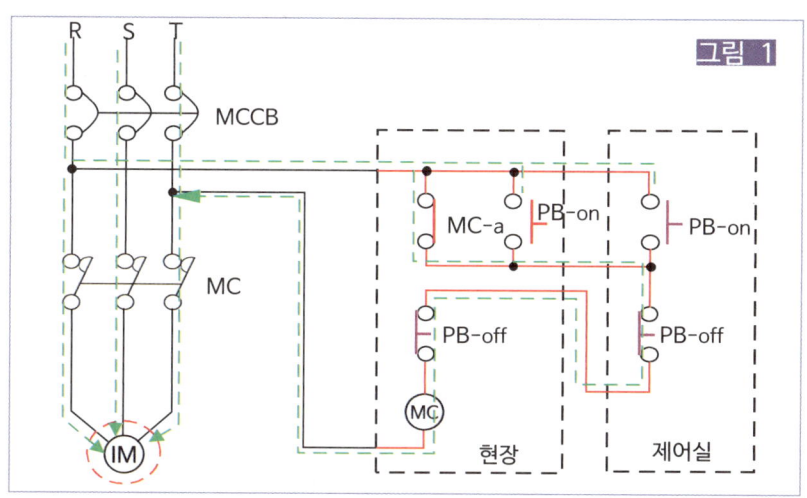

작동 순서

그림1과 같이 작동중인 상태에서,
누름버튼(PB-off) 누름 → 전자접촉기(MC) 소자 → MC-a 접점 소자(off)(자기유지 해제)
→ 전자접촉기 주접점(MC) 소자(off) → 전동기(IM)가 기동 정지한다.

누름버튼(PB-off)에서 손을 떼면 그림2와 같이 버튼은 스프링의 힘에 의해 복귀한다.
누름버튼이 복귀해서 접점이 붙어도 이미 전자접촉기(MC)는 소자되었다.
(MC)(전자접촉기)가 소자되면, MC-a (MC-a) 접점이 소자(떨어진다). (MC-a),
(MC)(전자접촉기)가 소자되면, 주접점 MC는 (→)접점이 소자(떨어진다).

MC-a와 MC에 통하는 전류가 단전되면 전자석의 기능이 해제되어 스프링의 힘에 의해 원래의 상태로 복귀한다.

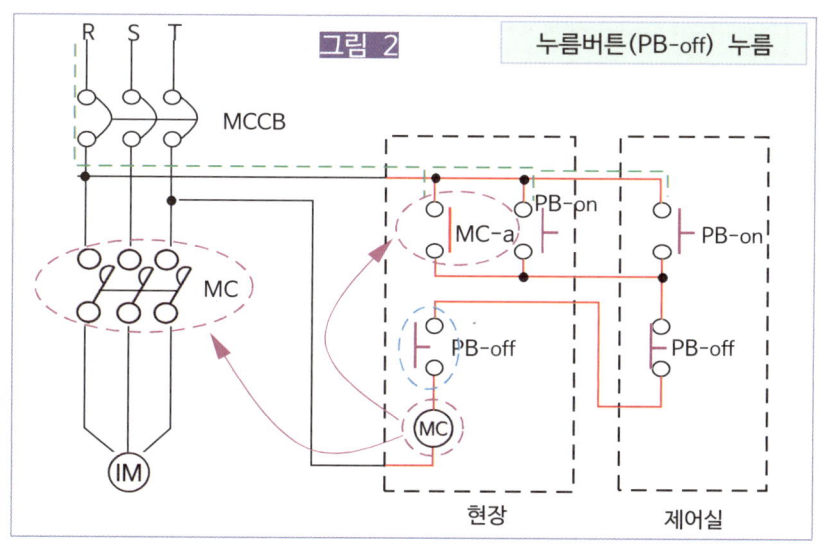

【조건 내용】
3. 유도전동기의 운전을 제어실측에서 기동 가능하도록 한 내용

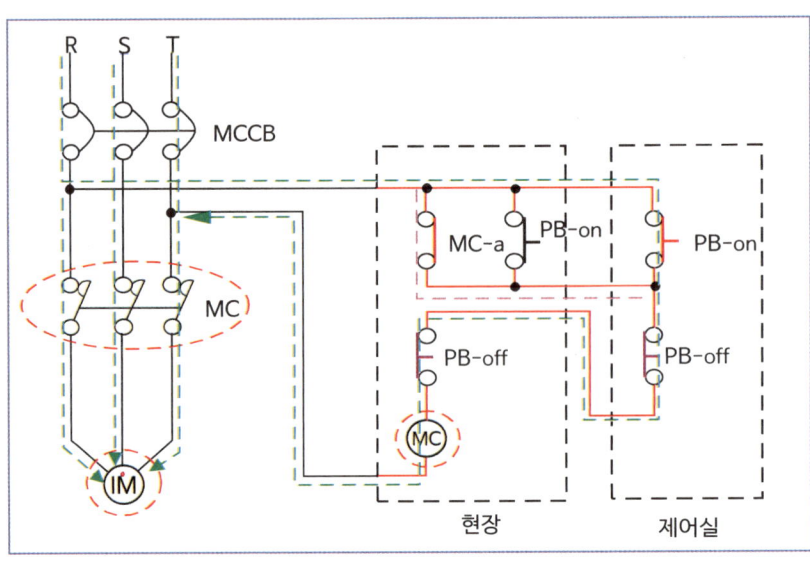

【작동순서 내용】

제어실의 누름버튼(PB-on)을 누르면 전자접촉기 MC(MC)가 여자된다. MC-a접점이 닫히고(여자되고) 자기유지가 된다. 주접점 전자접촉기(MC)가 여자(작동)되어 전동기(IM)가 기동한다.

누름버튼(PB-on) 누름 → (MC)여자 → MC-a접점 닫힘(자기유지) → 주접점 전자접촉기(MC) 닫힘 → 전동기(IM) 기동

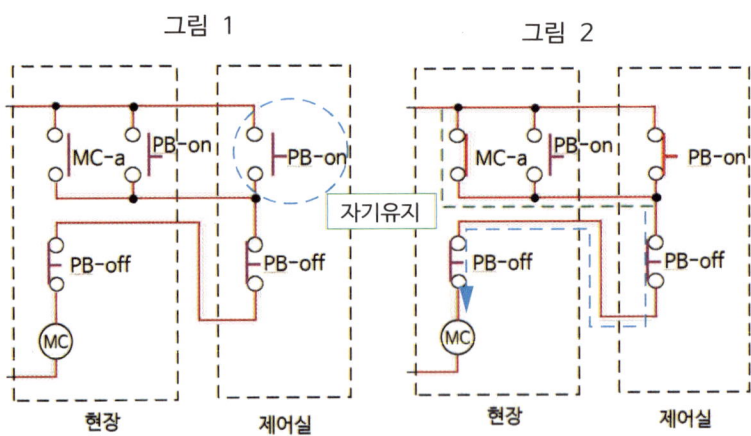

자기유지란 버튼을 1번 누르면 누른 상태로 회로가 계속유지되게 하는 현상을 말한다.
버튼에서 손을 떼어 버튼 작동이 복구되어도(전류가 차단되어도) 릴레이가 작동한 회로는 작동상태로 계속유지되는 현상을 말한다.

그림1의 상태에서 제어실 누름버튼(PB-on)을 누르면 그림2와 같이 녹색점선으로 (MC)까지 회로가 연결되어 (MC)가 여자되어, 그림2의 전자접촉기(MC-a접점)가 작동(여자되어 접점이 붙음) 청색점선으로도 회로가 연결된다.
눌렀던 누름버튼(PB-on)에서 손을 떼면 누름버튼이 자동 복구되어도 MC-a 접점이 붙어 있어 회로가 계속 유지된다.
녹색점선을 자기유지회로라 한다.

【조건 내용】
3. 유도전동기의 운전을 제어실에서 기동 가능하도록 한 내용

작동 순서

누름버튼(PB-on) 누름

→ MC 여자

→ MC-a접점은 여자되어 닫힘(작동) -자기유지

→ 주접점 전자접촉기(MC) 여자되어 닫힘(작동)

→ 전동기(IM) 기동

여자(勵磁) : 전자 릴레이, 전자접촉기, 타이머 등의 코일에 전류가 흘러서 전자석으로 되는 것. 여자의 반대가 소자
소자(消磁) : 전자코일에 흐르고 있는 전류를 차단하여 자력을 잃게 하는 것.

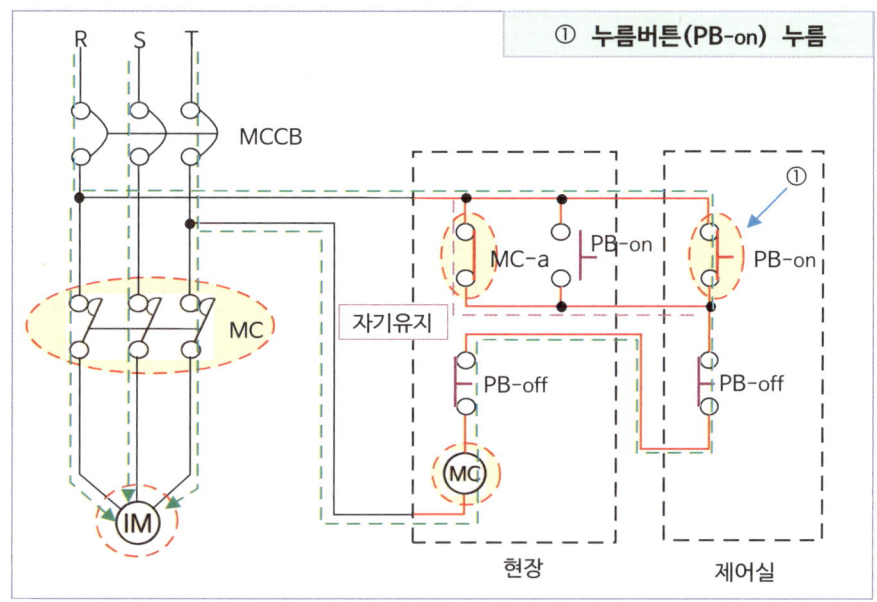

그림 1 — ① 누름버튼(PB-on) 누름

(MC)에 전류가 흘러 여자되면 전자석이 되어 릴레이 철판을 끌어당겨 접점이 붙게된다.
(MC)에 전류가 차단되어 소자되면 전자석 기능이 없어져 스프링의 힘에 의해 접점이 떨어진다.

MC접점 릴레이

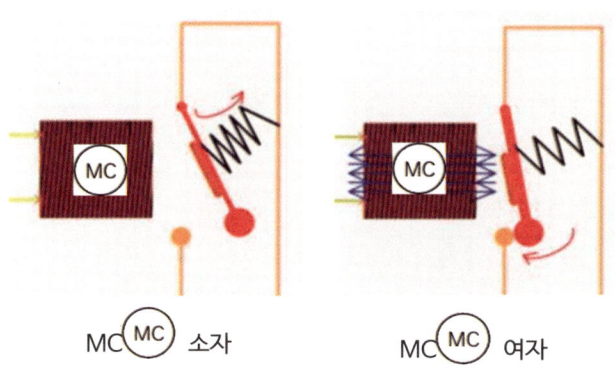

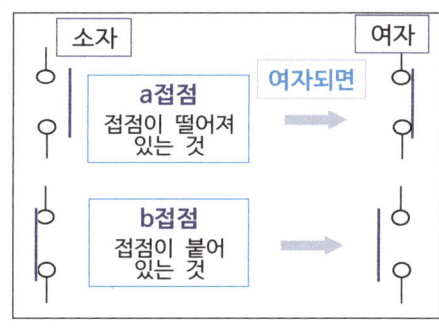

제어실 누름버튼(PB-on)에서 손을 떼면 그림2와 같이 버튼은 스프링의 힘에 의해 복귀한다.

누름버튼이 복귀해도 이미 (MC)가 여자되어 MC-a 접점이 붙어 빨간색 점선으로 자기유지회로가 형성되었다.

MCCB(차단기)에서 전동기(IM)까지 녹색 점선으로 회로가 형성되어 전류가 통전되어 전동기가 기동(작동)한다.

(MC)(전자접촉기)가 여자되면 (MC)가 【MC-a 를 작동】하고, 【MC 를 작동】하게 한다.

(MC)(전자접촉기)가 여자되어, MC-a는 전류에 의해 전자석이 되어 철판을 끌어당겨 MC-a 붙게 한다.

주접점 MC는 전류가 통전되어 전자석이 되어 철판을 끌어당겨 → 붙게 한다.

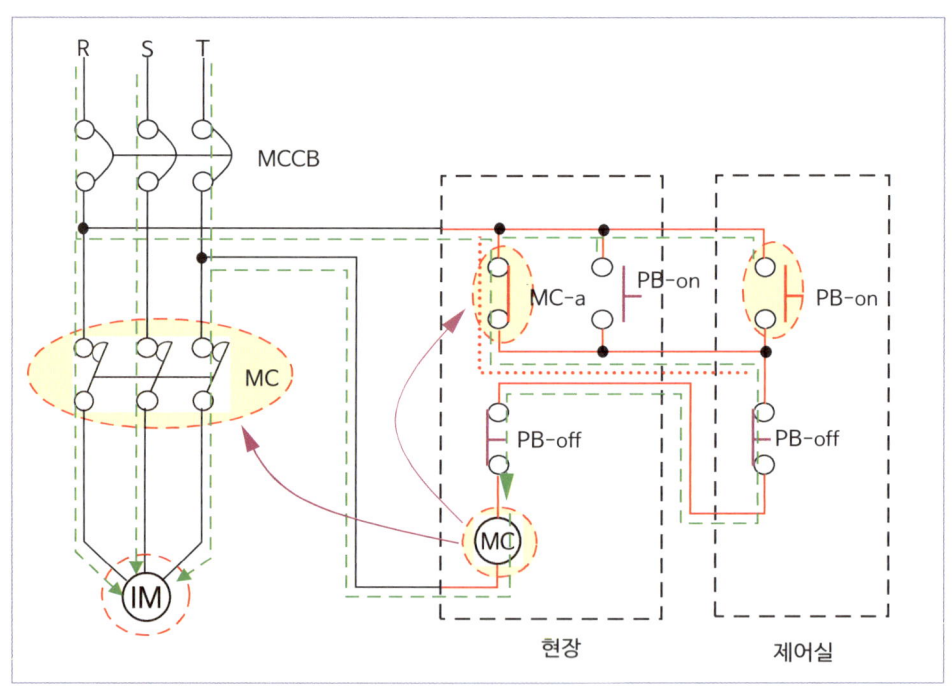

그림 2

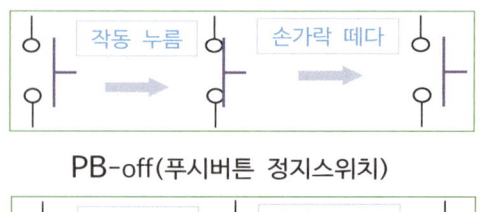

PB-on(푸시버튼 작동스위치)

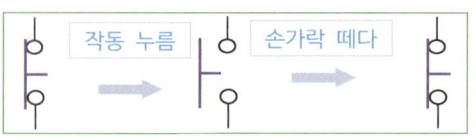

PB-off(푸시버튼 정지스위치)

【조건 내용】
4. 유도전동기의 운전을 현장측에서 기동중 정지제어가 가능하도록 한 내용

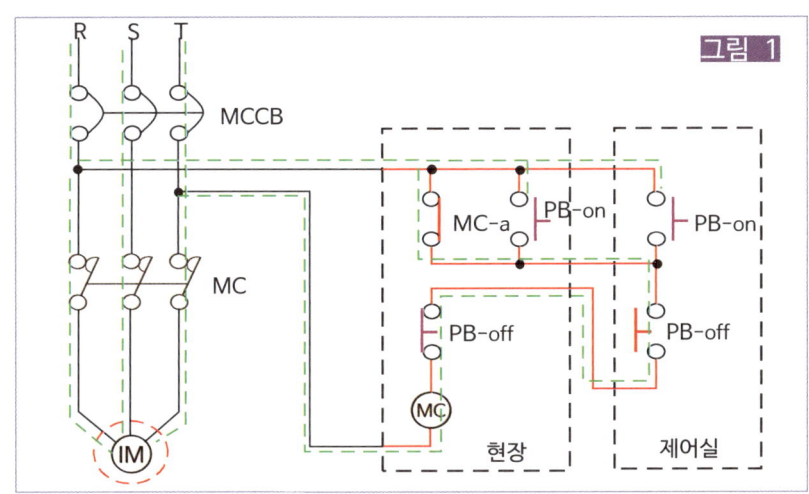

작동 순서

그림1의 작동중인 상태에서,

제어실 누름버튼(PB-off) 누름 ⇨ 전자접촉기(MC) 소자 ⇨ MC a접점 소자(off) - 자기유지 해제 ⇨ 전자접촉기(MC) 소자(off) ⇨ 전동기(IM) 기동 정지

제어실 누름버튼(PB-off)에서 손을 떼면 **그림2**와 같이 버튼은 스프링의 힘에 의해 복귀한다.
누름버튼이 복귀해도 이미 전자접촉기(MC)는 소자되었다.

(MC)(전자접촉기)가 소자되면 ⇨ MC-a 접점이 소자되어 떨어진다.

(MC)(전자접촉기)가 소자되면 ⇨ 주접점 MC는 접점이 소자되어 떨어진다.

MC-a와 (MC)에 통하는 전류가 단전되면 전자석의 기능이 해제되어 스프링의 힘에 의해 원래의 상태로 복귀한다.

여자 : 자력(자석이 기능)을 가짐
소자 : 자력(자석이 기능)이 없어짐

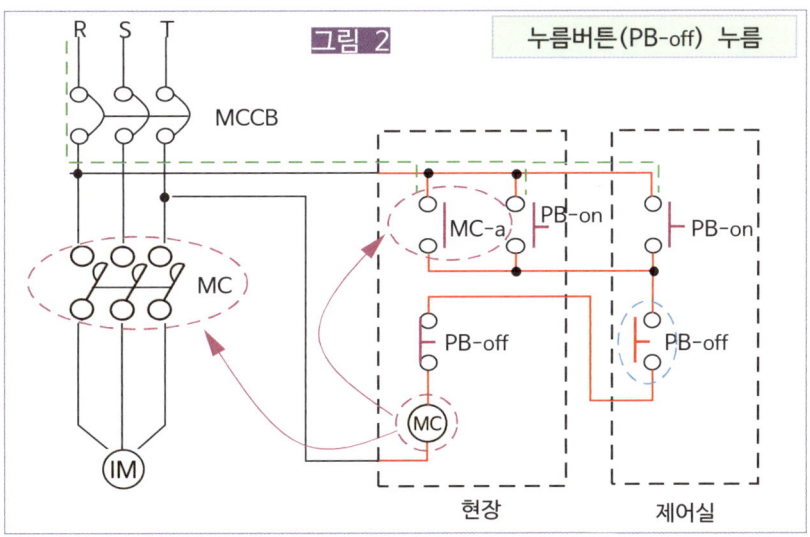

문제 2

2007.7 기출문제

다음 도면은 옥내소화전설비의 3개소 기동정지회로의 미완성 도면이다. 조건을 참조하여 다음 각 물음에 답하시오.

【조 건】
· 각 층에는 옥내소화전이 1개씩 설치되어 있다.
· 이미 그려져 있는 부분은 수정하지 않는다.
· 그려진 접점을 삭제하거나 별도로 접점을 추가하지 않는다.

(1) MCCB의 우리말 명칭을 쓰시오.
(2) 각 층에는 수동기동 및 정지기능을 할 수 있도록 도면을 완성하시오.

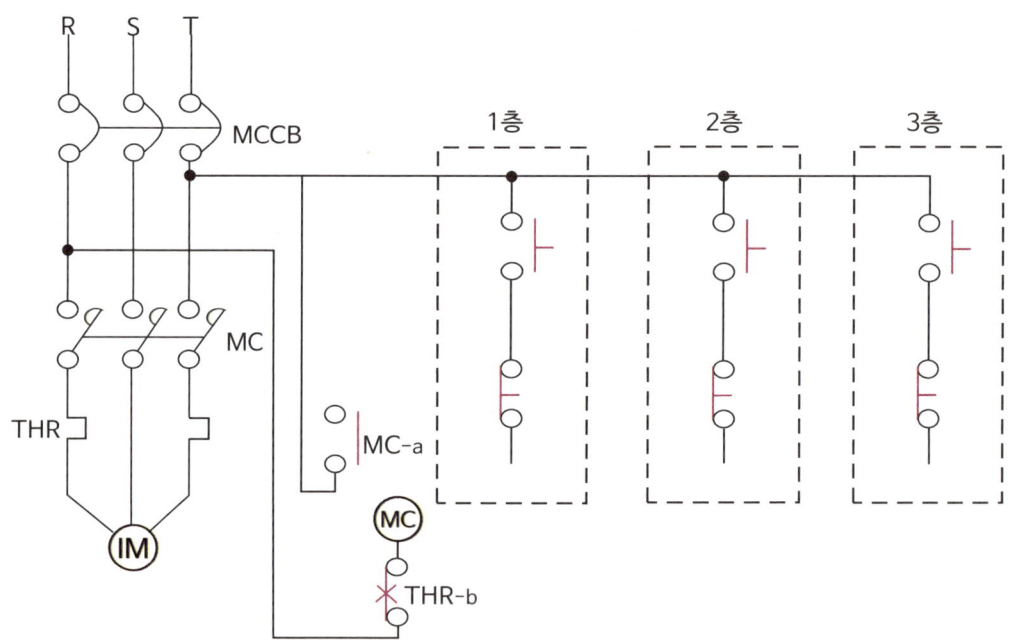

정답

(1) 배선용 차단기   (2) 도면 완성

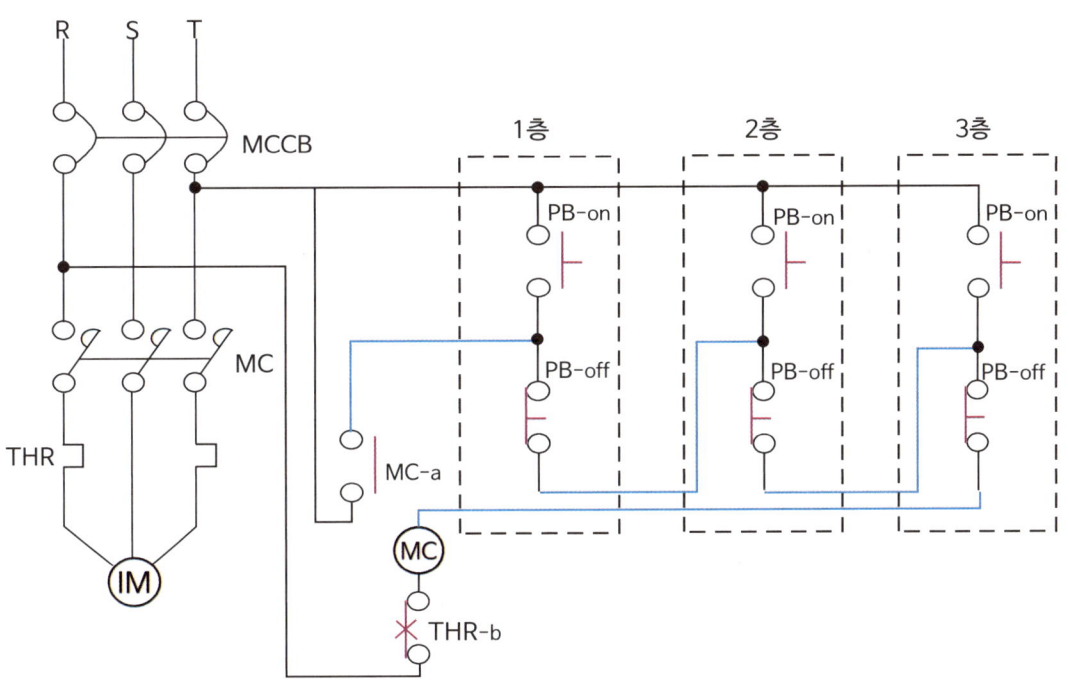

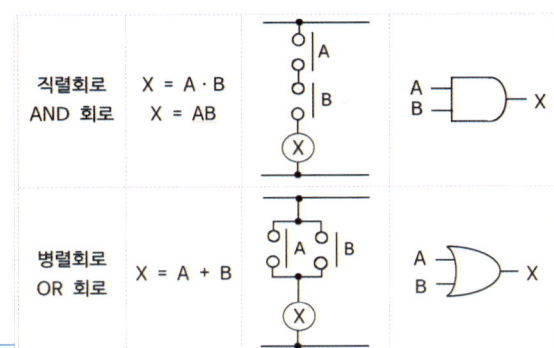

시퀀스 그리기 Tip

1. PB-on(작동 누름버튼 스위치)과 PB-off, MC(MC)는 직렬연결한다.

2. 1,2,3층 PB-on은 병렬연결한다.

3. 3개층의 PB-on(작동 누름버튼 스위치)은 자기유지회로가 되게 한다. 각층의 PB-on과 MC-a는 병렬연결한다.

4. MC(MC)가 여자되면, 주 전자개폐기 MC를 설치하여 전동기가 기동되게 하고, PB-on(작동 누름버튼 스위치) 작동 했을 때 자기유지회로가 구성되게 MC-a릴레이를 설치한다.

5. 열동계전기의 설치위치는 1,2,3층의 작동스위치에 모두 영향을 미치게 MC 이후의 선에 설치하는 방법 (답안)과, MCCB에서 입력되는 MCCB와 1층 PB-on스위치 사이에 설치해도 된다.

해 설

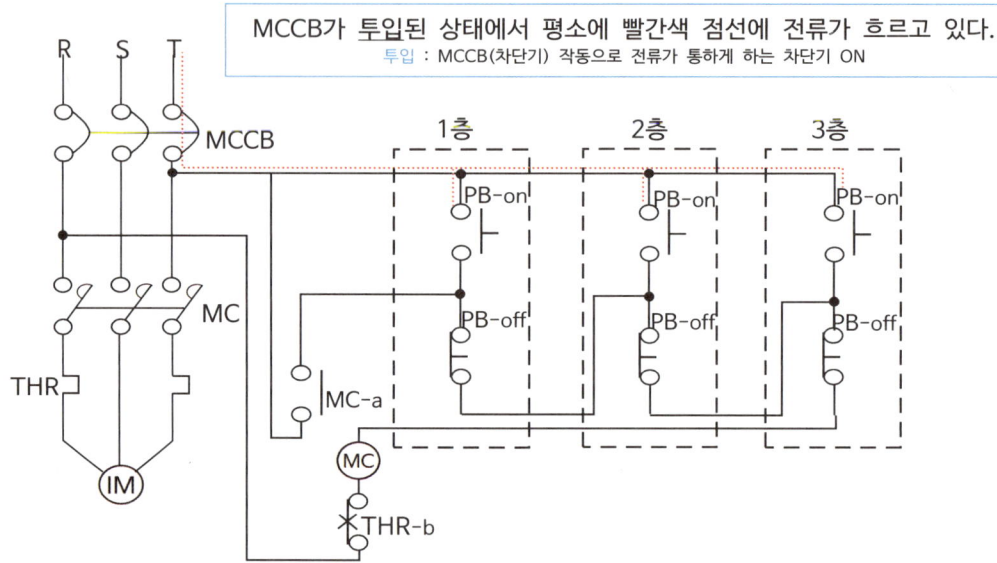

이문제의 회로도는 옥내소화전 수동기동방식의 내용이다. 각 층에서 수동 작동버튼을 누르면 전동기가 기동하고, 각층에서 수동 정지버튼을 누르면 전동기 기동이 멈추도록 해야 한다.

작동 순서

수동기동 그림 1에서,

1층에서 ① 푸시버튼(PB-a접점)을 누르면, 빨간색 점선으로 전류가 통전해 전자접촉기(MC)가 여자, MC ②,③이 여자되어 ON된다. 청색의 점선으로 자기유지가 된다.
빨간점선의 회로로 전동기(IM)에 전원이 공급되어 전동기가 기동(작동)한다.

푸시버튼(PB) 누름 → MC(MC) 여자 → MC-a여자(자기유지), 전자접촉기(MC) 여자(작동) → 전동기(IM) 기동

여자 : 전자 릴레이 코일에 전류가 흘러서 전자석으로 되는 것

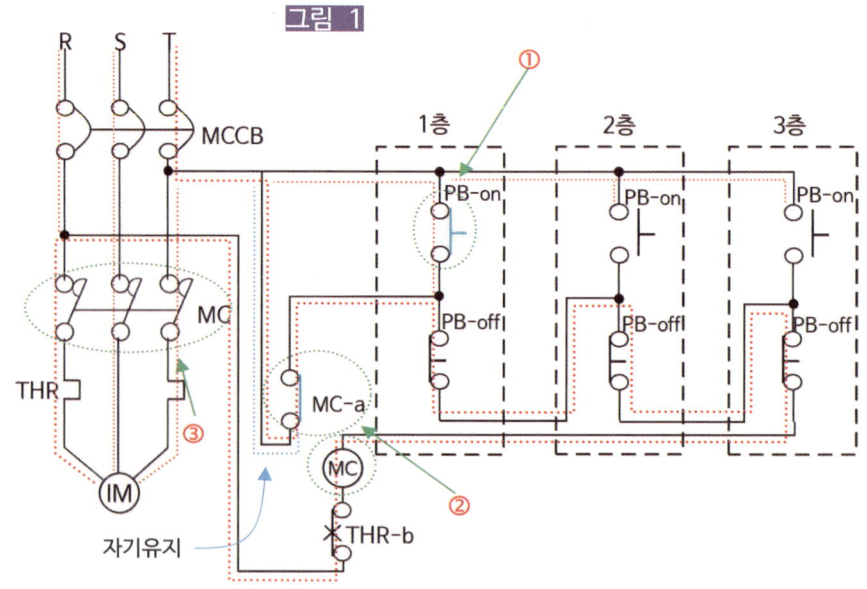

그림 1

수동정지 그림 2에서,

1층에서 ①푸시버튼(PB-OFF접점)을 누르면 전자접촉기(MC)가 소자, MC ②,③이 소자(OFF)되고, 자기유지 해제 된다.
빨간점선 까지만 전원이 공급되어 전동기가 기동이 멈춘다.

푸시버튼(PB-OFF) 누름 → MC(MC) 소자 → MC-a 소자(OFF) - 자기유지 해제,
전자접촉기(MC) 소자(OFF) → 전동기(IM) 기동멈춤

참고
열동계전기(THR)는 전선이 <u>작동온도 이상현상</u>이 발생하면 자동으로 작동하여 전원 공급을 차단한다.
전선에 합선(단락)이나, 전선의 과부하 현상이 있는 때 전선이 과열되어 열동계전기가 작동한다.

소자 : 전자코일에 흐르고 있는 전류를 차단하여 자력을 잃게 하는 것

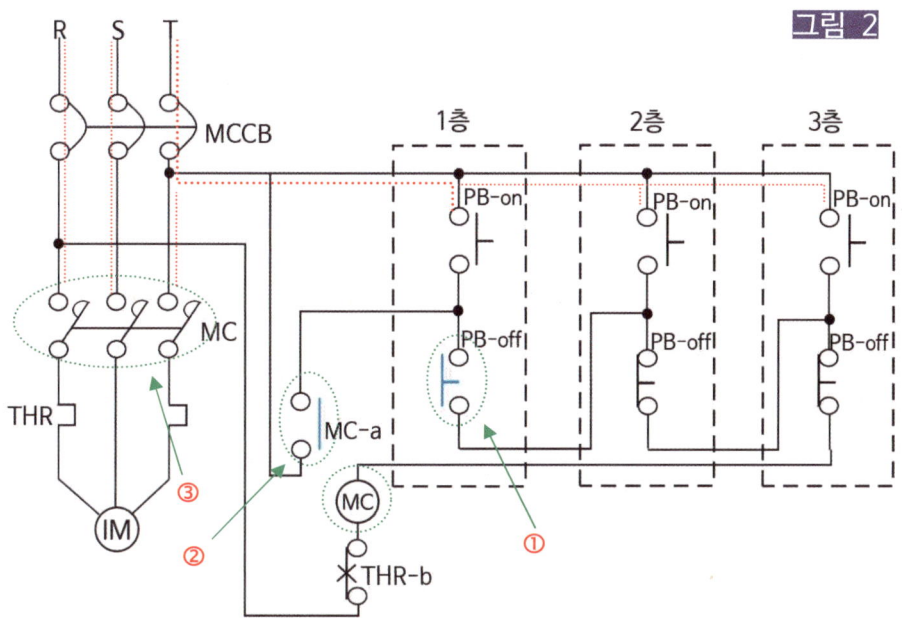

그림 2

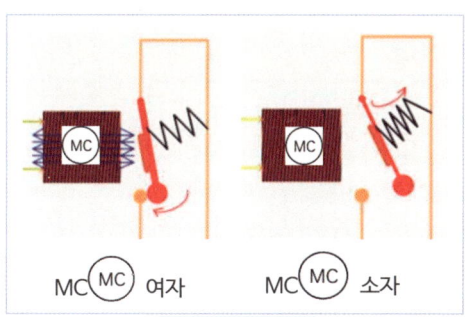

a접점

MC-a접점 릴레이는 평소에는 열려 있으며,
여자되면 자력에 의해 접점이 붙는다.
소자되면 자력을 잃어 접점이 떨어진다.

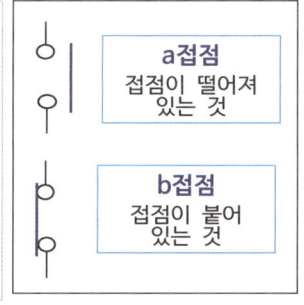

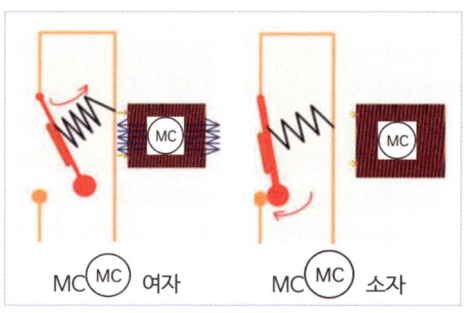

b접점

MC-b접점 릴레이는 평소에는 닫혀 있으며,
여자되면 자력에 의해 접점이 떨어진다.
소자되면 자력을 잃어 스프링 힘에 의해
접점이 붙는다.

펌프 수동기동 및 정지 흐름도

수동기동

자기유지

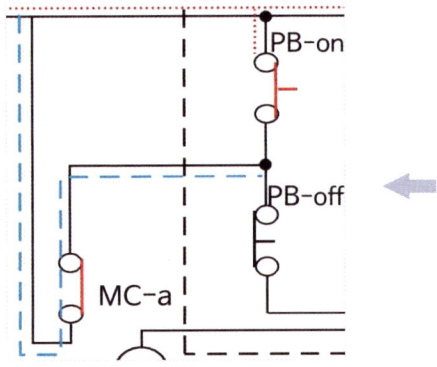

눌렀던 푸시버튼에서 손을 떼면 접점이 버튼안의 스프링 힘에 의해 복귀(접점이 떨어짐)하지만 (MC), MC-a 여자(작동)되어 그림과 같이 통전회로(전류가 통하는 청색점선)가 유지되는 것을 말한다.

푸시버튼(PB)은 눌렀다 손을 떼면 자동복구되는 수동조작 자동복귀 스위치이다.

자기유지회로가 없다면,
푸시버튼을 눌렀다 손을 떼면 순간적으로 펌프가 기동했다 푸시버튼에서 손을 떼면 펌프 기동이 멈추게 된다.

그러나,
원하는 목적(여기서는 펌프 기동)을 지속적으로 하기 위해서는 푸시버튼의 작동이 복구되어도 지속적으로 펌프까지 회로가 결성되어 펌프가 기동되도록 하기위해 전자접촉기(MC)를 설치해서 한번작동한 MC는 회로구성이 지속되도록 하는 것이 자기유지기능이다.

자기유지에 대한 이해가 아직 부족하면 19페이지에 다시 학습하기를 바랍니다

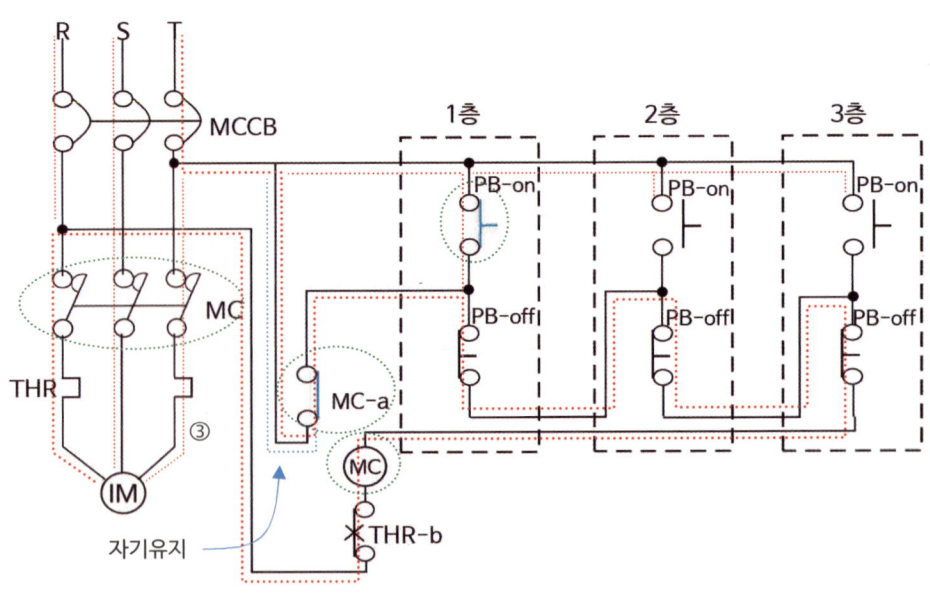

수동정지

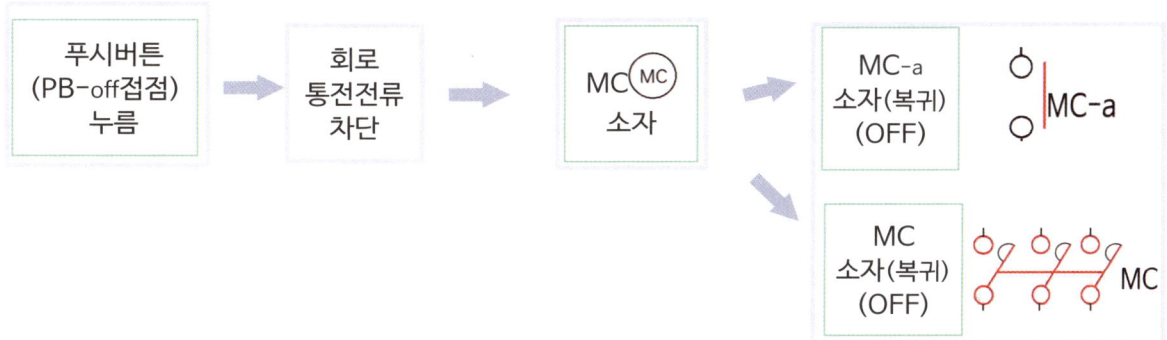

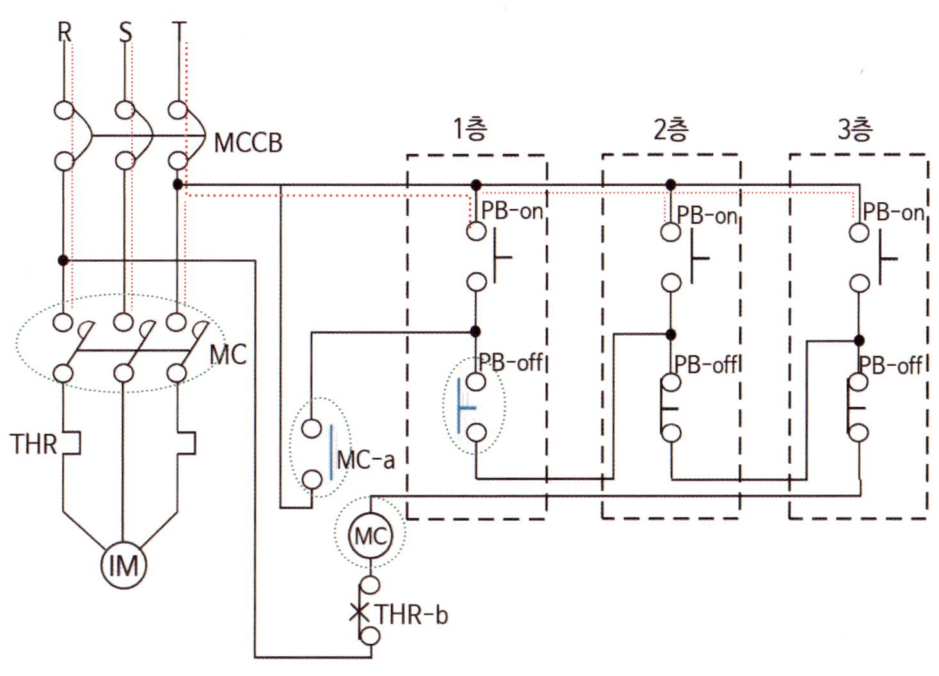

이름	기호	내용
전자접촉기 MC	(MC)	전자석을 사용하여 전기 회로의 개폐를 하는 장치
전동기 IM	(IM)	전기 에너지로부터 회전력을 얻는 기계
열동계전기 THR	⌐	온도가 일정한 값 이상이 되면 작동하는 계전기. 기기의 과부하 또는 과열 방지
차단기 MCCB		전류가 흐르지 못하도록 전선을 끊는 기구
전자접촉기 MC		MC OFF상태
전자접촉기 MC		MC ON상태
전자접촉기 MC a접점	MC-a	MC-a접점 OFF상태

이름	기호	내용
전자접촉기 MC a접점	MC-a	MC-a접점 ON상태
열동계전기 THR b접점		THR b접점 ON상태
열동계전기 THR b접점		THR b접점 OFF상태
푸시버튼 PB a접점		PB-a접점 OFF상태
푸시버튼 PB a접점		PB-a접점 ON상태
푸시버튼 PB b접점		PB-b접점 ON상태
푸시버튼 PB b접점		PB-b접점 OFF상태

문제 3

2010년.4. 2017.6. 기출문제

도면과 같은 회로를 누름버튼스위치 PB₁ 또는 PB₂ 중 먼저 ON 조작된 측의 램프만 점등되는 병렬 우선회로가 되도록 고쳐서 그리시오.(단 PB₁측의 계전기는 R₁, 램프는 L₁이며, PB₂측의 계전기는 R₂, 램프는 L₂이다. 또한 추가되는 접점이 있을 경우에는 최소수만 그리도록 한다).

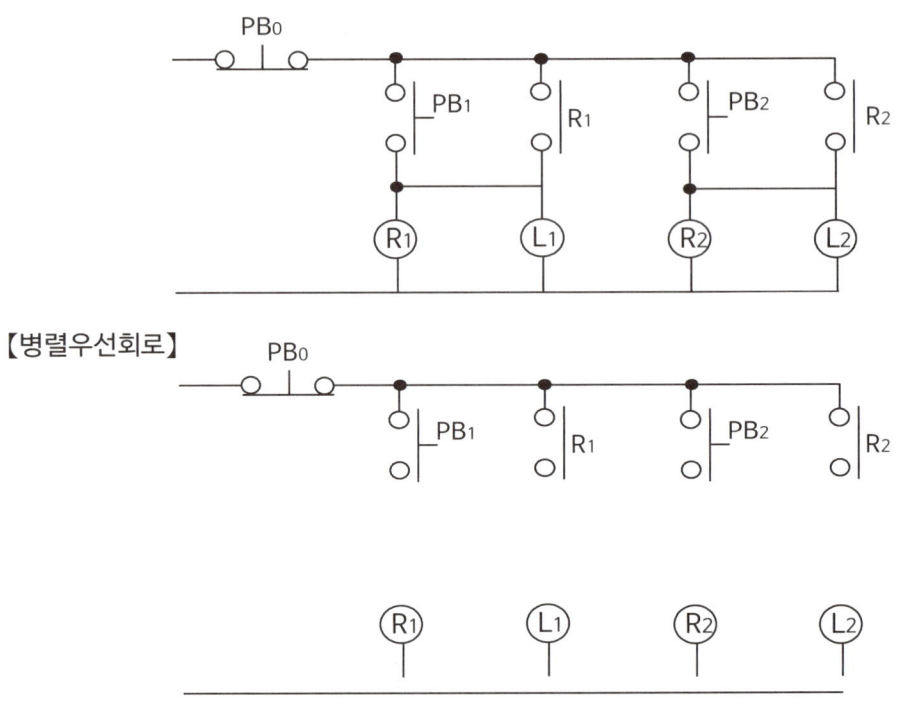

정답

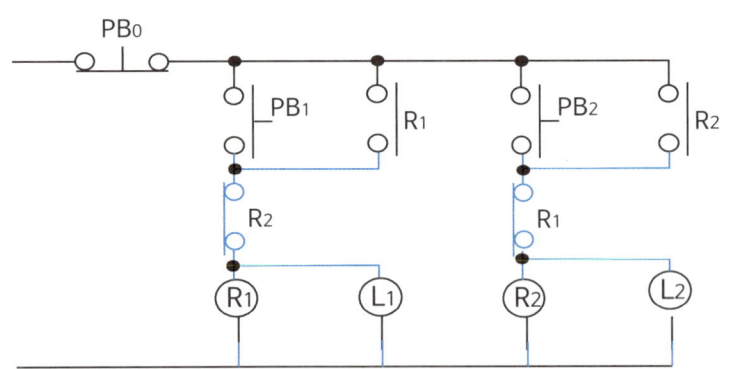

인터록 시퀀서 설계 Tip

- PB₁, R₁, L₁ 직렬연결 회로의 중간에 R2-b릴레이를 설치한다(인터록 기능).
- PB₂, R₂, L₂ 2직렬연결 회로의 중간에 R1-b릴레이를 설치한다(인터록 기능).
- PB₁과 R₁, PB₂와 R₂는 자기유지를 위해 병렬연결한다.
  병렬연결하는 이유는 PB₁이 복구되어도 R1-a회로가 유지되어 R₁이 여자된다.

인터록 회로(또는 **선입력 우선회로, 병렬 우선회로**라고도 부름) - 인터록회로에 대한 상세한 내용은 32페이지에 있음

  이 문제는 **인터록 회로**에 대하여 묻는 문제이다.
1. 먼저 입력한 신호만 동작하고, 그 이후에 입력된 신호들은 동작하지 않는 회로이다.
   주로 기기의 보호와 조작자의 안전을 목적으로 설치된다.
2. 2개의 전자릴레이 인터록회로는 한쪽의 전자릴레이가 동작하고 있는 중 상대 전자릴레이 동작을 금지하기 때문에 상대동작 금지회로라고도 한다.

인터록 회로(병렬우선 회로) 설명

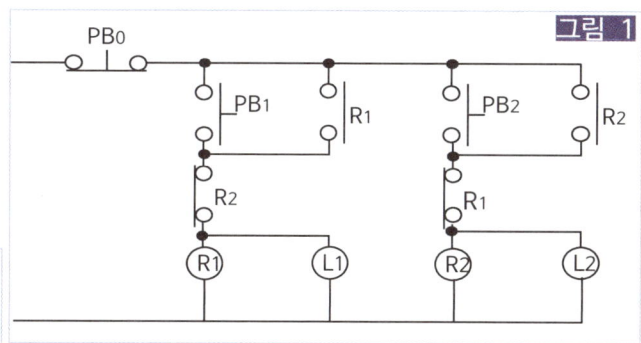

그림 1

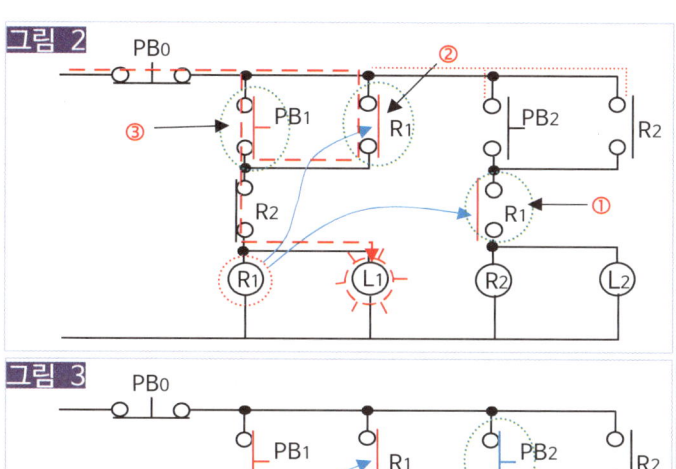

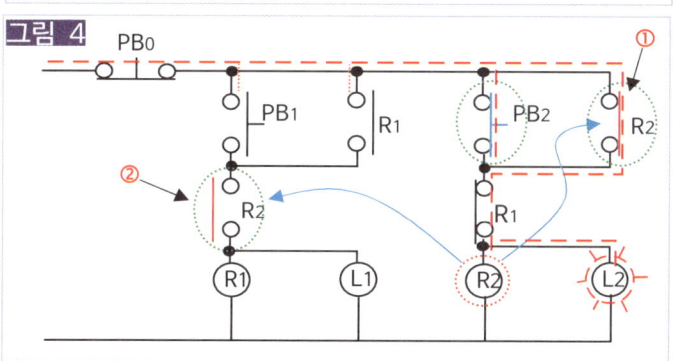

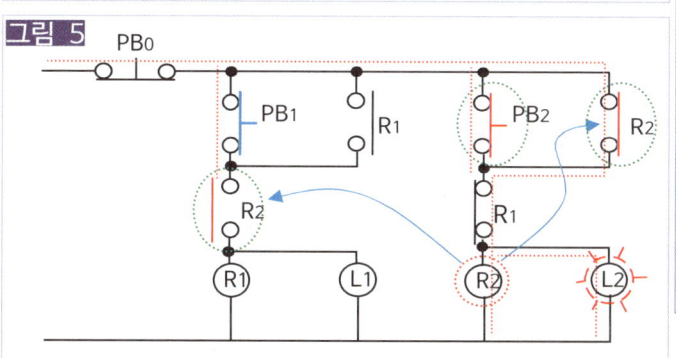

그림1의 회로에서,
그림2의 회로 PB1 누름버튼 ③을 누르면,
Ⓡ1 이 여자되어 R1 릴레이 ①, ②작동한다.

①은 b접점으로 접점이 떨어지고, ②는 a접점으로 접점이 붙는다.
①은 인터록 기능을 하며, ②는 자기유지회로를 구성한다.

L1 램프에는 빨간색 점선으로 회로연결이 되어 L1 램프가 점등한다.

누름버튼(PB2), R1, L2에 연결된 R1 b접점 ①이 이미 개로되어 있어 PB2 누름버튼을 눌러도 회로 연결이 되지 않으며, L2 램프가 점등될 수 없다.(인터록 기능)

R1이 작동하면서 R2가 작동하지 못하도록(방해 목적으로) R1 b접점 ①을 미리 개로(열어놓음)해 놓는 회로를 인터록회로라 한다.

그림3에서 R1 B점점 ①이 이미 개로된 상태에서 PB2 누름버튼을 눌러도 R1 b점점 ④으로 인해 L2 램프에 회로 연결이 되지 않는다.

그림4의 회로 PB2 누름버튼을 누르면,
Ⓡ2 이 여자되어 R2 릴레이 ①, ②가 작동한다.

②는 b접점으로 접점이 떨어지고, ①은 a접점으로 접점이 붙는다.
②는 인터록 기능을 하며, ①은 자기유지회로를 구성한다.

L2 램프에는 빨간색 점선으로 회로연결이 되어 L2 램프가 점등한다.

그림5에서,
누름버튼(PB2)이 작동 중에 누름버튼(PB1)눌러도 R2-b 점점이 이미 소자되어 있어 회로 연결이 되지 않으며, R1이 작동할 수 없다.(인터록 기능)

문제 4

2000.4. 2002.7. 2008.11. 2010.7. 2012.7. 2019.11 기출문제

그림은 플로우트스위치에 의한 펌프모터의 레벨제어에 대한 미완성도면이다.
이 도면과 작동조건, 기구 및 접점 사용조건 등을 이용하여 다음 각 물음에 답하시오.

【작동 조건】
- 전원이 인가되면 ⓖⓛ램프가 점등된다.
- 자동일 경우 플로우트스위치가 붙으면(작동) ⓡⓛ램프가 점등되고, 전자접촉기 ㊱이 여자되어 ⓖⓛ램프가 소등되며, 펌프모터가 작동된다.
- 수동일 경우 누름버튼스위치가 PB-ON을 ON시키면 전자접촉기 ㊱이 여자되어 ⓡⓛ램프가 점등되고 ⓖⓛ 램프가 소등되며, 펌프모터가 작동된다.
- 수동일 경우 누름버튼스위치가 PB-OFF를 OFF시키거나 계전기 THR이 작동하면 ⓡⓛ램프가 소등되고, ⓖⓛ램프가 점등되며, 펌프모터가 정지된다.

【기구 및 접점 사용조건】
- ㊱ 1개, 88-a 접점 1개, 88-b 접점 1개, PB-ON 접점 1개, PB-OFF 접점 1개, ⓡⓛ램프 1개, ⓖⓛ램프 1개, 계전기 THR의 b접점 1개,

  플로우트스위치 FS 1개 - ⊙

(가) 주어진 작동조건을 이용하여 시퀀스 제어의 미완성 도면을 완성하시오.
(나) 계전기 THR과 MCCB의 우리말 명칭을 구체적으로 쓰시오.
  ○ THR :
  ○ MCCB :

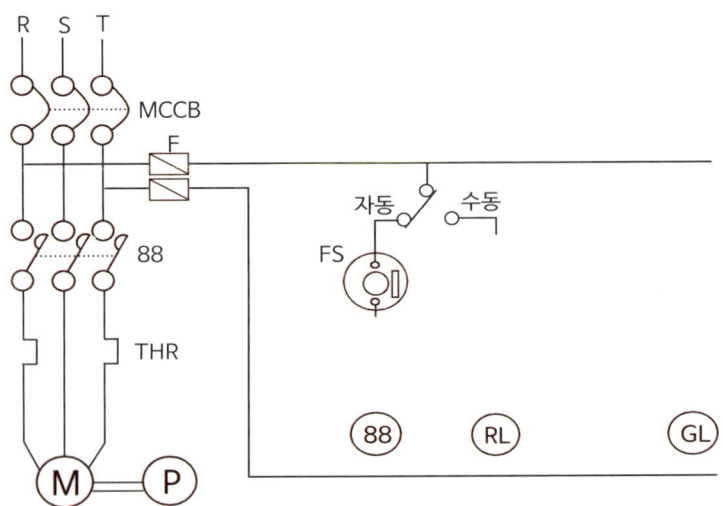

인가 印加 : 전기에서는 전기선에 전기가 통하게 하는 것을 인가한다고 한다.
플로우트 스위치 (Float Switch) : 물위에 떠 있는 스위치

정 답

(가)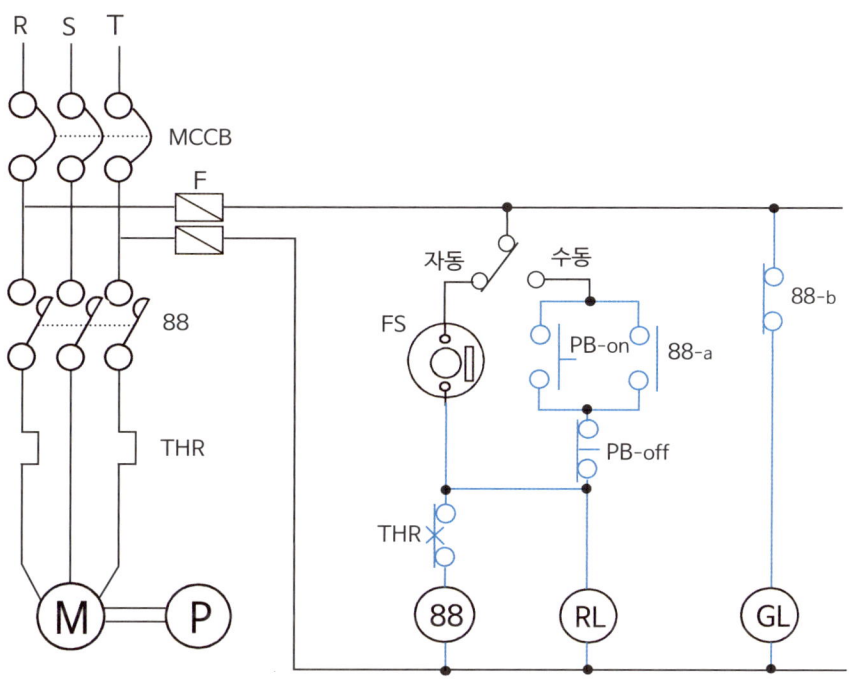

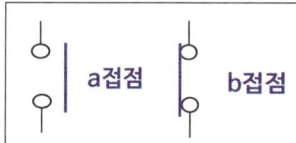

(나) ○ THR : 열동계전기
　　○ MCCB : 배선용차단기

시퀀스 그리기 Tip

- **자동의 배선연결**은 플로우트스위치(FS)와 전자접촉기 ⑧⑧, ㈄램프는 직렬연결한다.
　　⑧⑧은 전자접촉기의 도시기호이며 ㎆로도 사용한다

- **수동의 배선연결**은 PB-ON과, PB-OFF, 전자접촉기 ⑧⑧, ㈄램프는 직렬연결한다.
　　PB-ON을 누르면 자기유지회로가 구성되게 88-a접점을 설치한다.

- ㎇램프는 전원이 인가되면 점등되게 MCCB 2차측 선과 직접연결하며, MCCB와 ㎇ 사이에
88-b접점을 설치하여 88이 여자되면 램프가 소등되게 해야 한다.

- **열동계전기(THR)**는 자동과 수동일 때 모두 배선이 차단될 수 있도록 ⑧⑧ 이전에 직렬연결한다
　　(자동과, 수동의 전환스위치 이전의 배선에 설치해도 된다)

열동계전기 熱動繼電器 : 온도가 일정한 값 이상이 되면 작동하는 계전기.
　　　　　　　　　　기기의 과부하 또는 과열 방지, 절연물의 과열 방지 따위에 쓰인다.
계전기 繼電器 : 검출된 정보를 갖고 있는 제어 전류의 유무 또는 방향에 따라 다른 회로를 여닫는 장치.
배선용차단기 配線用遮斷器 : 전기공급을 차단하는 장치를 말하며 두꺼비집의 차단기도 해당된다.
인가 印加 : 전기에서는 전기선에 전기가 통하게 하는 것을 인가한다고 한다.

해 설

【작동 조건】

· 전원이 인가되면 램프가 점등된다.

해설 : 그림과 같이 전원을 배선용차단기(MCCB)를 거쳐 통전되면(인가되면) 빨간색 점선과 같이 GL램프에 점등이 된다.

인가 印加 : 전기에서는 전기선에 전기가 통하게 하는 것을 인가한다고 한다.

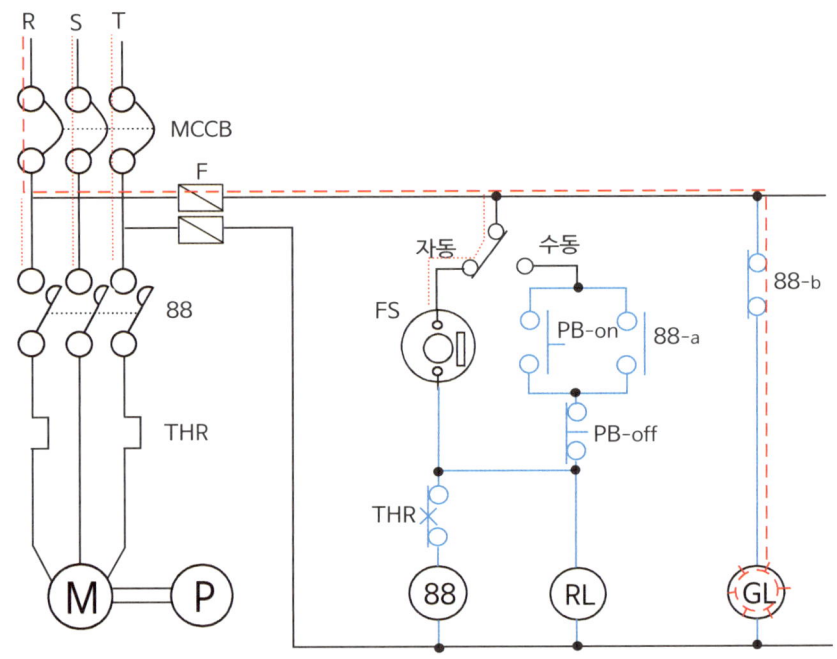

자동제어기구 기본번호

번호	기구명칭
52	교류 차단기(배선용 차단기)
49	회전기 온도 계전기(열동 계전기)
88	보조기용 접촉기(전자 접촉기)
28	경보장치
29	소화장치

【작동 조건】

· 자동일 경우 플로우트스위치가 붙으면(작동) ⓇⓁ 램프가 점등되고,
  ⇨ 플로우트스위치가 작동하면 RL램프에 직접영향을 주어야 하므로 직렬로 이어지게 그린다.

전자접촉기 ⑧⑧ 이 여자되어 ⒼⓁ 램프가 소등되며, 펌프모터가 작동된다.
  ⇨ 88이 여자되면 GL램프는 소등되므로 반대관계이다. 그러므로 GL램프 회로에는 88-b접점을 그려야 한다.

해설 : 플로우트스위치(FS)가 붙으면(작동) 빨간색 점선과 같이 RL램프에 점등이 된다.
⑧⑧ 이 여자되어 88-b 접점(여자되어) 떨어져 ⒼⓁ 램프가 소등된다. 88 주접점(여자되어) 붙어 모터(M)가 작동한다.

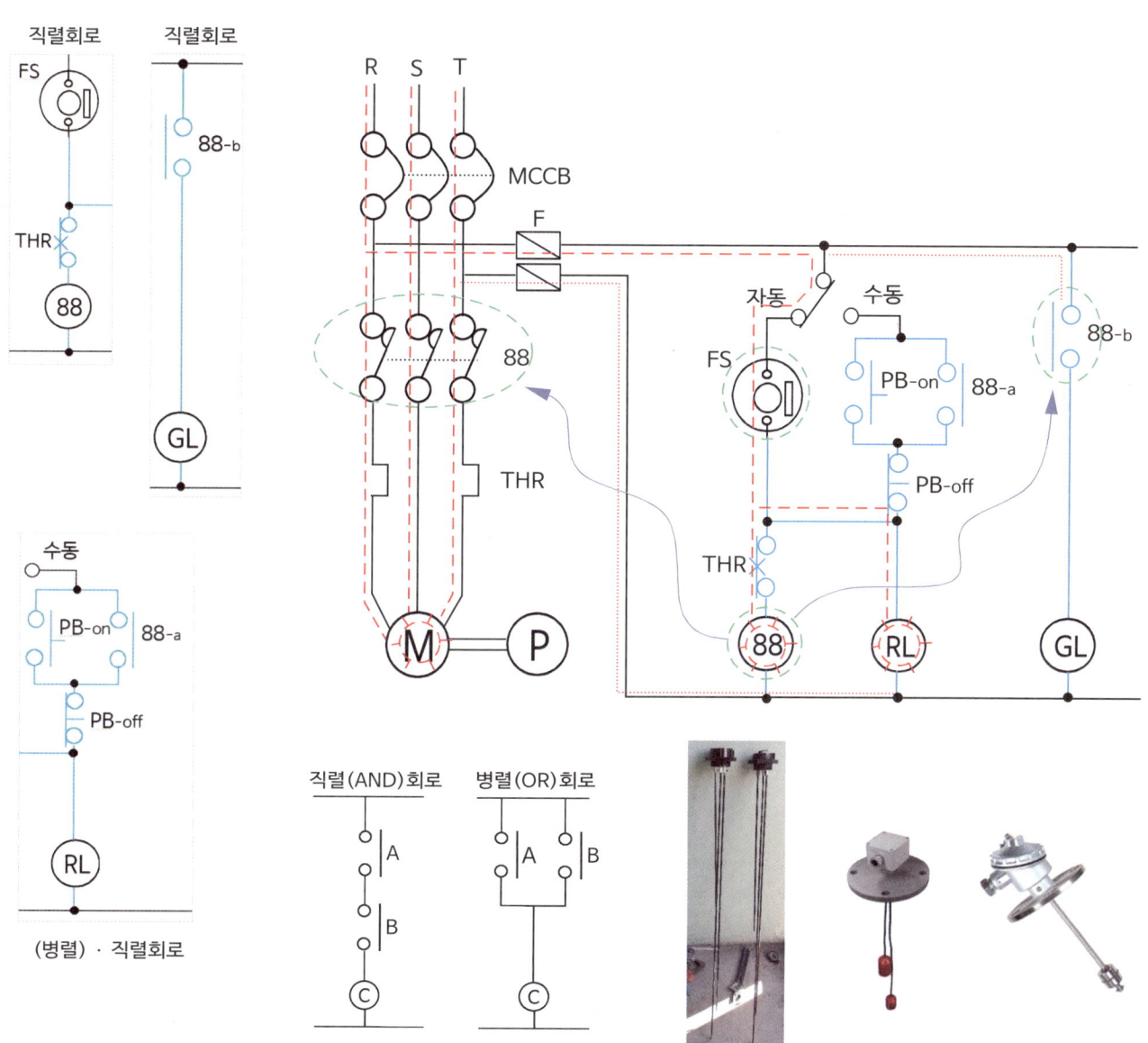

플로트스위치 float switch : 스위치의 센스를 물위에 뜨있게 설치하여 물의 높이에 따라 스위치 센스가 작동하는 스위치를 말한다. 물탱크에 플로우트스위치를 설치하여 정해놓은(스위치 작동위치) 물의 높이보다 낮아지면 플로우트스위치 센스의 릴레이 접점이 붙어(작동하여) 전동기와 펌프를 작동하여 물탱크에 물을 공급하는 장치이다.

【작동 조건】

· 수동일 경우 누름버튼스위치가 PB-ON을 ON시키면 전자접촉기 ⑧⑧이 여자되어 ㉾램프가 점등되고 ㉿램프가가 소등되며, 펌프모터가 작동된다.

해설 : 누름버튼스위치가 PB-ON을 누르면(ON) 전자접촉기 ⑧⑧이 작동(여자), 88-a는 여자되어 자기유지 되고, 88-b는 여자되어 GL램프는 소등한다. 주접점 88이 여자되어 펌프모터가 작동한다.

⑧⑧이 여자되면 88-a는 a점점으로 릴레이 접점이 붙고, 88-b는 b점점이므로 릴레이 접점이 떨어지고, 88 주점점은 a점점으로 릴레이 접점이 붙는다.

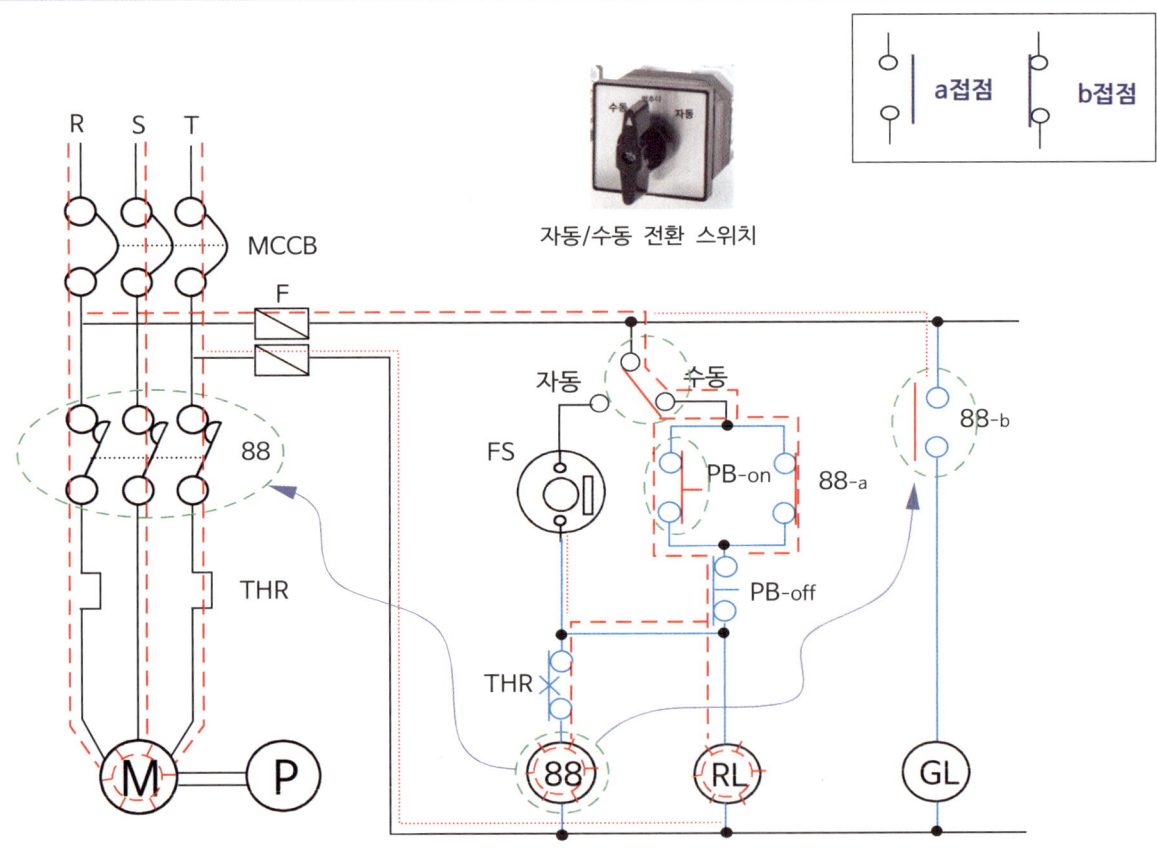

여자(勵磁) : 전자 릴레이, 전자접촉기, 타이머 등의 코일에 전류가 흘러서 전자석으로 되는 것.

소자(消磁) : 전자코일에 흐르고 있는 전류를 차단하여 자력(자석의 성질)을 잃게 하는 것.

자기유지 : 버튼을 1번 누르면 누른 상태로 작동회로가 계속 유지되게 하는 현상을 말한다.
버튼에서 손을 떼어 버튼 작동이 복구되어도(전류가 차단되어도) 릴레이가 작동한 회로는 작동상태로 계속 유지되는 현상을 말한다.

88 : 전자접촉기, MC를 88 이라고 호칭하고 있다. 현장에서 사용하는 기호이다.

【작동 조건】

· 수동일 경우 누름버튼스위치가 PB-OFF를 OFF시키거나 계전기 THR이 작동하면 ⓡ램프가 소등되고, ⓖ램프가 점등되며, 펌프모터가 정지된다.

해설 : 누름버튼스위치가 PB-ON상태에서, 펌프모터(M)가 작동하고 있을 때,
 누름버튼스위치가 PB-OFF를 OFF시키거나 계전기 THR이 작동하면,

㊻이 작동 정지(소자)하여 88-a는 소자되어 자기유지가 해제되고, 88-b는 소자되어 GL램프는 점등한다.
88이 소자되어 펌프모터(M)가 작동정지한다.
 ㊻이 소자되면 88-a는 a점점으로 릴레이 접점이 떨어지고, 88-b는 b점점이므로 릴레이 접점이 붙고,
 88 주점점은 a점점으로 릴레이 접점이 떨어진다

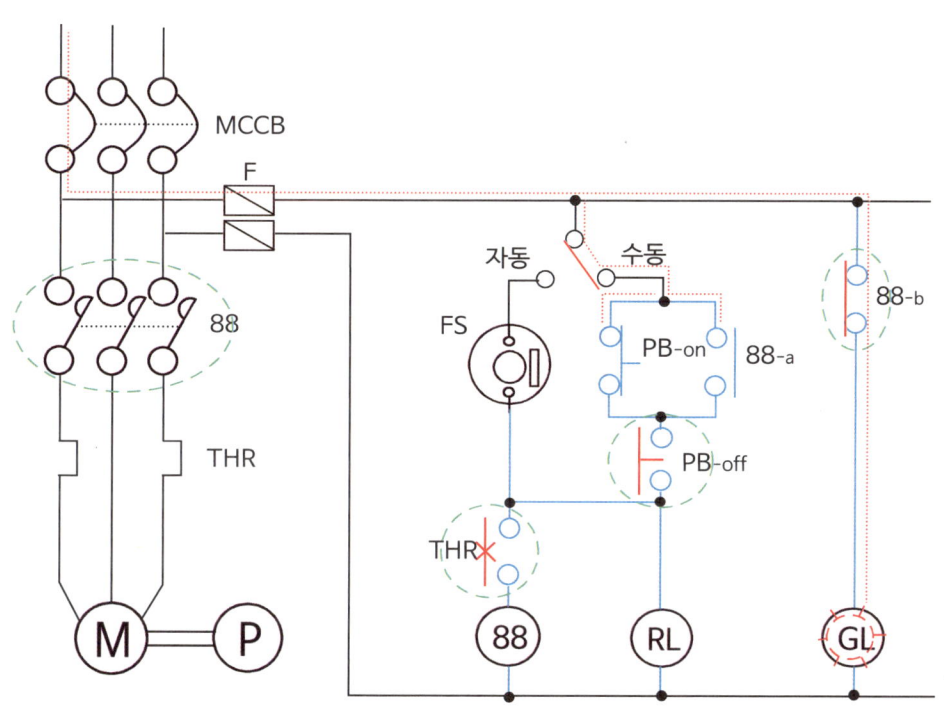

누름버튼스위치(PB S/W)
push-button switch

자동제어기구 기본번호

번호	기구명칭
52	교류 차단기(배선용 차단기)
49	회전기 온도 계전기(열동 계전기)
88	보조기용 접촉기(전자 접촉기)
28	경보장치
29	소화장치

문제 5

2009.4. 2011.5. 2016. 6. 기출문제

펌프모터의 레벨제어에 관한 다음 도면을 완성하시오.

【조건】

1. 자동제어
① 배선용 차단기(MCCB)를 투입하면 저수위일 때 플롯스위치에 의해 전자접촉기(MC)가 여자되고, MC 주접점에 의해 모터(M)가 기동된다.
② 고수위가 되면 플롯스위치가 OFF되어 MC는 소자되고 모터(M)는 정지한다.
③ 모터는 운전 중 열동계전기(THR)가 동작하면 MC는 소자되고 모터(M)은 정지한다.

2. 수동제어
① 배선용 차단기(MCCB)를 투입하고 PB-ON 스위치를 ON하면 전자접촉기(MC)가 여자되고, 자기가 유지된다. MC 주접점에 의해 모터(M)가 기동된다.
② PB-OFF 스위치를 OFF하면 MC는 소자되고 모터(M)는 정지한다.
③ 모터(M)는 운전 중 열동계전기(THR)가 동작하면 MC는 소자되고 모터(M)는 정지한다.

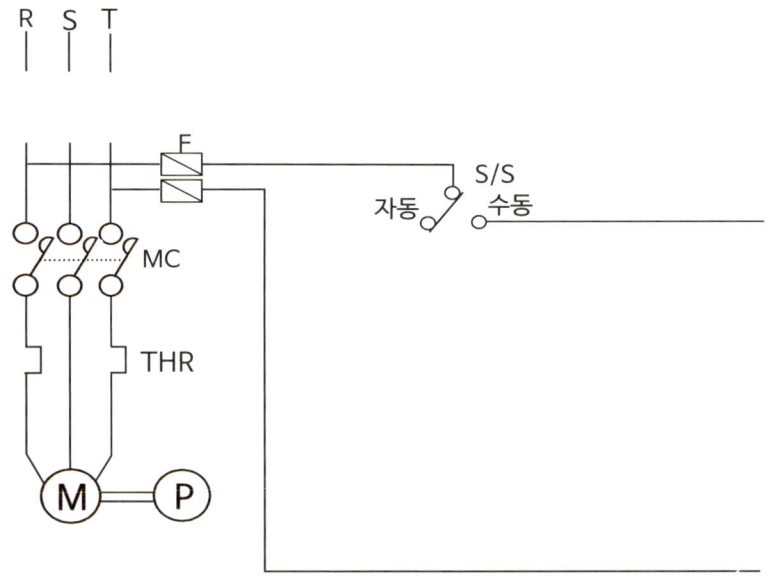

플롯스위치(float switch)와 저수위 경보기

플롯스위치는 물탱크(수조)의 부족한 물을 보충하기 위해서 물탱크에 급수하는 펌프를 자동으로 급수, 급수 정지하는 스위치이다.
저수위 경보기는 물탱크(수조)의 물이 법정 저수량보다 수위가 낮아졌을 때 제어반에 경보를 울리게 하는 장치이다.

화재안전기준에서는 플롯스위치에 대한 설치기준은 없으며, 저수위 경보기는 물탱크(지하수조, 옥상수조, 물올림탱크)에 설치하여 도통 및 동작(작동)시험이 가능하도록 하고 있다.

정답

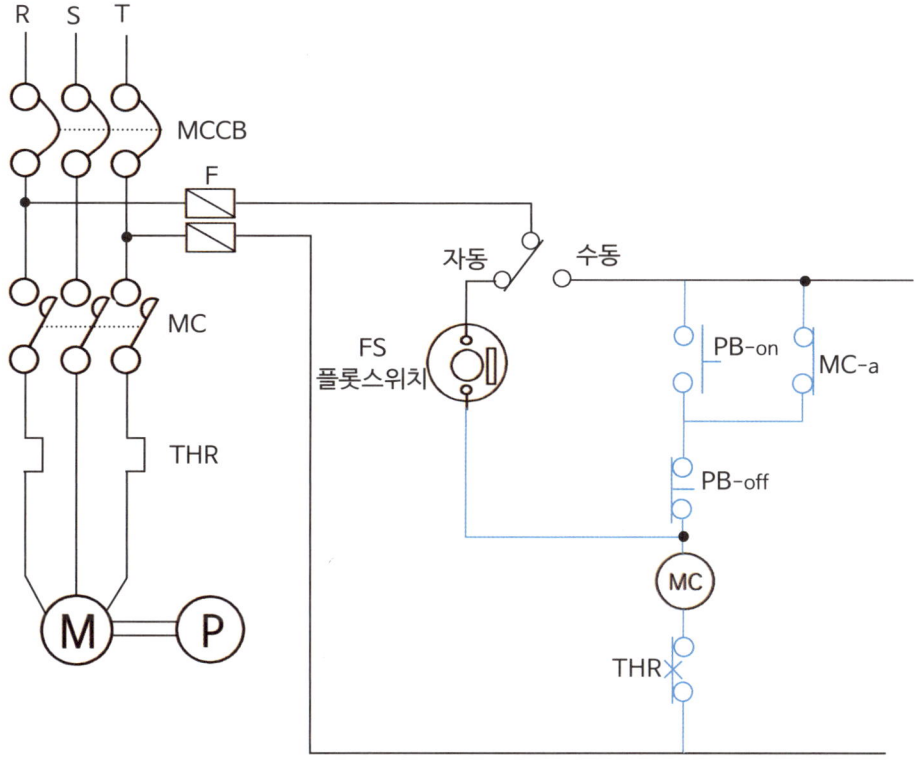

시퀀스 그리기 Tip

- **자동의 배선연결**은 플로우트스위치(FS)와 전자접촉기 (MC)를 직렬연결한다.

- **수동의 배선연결**은 PB-ON과, PB-OFF, 전자접촉기 (MC)를 직렬연결한다.
  PB-ON을 누르면 자기유지회로가 구성되게 MC-a 릴레이 접점을 병렬설치한다.

- **열동계전기(THR)**는 자동과 수동일 때 모두 배선이 차단될 수 있도록 (MC) 이후에 직렬연결한다
  (자동과, 수동의 전환스위치 이전의 배선에 설치해도 된다)

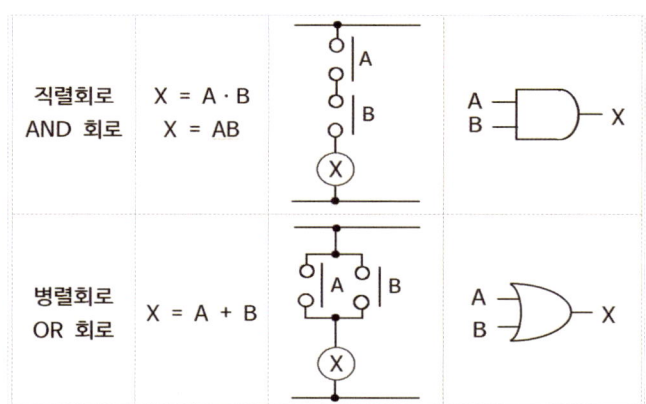

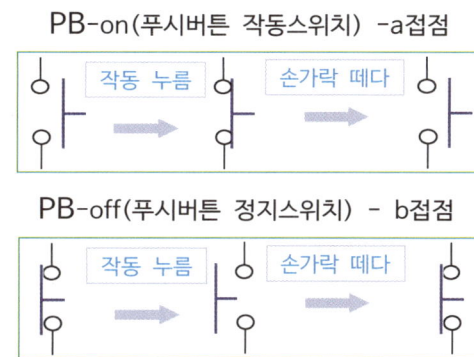

【조건】

1. 자동제어

① 배선용 차단기(MCCB)를 투입하면 저수위일 때 플롯스위치에 의해 전자접촉기(MC)가 여자되고, MC 주접점에 의해 모터(M)가 기동된다.
② 고수위가 되면 플롯스위치가 OFF되어 MC는 소자되고 모터(M)는 정지한다.
③ 모터는 운전 중 열동계전기(THR)가 동작하면 MC는 소자되고 모터(M)은 정지한다.

해설 :
배선용 차단기(MCCB)를 투입하고,
저수위일 때 플롯스위치에 의해 전자접촉기(MC)가 여자된다.
저수위일 때 플롯스위치에 접점이 붙어 전류가 흐른다.
(MC)에 전류가 흘러 (MC)가 여자되어 MC 주접점에 전류가 흘러 전자석이 되어 릴레이 접접을 끌어 당겨 접점이 붙는다. MC-a 접점도 전류가 흘러 전자석이 되어 릴레이 접접을 끌어 당겨 접점이 붙는다.

MC 주접점 붙어 모터까지 회로가 연결, 그림의 점선으로 모터에 전류가 공급되어 모터가 기동된다.

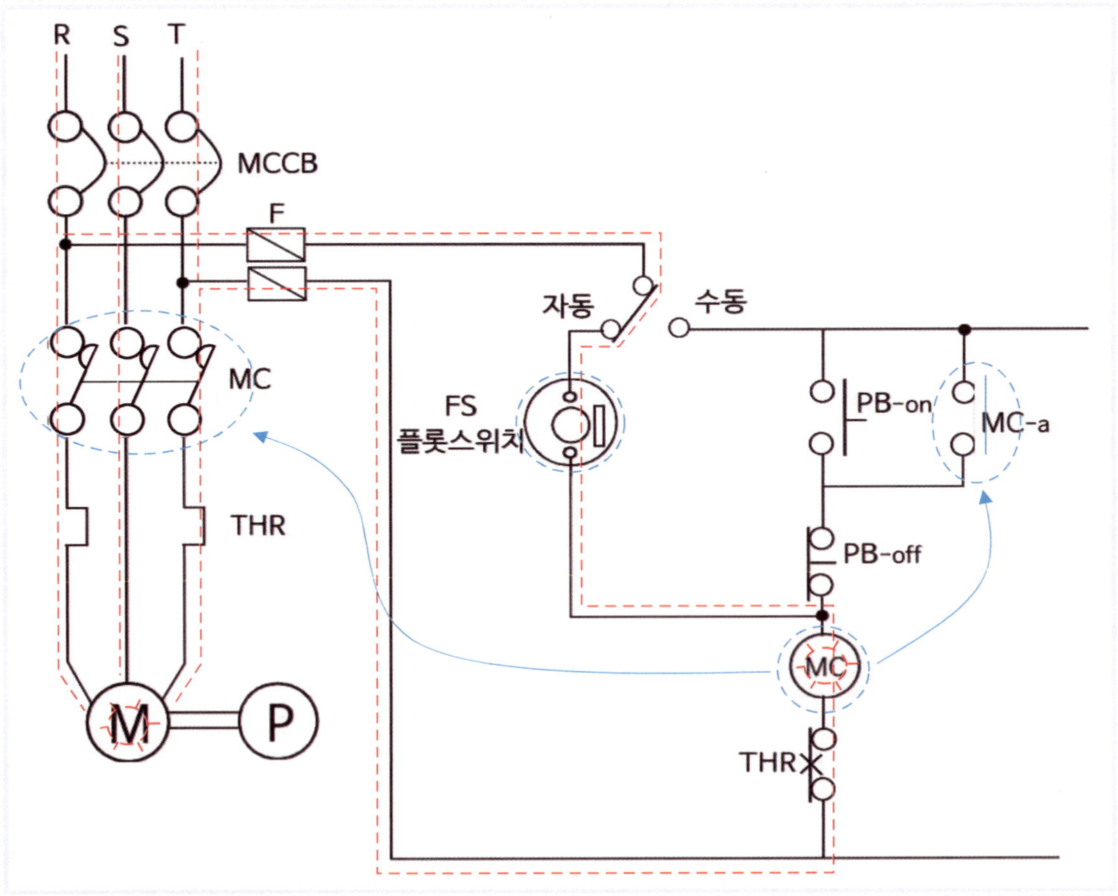

여자(勵磁) : 전자 릴레이, 전자접촉기, 타이머 등의 코일에 전류가 흘러서 전자석으로 되는 것.
소자(消磁) : 전자코일에 흐르고 있는 전류를 차단하여 자력을 잃게 하는 것.

| 해 설 | **1. 자동제어**

고수위가 되면 플롯스위치가 OFF되어(접점이 떨어져) ⓜⒸ(MC)는 소자된다.
ⓜⒸ(MC)가 소자되어 MC 주접점도 소자되어 릴레이에 전자석 기능이 없어지므로 접점이 떨어진다.
주접점 릴레이가 떨어져 모터에 전류가 공급되지 않으므로 기동하던 모터는 작동중지 된다.

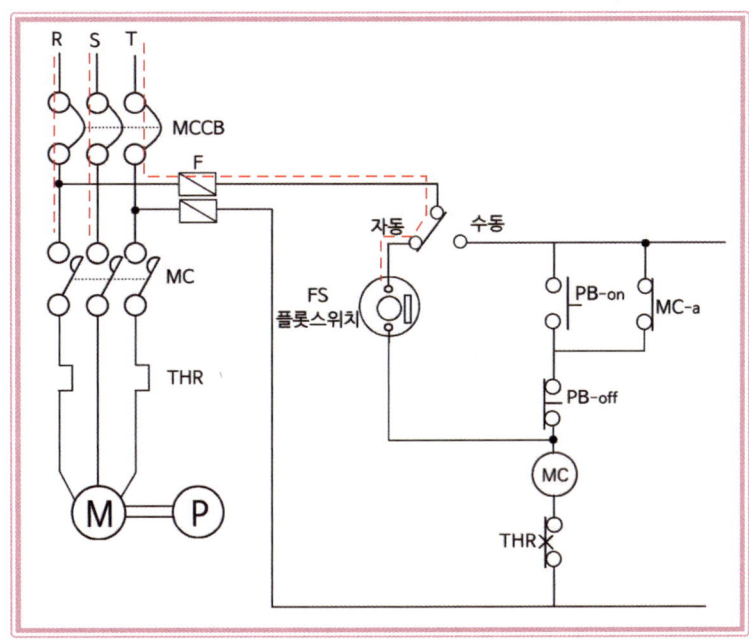

운전 중 열동계전기(THR)가 동작하면 퓨즈가 차단되고, 배선용 차단기(MCCB)가 작동하여 전원공급이 차단된다.
모터는 운전 중 열동계전기(THR)가 동작하면 MC는 소자되고, 주접점 MC도 소자되어 모터(M)는 작동정지한다.

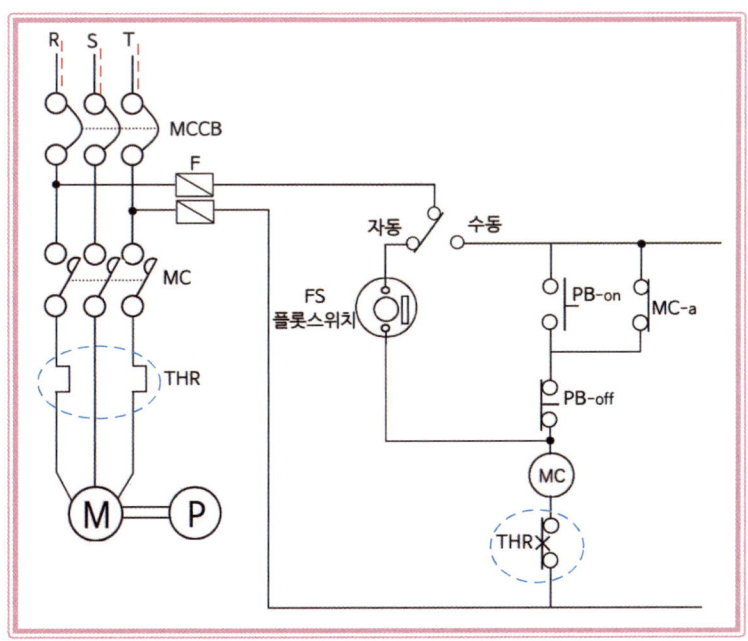

열동계전기 熱動繼電器 : 온도가 일정한 값 이상이 되면 작동하는 계전기.
기기의 과부하 또는 과열 방지, 절연물의 과열 방지 따위에 쓰인다.

2. 수동제어

① 배선용 차단기(MCCB)를 투입하고 PB-ON 스위치를 ON하면 전자접촉기(MC)가 여자되고, 자기유지 된다. MC 주접점이 여자되어 접점이 붙어 모터(M)가 기동된다.

PB-ON 스위치를 ON하면-누름버튼 스위치를 누르면 (MC)(MC) 까지 전류가 공급되어 (MC)(MC)는 여자된다.

(MC)에 전류가 흘러 (MC)가 여자되어 MC 주접점에 전류가 흘러 전자석이 되어 릴레이 접점을 끌어 당겨 접점이 붙는다. MC-a 접점도 전류가 흘러 전자석이 되어 릴레이 접점을 끌어 당겨 접점이 붙는다.

MC 주접점 붙어 모터까지 회로가 연결, 점선으로 모터에 전류가 공급되어 모터가 기동된다.

PB-ON 스위치를 ON하고(누름버튼 스위치를 누름) 손을 떼면 스위치가 복구(OFF)되지만 MC-a 접점이 작동되어 자기유지 회로가 구성되어 (MC)에 전류가 흘러 작동한다.

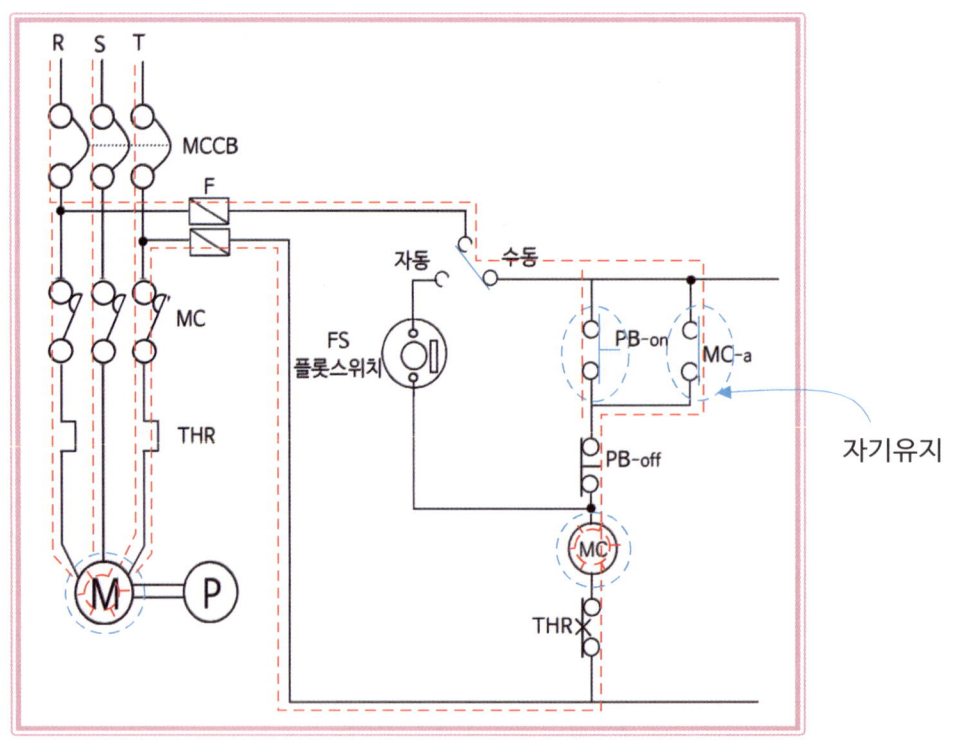

2. 수동제어

② PB-OFF 스위치를 OFF하면 MC는 소자되고 모터(M)는 정지한다.
③ 모터(M)는 운전 중 열동계전기(THR)가 동작하면 MC는 소자되고 모터(M)는 정지한다.

PB-OFF 스위치를 OFF하면(누름버튼 스위치를 누르면 (MC)(MC)에 전류가 공급이 차단되어 (MC)(MC)는 소자된다.

(MC)(MC)가 소자되어 MC 주접점에 전류가 단전되므로 릴레이에 전자석 기능이 없어지므로 접점이 떨어진다.
MC-a 접점이 떨어져 자기유지 회로가 해제된다.
주접점 릴레이가 떨어져 모터에 전류가 공급되지 않으므로 기동하던 모터는 중지된다.

운전 중 열동계전기(THR)가 동작하면 배선용 차단기(MCCB)가 작동하여 전원공급이 차단된다.
모터는 운전 중 열동계전기(THR)가 동작하면 MC는 소자되고 모터(M)은 정지한다.

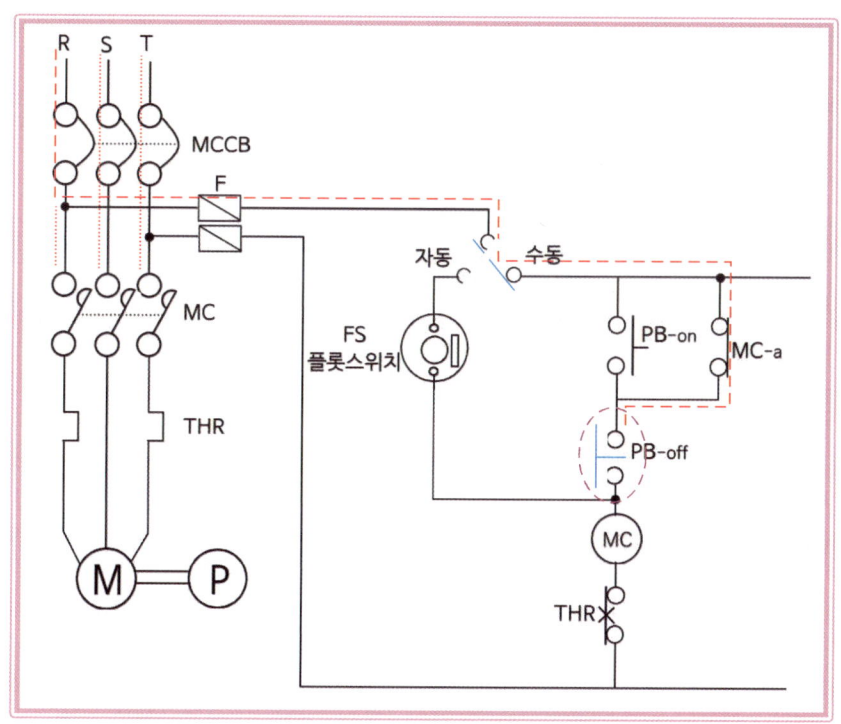

문제 6

2009년 4월 기출문제

다음 그림은 플로트스위치에 의한 펌프모터의 레벨제어에 관한 미완성 도면이다. 이 도면을 보고 다음 각 물음에 답하시오.

1. MCCB의 명칭을 쓰고 이 차단기의 특징을 쓰시오.
2. 제어약호 "49"의 명칭은 무엇인가?
3. 동작접점을 수동으로 연결하였을 때 누름버튼스위치(PB-on, PB-off)와 접촉기접점으로 제어회로를 구성하시오(단, 전원을 투입하면 ⒼⓁ램프가 점등되나 PB-ON 스위치를 ON하면 ⒼⓁ램프가 소등되고, ⓇⓁ램프가 점등된다)

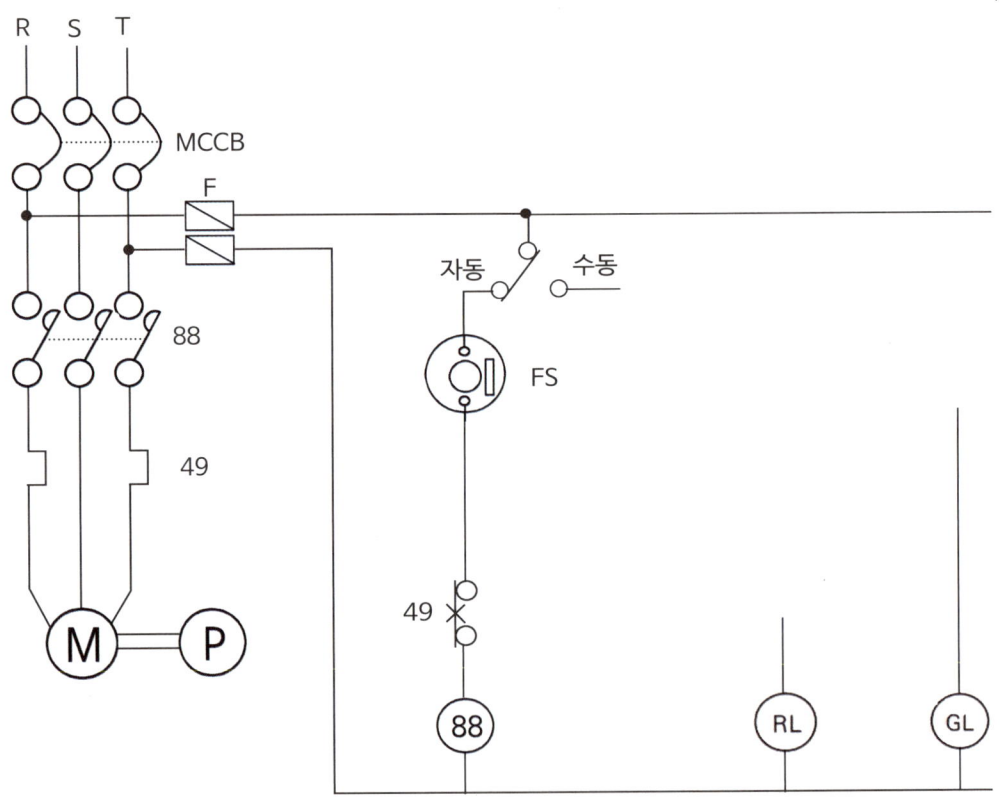

정답

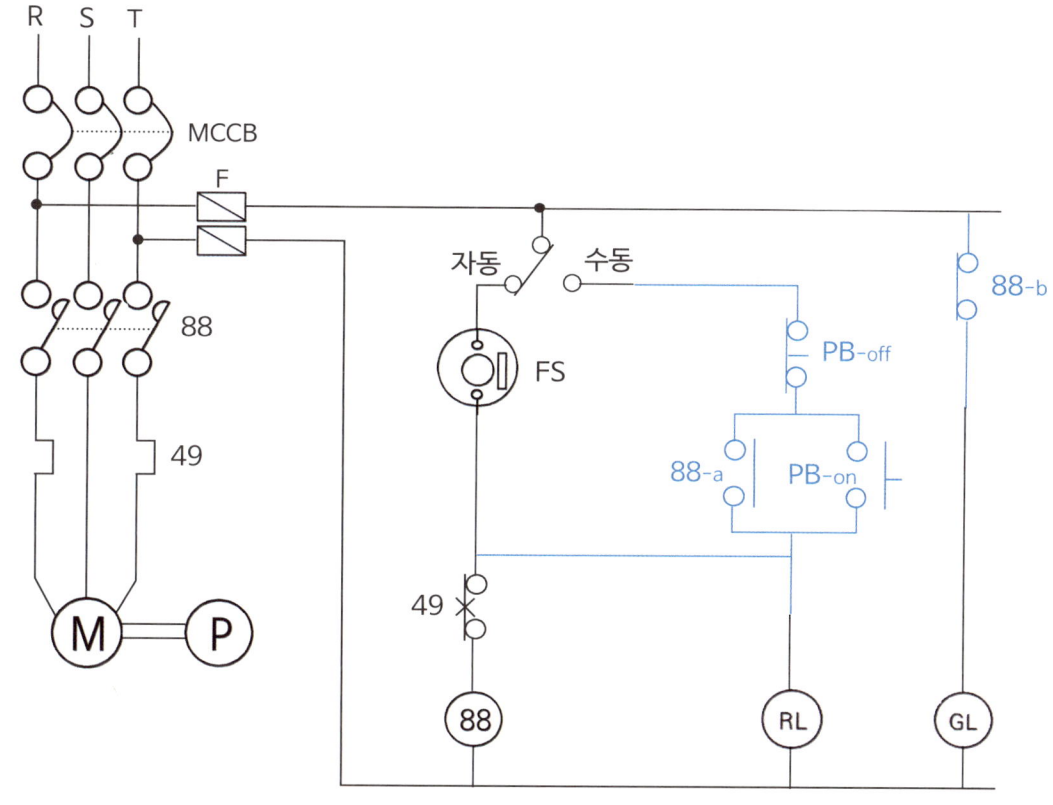

자동제어기구 기본번호

번호	기구명칭
52	교류 차단기(배선용 차단기)
49	회전기 온도 계전기(열동 계전기)
88	보조기용 접촉기(전자 접촉기)
28	경보장치
29	소화장치

시퀀스 그리기 Tip

- **자동의 배선연결**은 플로우트스위치(FS)와 전자접촉기(88), 작동표시등(RL)을 직렬연결한다.

- **수동의 배선연결**은 PB-ON과, PB-OFF, 전자접촉기(88), 작동표시등(RL)을 직렬연결한다.
  PB-ON을 누르면 자기유지회로가 구성되게 88-a접점과 PB-on은 병렬연결 한다.

- (GL)**램프**는 평소에 전원이 인가되면 점등되게 MCCB와 직렬연결하고, 전자접촉기(88)이 소자되면 소등되도록 88-b접점을 연결한다.

- **열동계전기(THR)**는 자동과 수동일 때 모두 배선이 차단될 수 있도록 (88) 이전에 직렬연결한다
  ((88) 이후의 선에 직렬연결해도 되며, 자동과, 수동의 전환스위치 이전의 배선에 설치해도 된다)

해 설

수동제어

- PB-on 스위치를 ON하면(누름버튼 스위치를 누르면) ⑧⑧(MC) 까지 전류가 공급되어 ⑧⑧(MC)는 여자된다.

- ⑧⑧에 전류가 흘러 ⑧⑧이 여자되어 MC 주접점(88)에 전류가 흘러 전자석이 되어 릴레이 접점을 끌어 당겨 접점이 붙는다. 88-a 접점도 전류가 흘러 전자석이 되어 릴레이 접점을 끌어 당겨 접점이 붙는다.

- MC 주접점 붙어 모터까지 회로가 연결, 점선으로 모터에 전류가 공급되어 모터가 기동(작동)된다.

- PB-on 스위치를 ON하고(누름버튼 스위치를 누름) 손을 떼면 스위치가 복구(OFF)되지만 88-a 접점이 작동되어 자기유지 회로가 구성되어 ⑧⑧에 전류가 흘러 작동한다.

- 전원을 투입하면 ⓖⓛ램프가 점등되나 PB-on 스위치를 ON하면 88-b 접점이 떨어져 ⓖⓛ램프가 소등되고, ⓡⓛ램프는 점등된다

참고자료

⑧⑧전자접촉기가 여자되면(전류가 통해 자력이 생기면) 88-a 접점은 붙고, 88-b 접점은 떨어진다.
a접점은 릴레이에 설치된 스프링 힘에 의해 접점이 떨어져 있다.
b접점은 릴레이에 설치된 스프링 힘에 의해 접점이 붙어 있다.

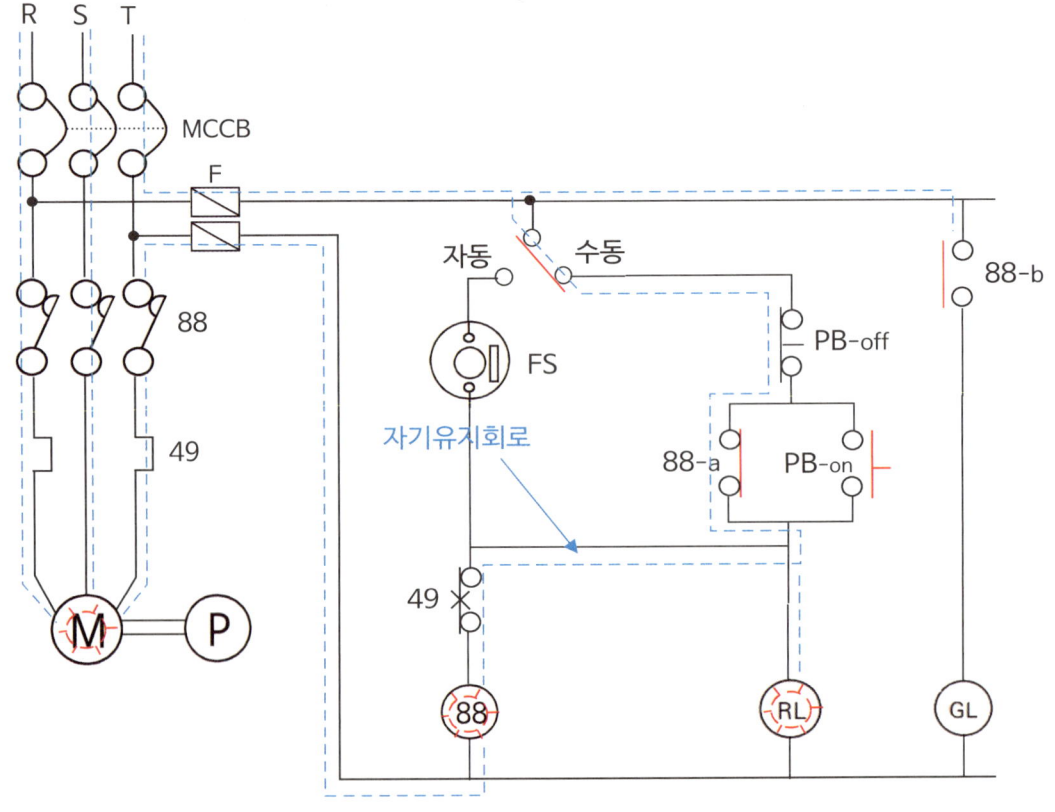

문제 7

2019.6. 2019.4. 2015.7. 2011.11. 2010.10. 2009.7. 기출문제

다음은 상용전원 정전시 예비전원으로 절환되고 상용전원 복구시 자동으로 예비전원에서 상용전원으로 절환되는 시퀀스제어회로의 미완성도이다. 다음의 제어동작에서 적합하도록 시퀀스 제어도를 완성하시오.

1. MCCB를 투입한 후 PB₁을 누르면 (MC₁)이 여자되고 주접점 MC-1이 닫히고 상용전원에 의해 전동기 (M)이 회전하고 표시등 (RL)이 점등된다. 또한 보조접점 MC1-a가 폐로되어 자기유지회로가 구성되고 MC1-b가 개로되어 (MC₂)가 작동하지 못한다.

2. 상용전원으로 운전 중 PB₃를 누르면 (MC₁)이 소자되어 전동기는 정지하고 상용전원 운전표시등 (RL)은 소등된다.

3. 상용전원의 정전시 PB₂를 누르면 (MC₂)가 여자되고 주접점 MC-2가 닫히어 예비전원에 의해 전동기 (M)이 회전하고 표시등 (GL)이 점등된다. 또한 보조접점 MC2-a가 폐로되어 자기유지회로가 구성되고 MC2-b가 개로되어 (MC₁)이 작동하지 못한다.

4. 예비전원으로 운전 중 PB₄를 누르면 (MC₂)가 소자되어 전동기는 정지하고 예비전원 운전표시등 (GL)은 소등된다.

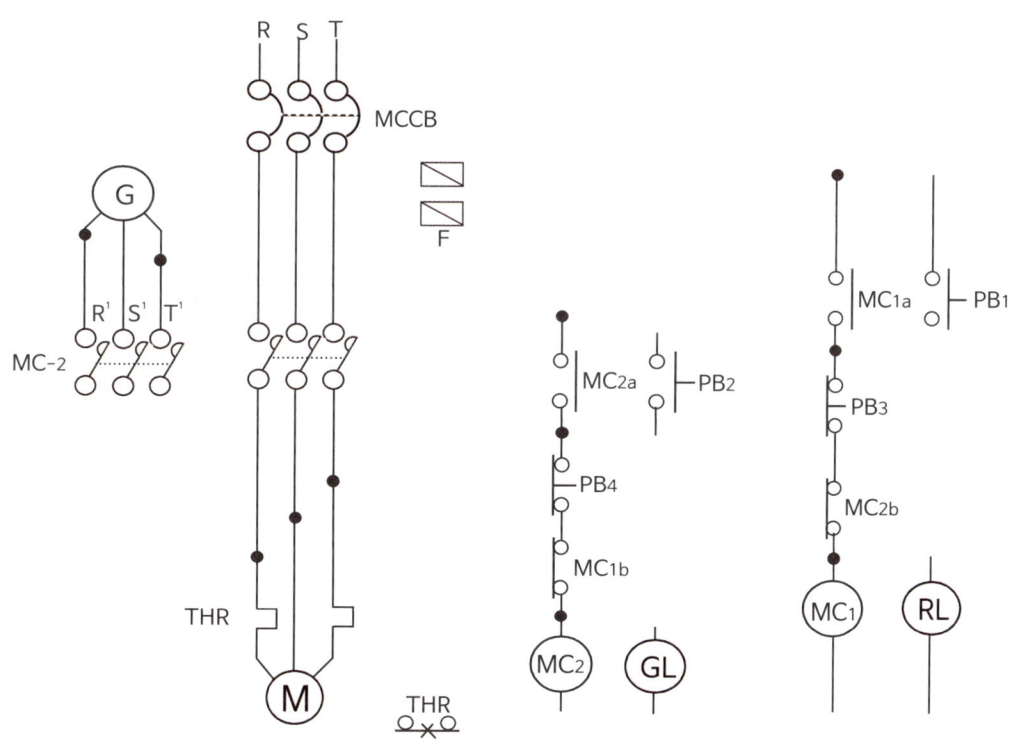

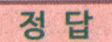

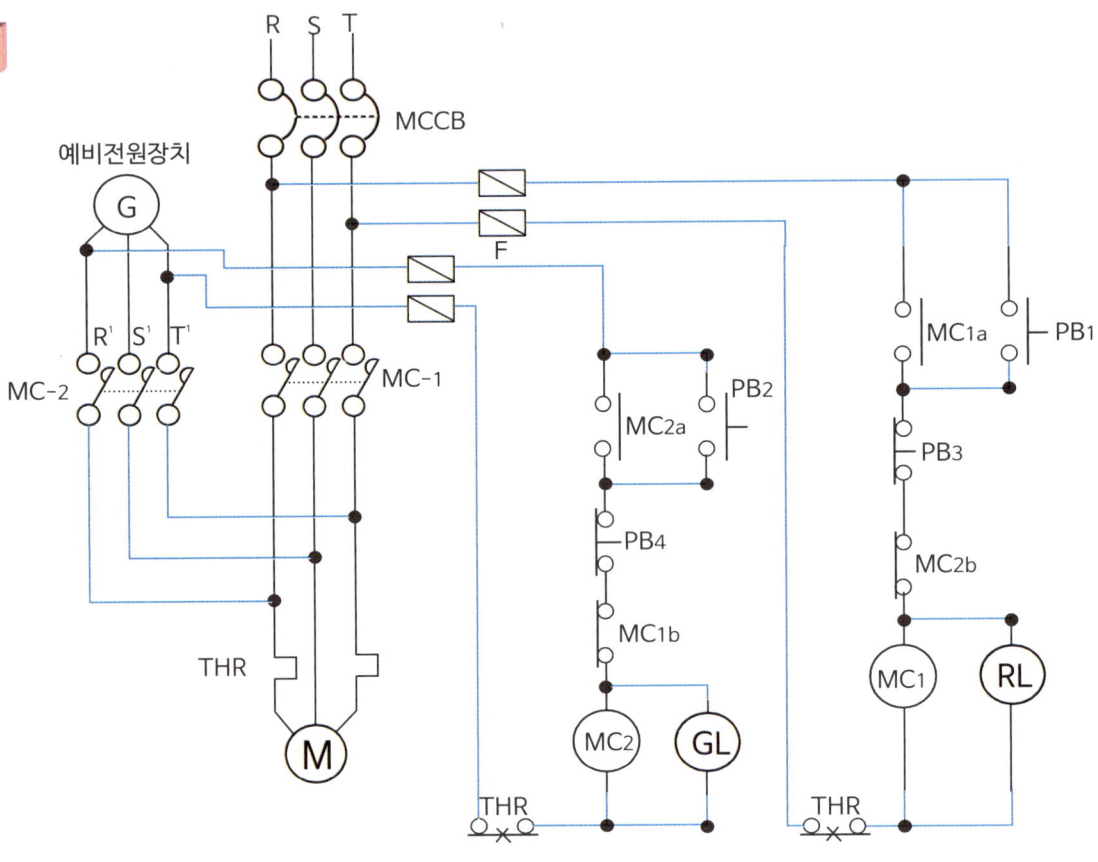

시퀀스 그리기 Tip

- **상용전원**의 작동누름버튼(PB-on)과 작동정지누름버튼(PB-off), 작동표시등 램프 RL(RL)은 **직렬**로 연결한다.
  PB1과 MC1a는 자기유지회로가 구성되게 **병렬**설치한다.

- **예비전원**의 작동누름버튼(PB-on)과 작동정지누름버튼(PB-off), 작동표시등 램프 GL(GL)은 **직렬**로 연결한다.
  PB2와 MC2a는 자기유지회로가 구성되게 **병렬**설치한다.

- **열동계전기(THR)**는 상용전원과 예비전원 작동스위치 회로 이후, MC설치 이후에 설치하면 된다.

- **인터록 회로**를 구성한다.
  MC1(MC)이 작동하면 (MC)가 작동하지 못하게 (MC) 이전에 MC1-b접점을 설치하고,
  MC2(MC)가 작동하면 (MC)이 작동하지 못하게 (MC) 이전에 MC2-b접점을 설치한다.

심블	명칭	심블	명칭	심블	명칭
퓨즈	퓨즈	GL	녹색등 예비전원 작동표시등		차단기 MCCB
MC	전자접촉기 MC2	RL	빨간색등 상용전원 작동표시등	M	전동기
MC	전자접촉기 MC1		열동계전기 THR		전자접촉기 MC

【작동 조건】

1. MCCB를 투입한 후 PB₁을 누르면 ⓜ𝒸₁이 여자되고 주접점 MC-1이 닫히고 상용전원에 의해 전동기 Ⓜ이 회전하고 표시등 ⓡ𝓁이 점등된다. 또한 보조접점 MC1-a가 폐로되어 자기유지회로가 구성되고 MC1-b가 개로되어 ⓜ𝒸₂가 작동하지 못한다.

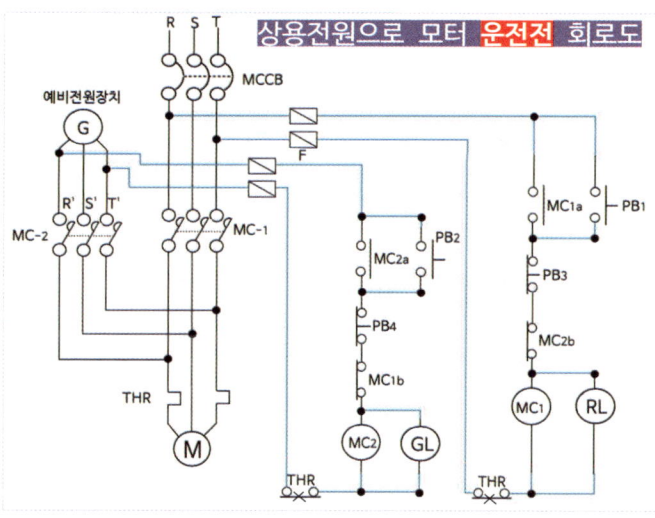

Ⓜ	전동기	ⒼⓁ	녹색등 (예비전원 작동표시등)
ⓜ𝒸₂	전자접촉기 MC	ⓡ𝓁	빨간색등 (상용전원 작동표시등)
ⓜ𝒸₁	전자접촉기 MC	⌐	열동계전기 THR

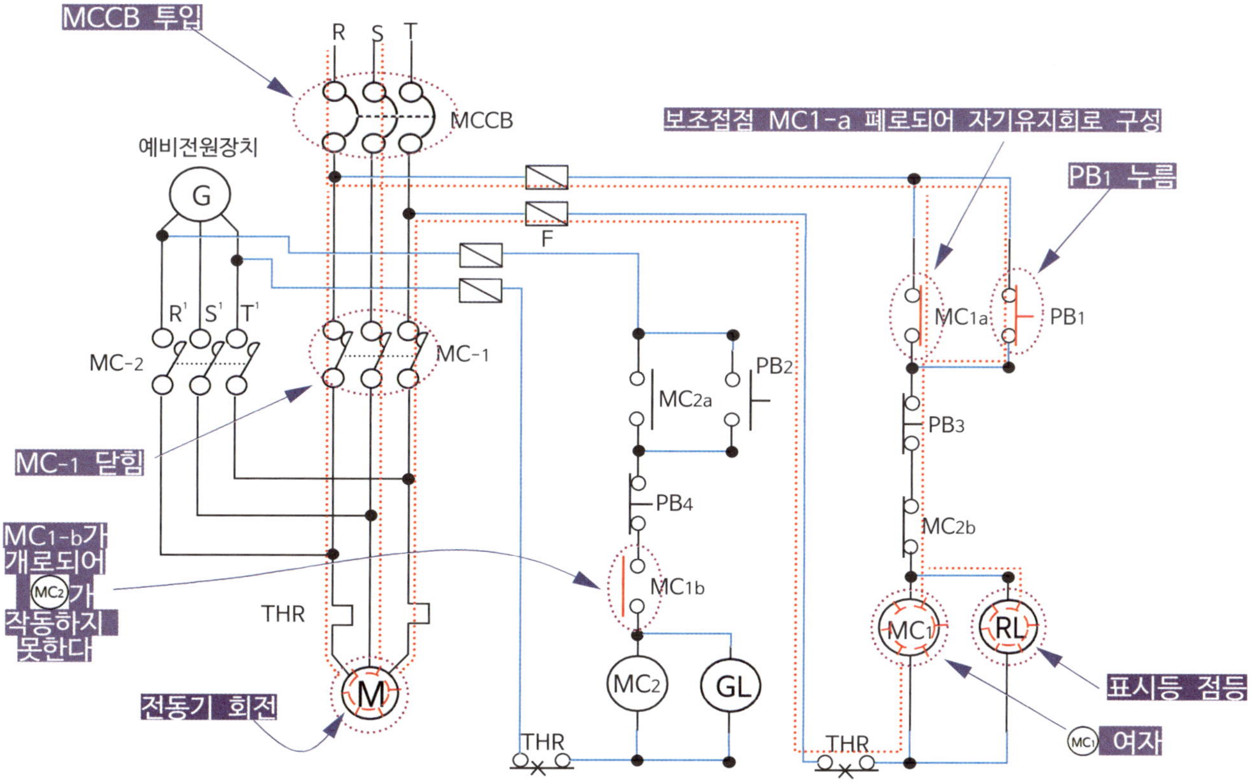

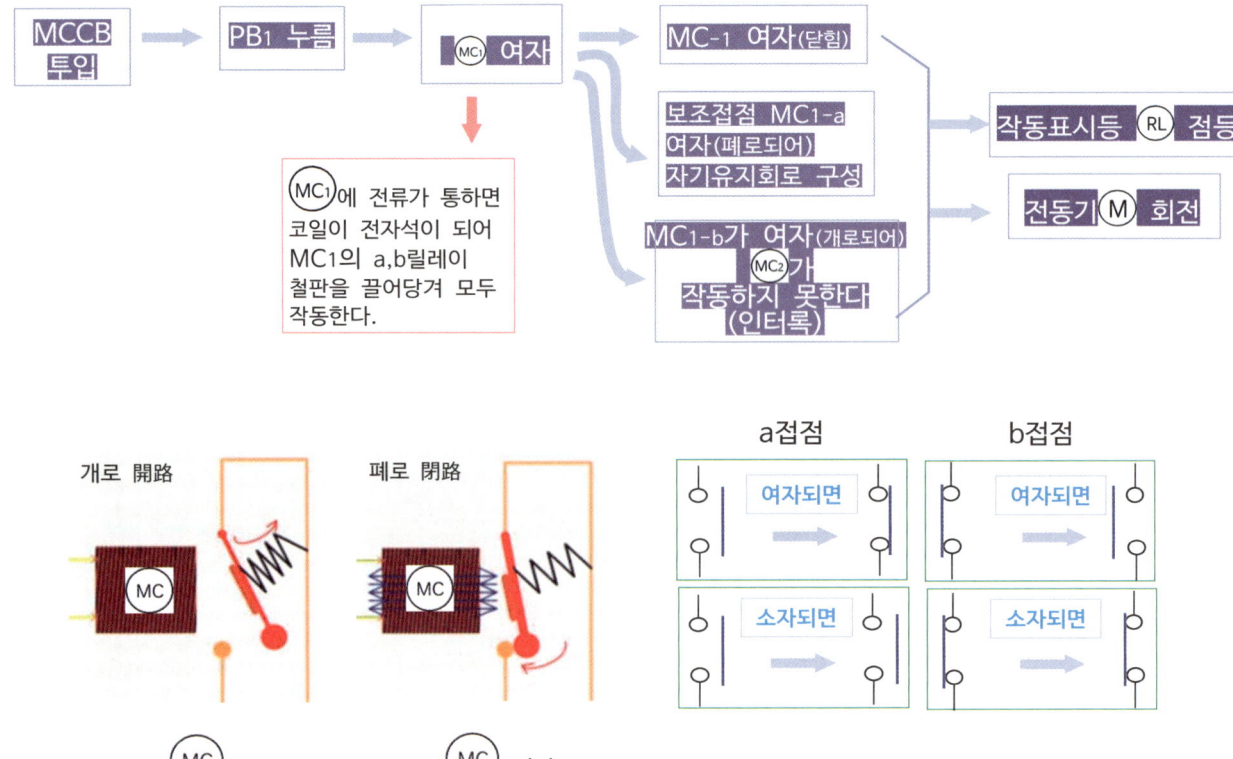

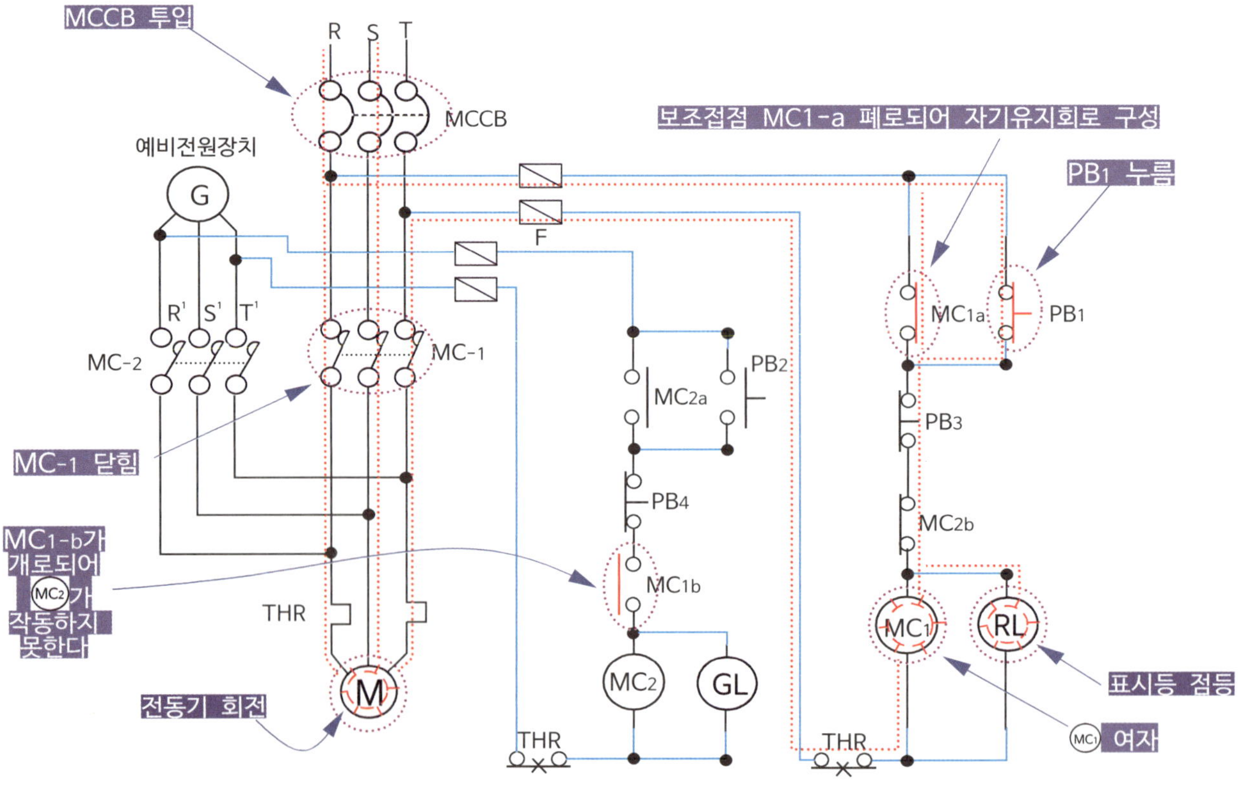

【작동 조건】

2. 상용전원으로 운전 중 PB3를 누르면 Ⓜ️가 소자되어 전동기는 정지하고 상용전원 운전표시등 ㉾은 소등된다.

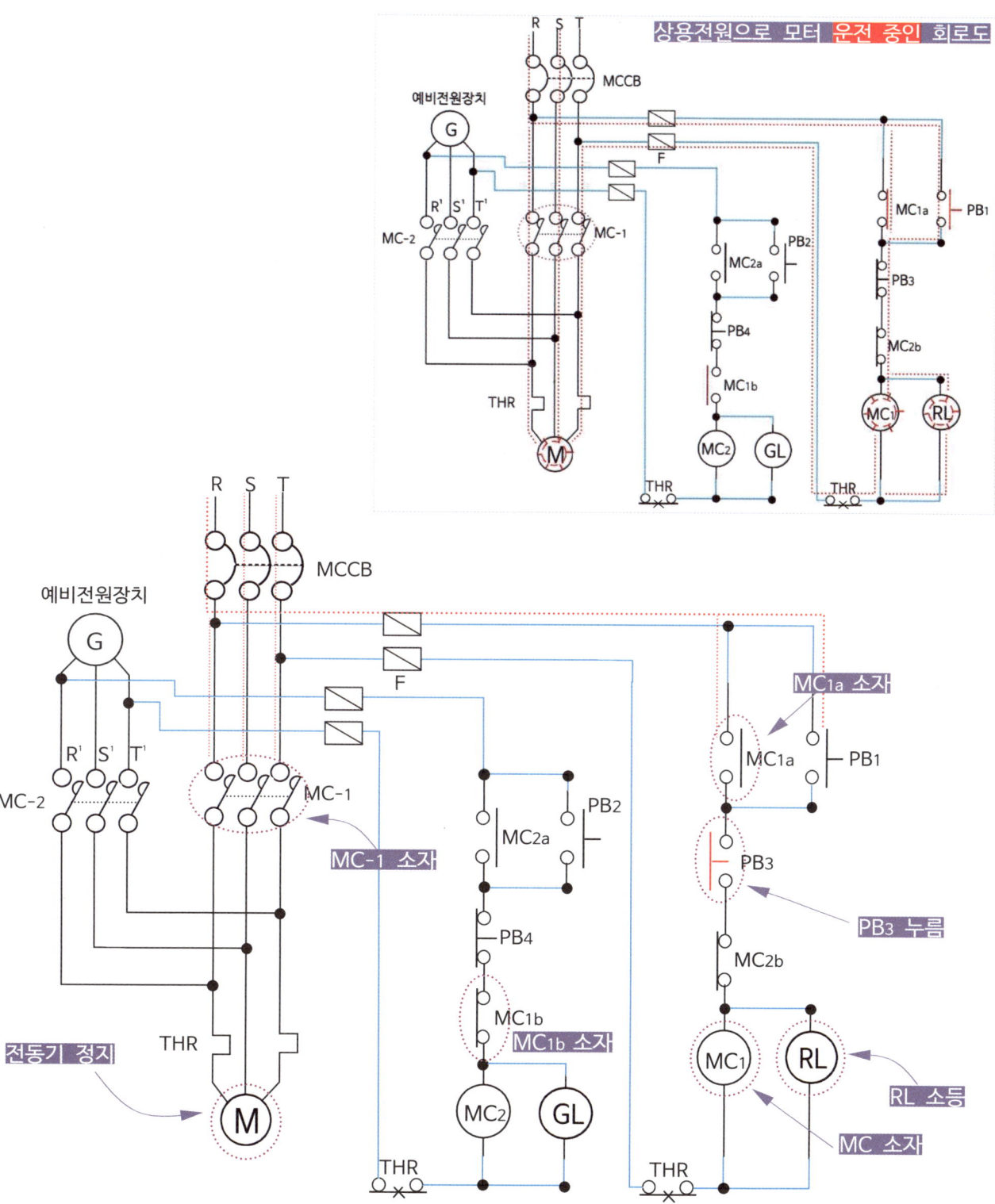

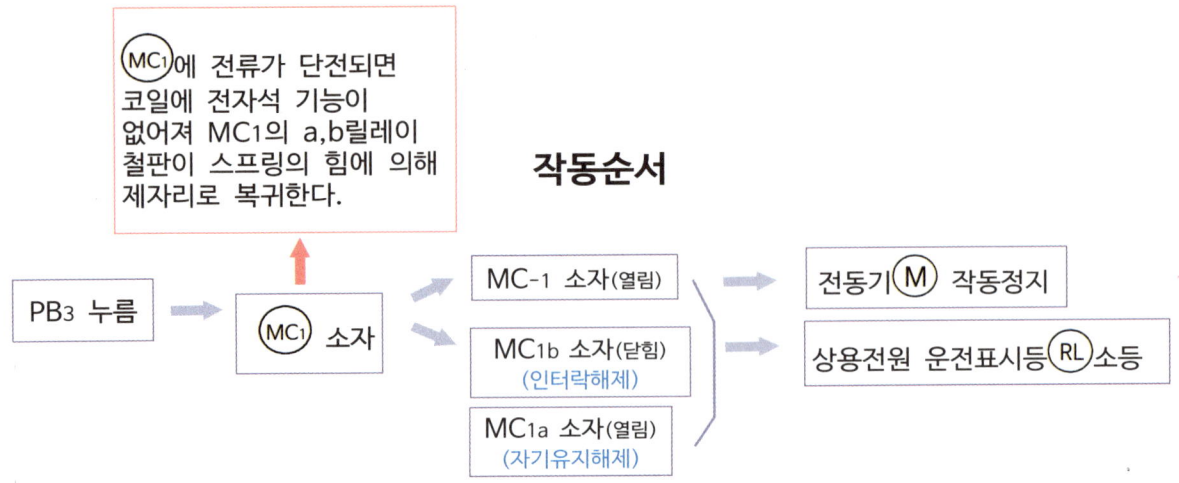

작동순서

PB3 누름 → MC1 소자

MC1에 전류가 단전되면 코일에 전자석 기능이 없어져 MC1의 a,b릴레이 철판이 스프링의 힘에 의해 제자리로 복귀한다.

- MC-1 소자(열림) → 전동기 M 작동정지
- MC1b 소자(닫힘) (인터락해제)
- MC1a 소자(열림) (자기유지해제) → 상용전원 운전표시등 RL 소등

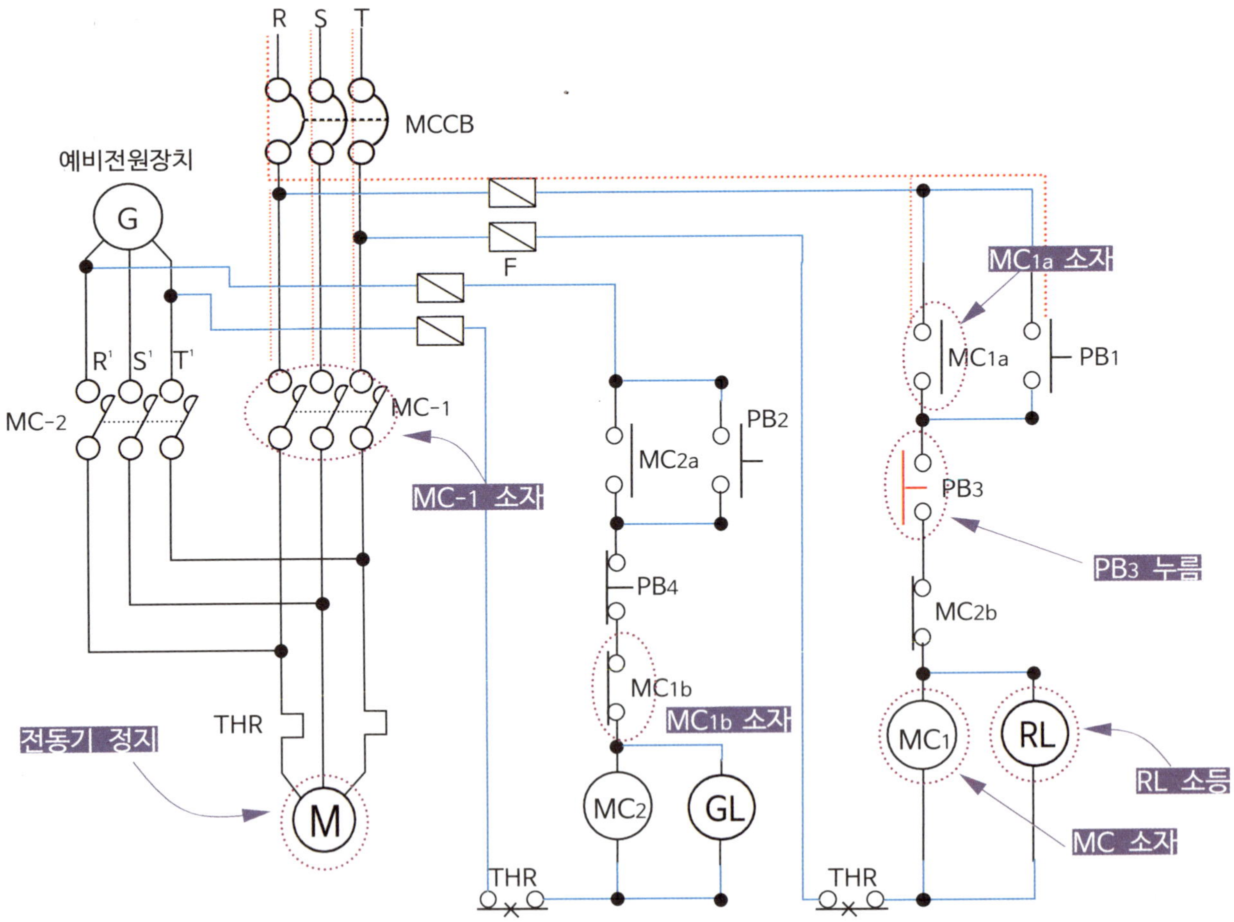

【작동 조건】

3. 상용전원의 정전시 PB₂를 누르면 (MC₂)가 여자되고 주접점 MC-2가 닫히어 예비전원에 의해 전동기 (M)이 회전하고 표시등 (GL)이 점등된다. 또한 보조접점 MC2-a가 폐로되어 자기유지회로가 구성되고 MC2-b가 개로되어 (MC1)이 작동하지 못한다.

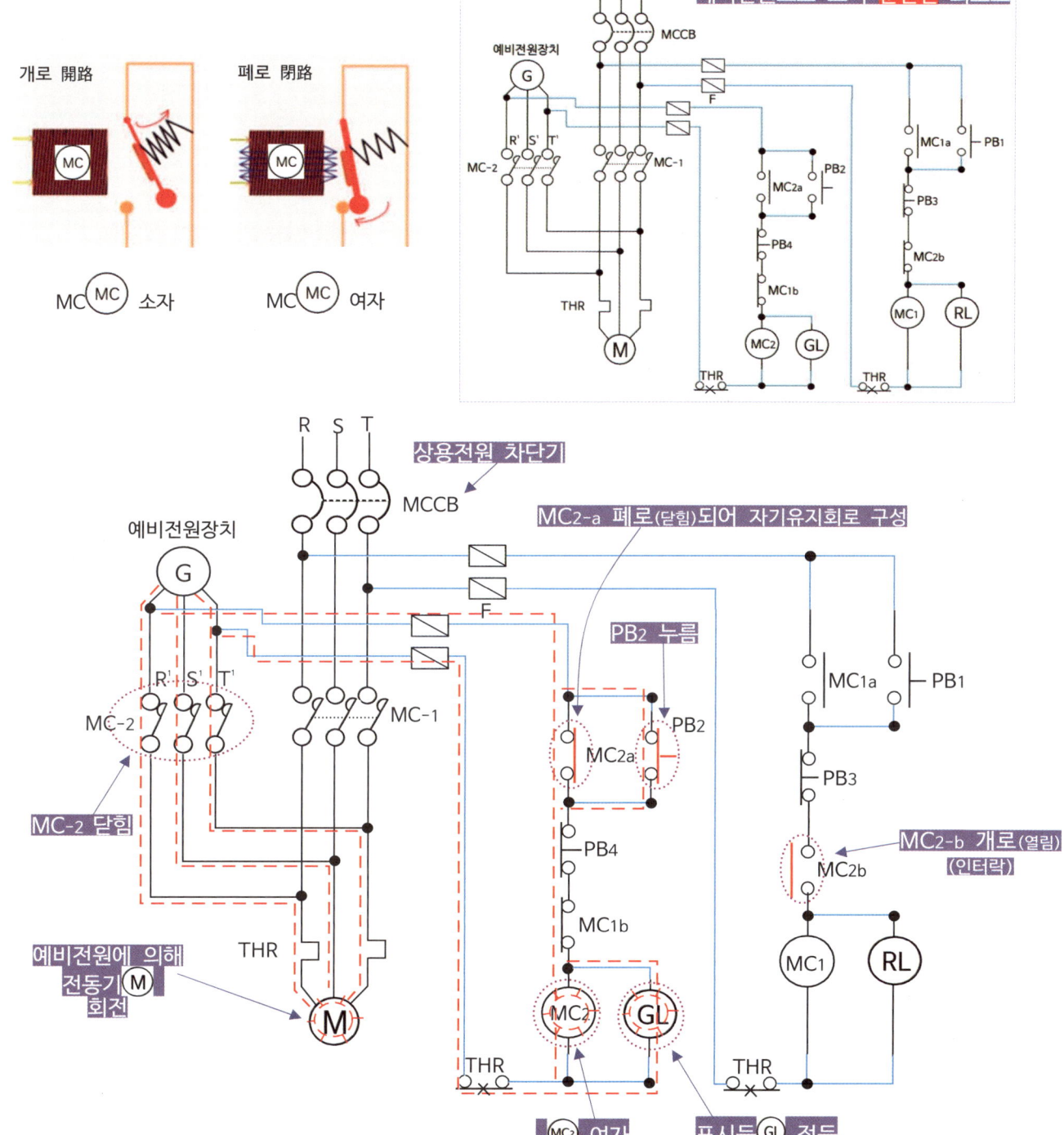

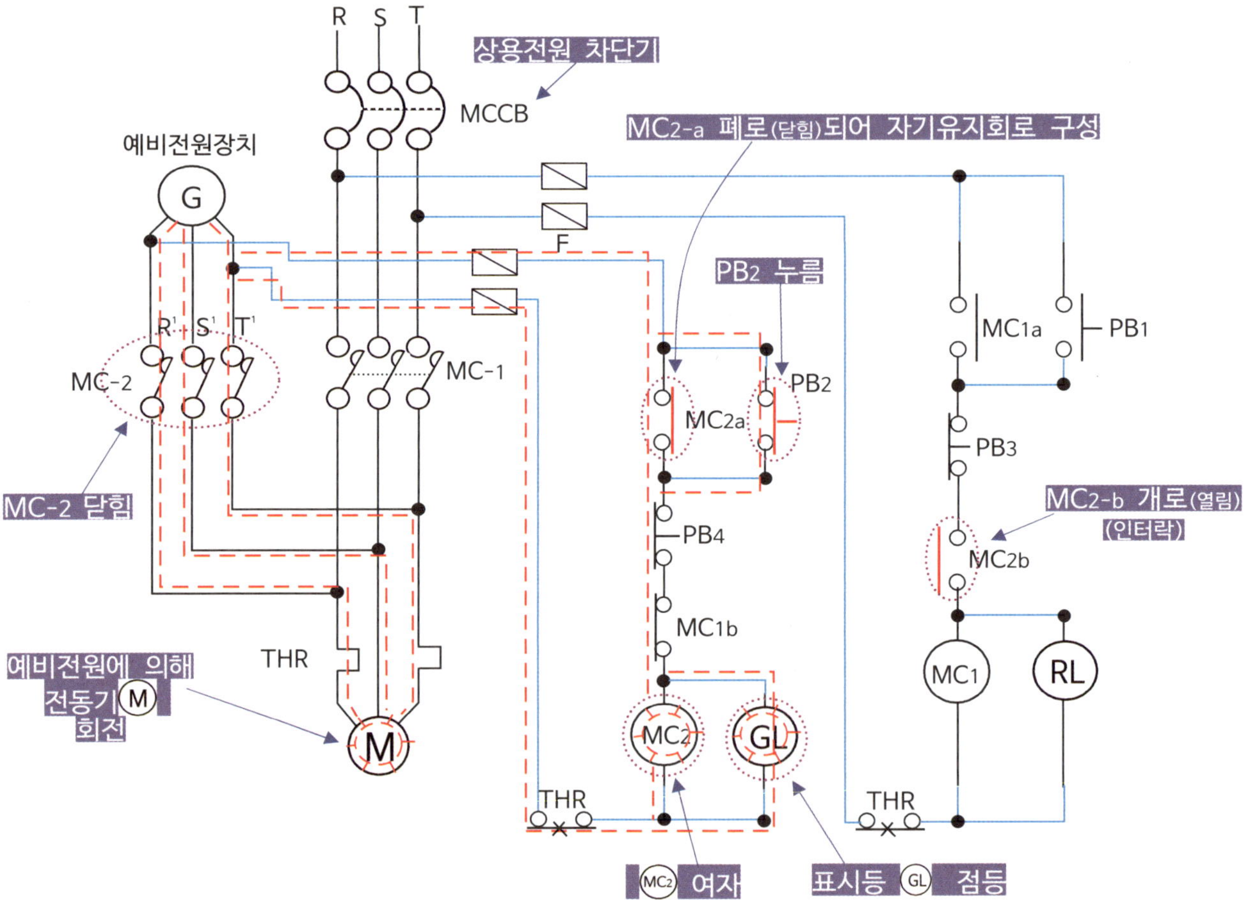

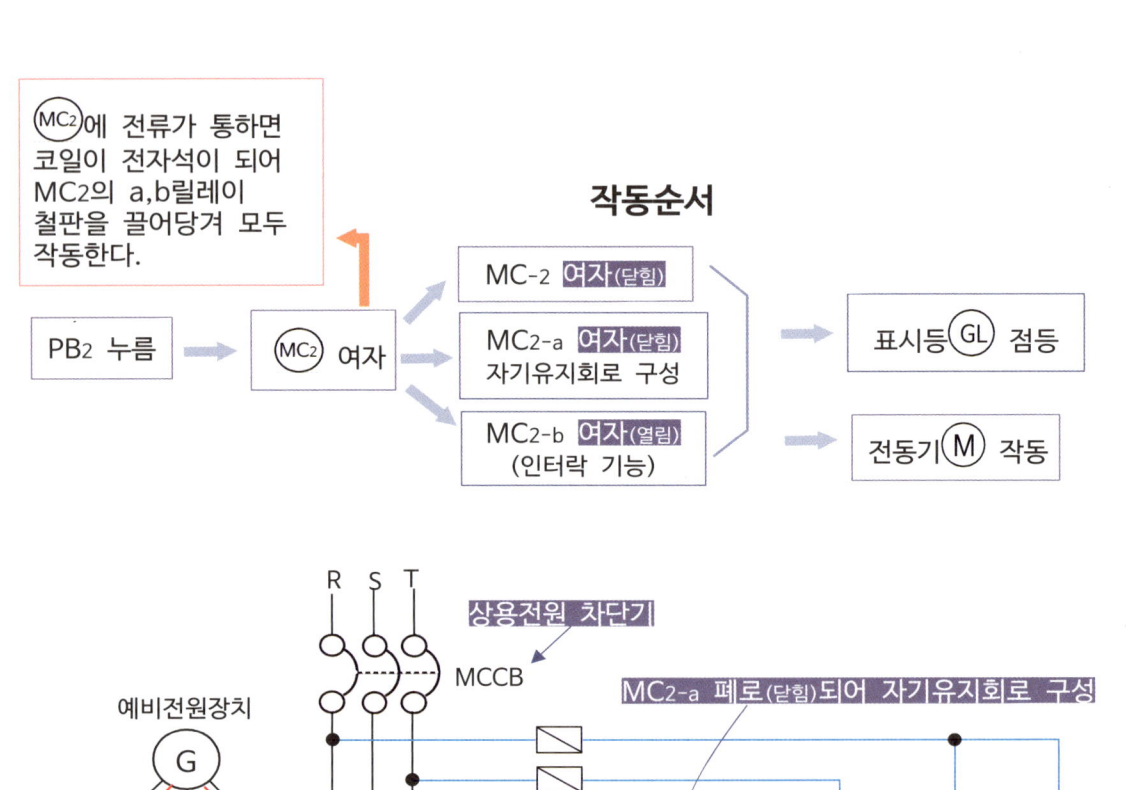
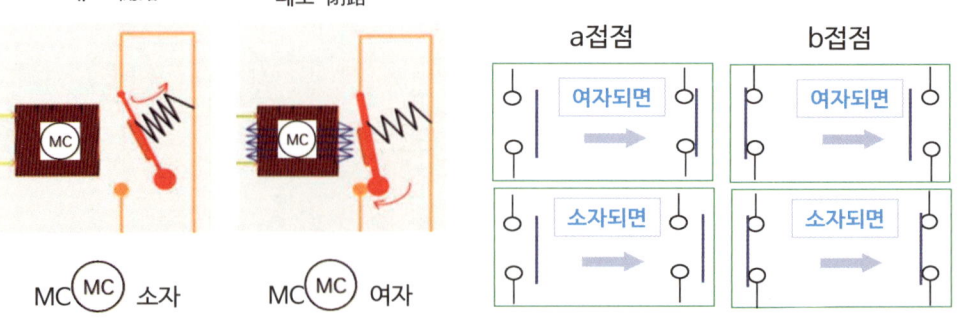

【작동 조건】

3. 상용전원의 정전시 PB2를 누르면 MC2가 여자되고 주접점 MC-2가 닫히어 예비전원에 의해 전동기 M이 회전하고 표시등 GL이 점등된다. 또한 보조접점 MC2-a가 폐로되어 자기유지회로가 구성되고 MC2-b가 개로되어 MC1이 작동하지 못한다.

인터락(interlock) : 서로 맞물리다

MC2가 여자되면 MC2-b가 열려 MC1이 절대 작동하지 못하게 방해하고, MC1가 여자되면 MC1-b가 열려 MC2이 절대 작동하지 못하게 방해하는 내용을 인터락이라 한다.

작동조건에서도 인터락 기능을 하도록 요구하고 있다.

인터락 회로를 선입력 우선회로, 병렬 우선회로, 상대동작 금지회로라고도 부른다.

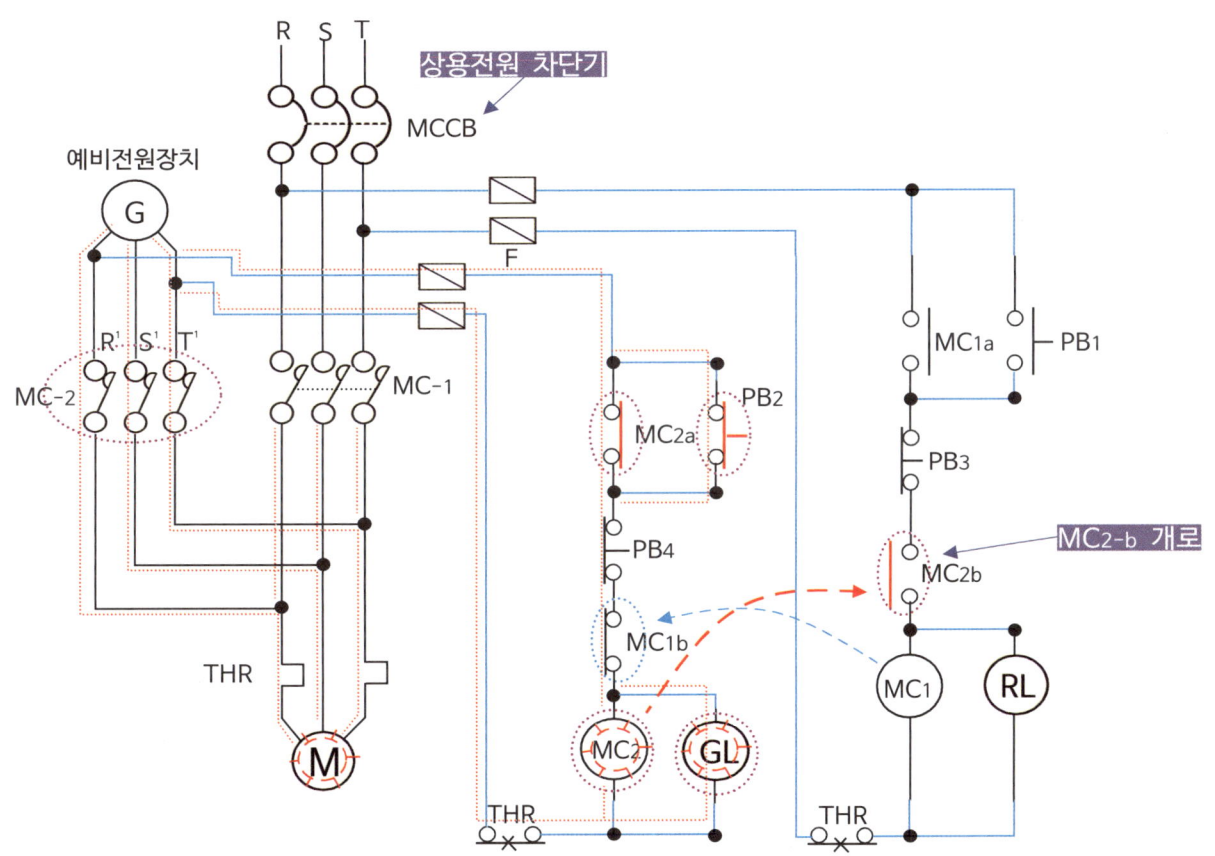

【작동 조건】

4. 예비전원으로 운전 중 PB4를 누르면 MC2가 소자되어 전동기는 정지하고 예비전원 운전표시등 GL은 소등된다.

시퀀스 그림에서 참고내용

PB4는 MC2, GL과 반대관계이므로 b접점으로 그린다.

그리고 MC2, GL에 모두 영향을 주도록 직렬로 그린다.

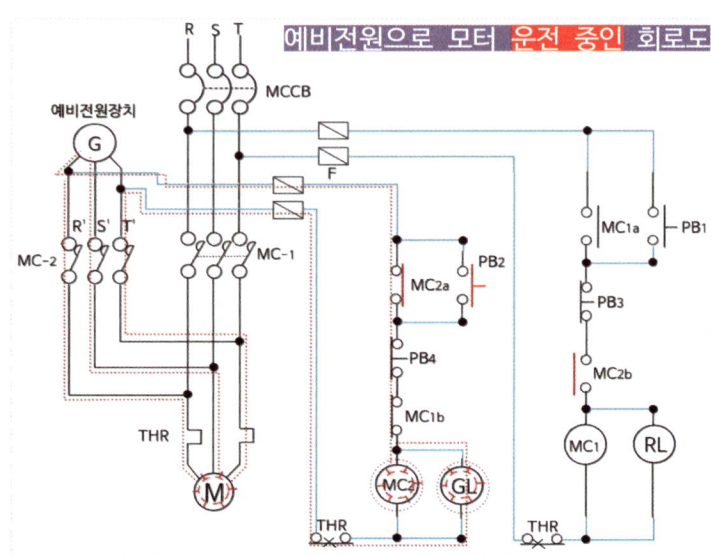

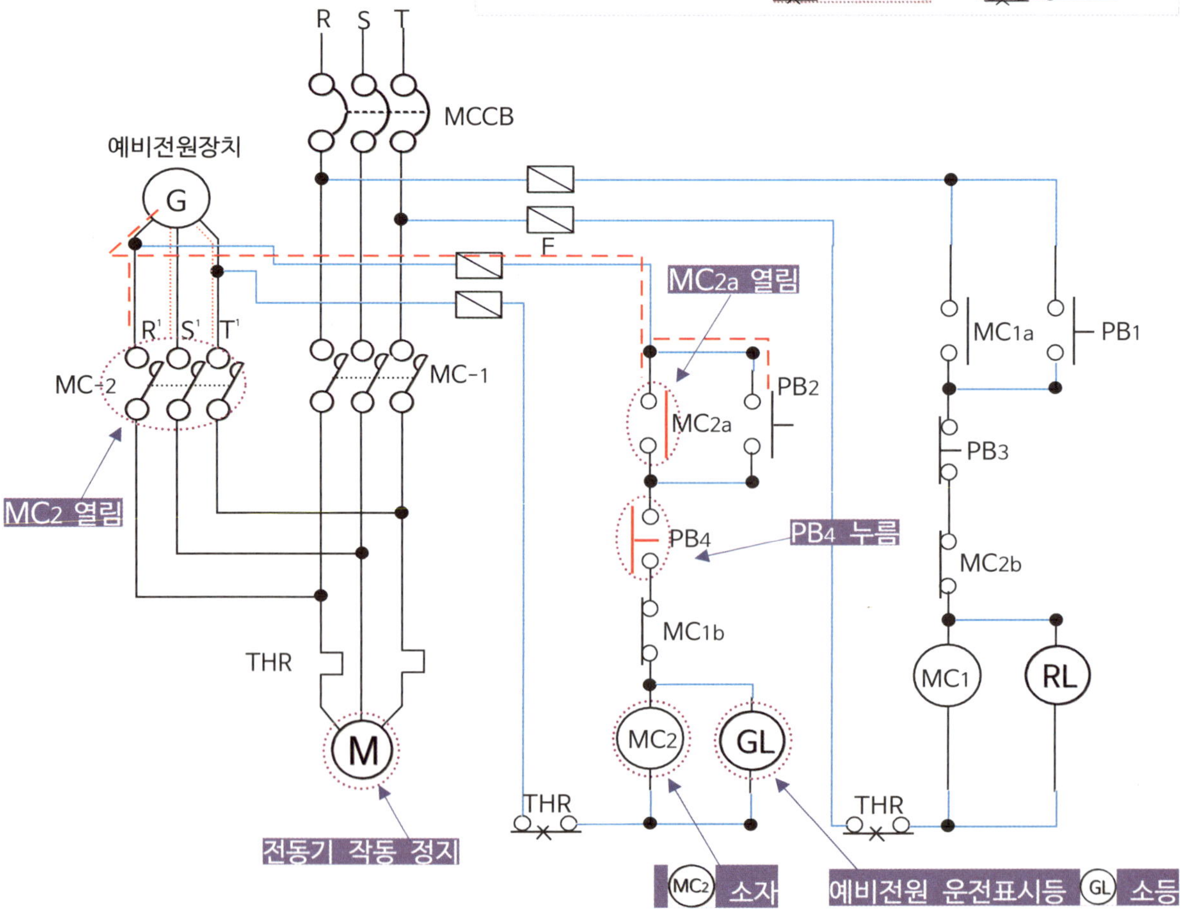

예비전원으로 모터 운전 중인 회로도

MC2 열림 · MC2a 열림 · PB4 누름 · 전동기 작동 정지 · MC2 소자 · 예비전원 운전표시등 GL 소등

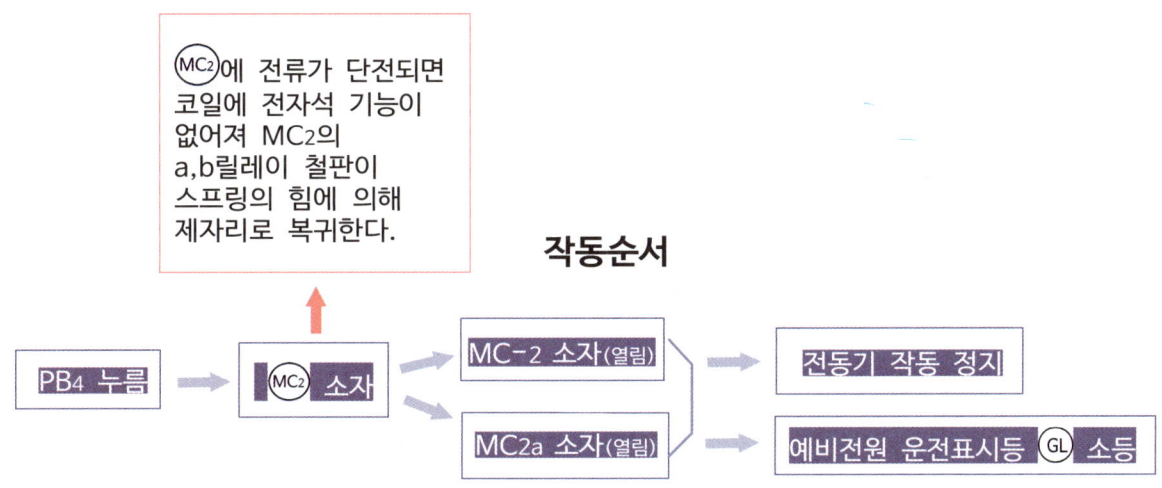

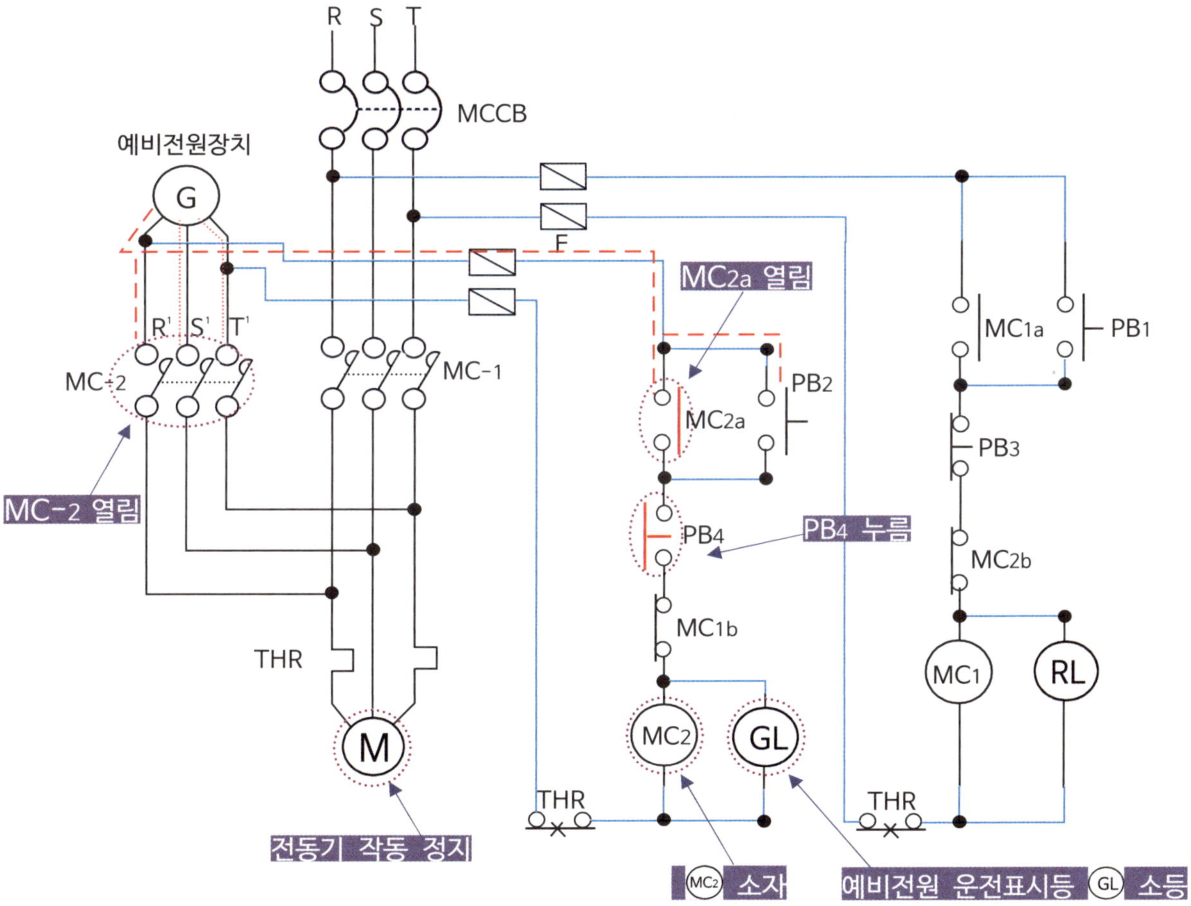

문제 8

2006.4. 2006.11. 기출문제

다음 그림은 급수펌프의 수동 ON-OFF에 대한 미완성 시퀀스 제어회로이다.
이 도면을 보고 다음 각 물음에 답하시오.

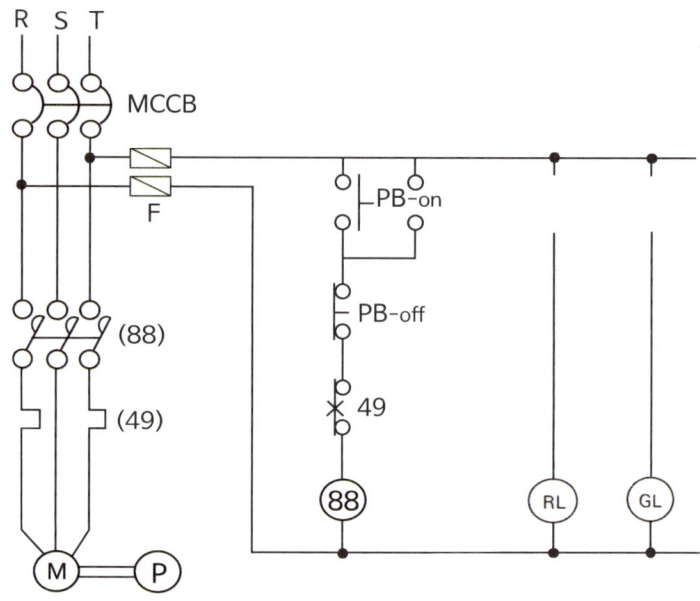

【조건】

· PB-ON 스위치의 투입동작 후에 손을 떼어도 자기유지가 되어 전동기가 작동되도록 할 것.
· 전동기 정전 시에 GL 램프가 점등되도록 할 것.
· 전동기 동작 시에 GL 램프가 소등되고, RL 램프가 점등되도록 할 것.

【물음】

(가) 제어기구번호 (49)와 (88)의 우리말 명칭은 무엇인가?

(나) 조건에 맞도록 도면의 미완성 부분을 완성하시오.

정 답

(가) ① (49) : 열동계전기
② (88) : 전자접촉기

(나)

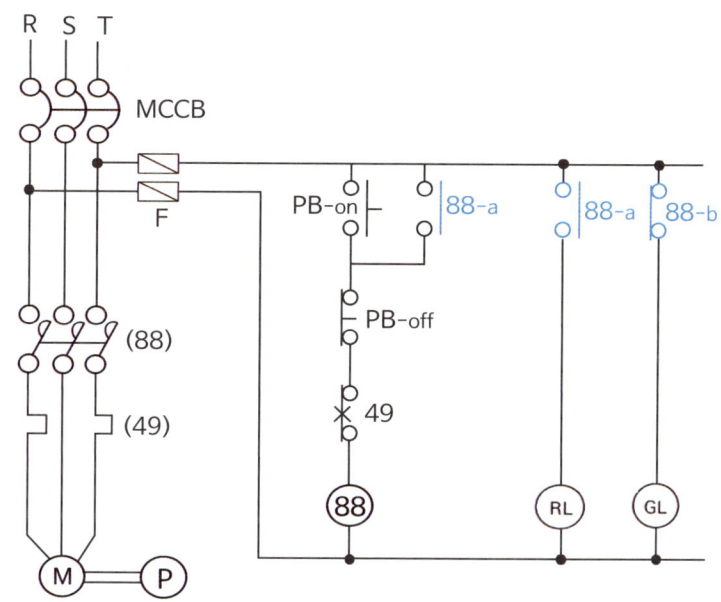

시퀀스 그리기 Tip

- PB-ON과, PB-OFF, 전자접촉기 ㉘을 직렬연결한 회로에 PB-ON(누름 작동버튼) 스위치는 자기유지회로가 구성되게 연결해야 한다.   PB-on을 누르면 자기유지회로가 구성되게 PB-on과 88-a접점을 병렬연결한다.

- ⒼⓁ램프는 평소에 전원이 인가되면 점등되게 MCCB와 직렬연결한 회로에 88-b접점을 설치한다.
  전기, 통신에서는 전원등이 공급 되어 프로그램, 데이터 또는 시스템 서비스 따위에 접근할 수 있는 권한이 주어지는 것
  ㉘이 여자되면 소등되도록 88-b접점을 연결한다.

- ⓇⓁ램프는 ㉘이 여자되면 점등되도록 88-a접점을 연결한다.

도시기호

녹색등	GL
빨간색등	RL
전자접촉기	MC
전동기 M	M
차단기 MCCB	
전자접촉기 MC	
전자접촉기 MC	88 MC
열동계전기 THR	
펌프	P

자동제어기구 기본번호

번호	기구명칭
52	교류 차단기(배선용 차단기)
49	회전기 온도 계전기(열동 계전기)
88	보조기용 접촉기(전자 접촉기)
28	경보장치
29	소화장치

기본번호를 도시기호로 하는 내용은 법적인 내용은 아님

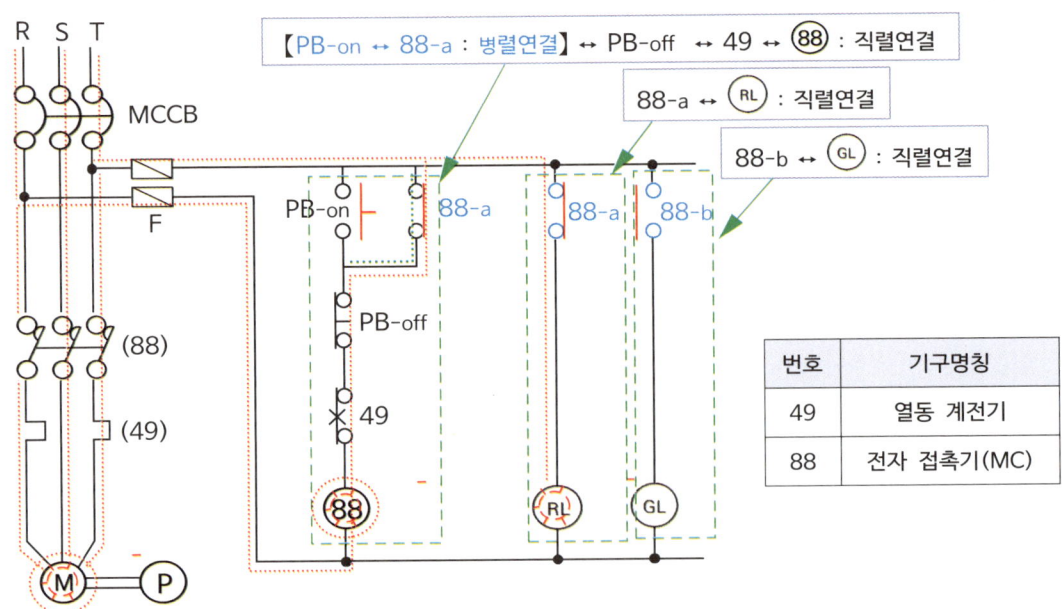

【조건】
· PB-ON 스위치의 투입동작 후에 손을 떼어도 자기유지가 되어 전동기가 작동되도록 할 것.
· 전동기 정전 시에 ⓖ램프가 점등되도록 할 것.
· 전동기 동작 시에 ⓖ램프가 소등되고, ⓡ램프가 점등되도록 할 것.

해 설

PB-on 스위치의 투입동작 후에 손을 떼면 스위치는 복구된다.
그러나 PB-on 스위치를 누르면 전자접촉기 MC⑧⑧가 여자된다.
전자접촉기 MC⑧⑧ 여자 → 주접점 MC(88) 닫힘, 88-a접점 닫힘(자기유지), 88-b접점 열림
녹색점선으로 자기유지. → 전동기 Ⓜ 기동, 녹색등 ⓖ 소등, 빨간색등 ⓡ 점등한다.

> ⑧⑧과 ⓖ은 반대 동작하도록 그린다. ⇨ b접점으로 그린다.
> ⑧⑧과 ⓡ은 같은 동작하도록 그린다. ⇨ a접점으로 그린다.

· **전동기 정전 시에 ⓖ램프가 점등되는 내용**
전자접촉기 MC⑧⑧ 여자되어 전동기가 기동하다가, 전동기 정전(전동기 기동정지)되면 MC⑧⑧ 소자
되므로 88-b접점 닫혀 ⓖ램프와 회로 연결이 되어 점등한다. 평상시에도 ⓖ램프는 점등한다.

문제에서 「전동기 정전시」에는 을 「MCCB가 투입되고 전동기가 기동하지 않을 때」에는 으로 고치는 것이 적합하다.

작동 흐름

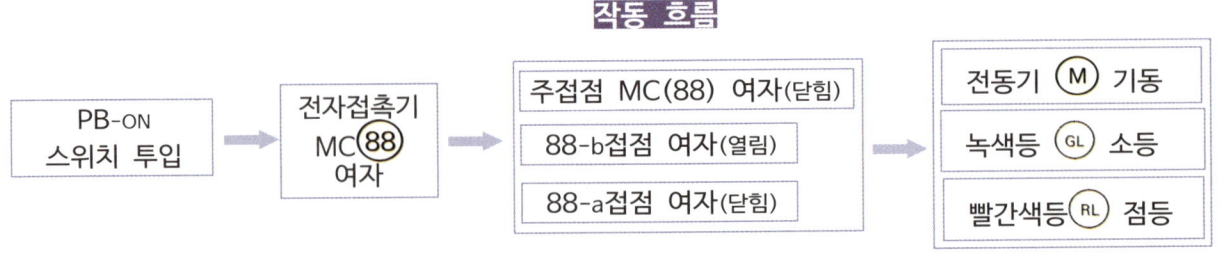

문제 9

2006.4월 기출문제

도면은 발전기반 결선도로서 셀모터에 의한 기동을 나타낸 것이다. 이 도면을 보고 다음 각 물음에 답하시오.

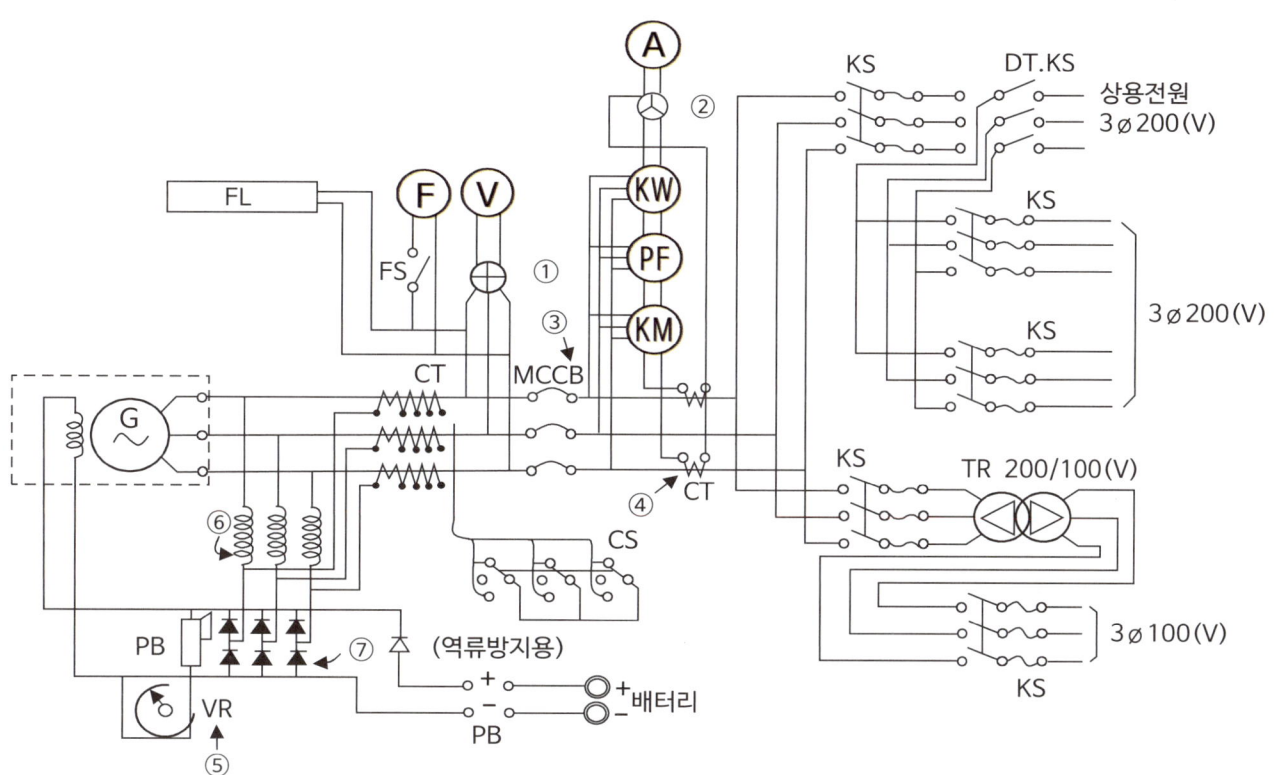

CS : 부하 시 전압조정기, PB : 초기여자용 누름단추

【물 음】

1. 도면에서 ① ~ ②에 해당하는 명칭의 제어약호는 무엇인가?
2. 도면에서 ③ ~ ⑤의 우리말 명칭을 쓰시오.
3. 도면의 ⑥ ~ ⑦은 무엇인가?

정 답

1. ① VS   ② AS
2. ③ 배선용차단기
   ④ 변류기
   ⑤ 전압조정기
3. ⑥ 직렬리액터
   ⑦ 3상 정류기

부품 약호 및 용도

명칭	약호	용도
전류용 절환개폐기	AS	하나의 전류계로 3상 전류를 측정하기 위한 절환개폐기
전압용 절환개폐기	VS	하나의 전압계로 3상 전류를 측정하기 위한 절환개폐기
트립코일	TC	사고전류(지락전류,과부하전류,단락전류)에 의해서 차단기 개로
배선용차단기	MCCB	공기 중에서 과부하전류 차단 및 부하전류 개폐
변류기	CT	대전류를 소전류로 변성하여 측정범위 확대
전압조정기	VS	여자전압을 조정하여 회로의 전압을 일정하게 유지
직렬리액터	SR	콘덴서에 직렬로 설치하여 고조파 제거(5고조파, 3고조파 등)
3상 정류기	▲	3상 교류를 직류로 변환하는 기기

문 제 10

2006년 7월 기출문제

급수용 유도전동기의 운전을 현장인 전동기 옆에서도 할 수 있고 멀리 제어실에서도 할 수 있는 시퀀스 회로를 구성하시오(단, 사용기구는 누름버튼스위치와 전자접촉기를 사용하되 기구수와 접점 수는 최소수만 사용하도록 한다)

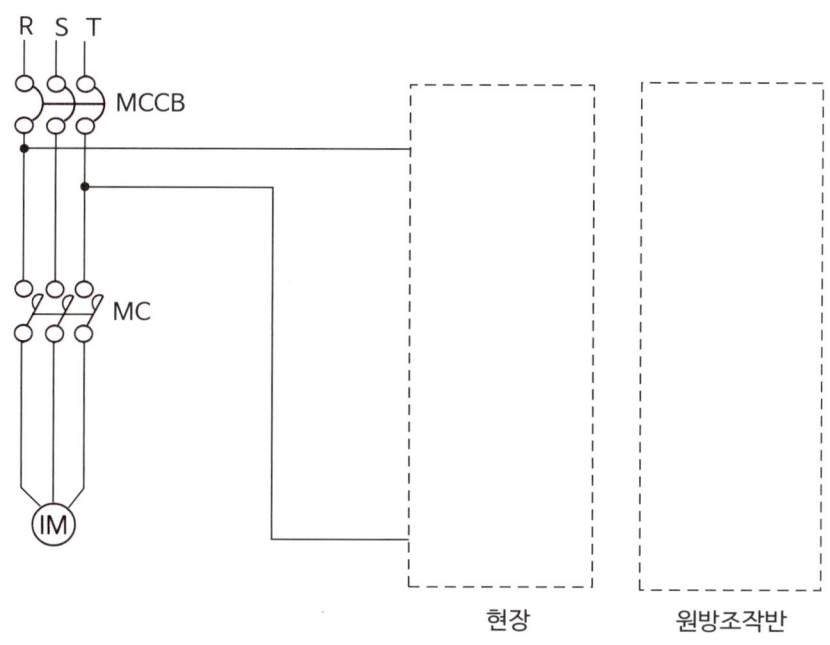

현장   원방조작반

정 답

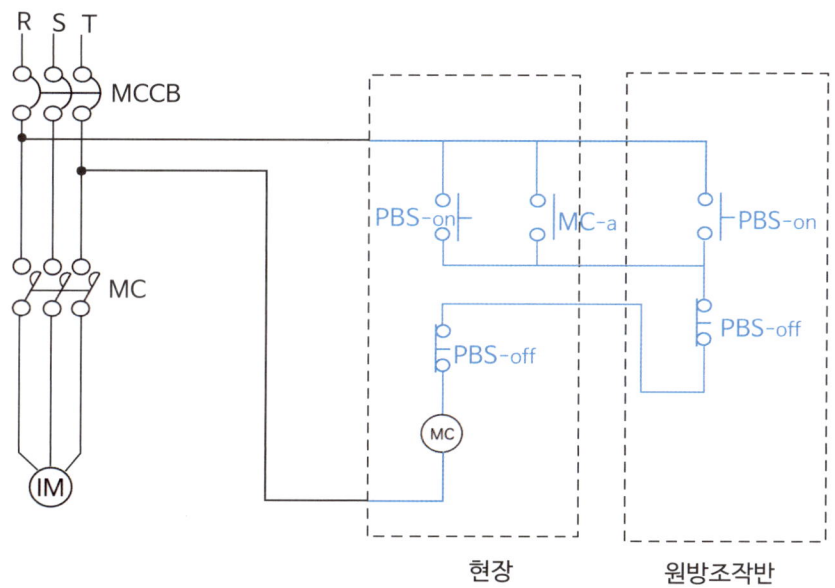

현장   원방조작반

시퀀스회로 그리는 방법 Tip

- 현장측과 제어실측 어느쪽에서도 기동 및 정지가 되어야 하므로, 현장측과, 제어실측에 각각 PBS-on, PBS-off 1개씩 그린다. (현장, 제어실에서 ON, OFF작동이 되어야 한다)
- 현장측, 제어실측 PBS-on은 각각 **병렬연결** 한다. (현장, 제어실 어디서나 ON작동이 되어야 한다)
- PB-on과 PBS-off, (MC)는 **직렬연결** 한다.
  (ON은 a접점, OFF는 b접점을 설치하여 ON 작동시에 (MC)까지 회로 연결이 되어야 한다)
- 현장측, 제어실측 PBS-on과 MC-a는 병렬설치하여 자기유지회로가 되게한다.

해 설

- 현장측, 제어실측 PBS-on은 각각 병렬연결 한다.
- 정지스위치는(PBS-off)는 (MC)전자접촉기와 직렬로 접속되어야 한다.(MC-a가 동작해도 PBS-off가 작동하면 회로 연결이 끊겨야 한다)
- 기동스위치(PBS-on)와 자기유지접점(MC-a) 병렬접속 한다.

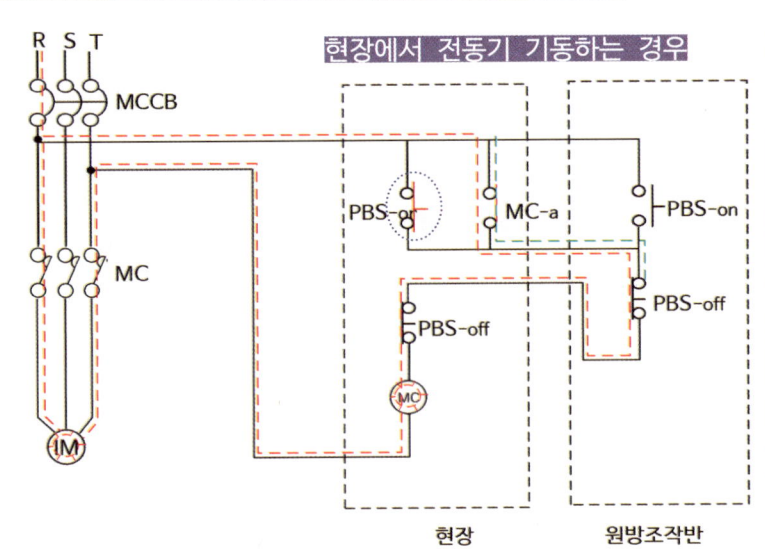

현장에서 전동기 기동하는 경우

기동스위치(PBS-on)을 누르면 MC(MC)가 여자된다.
주접점 MC 접점이 붙고, MC-a 접점이 붙어 자기유지(녹색점선) 된다.

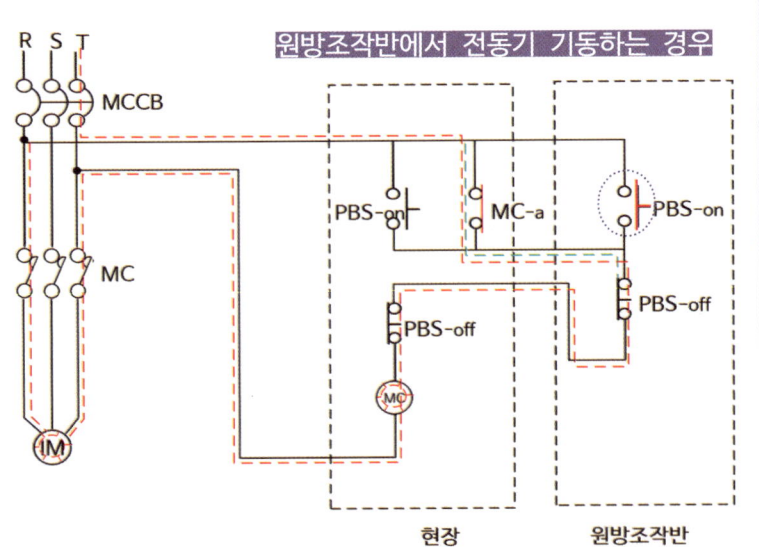

원방조작반에서 전동기 기동하는 경우

기동스위치(PBS-on)을 누르면 MC(MC)가 여자된다.
주접점 MC 접점이 붙고, MC-a 접점이 붙어 자기유지(녹색점선) 된다.

문제 11

2006.11. 2007.11 기출문제

전자개폐기에 의한 펌프용 전동기의 기동 정지회로이다. 다음 동작 설명과 같이 동작이 되도록 누름버튼 스위치와 a, b접점과 전자개폐기 보조 a, b접점을 도면에 그려 넣으시오.

【조건】

1. 전원스위치 MCCB를 넣으면 녹색램프 (GL)이 켜진다.
2. 누름버튼스위치 a접점을 누르면(on하면) 전자개폐기 코일 (MC)에 전류가 흘러 주접점 (MC)가 닫히고, 전동기가 회전하는 동시에 (GL)램프가 꺼지고 (RL)램프가 켜진다. 이 때 누름버튼스위치에서 손을 떼어도 이 동작은 계속된다.
3. 누름버튼스위치 b접점을 누르면(off하면) 전동기가 멈추고 (RL)램프가 꺼지며, (GL)램프가 다시 점등한다.

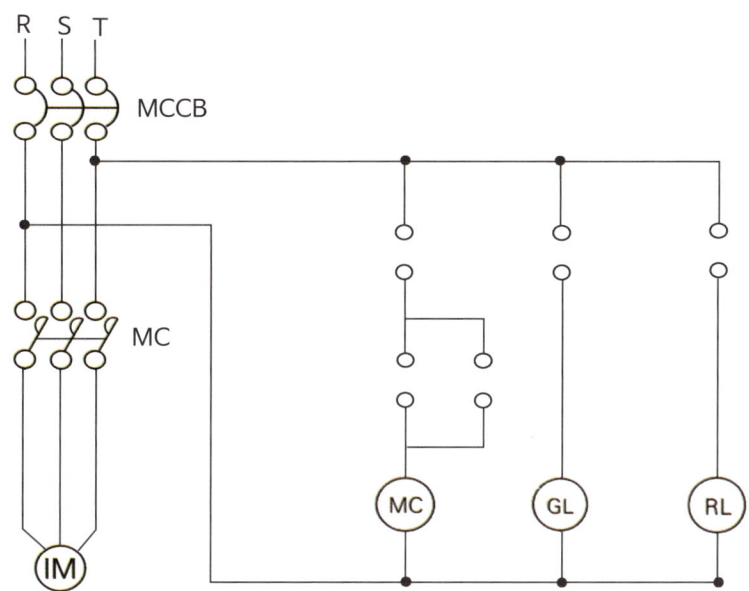

정답

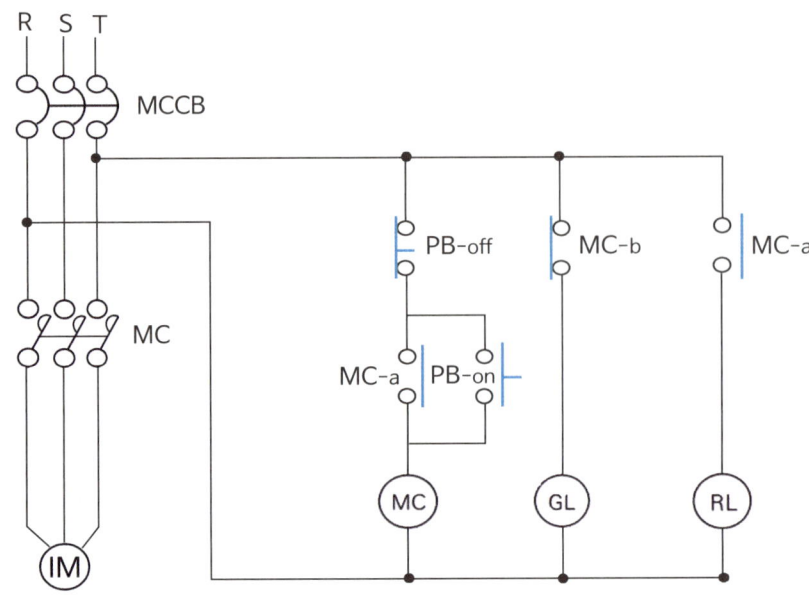

【조건】
1. 전원스위치 MCCB를 넣으면 녹색램프 (GL)이 켜진다.

해설

빨간색 점선으로 녹색램프 (GL)이 점등한다.

시퀀스 그리기 Tip

- PB-OFF, PB-on과, 전자접촉기 (MC)는 직렬연결한다.
- PB-on 스위치는 누르면 자기유지회로가 구성되게 PB-on과 MC-a접점을 병렬연결한다.
- (GL)램프는 평소에 전원이 인가되면 점등되게 MCCB와 직렬연결한 회로에 MC-b접점을 설치한다.
- (RL)램프는 (MC)가 여자되면 점등되도록 MC-a접점을 연결한다.

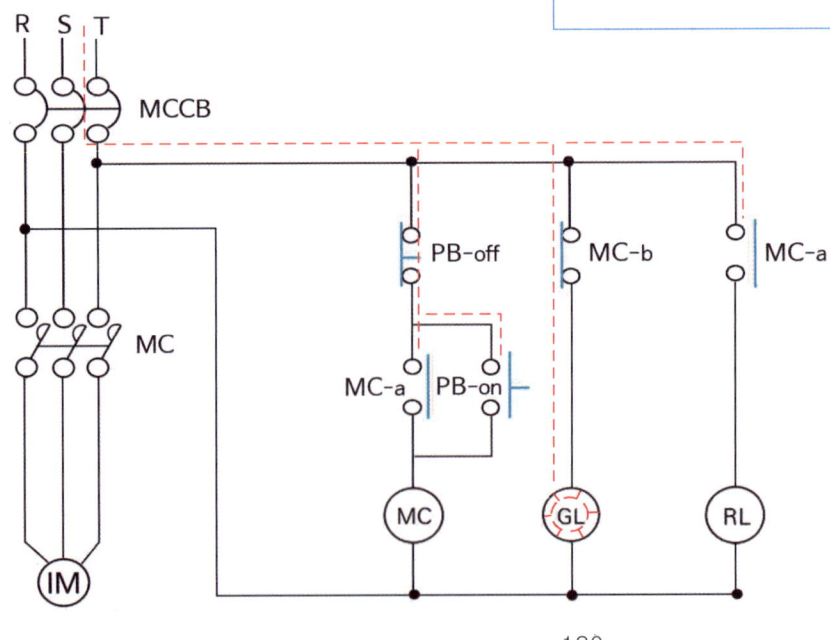

【조건】

2. 누름버튼스위치(PB-on) a접점을 누르면(on하면) 전자개폐기 코일 ⓂC에 여자, 전류가 흘러 주접점 ⓂC가 닫히고, 전동기 ⒾM가 기동하는 동시에 ⒼL램프가 꺼지고 ⓇL램프가 켜진다. 이 때 누름버튼스위치(PB-on)에서 손을 떼어도 이 동작은 계속된다.

해설

작동 흐름

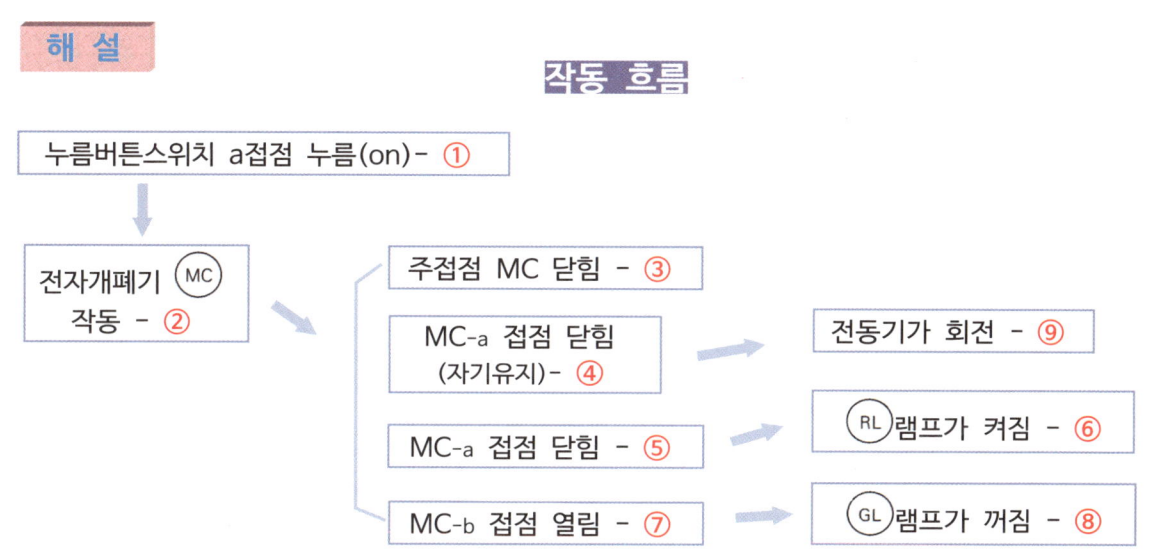

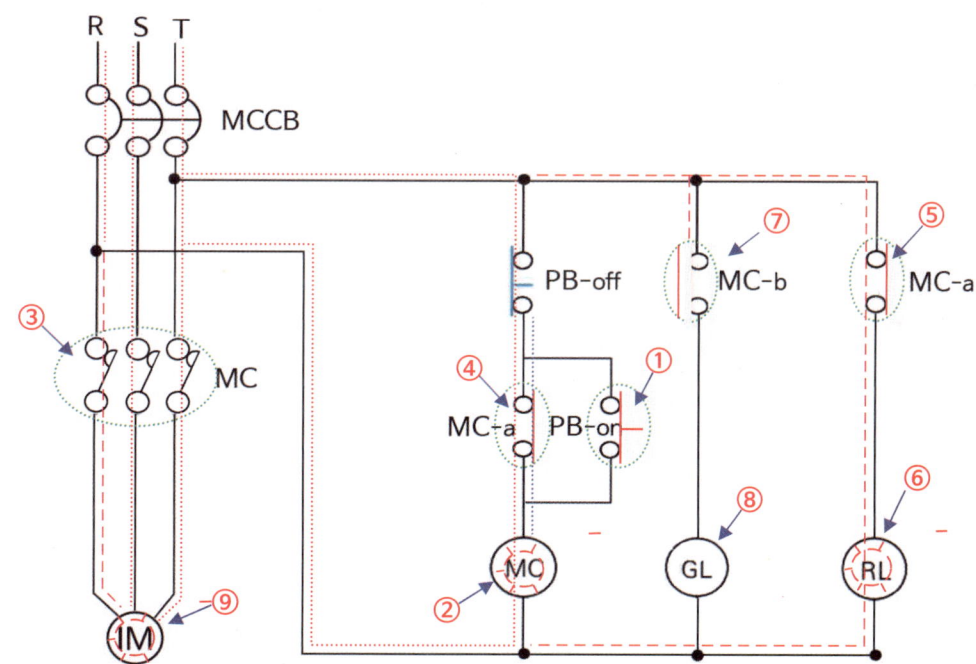

여자(勵磁) : 전자 릴레이, 전자접촉기, 타이머 등의 코일에 전류가 흘러서 전자석으로 되는 것.
소자(消磁) : 전자코일에 흐르고 있는 전류를 차단하여 자력을 잃게 하는 것.
자기유지 : 버튼을 1번 누르면 누른 상태로 작동회로가 계속 유지되게 하는 현상을 말한다.
　　　　　　버튼에서 손을 떼어 버튼 작동이 복구되어도(전류가 차단되어도) 릴레이가 작동한 회로는 작동상태로 계속유지되는 현상을 말한다.

【조건】

3. 누름버튼스위치(PB-off) b접점을 누르면(off하면) (MC)가 소자되어 주접점 MC릴레이 접점이 떨어져 전동기 (IM)가 멈추고 (RL)램프가 꺼지며, (GL)램프가 다시 점등한다.

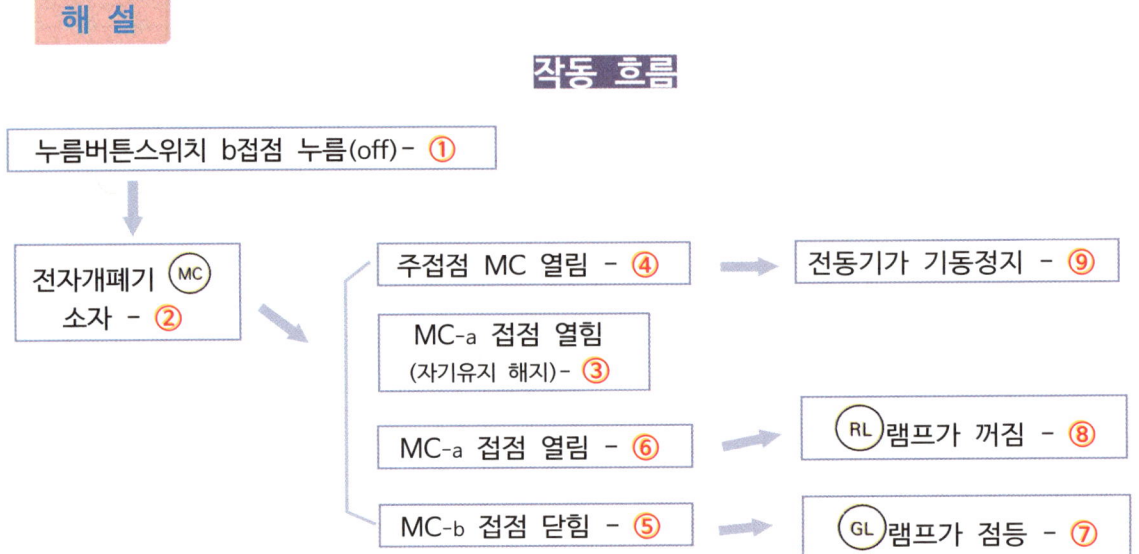

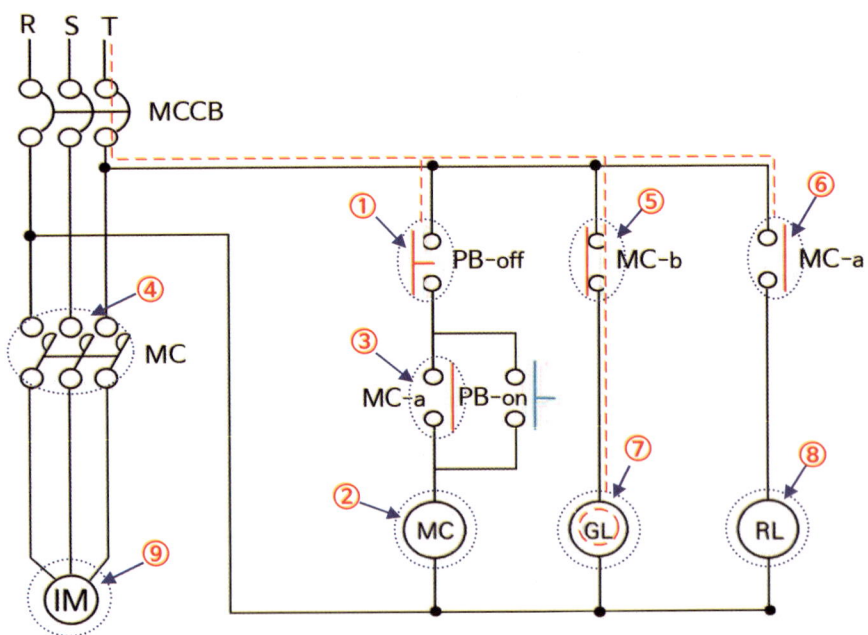

심블	명칭	심블	명칭
(GL)	녹색등 예비전원 작동표시등	〰️	차단기 MCCB
(RL)	빨간색등 상용전원 작동표시등	(IM)	전동기
(MC)	전자접촉기	〰️	전자접촉기 MC

문제 12

2007.4. 2012.7 기출문제

다음은 급수펌프의 미완성 회로이다. 조건을 참조하여 회로를 완성하시오.

【조건】

1. 전원을 투입하면 GL램프가 점등한다.
2. PBS-on하면 전동기가 기동되며 GL램프가 소등되고, RL램프가 점등된다.
3. 전동기가 기동된 후 일정시간이 지나면 정지한다.
4. 전동기 기동 중 열동계전기(THR)가 작동하면 전동기가 정지하고 YL램프가 점등된다.

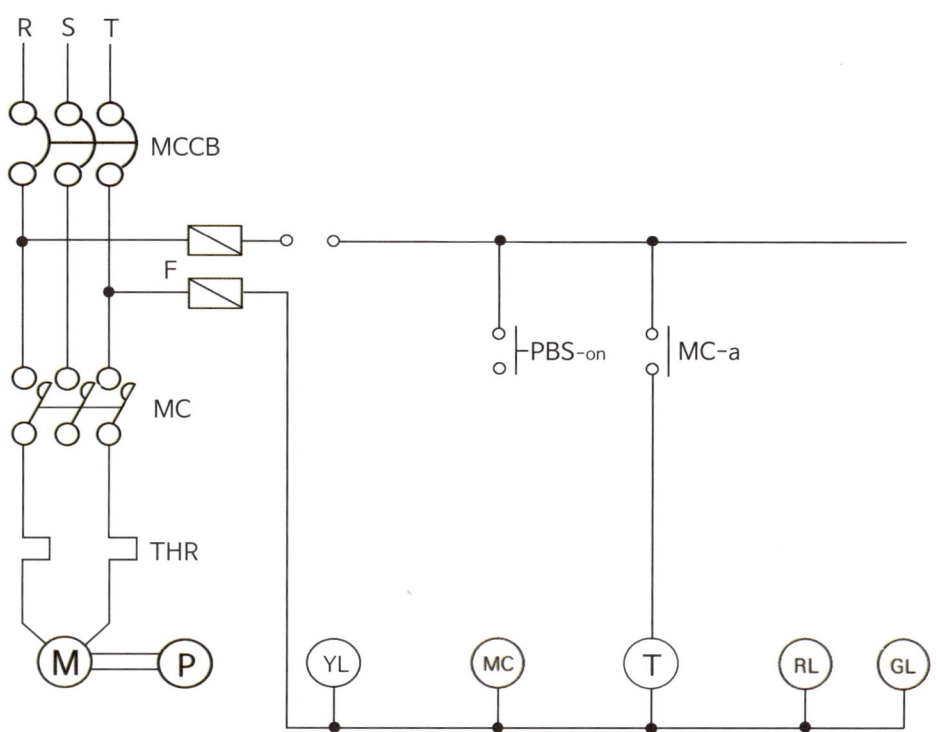

정 답

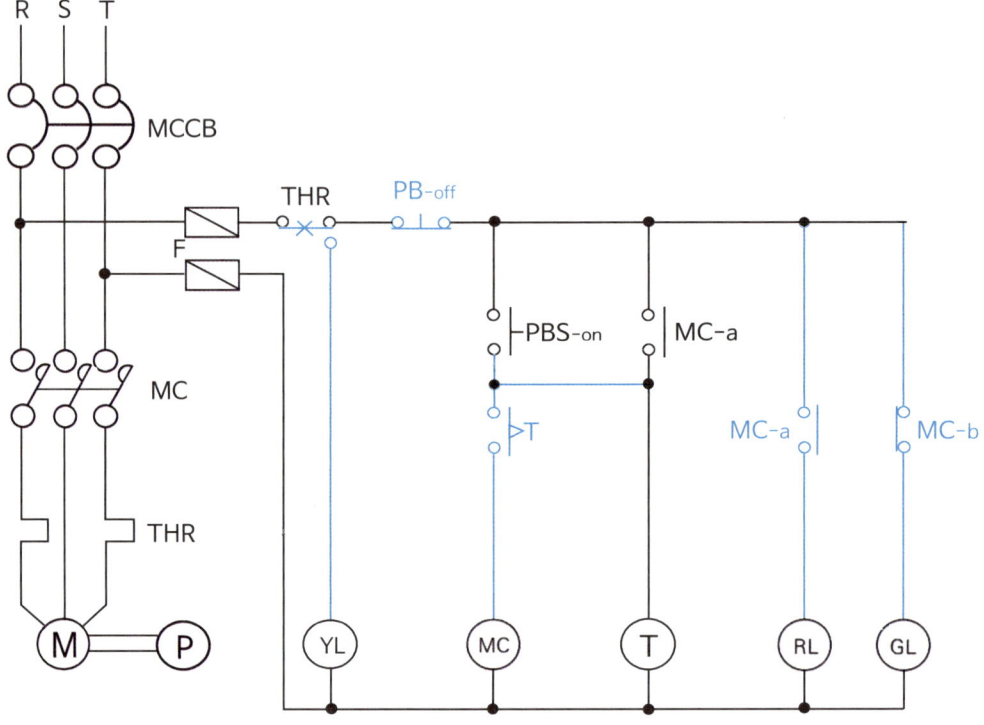

해 설

【조건】 1. 전원을 투입하면 ⒼⓁ램프가 점등한다.

시퀀스 회로 설계 : MCCB를 투입하여 ⒼⓁ램프가 점등되게 하기 위해서는 평소에 폐로되어 있는 MC-b 접점을 설치해야 한다.

　　MC-b 접점을 설치하여 전원을 투입하면 전류가 ⒼⓁ램프에 연결되어 점등이 된다.
　ⓂⒸ가 여자되면 MC-b접점이 여자되어 접점이 개로되므로서 ⒼⓁ램프가 소등된다.

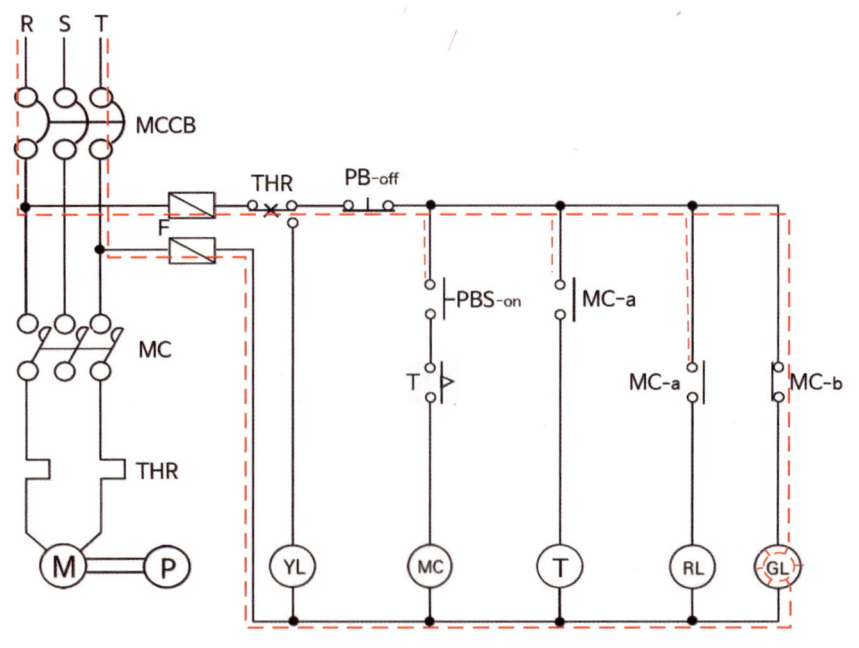

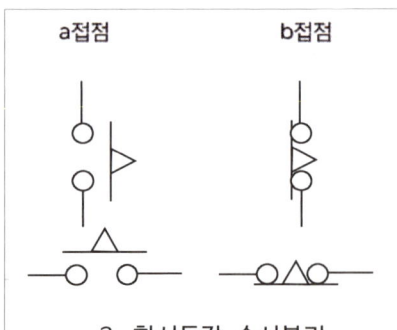

2. 한시동작 순시복귀
on delay timer

타이머 전원이 입력되면
타이머에 설정해 둔 시간 이후에
열리고 닫히면서 동작을 하고
타이머에 공급되던 전원이 끊기면
곧바로 복귀하는 것

해 설

【조건】 2. PBS-on하면 <u>전동기가 기동</u>되며 ⓖⓛ램프가 소등되고, ⓡⓛ램프가 점등된다.

시퀀스 회로 설계 :

⇨ PBS-on하면 전동기가 기동되게 하려면 ⓜⓒ가 여자되어 주접점 MC가 작동되게 그려야 한다.

  PBS-on 버튼을 손에서 떼면 즉시 복구되어 접점이 떨어지므로, ⓜⓒ가 계속 작동될 수 있도록 MC-a 릴레이를 그려 자기유지가 되게 해야 한다. (PBS-on과 MC-a는 병렬설치한다)

⇨ ⓖⓛ램프는 전원표시등 램프이므로 전원만 공급되고 있으면 점등되게 그려야 한다.

  회로에 MC-b 릴레이를 그려 ⓜⓒ가 여자되면 ⓖⓛ램프가 소등되게 그려야 한다.

  ⓡⓛ램프는 펌프가 기동되고 있다는 펌프기동 표시등이므로, 펌프가 기동될 때 램프가 점등되도록 회로를 결정해야 한다.

  그러므로 ⓡⓛ램프 회로에는 MC-a 릴레이를 그려 ⓜⓒ가 여자되면 ⓡⓛ램프가 점등되게 그려야 한다.

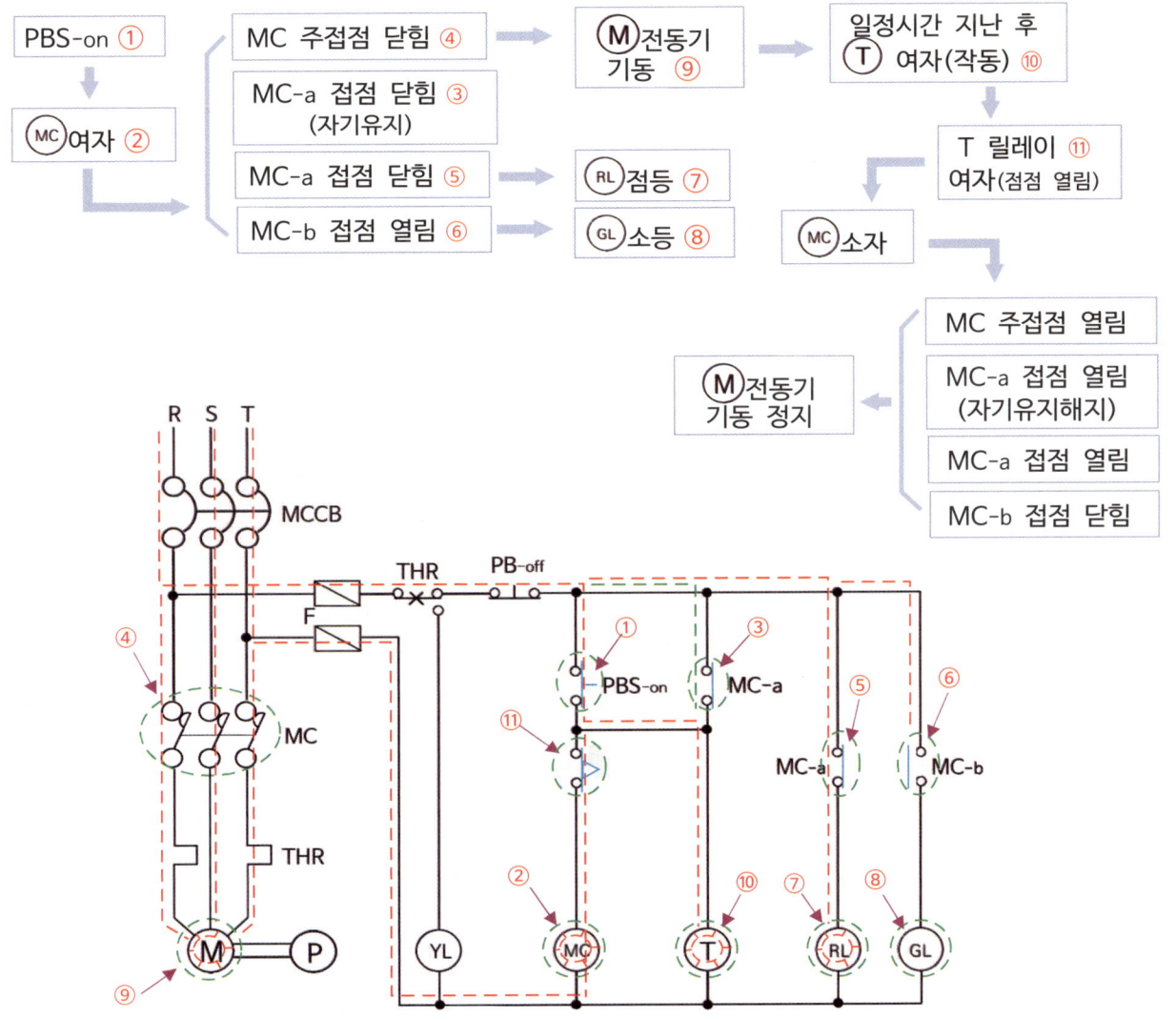

해 설 【조건】 3. 전동기가 기동된 후 일정시간이 지나면 정지한다.

시퀀스 회로 설계

MC가 여자되어 주접점 MC도 여자되어 접점이 폐로되어 전동기가 기동한 후 타이머에 설정된 시간이 경과되면 T가 여자되어 T-b접점이 열려 회로가 차단되므로 MC가 소자되고 주접점 MC도 소자되어 전동기 기동이 멈추게 그려야 한다.

작동 흐름

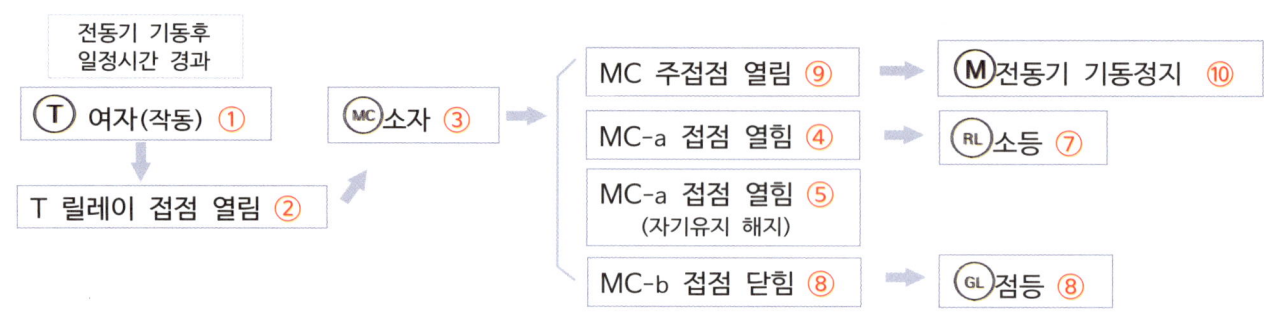

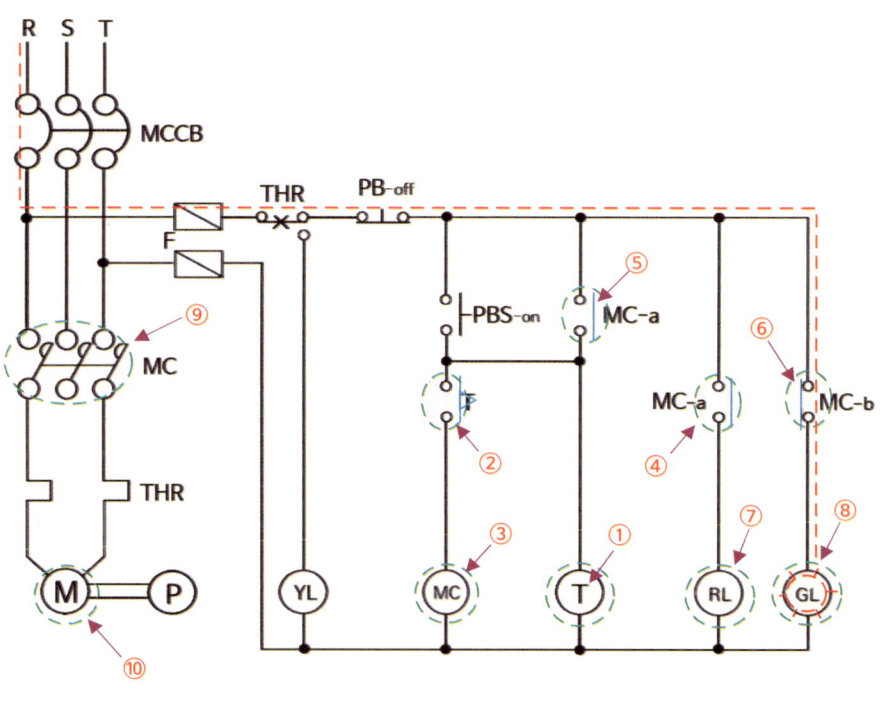

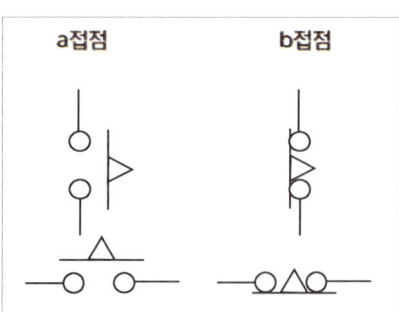

2. 한시동작 순시복귀
on delay timer

타이머 전원이 입력되면
타이머에 설정해 둔 시간 이후에
열리고 닫히면서 동작을 하고
타이머에 공급되던 전원이 끊기면
곧바로 복귀하는 것

심블	명칭	심블	명칭	심블	명칭
GL	녹색등 (전원표시등)	(차단기 기호)	차단기 MCCB	MC	전자접촉기 MC
RL	빨간색등 (펌프기동 표시등)	M	전동기	P	펌프
YL	황색등 (경고표시등)	(접촉기 기호)	전자접촉기 MC	(퓨즈 기호)	퓨즈

해 설

【조건】 4. 전동기 기동 중 열동계전기(THR)가 작동하면 전동기가 정지하고 YL램프가 점등된다.

시퀀스 회로 설계

전선에 이상온도가 감지되어 열동계전기(THR)가 작동하면 열동계전기 THR-c접점이 작동하여 MC가 소자되고 주접점 MC도 소자되어 전동기 기동이 멈추게 그려야 한다.

열동계전기 THR-c접점과 YL램프는 직렬로 연결하여 열동계전기(THR)가 작동하면 점등되게 그려야 한다.

이상온도 감지 사례 : 전선에 단락(합선), 과부하 사용

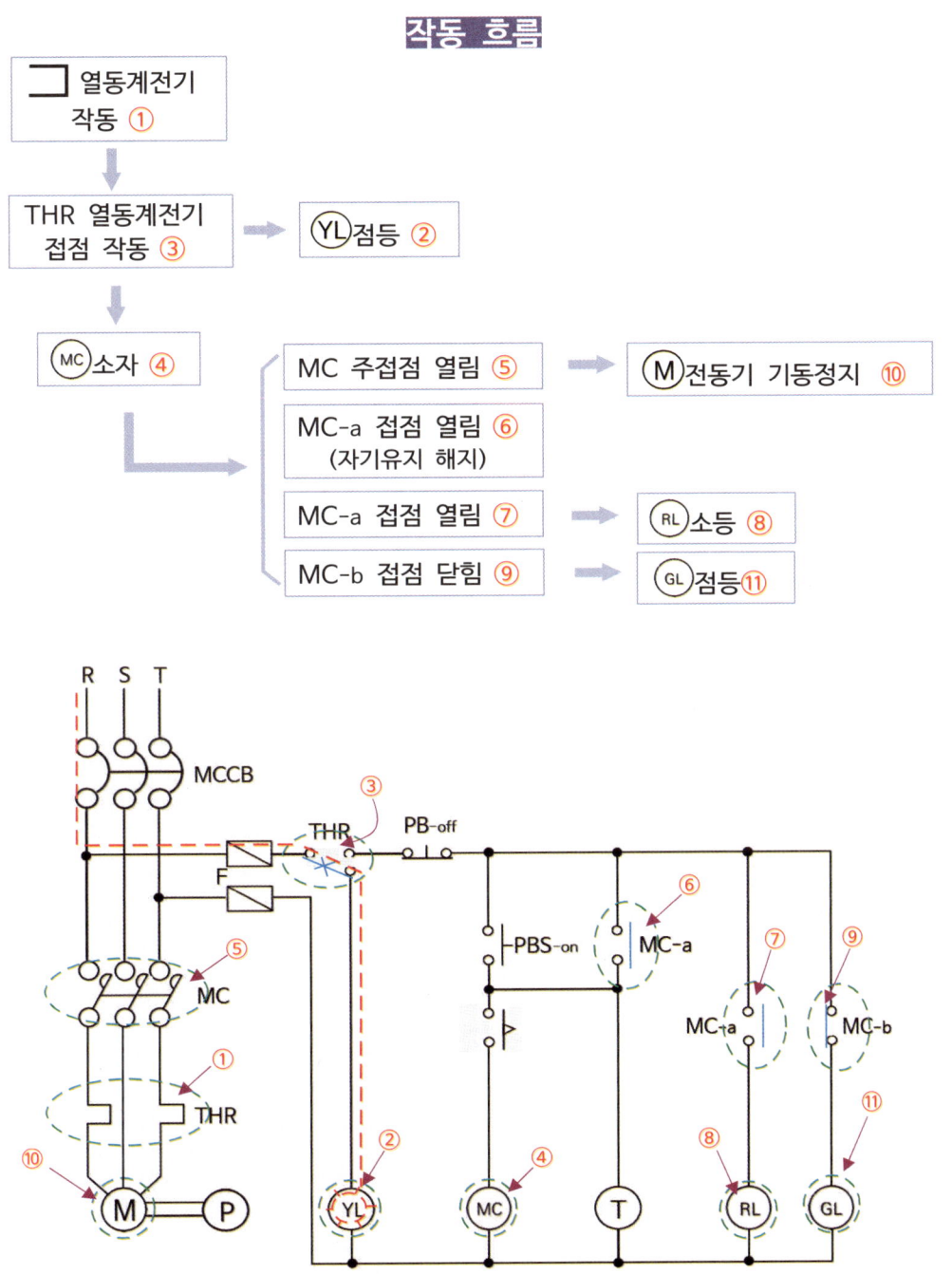

문제 13

2007년 11월 기출문제

다음 설명을 보고 동작이 가능하도록 도면을 작성하시오.

【조건】

1. 배선용 차단기 MCCB를 넣으면 녹색램프 GL이 켜진다.
2. PBS-on 스위치를 넣으면 전자개폐기 코일 MC에 전류가 흘러 주접점 MC가 닫히고, 전동기가 회전하는 동시에 GL램프가 꺼지고 RL램프가 켜진다. 이때 손을 떼어도 동작은 계속 된다.
3. PBS-off 스위치를 누르면 전동기가 멈추고 RL램프가 꺼지며 GL램프가 다시 점등된다.

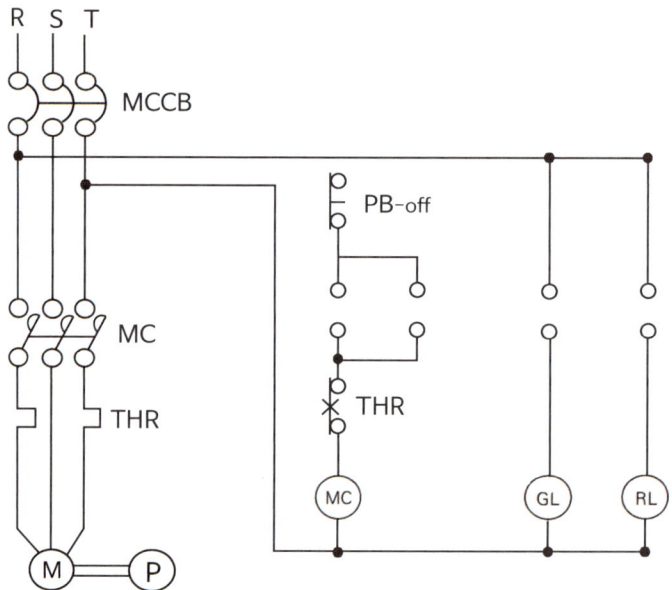

정 답

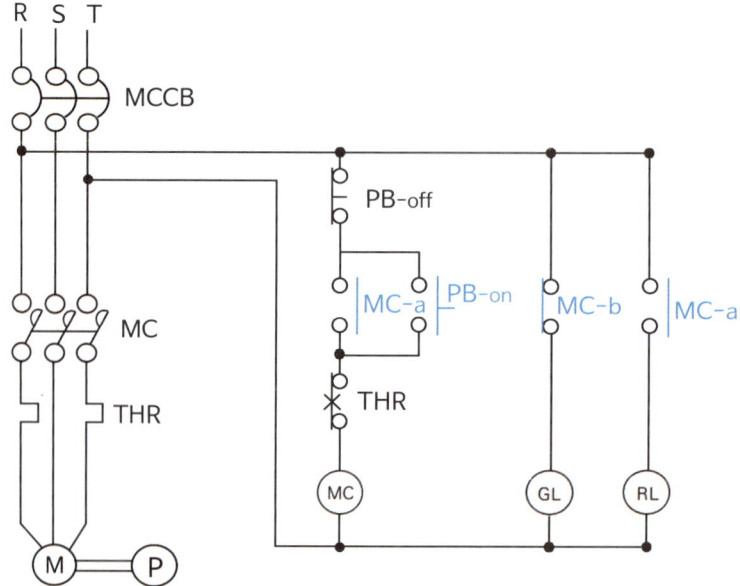

해 설 　【조건】 1. 배선용 차단기 MCCB를 넣으면 녹색램프 GL이 켜진다.

시퀀스 그리기 Tip

PB-off, PB-on과, 전자접촉기 ⓜⓒ을 직렬연결한 회로에 PB-on(누름 작동버튼) 스위치는 자기유지회로가 구성되게 연결해야 한다.　PB-on을 누르면 자기유지회로가 구성되게 MC-a접점을 설치한다.

ⓖⓛ램프는 평소에 전원이 인가되면 점등되게 MCCB와 직렬연결한 회로에 MC-b접점을 설치한다.
　　ⓜⓒ이 여자되면 소등되도록 MC-b접점을 연결한다.

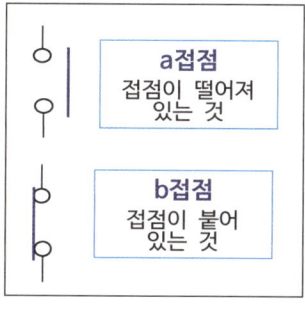

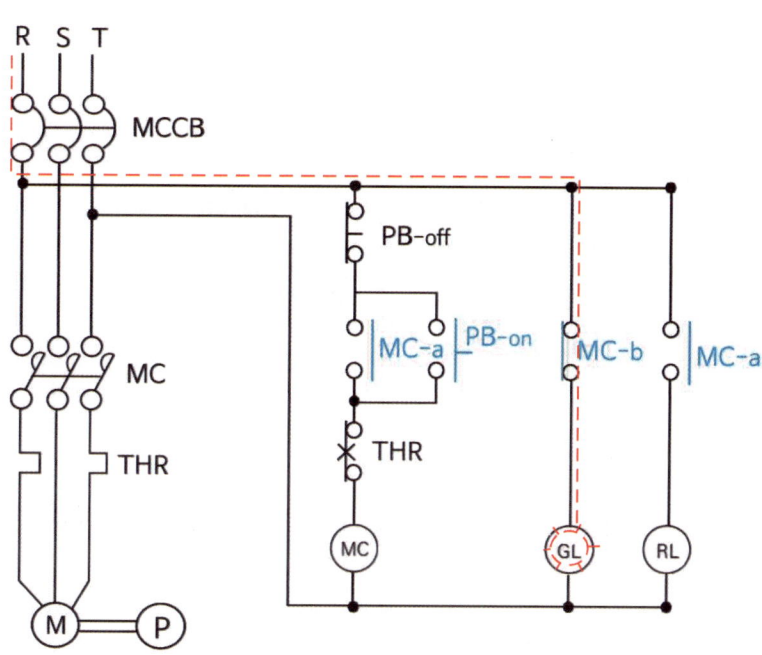

심블	명칭	심블	명칭	심블	명칭
GL	녹색등 (전원표시등)	⌇⌇⌇	차단기 MCCB	MC	전자접촉기 MC
RL	빨간색등 (펌프기동 표시등)	M	전동기	P	펌프
YL	황색등 (경고표시등)	⌇⌇⌇	전자접촉기 MC	⌐	열동계전기 THR

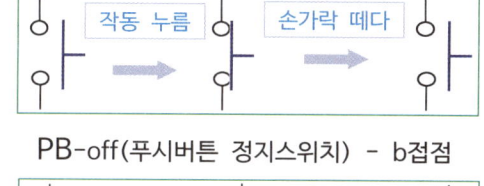

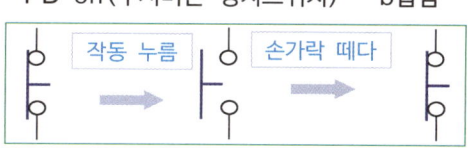

해 설 【조건】

2. PBS-on 스위치를 넣으면(스위치를 누르면) 전자개폐기 코일 MC에 전류가 흘러 주접점 MC가 닫히고, 전동기가 회전하는 동시에 GL램프가 꺼지고 RL램프가 켜진다. 이때 손을 떼어도 동작은 계속 된다.(자기유지회로가 구성돼야 한다)

시퀀스 그리기 Tip

PB-off, PB-on과, 전자접촉기 (MC)를 직렬연결한 회로에 PB-on(누름 작동버튼) 스위치는 자기유지회로가 구성되게 연결해야 한다. PB-on을 누르면 자기유지회로가 구성되게 MC-a접점을 설치한다.

(MC)가 여자되면 전동기가 기동되게 주접점 MC를 설계하고, (GL)램프가 설치되는 회로에는 MC-b 접점을 설치하여 램프가 점등해 있다가 (MC)가 여자되면 소등되게 한다. (RL)램프가 설치되는 회로에는 램프가 소등되어 있다가 (MC)가 여자되면 점등되게 MC-a 접점을 설치한다.

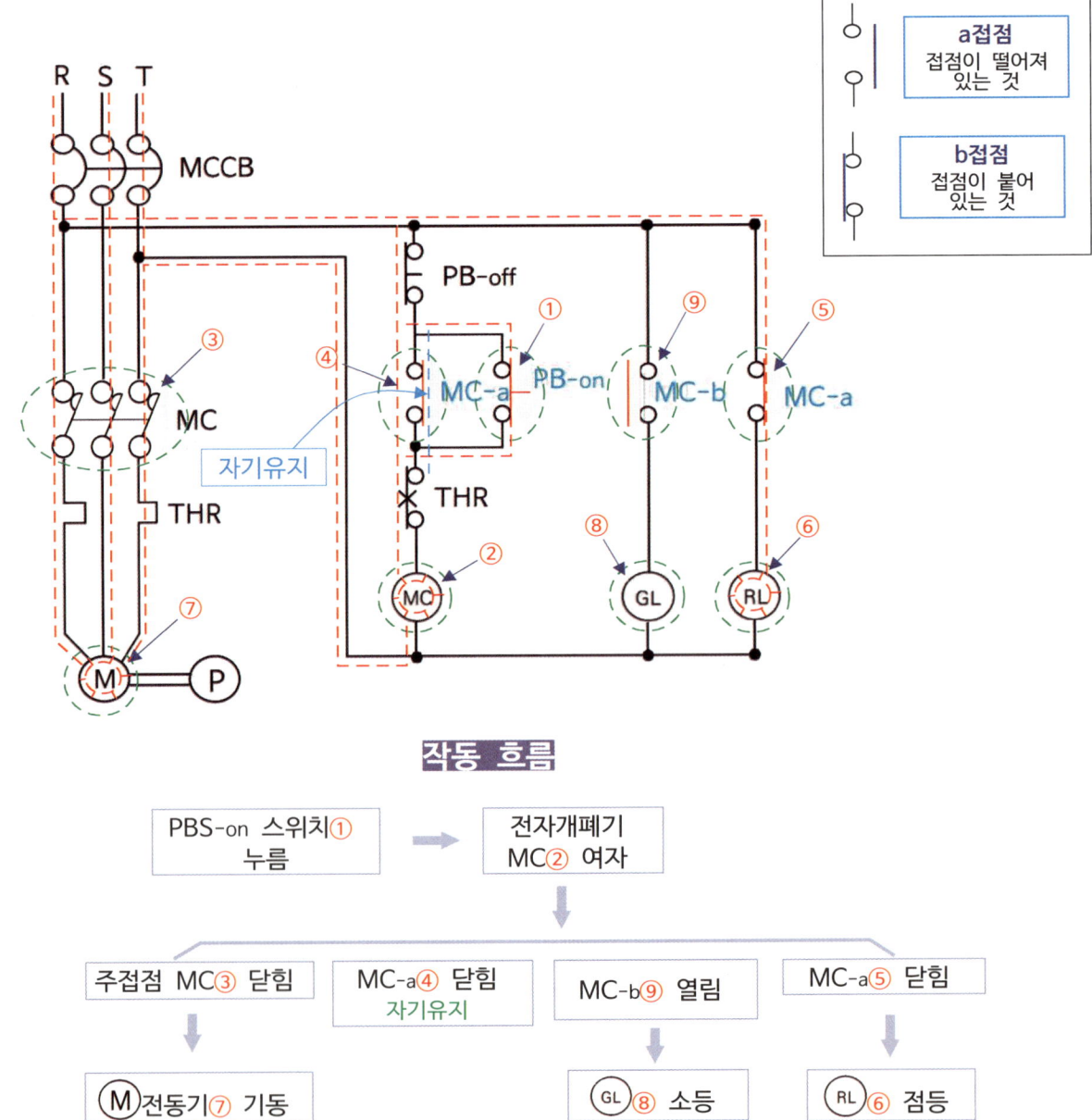

해설　【조건】

3. PBS-off 스위치를 누르면 전동기가 멈추고 RL램프가 꺼지며 GL램프가 다시 점등된다.

시퀀스 그리기 Tip

MC-a 접점은 평상시에 열려있고(개로), MC-b 접점은 평상시에 닫혀있다(폐로)

(GL)램프가 설치되는 회로에는 MC-b 접점을 설치하여 전동기 기동 중에는 램프가 소등해 있다가,
(MC)가 소자되면 점등되게 한다.　PBS-off 스위치를 누르면 (MC)가 소자된다.

(RL)램프가 설치되는 회로에는 전동기 기동 중에는 램프가 점등되어 있다가,
(MC)가 소자되면 소등되게 MC-a 접점을 설치한다. PBS-off 스위치를 누르면 (MC)가 소자된다.

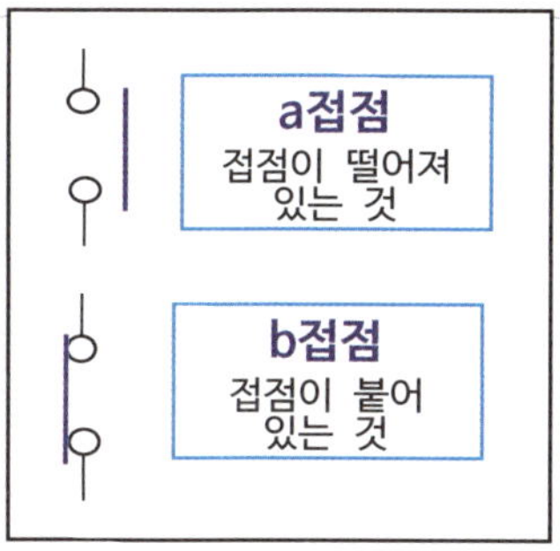

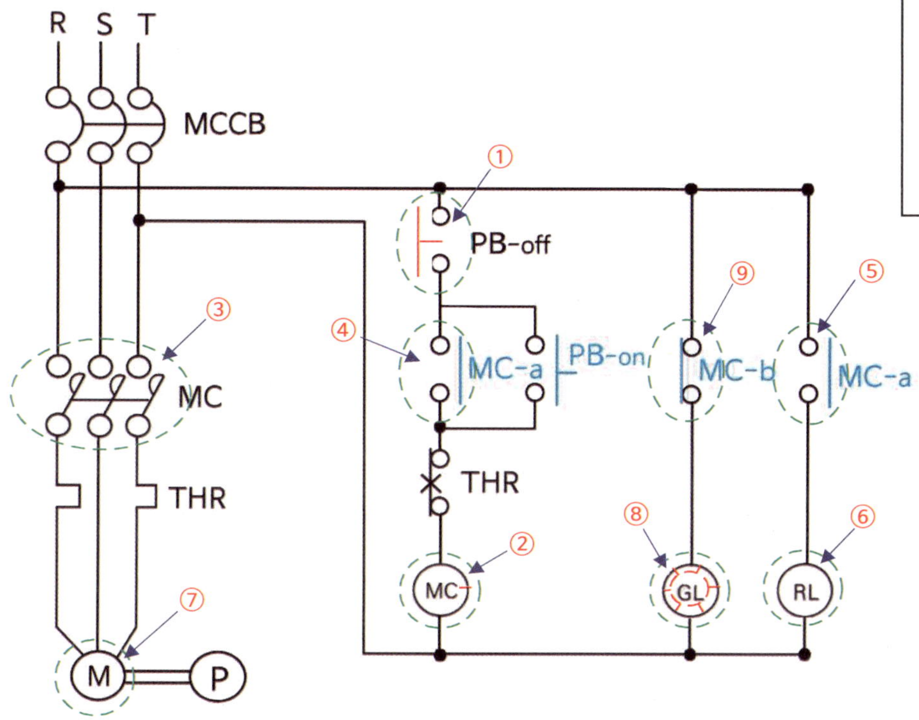

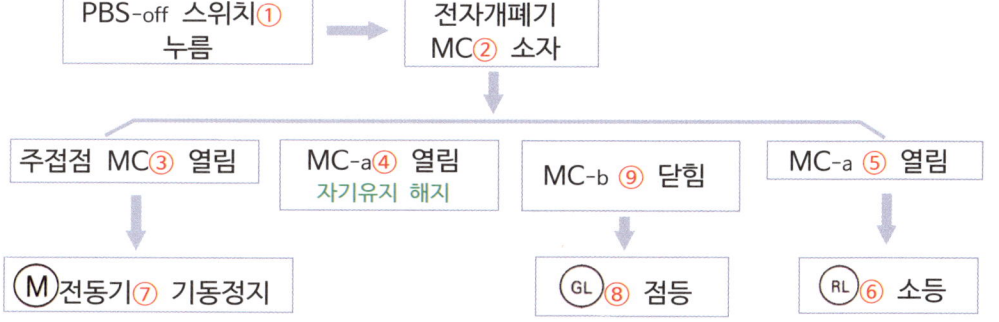

문제 14

2000.11. 2008.7. 2012.7. 2013.4. 2014.4. 2015.11. 2017.4 기출문제

다음 도면은 Y-⊿ 기동방식의 회로도이다. 물음에 답하시오.

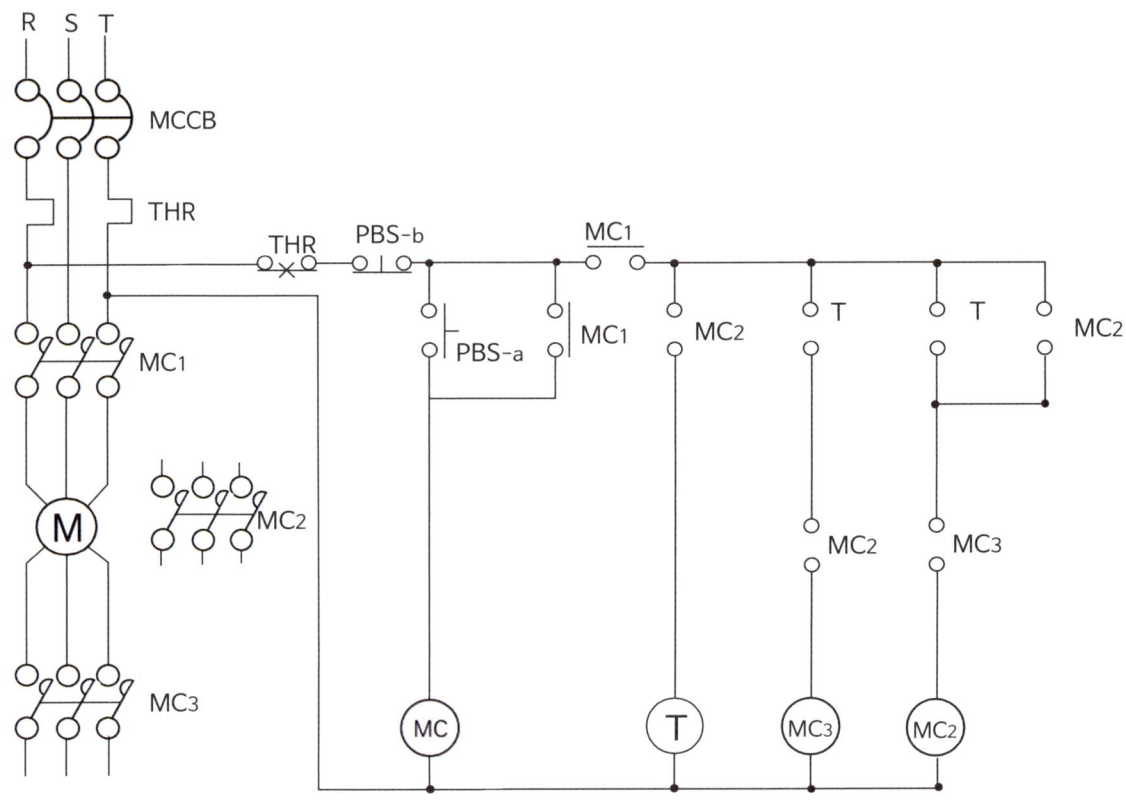

【물 음】
1. Y-⊿ 기동회로의 주회로와 보조회로 미완성부분을 완성하시오.
2. Y-⊿ 방식을 쓰는 이유는 무엇인가?
3. 다음은 Y-⊿ 기동회로의 동작설명이다. (   )안에 알맞은 기호나 문자를 써 넣으시오.
   · PBS-a를 누르면 (①)과 (②) 및 (③)가 여자되어 Y결선으로 기동하게 된다.
   · 타이머 설정시간 후 (④) 접점이 열려 (⑤)가 소자되고, (⑥)접점이 닫혀 (⑦)가 여자되며 ⊿결선으로 운전하게 된다.
   · (⑧)와 (⑨)는 상호 인터록이 걸려있다.
   · PBS-b를 누르거나 전동기 과부하에 의해 (⑩)가 동작하면 전동기는 정지하게 된다.

정답 1.

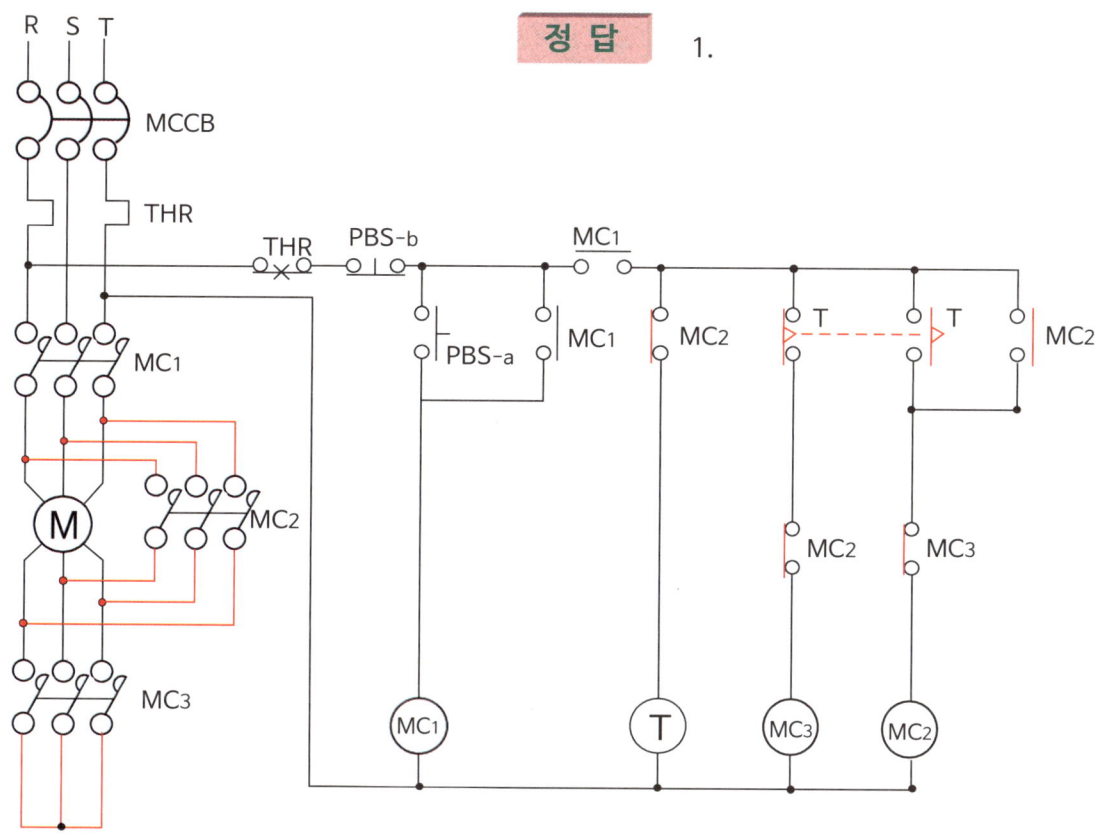

2. 기동시 기동전류를 감소($\frac{1}{3}$)시키기 위해서 한다.

3. ① MC₁,   ② MC₃,   ③ T,   ④ T-b,   ⑤ MC₃,   ⑥ T-a,   ⑦ MC₂,
   ⑧ MC₂,   ⑨ MC₃,   ⑩ THR

- PBS-a를 누르면 (MC₁)과 (MC₃) 및 (T)가 여자되어 Y결선으로 기동하게 된다.
- 타이머 설정시간 후 (T-b) 접점이 열려 (MC₃)가 소자되고, (T-a)접점이 닫혀 (MC₂)가 여자되며 △결선으로 운전하게 된다.
- (MC₂)와 (MC₃)는 상호 인터록이 걸려있다.
- PBS-b를 누르거나 전동기 과부하에 의해 (THR)가 동작하면 전동기는 정지하게 된다.

Y-△ 기동회로 동작 설명

- 기동스위치(PBS-a)를 누르면 MC₁, MC₃, MC₁(주접점)이 여자되어 전동기 Ⓜ이 Y결선으로 기동한다.

- 설정시간이 지나면 T-b접점에 의해 MC₃가 소자되고, T-a접점에 의해 MC₂가 여자되며 MC₂-a접점에 의해 자기유지되고, MC₂-b 접점에 의해 타이머(T)가 소자되며, △결선으로 운전하게 된다.

- Y기동(MC₃)과 △운전(MC₂)용 전자접촉기는 상호 인터록이 걸려 있어야 한다.

- 정지스위치(PBS-b)를 누르거나 전동기 과부하에 의해 열동계전기(THR)가 동작하게 되면 모든 회로는 처음 상태로 되돌아가며 전동기는 정지하게 된다.

해 설 1

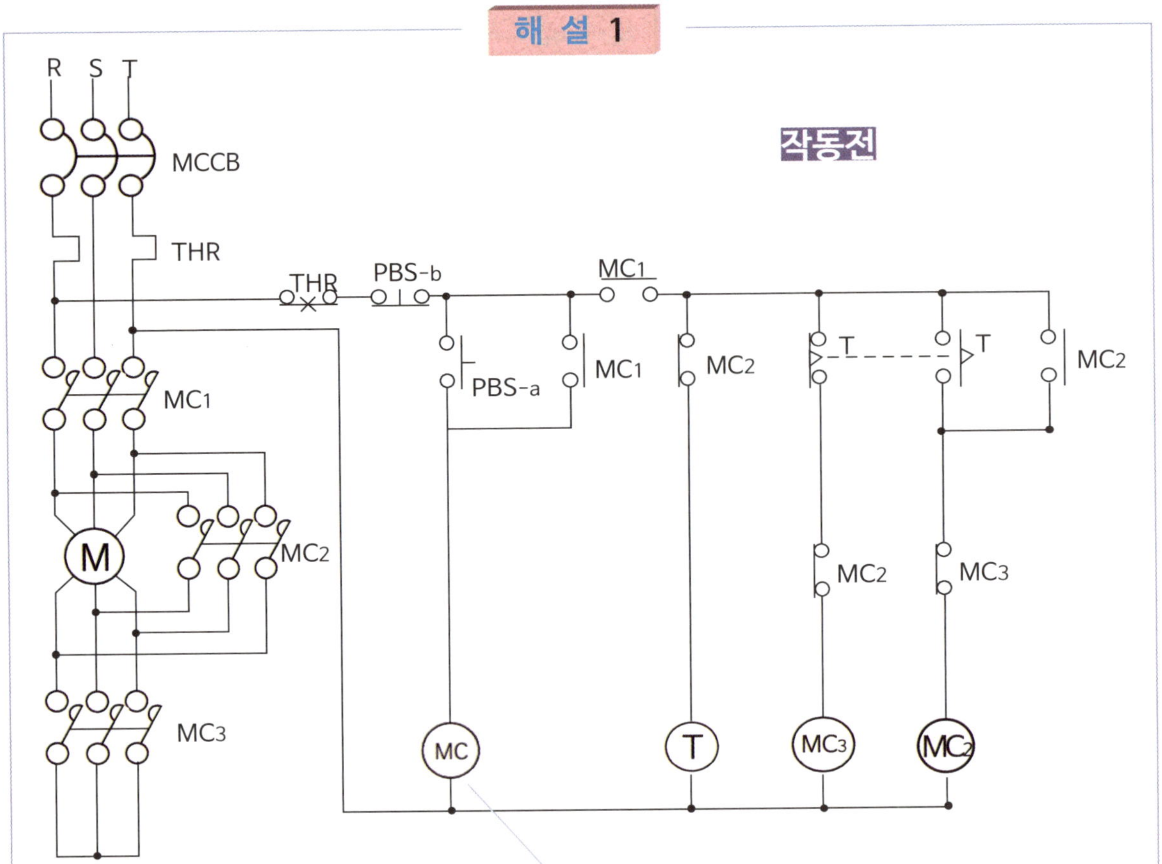

작동전

MC1을 나타내야 함(문제출제에 오류)

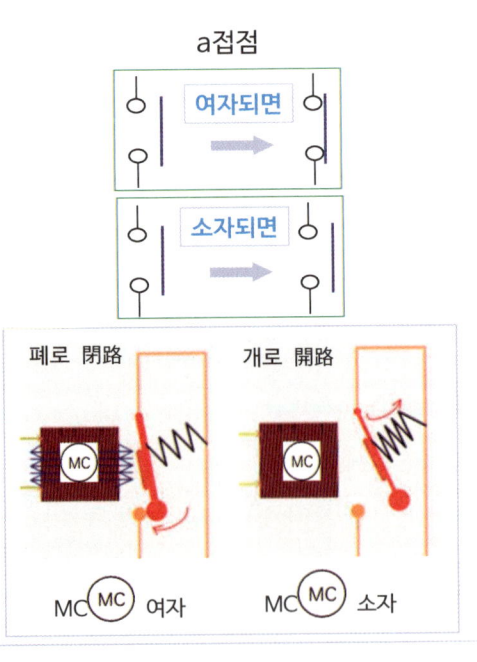

a접점

여자되면 / 소자되면

폐로 閉路 / 개로 開路

MC 여자 / MC 소자

MC-a접점 릴레이는 평소에는 열려 있으며, 여자되면 자력에 의해 접점이 붙는다.
소자되면 자력을 잃어 접점이 떨어진다.

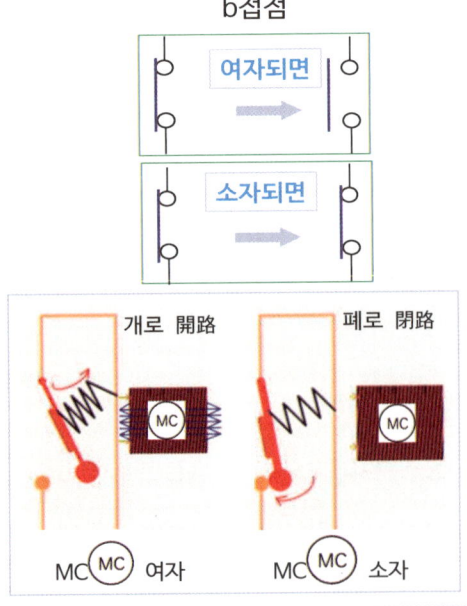

b접점

여자되면 / 소자되면

개로 開路 / 폐로 閉路

MC 여자 / MC 소자

MC-b접점 릴레이는 평소에는 닫혀 있으며, 여자되면 자력에 의해 접점이 떨어진다.
소자되면 자력을 잃어 접점이 붙는다.

작동 순서

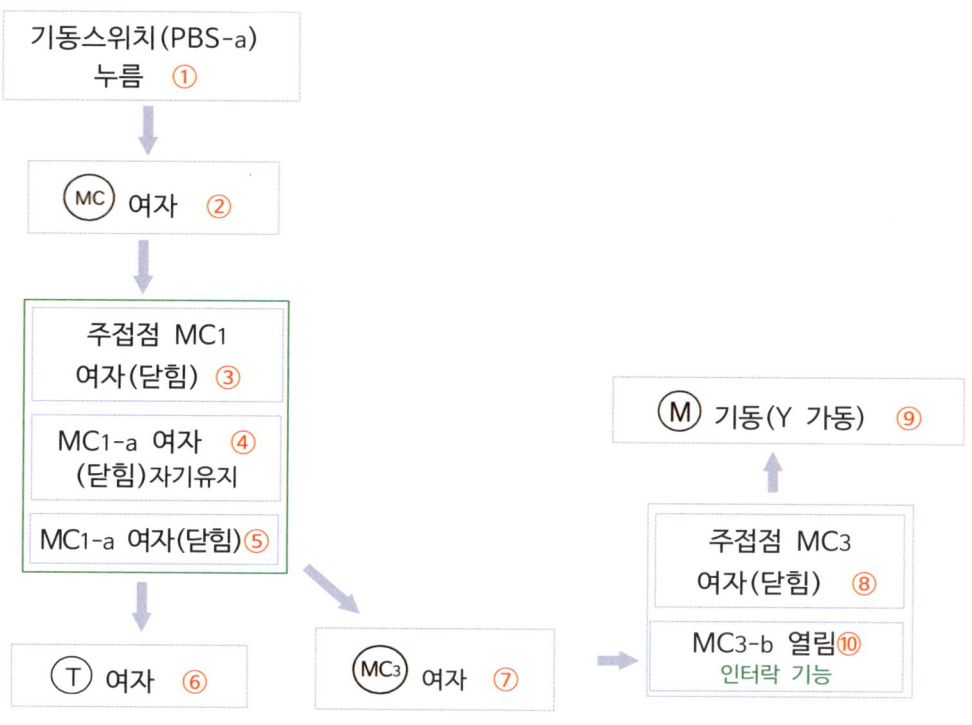

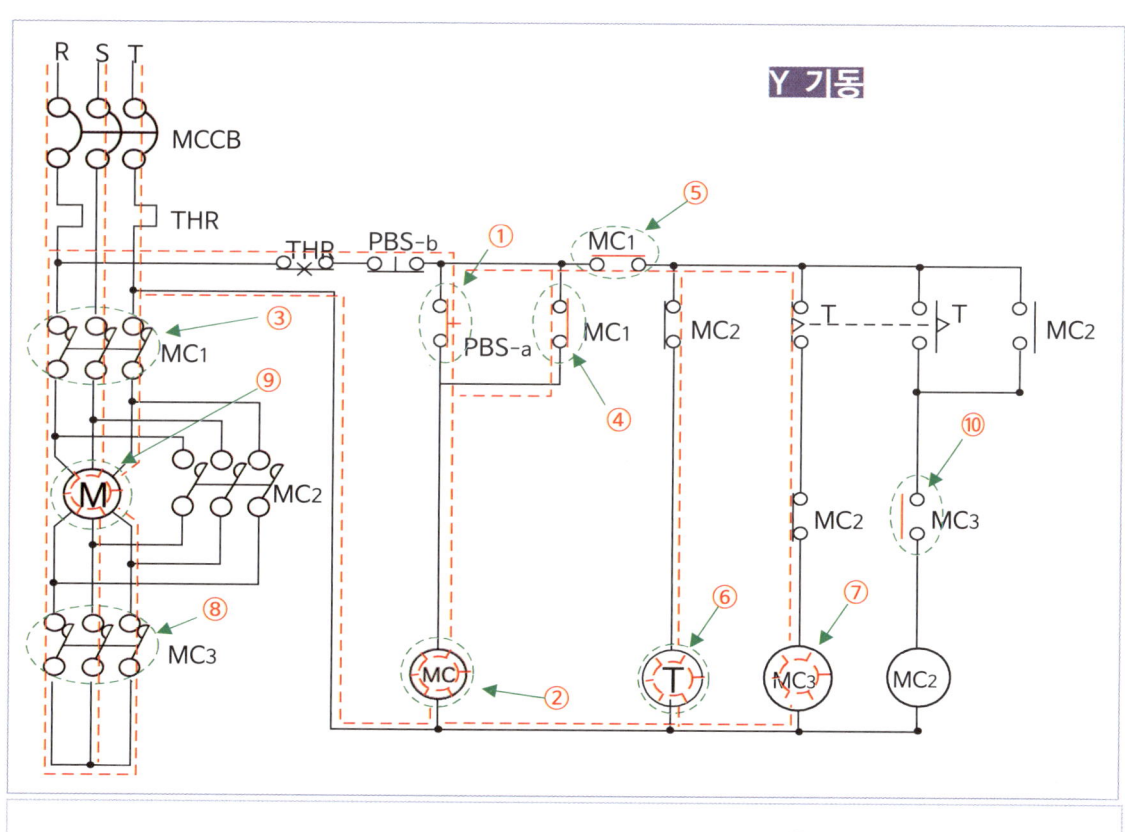

· 기동스위치(PBS-a)를 누르면 MC1, MC3, T가 여자되면서 전동기 Ⓜ이 Y결선으로 기동한다.

해설 2

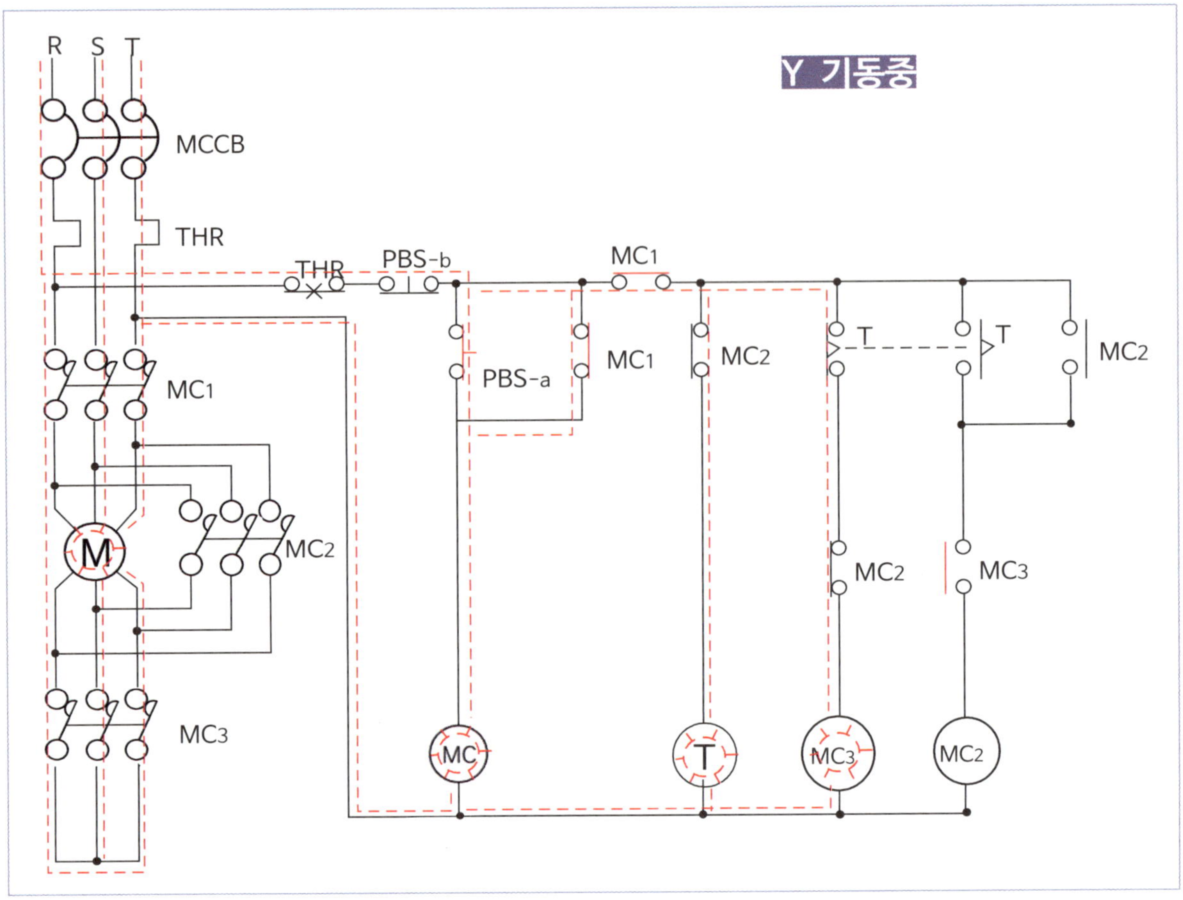

Y 기동중

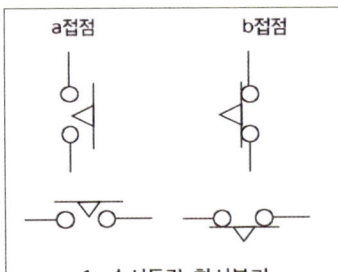

1. 순시동작 한시복귀
off delay timer

타이머 전원이 입력되면
입력됨과 동시에 열리고 닫히면서
동작을 하고
타이머에 설정해 둔 시간 이후에
복귀하는 것

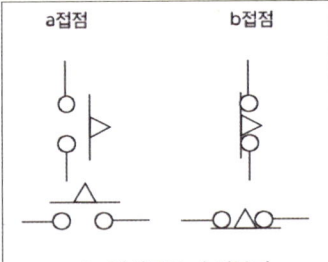

2. 한시동작 순시복귀
on delay timer

타이머 전원이 입력되면
타이머에 설정해 둔 시간 이후에
열리고 닫히면서 동작을 하고
타이머에 공급되던 전원이 끊기면
곧바로 복귀하는 것

심블	명칭	심블	명칭	심블	명칭
	차단기(MCCB)	T	타임기	MC	전자접촉기(MC1)
M	전동기		열동계전기(THR)	MC2	전자접촉기(MC) (△기동 MC)
	전자접촉기(MC)			MC3	전자접촉기(MC) (Y기동 MC)

작동 순서

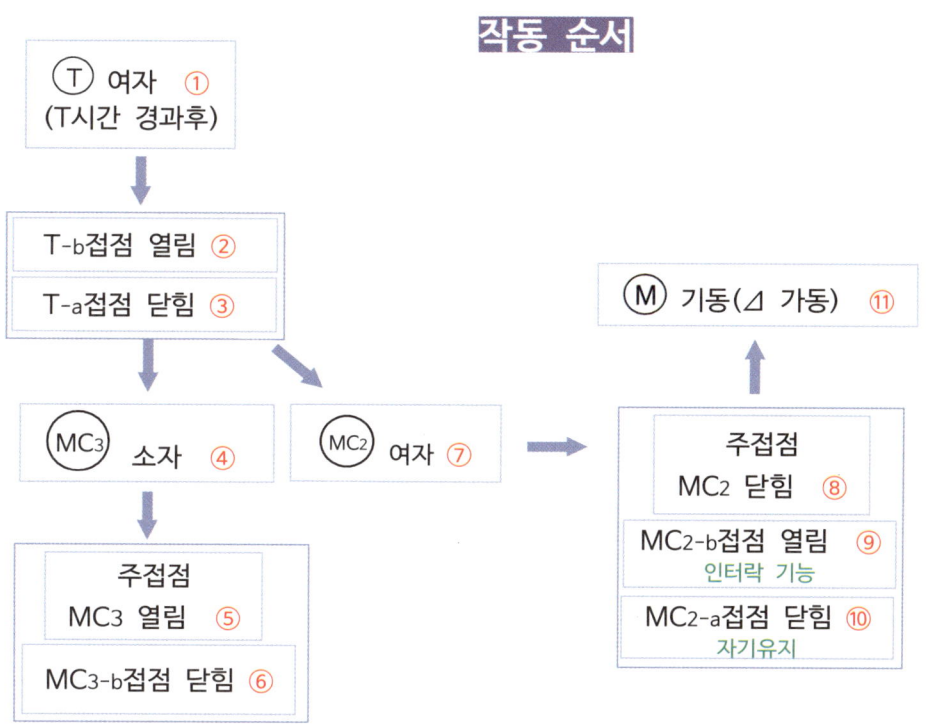

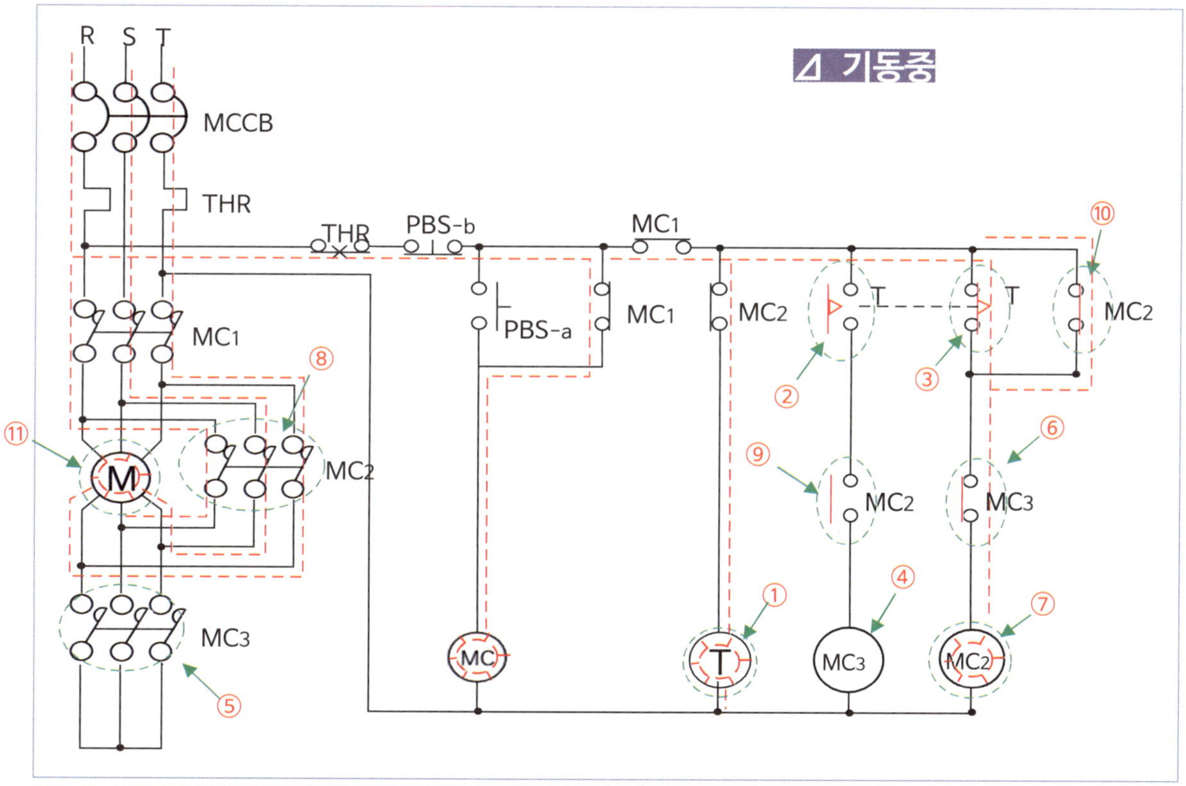

· 설정시간이 지나면 T-b접점에 의해 MC3가 소자되고, T-a접점에 의해 MC2가 여자되며 MC2-a접점에 의해 자기유지되고, MC2-b 접점에 의해 타이머(T)가 소자되며, Δ결선으로 운전하게 된다.

해설 3

- Y기동(MC3)과 △운전(MC2)용 전자접촉기는 상호 인터록이 걸려 있어야 한다.

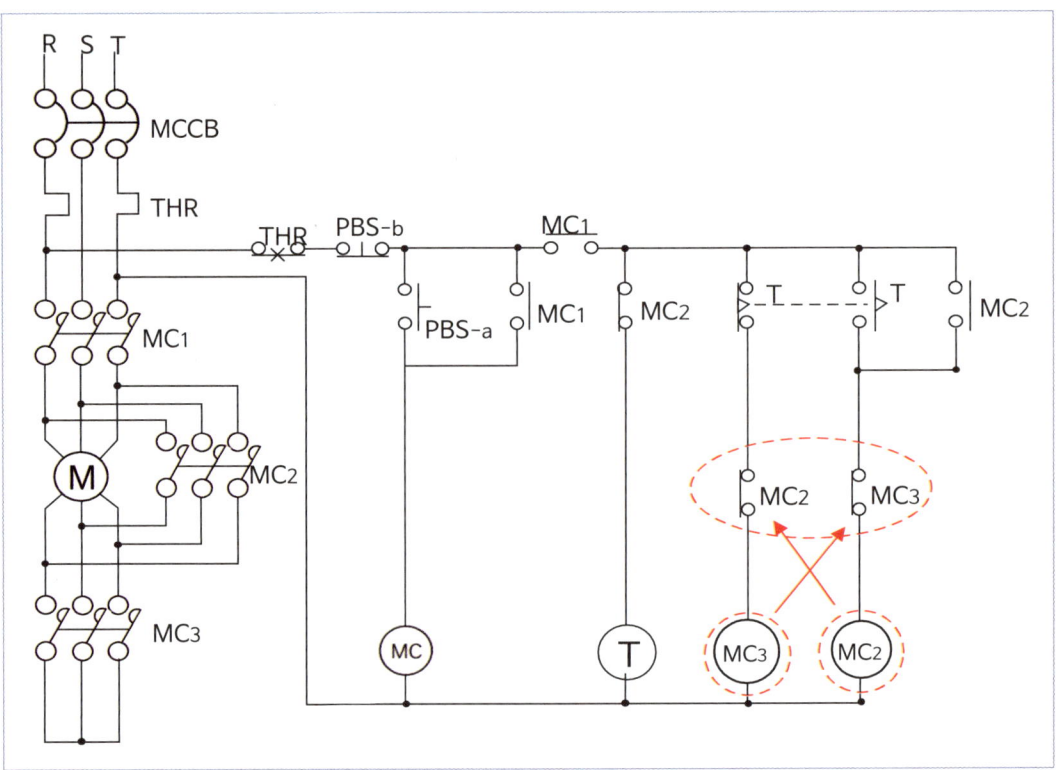

인터록 기능

MC3가 **여자되면** MC3-b접점을 열어놓아 MC2가 작동하지 못하게 한다.

MC2가 **여자되면** MC2-b접점을 열어놓아 MC3가 작동하지 못하게 한다.

여자(勵磁) : 전자 릴레이, 전자접촉기, 타이머 등의 코일에 전류가 흘러서 전자석으로 되는 것.
소자(消磁) : 전자코일에 흐르고 있는 전류를 차단하여 자력을 잃게 하는 것.
자기유지 : 버튼을 1번 누르면 누른 상태로 작동회로가 계속 유지되게 하는 현상을 말한다.
　　　　　　버튼에서 손을 떼어 버튼 작동이 복구되어도(전류가 차단되어도) 릴레이가 작동한 회로는
　　　　　　작동상태로 계속유지되는 현상을 말한다.
인터록 회로(선입력 우선회로) : 2가지 일(상용전원, 예비전원)이 동시에 모터를 기동하는 일을 동시
　　　　　　에 시행하지 못하도록 하는 기능을 한다.

해 설 4

- 정지스위치(PBS-b)를 누르거나 전동기 과부하에 의해 열동계전기(THR)가 동작하게 되면 모든 회로는 처음 상태로 되돌아가며 전동기는 정지하게 된다.

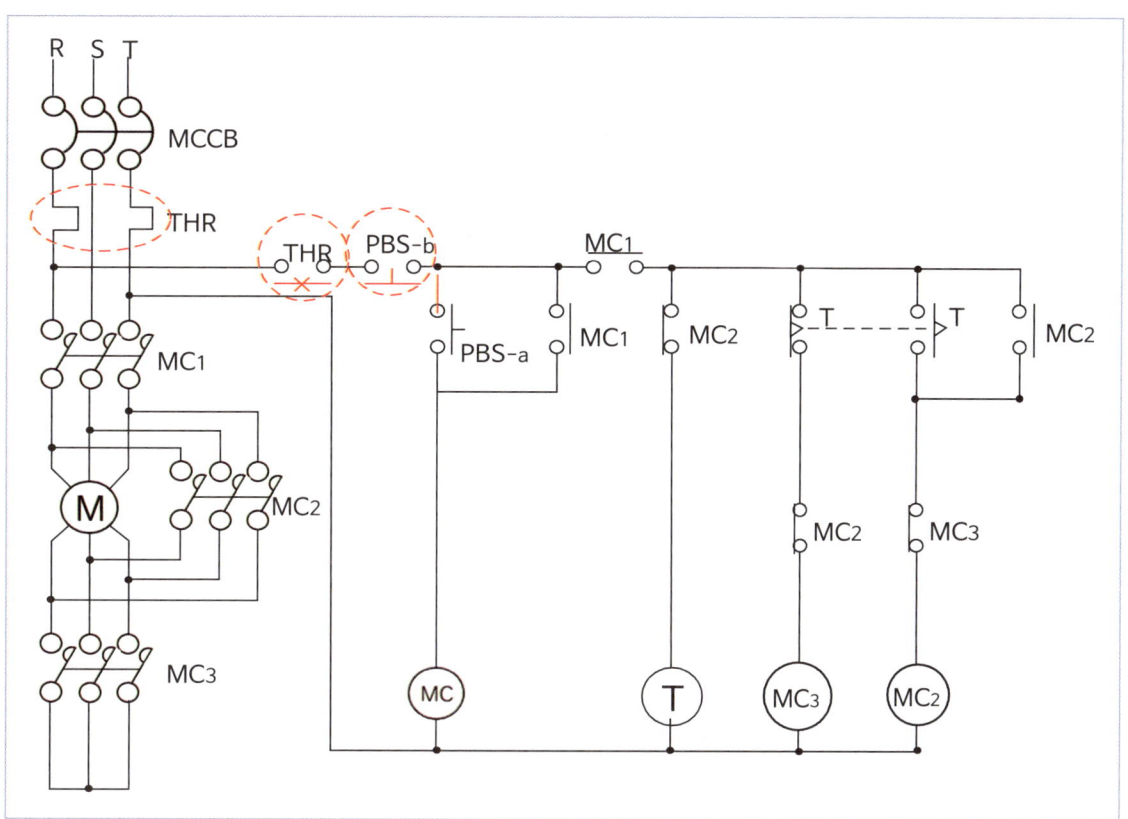

전원공급 차단으로 전동기 기동정지, 초기화된다

열동계전기(THR) 동작하면 THR릴레이 개방되어 전원공급이 차단된다.

정지스위치(PBS-b)를 작동하면 PBS-b 릴레이 열림으로 전원공급이 차단된다.

심블	명칭	심블	명칭	심블	명칭
〰️	차단기(MCCB)	Ⓣ	타임기	Ⓜ︎Ⓒ	전자접촉기(MC1)
Ⓜ	전동기	⌐	열동계전기(THR)	ⓂⒸ₂	전자접촉기(MC) (△기동 MC)
〰️	전자접촉기(MC)			ⓂⒸ₃	전자접촉기(MC) (Y기동 MC)

문제 15

2000.11. 2008.7. 2012.7. 2013.4. 2014.4. 2015.11. 2017.4. 2018.11 기출문제

다음 도면은 Y-△ 기동방식의 미완성 회로이다. 이 회로를 보고 다음 각 물음에 답하시오.

【물 음】

1. 주회로 부분의 미완성된 Y-△ 회로를 주어진 도면에 완성하시오.
2. 누름버튼스위치 PB1을 눌렀을 때 점등되는 램프는?
3. 전자접촉기 M1이 동작되고 있는 상태에서 PB2, PB3를 눌렀을 때 점등되는 램프는?

푸시버튼	PB2	PB3
램프		

4. 제어회로의 THR은 무엇을 나타내는지 쓰시오.
5. MCCB의 우리말 명칭을 쓰시오.

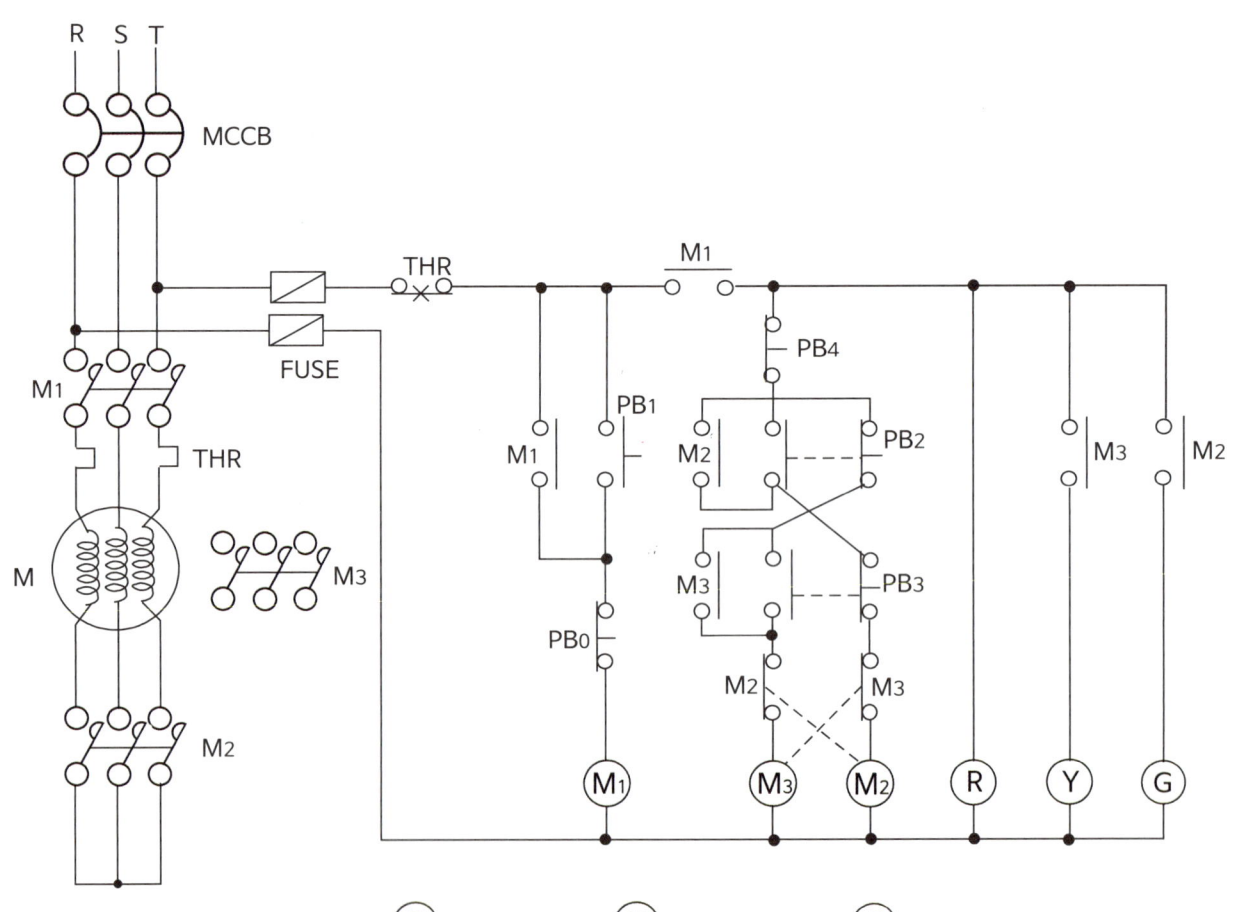

정 답

(가)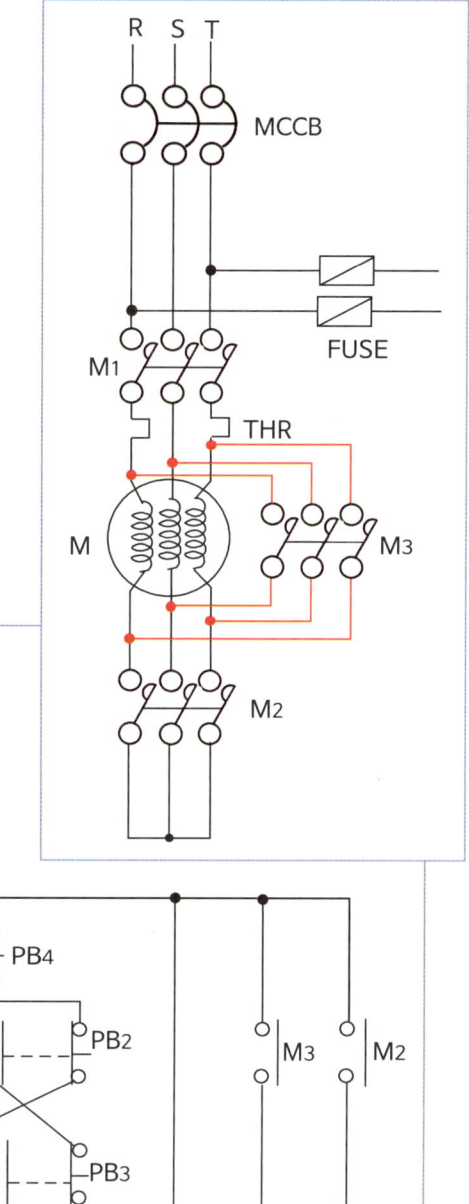

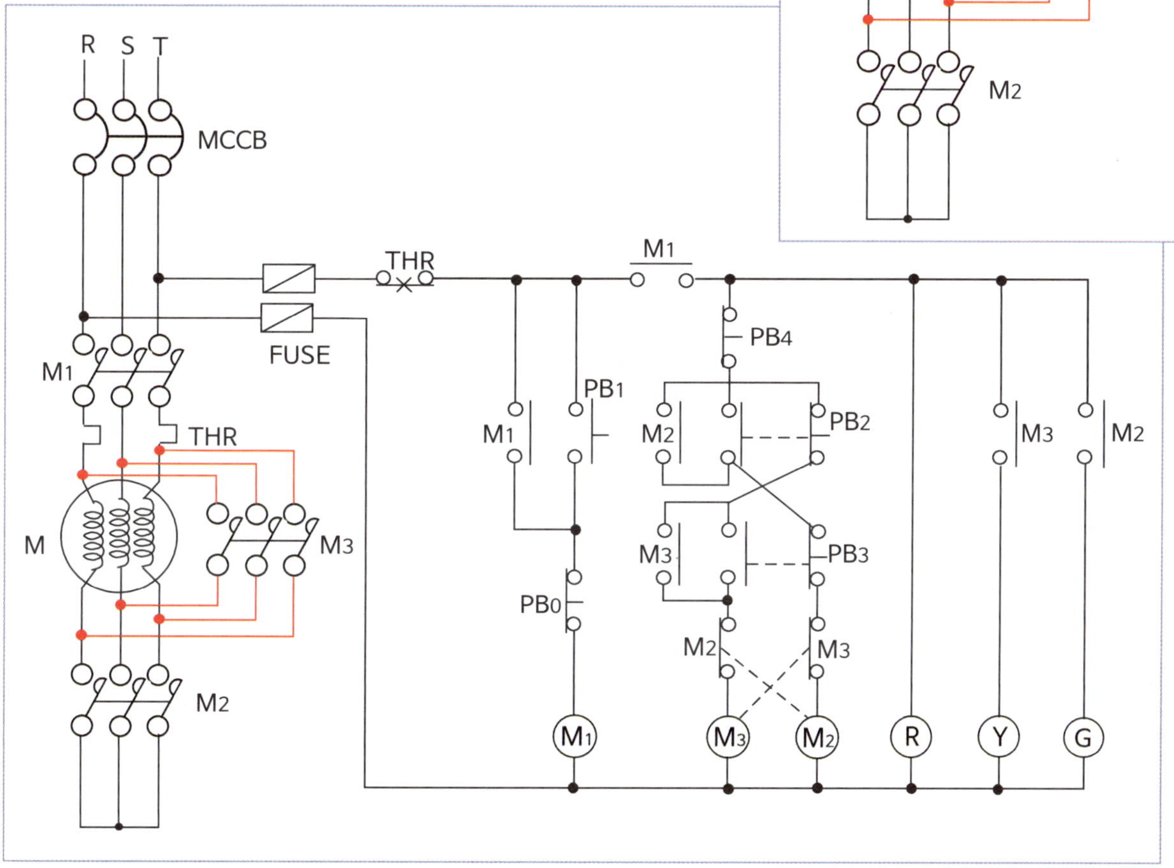

(나) Ⓡ램프   (다)

푸시버튼	PB2	PB3
램프	Ⓖ램프	Ⓨ램프

(라) 열동계전기 b접점
(마) 배선용차단기

해설 1

1. PB₁을 누르면 Ⓜ₁ 전자개폐기가 여자되어 주접점 M₁작동(접점붙음), M₁-a 릴레이가 작동(접점 붙음)되어 Ⓡ(적색램프)이 점등한다.

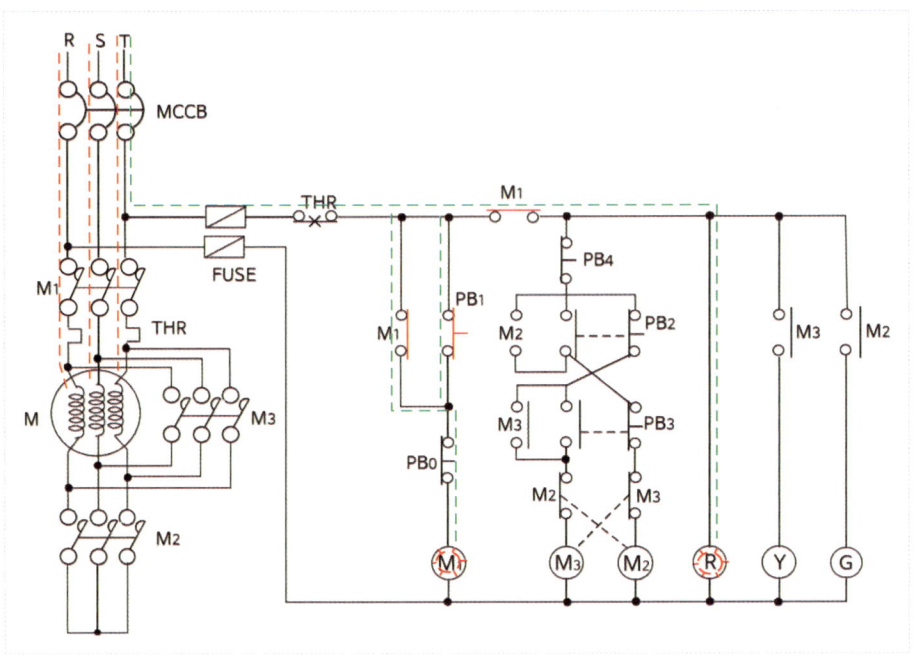

해설 2

2. Ⓜ₁이 동작되고 있는 상태에서, PB₂를 누르면 Ⓜ₂ 전자개폐기가 여자되어 주접점 M₂작동 (접점붙음), M₂-a 릴레이가 작동(접점 붙음)되어 램프 Ⓖ(녹색램프)가 점등되고 Y결선으로 기동된다.

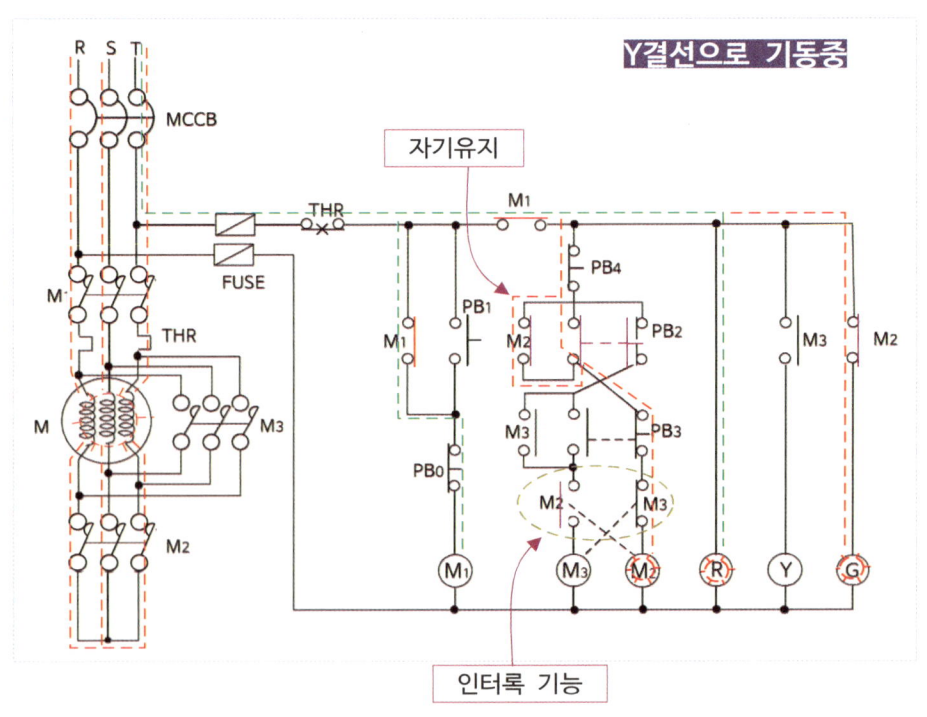

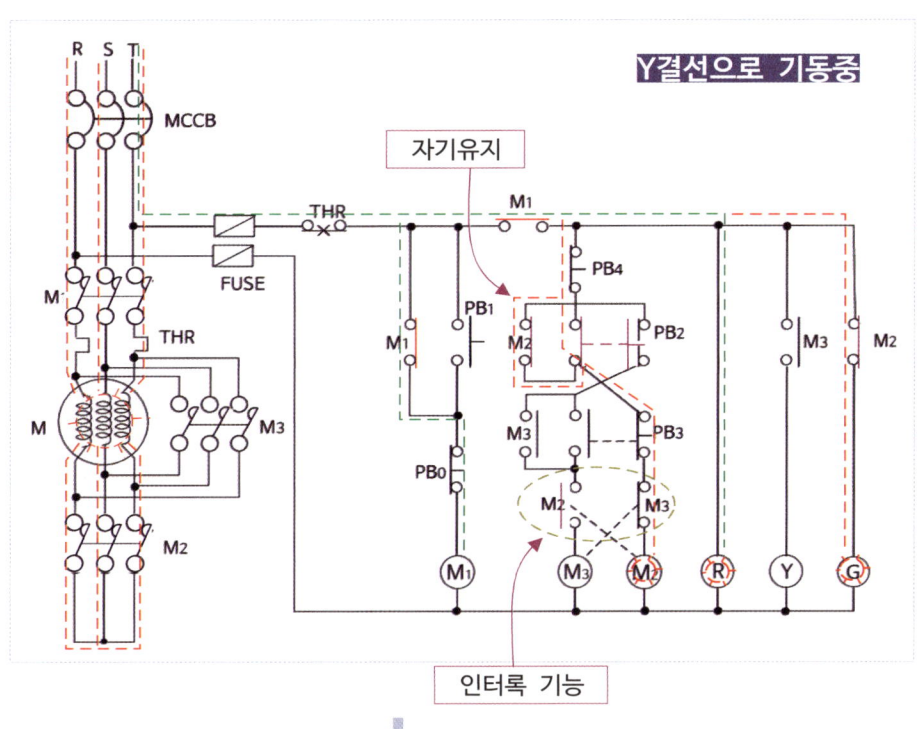

해설 3

3. Ⓜ₁이 동작되고 있는 상태에서, PB₃을 누르면 Ⓜ₂ 전자개폐기가 소자되어 주접점 M₂가 소자(접점 열림), M₂-a 릴레이가 소자(접점 떨어짐)되어 Ⓖ(녹색램프)가 소등되며 Ⓜ₃전자개폐기가 여자되어 주접점 M₃가 작동(접점 닫힘), M₃-a릴레이가 작동(접점 붙음)되어 Ⓨ(황색램프)램프가 점등되고 전동기는 ⊿결선으로 운전된다.

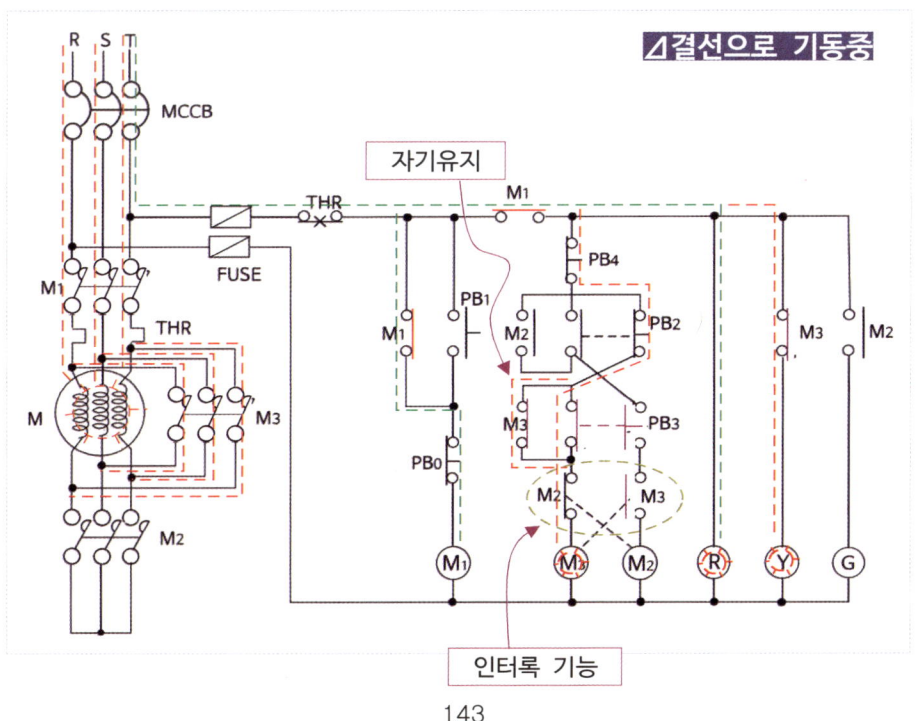

문제 16

2000.11. 2008.7. 2012.7. 2013.4. 2014.4. 2015.11. 2017.4. 기출문제

**다음 도면은 소방펌프용 모터의 Y-⊿ 기동방식의 미완성 도면이다.
도면을 보고 다음 각 물음에 답하시오.**

【물 음】

1. 주회로 부분의 미완성 부분을 완성하시오.
2. ① ~ ③의 접점 및 접점기호를 표시하시오.

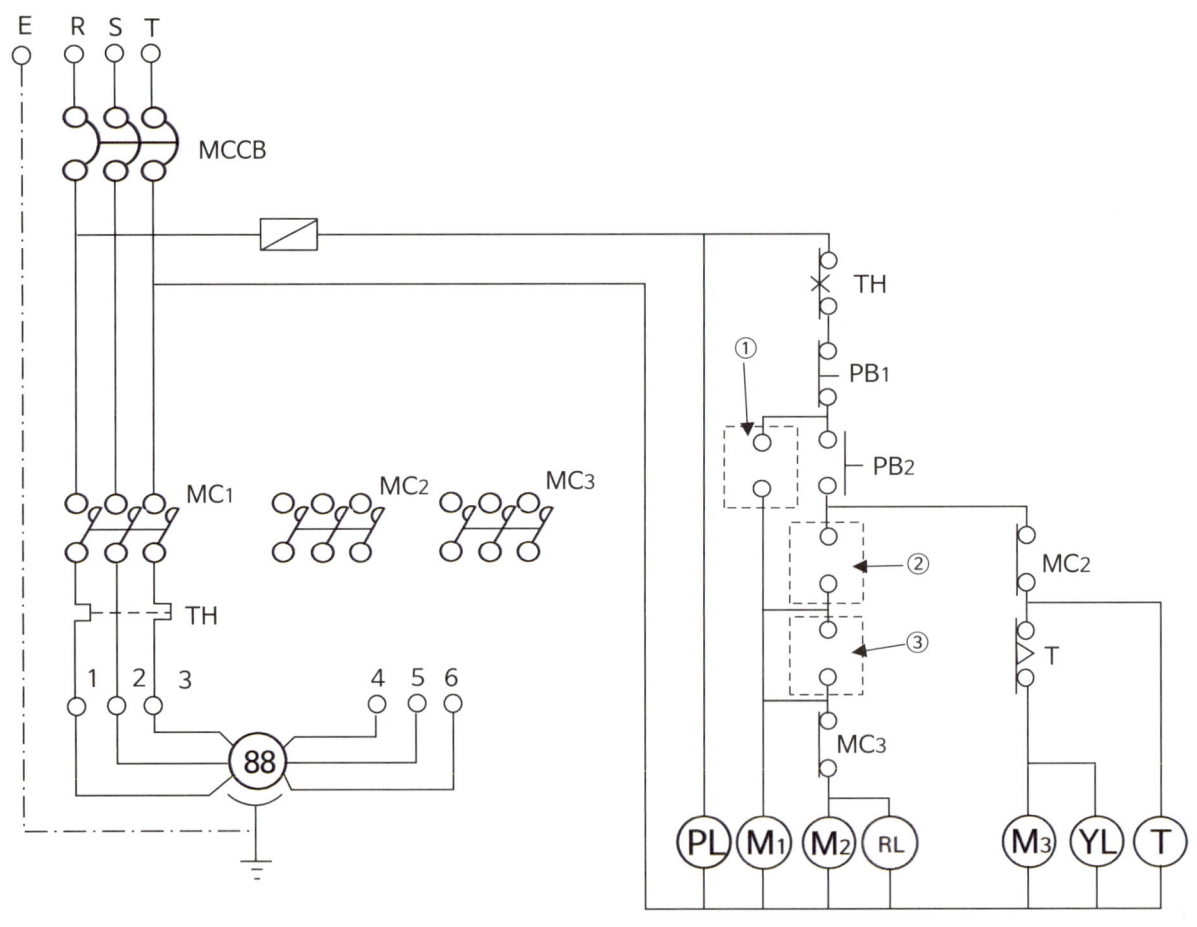

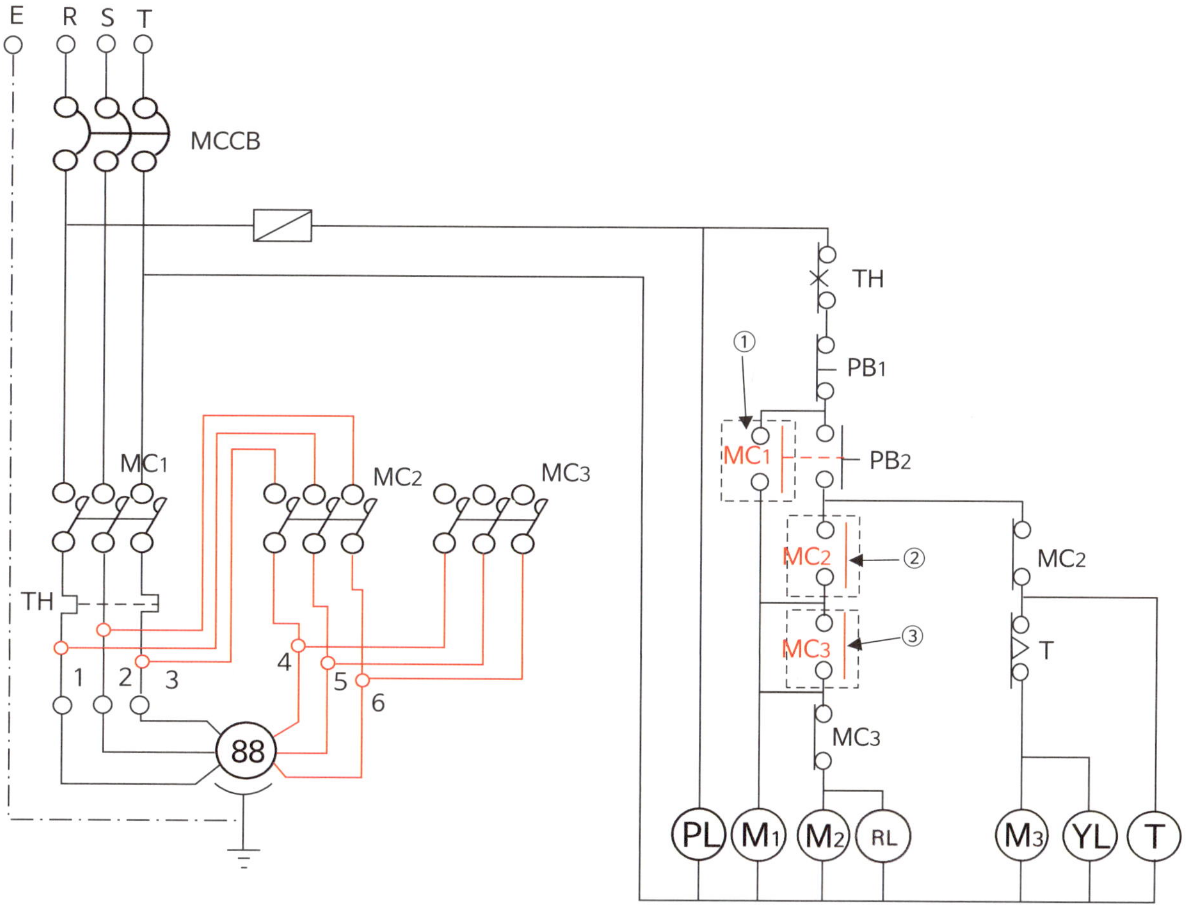

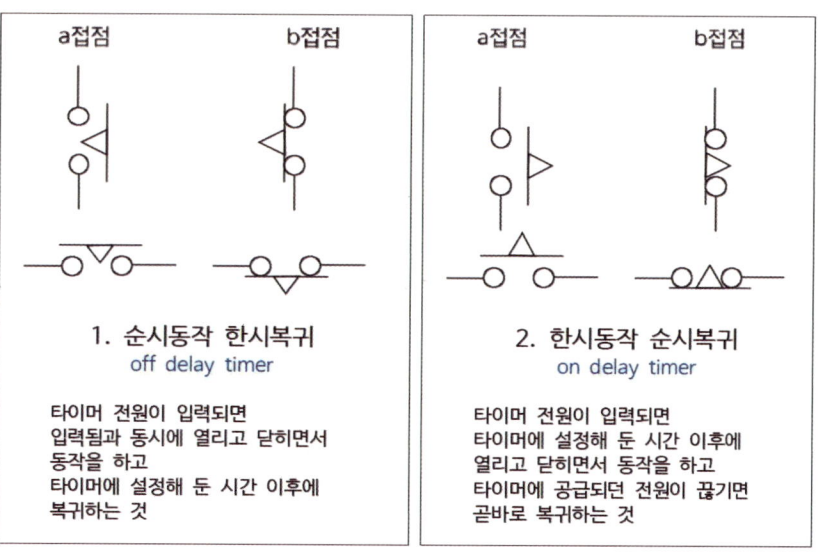

해 설 1

MCCB 투입하면 (PL) 점등한다

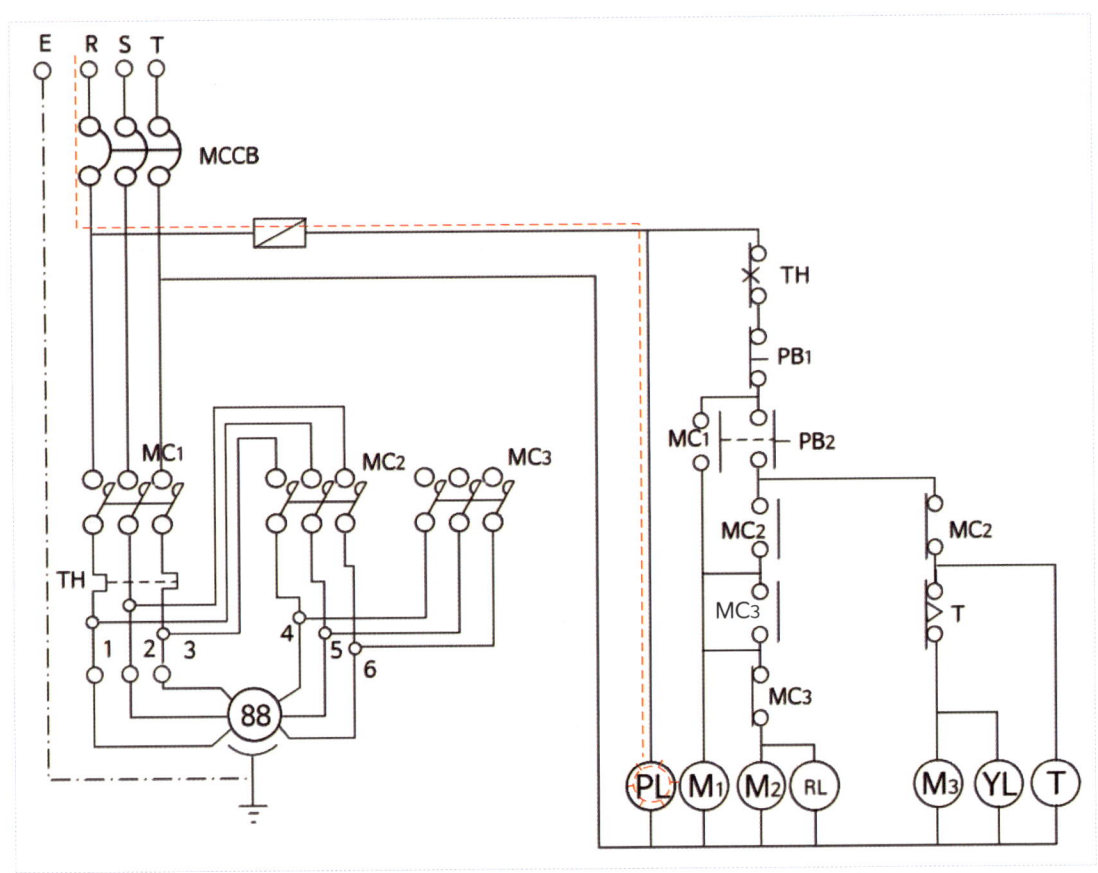

심블	명칭	심블	명칭	심블	명칭
⫯⫯⫯	차단기(MCCB)	T	타임기	M1	전자접촉기(MC1)
88	전동기	RL	빨간색등 (△기동 표시등)	M2	전자접촉기(MC) (△기동 MC)
⫯⫯⫯	전자접촉기(MC)	YL	황색등 (Y기동 표시등)	M3	전자접촉기(MC) (Y기동 MC)
▱	퓨즈	PL	녹색등 (전원표시등)	⊐	열동계전기(THR)

해 설 2

PB₂ 누름버턴 누른다
→ Ⓜ₁, Ⓜ₃ 여자
→ 주접점 MC₁ 붙음
→ 주접점 MC₃ 붙음 → Y 기동
→ MC₁-a 접점 붙음, MC₃-a 접점 붙음, MC₃-b 접점 떨어짐
→ YL램프 점등

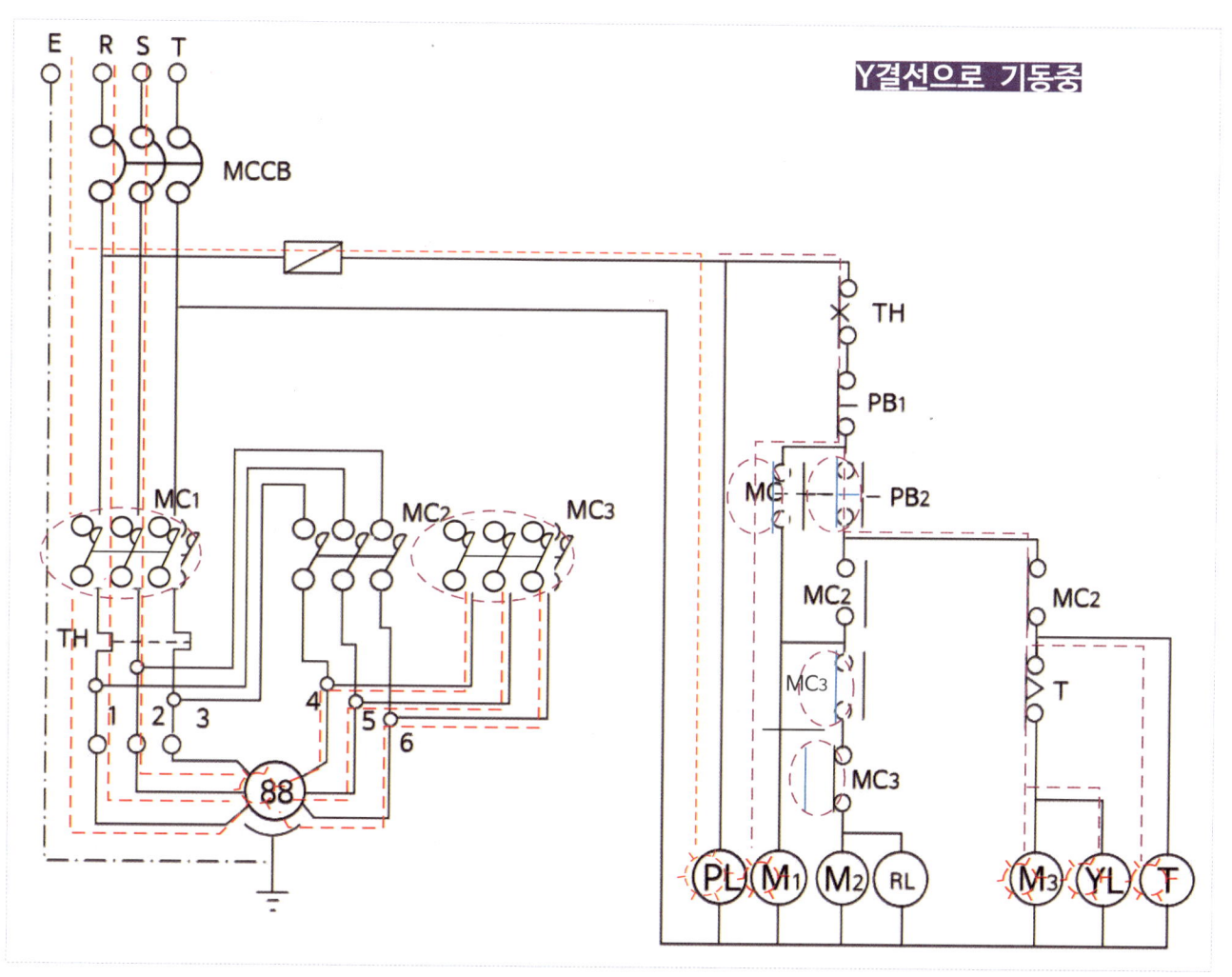

해설 3

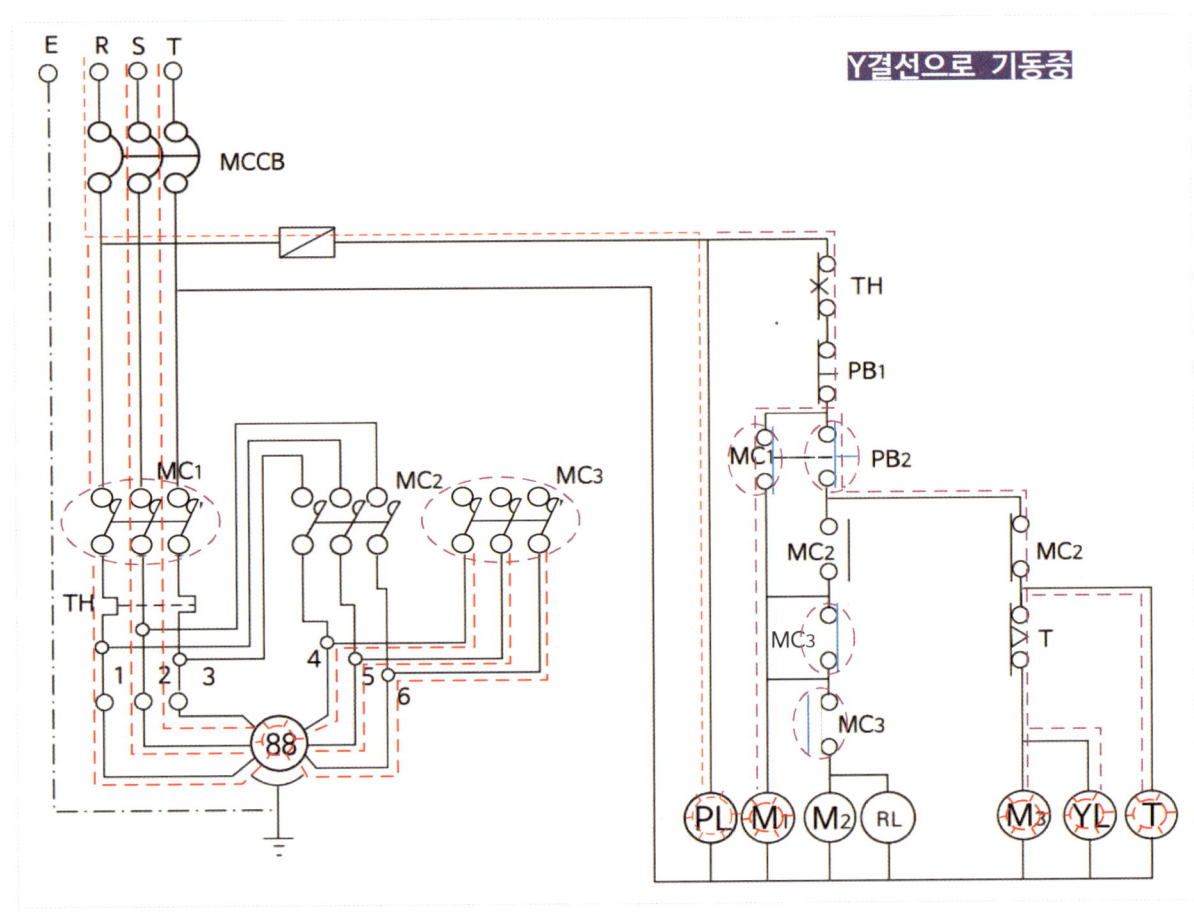

심블	명칭	심블	명칭	심블	명칭
≋	차단기(MCCB)	T	타임기	M1	전자접촉기(MC1)
88	전동기	RL	빨간색등 (△기동 표시등)	M2	전자접촉기(MC) (△기동 MC)
⋛	전자접촉기(MC)	YL	황색등 (Y기동 표시등)	M3	전자접촉기(MC) (Y기동 MC)
◪	퓨즈	PL	녹색등 (전원표시등)	⌐	열동계전기(THR)

Ⓣ T초 설정시간 경과후, T-b 접점 떨어짐
→ Ⓜ₃ 소자, YL램프 소등
→ MC₃-b 접점 붙음
→ Ⓜ₂ 여자, RL램프 점등
→ 주접점 MC₂ 붙음 → △ 기동

△결선으로 기동중

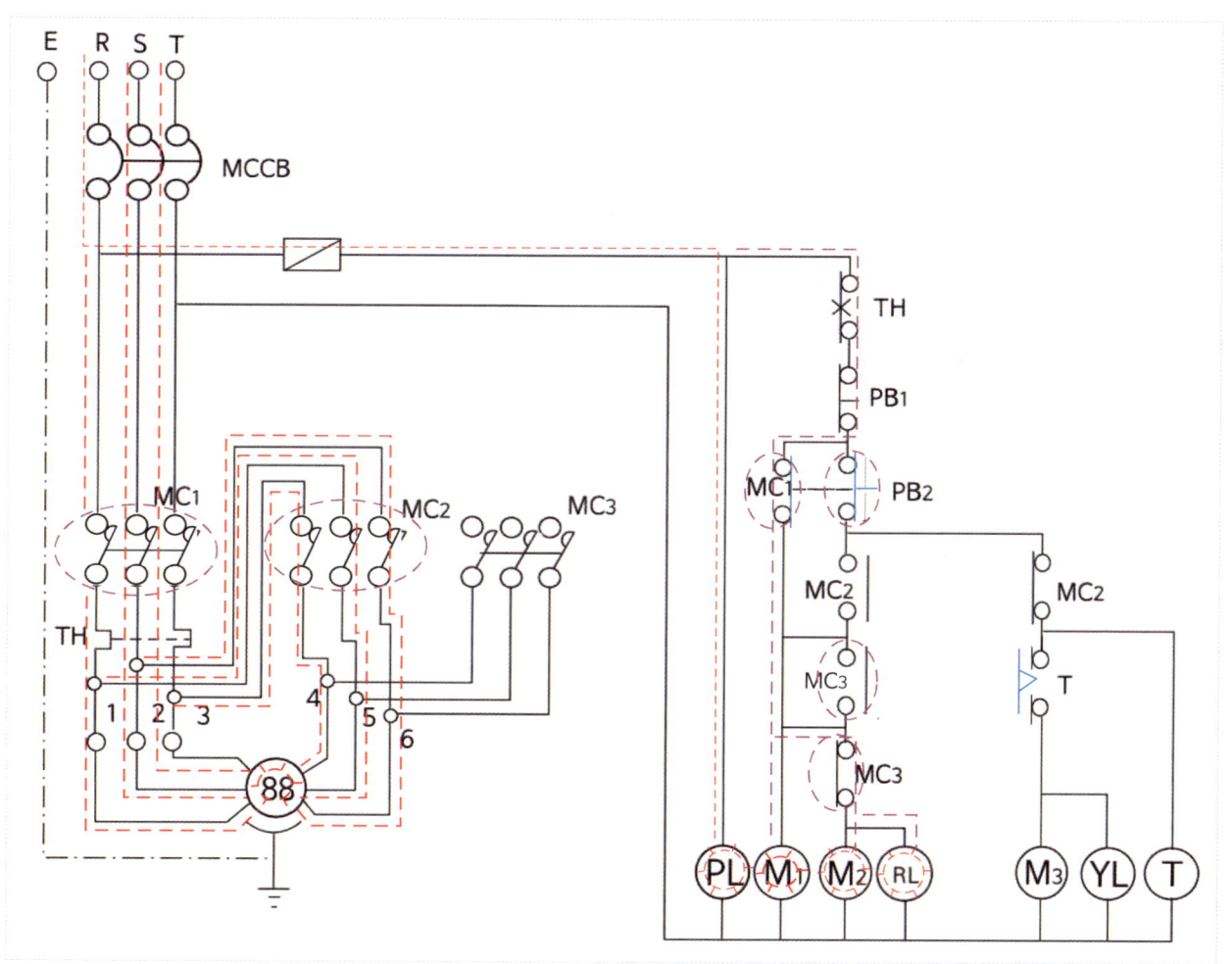

문제 17

1997.1. 2014.7 기출문제

다음 그림은 Y-Δ 기동에 대한 시퀀스도이다. 그림을 보고 다음 각 물음에 답하시오.

【물 음】

1. 19-1과 19-2는 전자접촉기이다. 이것의 용도는 무엇인가?
2. 그림에서 49(EOCR)는 어떤 계전기의 제어약호인가?
3. MCCB는 무엇인가?
4. 그림에서 ⑧⑧은 어떤 용도의 전자접촉기인가?

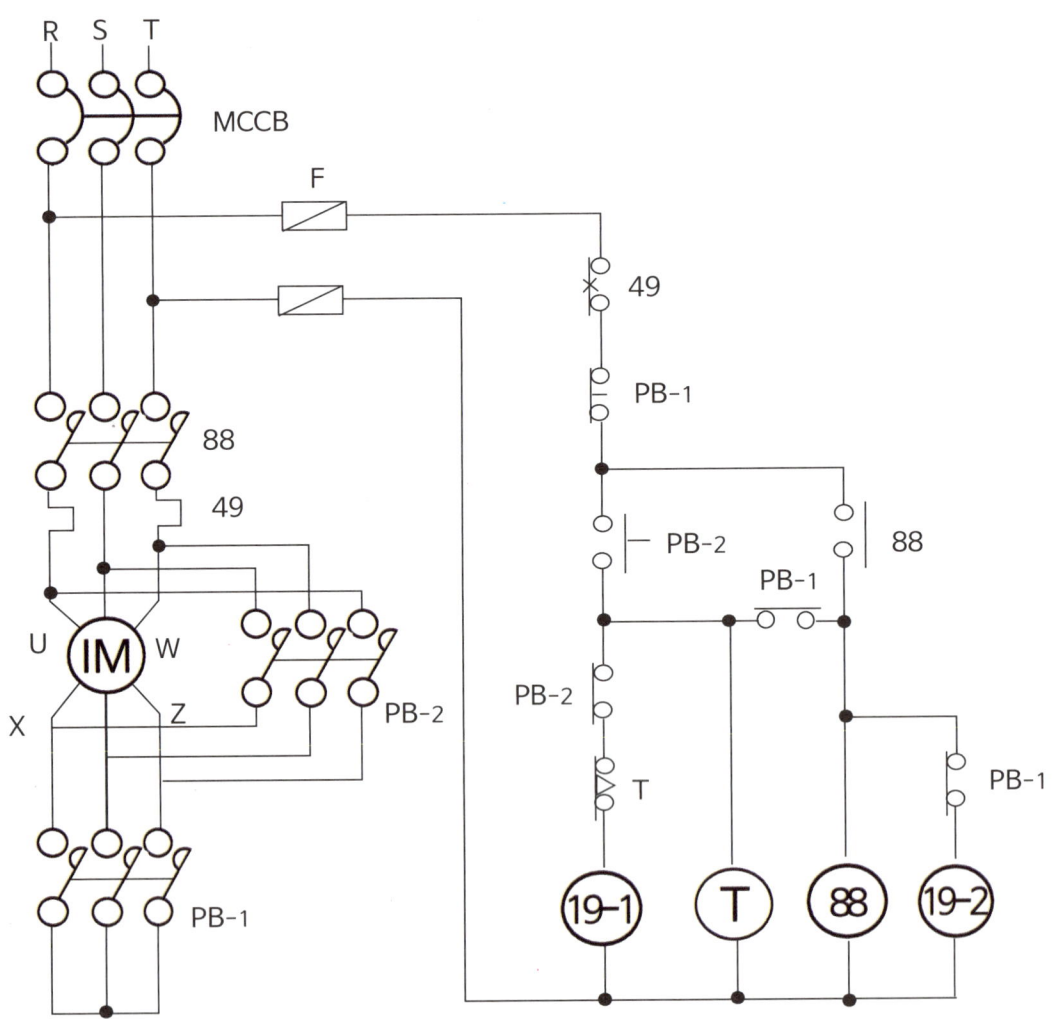

정답

1. 19-1 : Y결선 기동용
   19-2 : ⊿결선 운전용
2. 전자식 과전류계전기
3. 배선용차단기
4. 주전원 개폐용

기호	내용
19-1	Y결선 기동용
19-2	⊿결선 운전용
88	주전원 개폐용
49(EOCR)	전자식 과전류계전기
THR	열동계전기
MCCB	배선용 차단기

문제 18

2009.7 기출문제

다음 도면은 상용전원과 예비전원의 절환회로이다.
①, ②에 적당한 접점을 넣고, 미완성된 부분을 완성하시오.

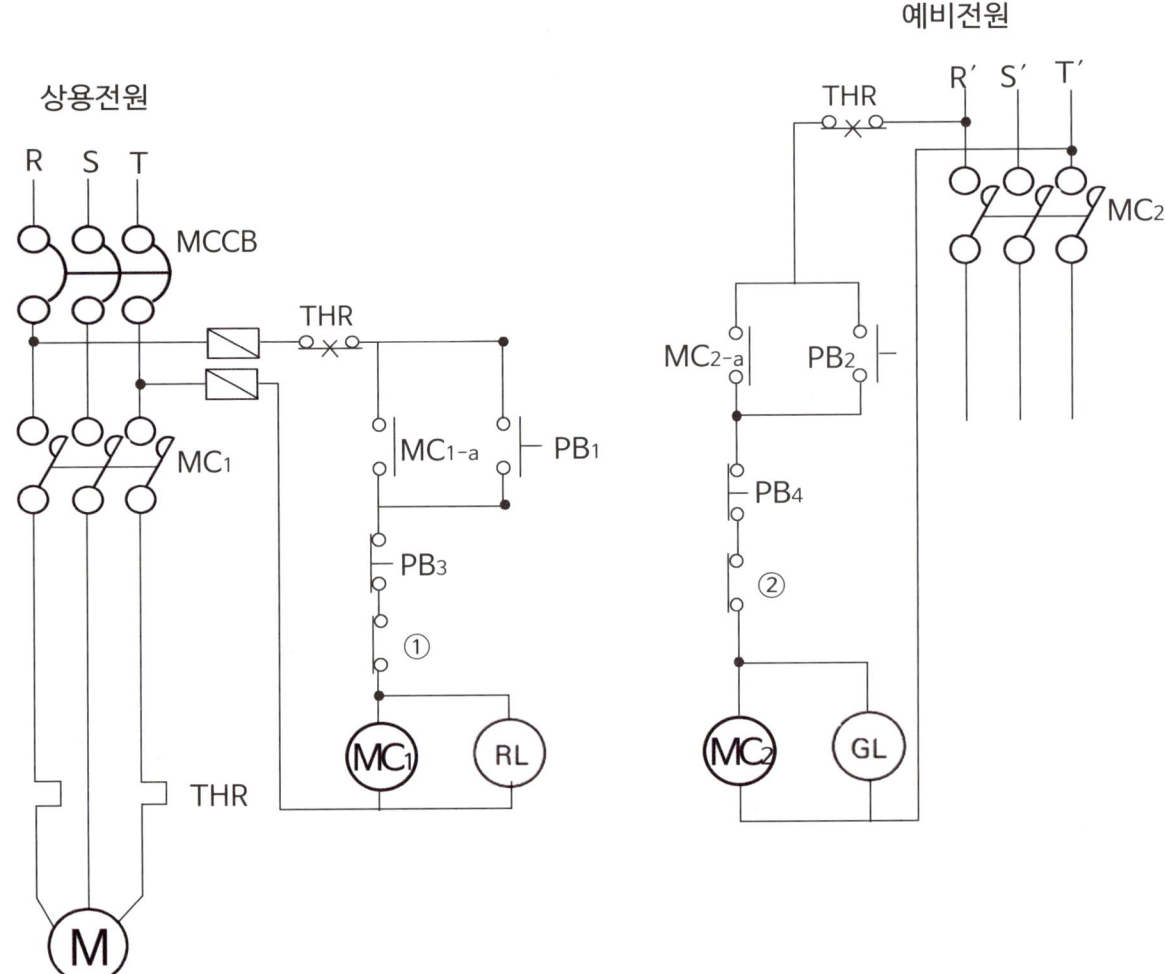

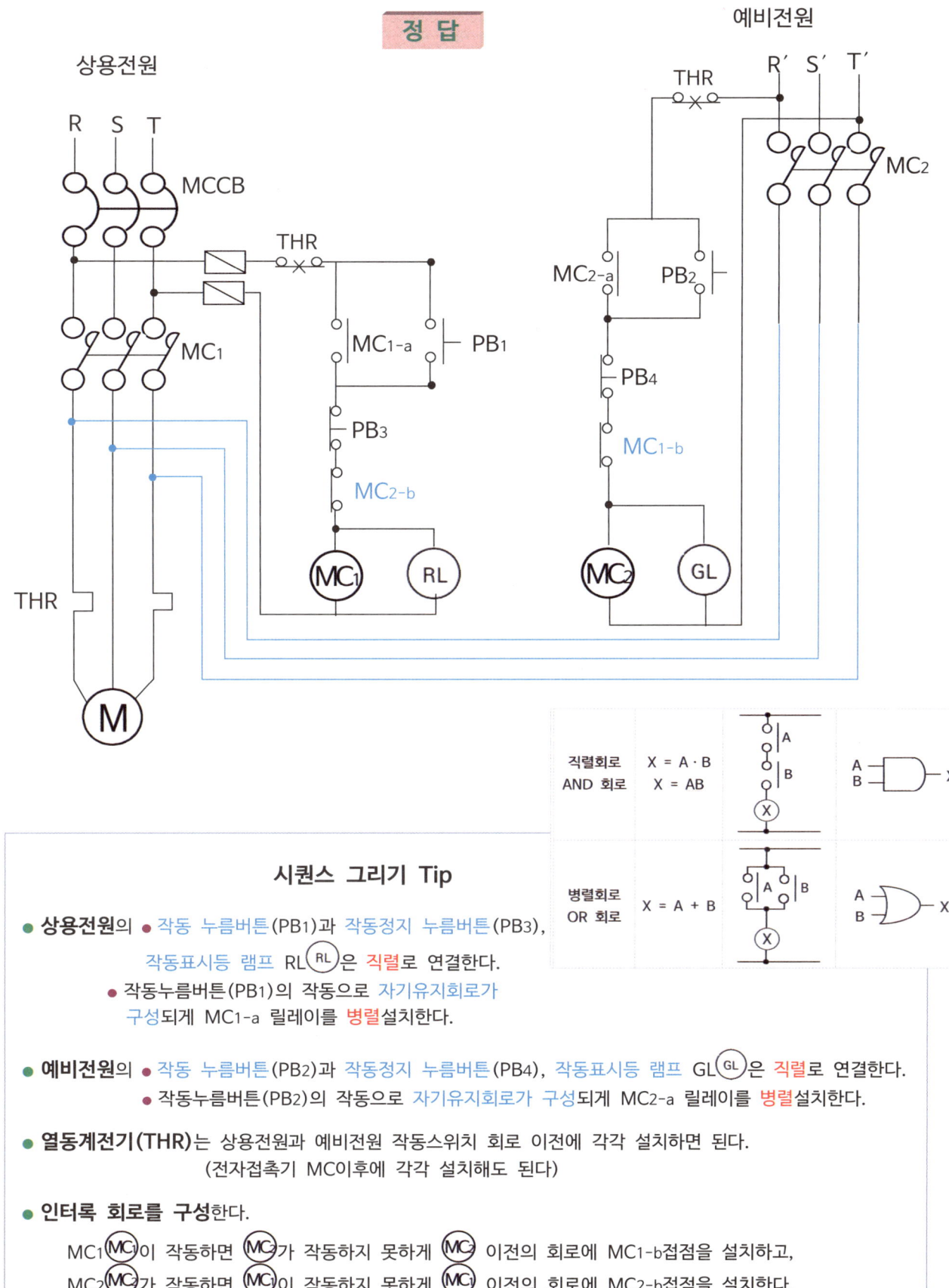

해 설 1

상용전원으로 모터 작동(기동)

상용전원의 누름버튼 스위치(PB₁)를 누르면 ⓂⒸ₁이 여자된다.

- ⓂⒸ₁ 여자에 의해 주접점 MC₁ 접점이 붙는다.
- ⓂⒸ₁ 여자에 의해 MC₁-a 접점이 붙는다.(자기유지 된다)
- ⓂⒸ₁ 여자에 의해 MC₁-b 접점이 떨어진다.(인터록 회로)
- ⓇⓁ 램프 점등한다.
- Ⓜ 모터 기동한다.

여자(勵磁) : 전자 릴레이, 전자접촉기, 타이머 등의 코일에 전류가 흘러서 전자석으로 되는 것.
소자(消磁) : 전자코일에 흐르고 있는 전류를 차단하여 자력을 잃게 하는 것.
자기유지 : 버튼을 1번 누르면 누른 상태로 작동회로가 계속 유지되게 하는 현상을 말한다.
　　　　　버튼에서 손을 떼어 버튼 작동이 복구되어도(전류가 차단되어도) 릴레이가 작동한 회로는 작동상태로 계속유지되는 현상을 말한다.
인터록 회로(선입력 우선회로) : 2가지 일(상용전원, 예비전원)이 동시에 모터를 기동하는 일을 동시에 시행하지 못하도록 하는 기능을 한다.

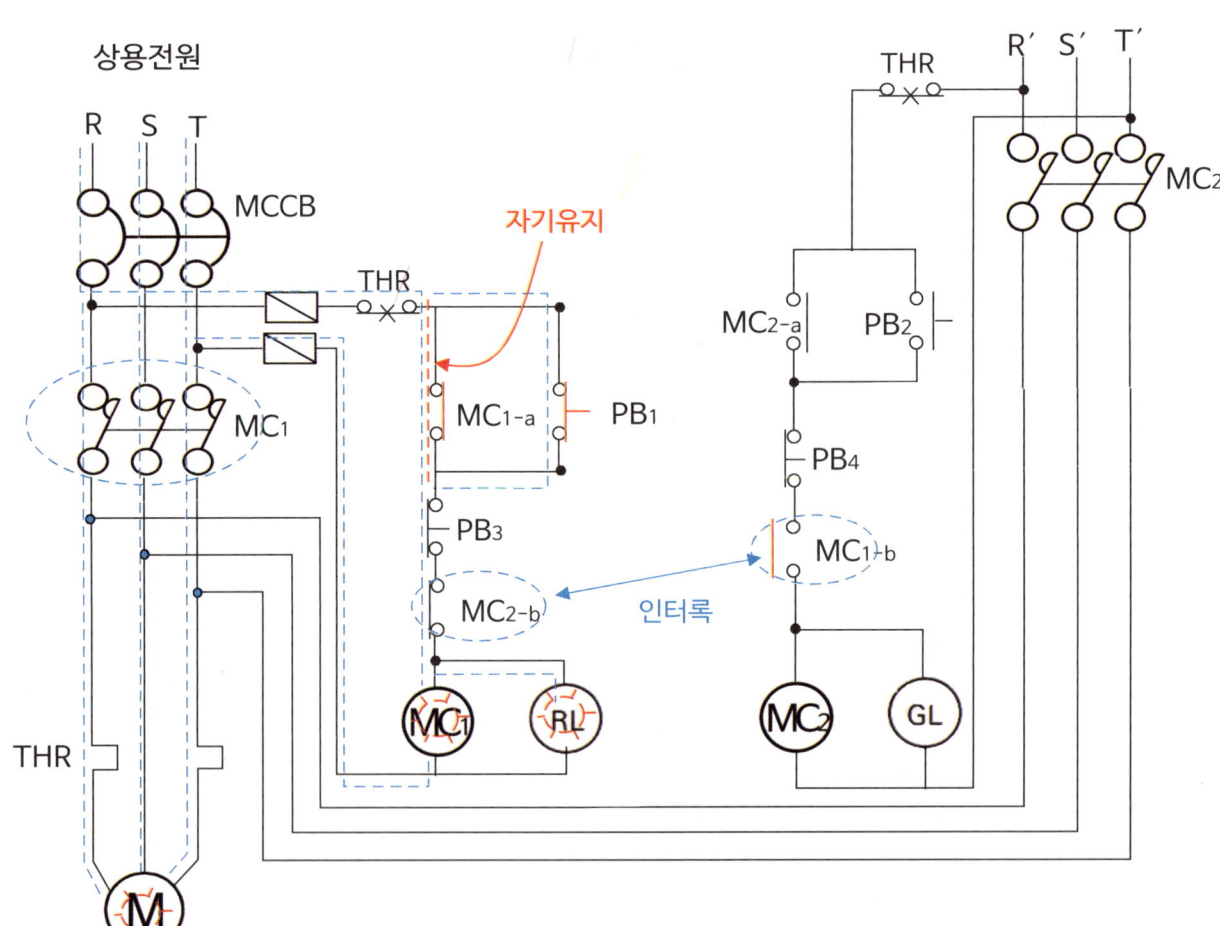

해설 2

예비전원으로 모터 작동(기동)

예비전원의 누름버튼 스위치(PB2)를 누르면 ⓜⒸ②이 여자된다.
ⓜⒸ② 여자에 의해 주접점 MC2 접점이 붙는다.
ⓜⒸ② 여자에 의해 MC2-a 접점이 붙는다. (자기유지 된다)
ⓜⒸ② 여자에 의해 MC2-b 접점이 떨어진다. (인터록 회로)
ⒼⓁ 램프 점등한다.
Ⓜ 모터 기동한다.

인터락(interlock) : 서로 맞물리다

ⓜⒸ②가 여자되면 MC2-b가 열려 ⓜⒸ①이 절대 작동하지 못하게 방해하고, ⓜⒸ①가 여자되면 MC1-b가 열려 ⓜⒸ②가 절대 작동하지 못하게 방해하는 내용을 인터락이라 한다.

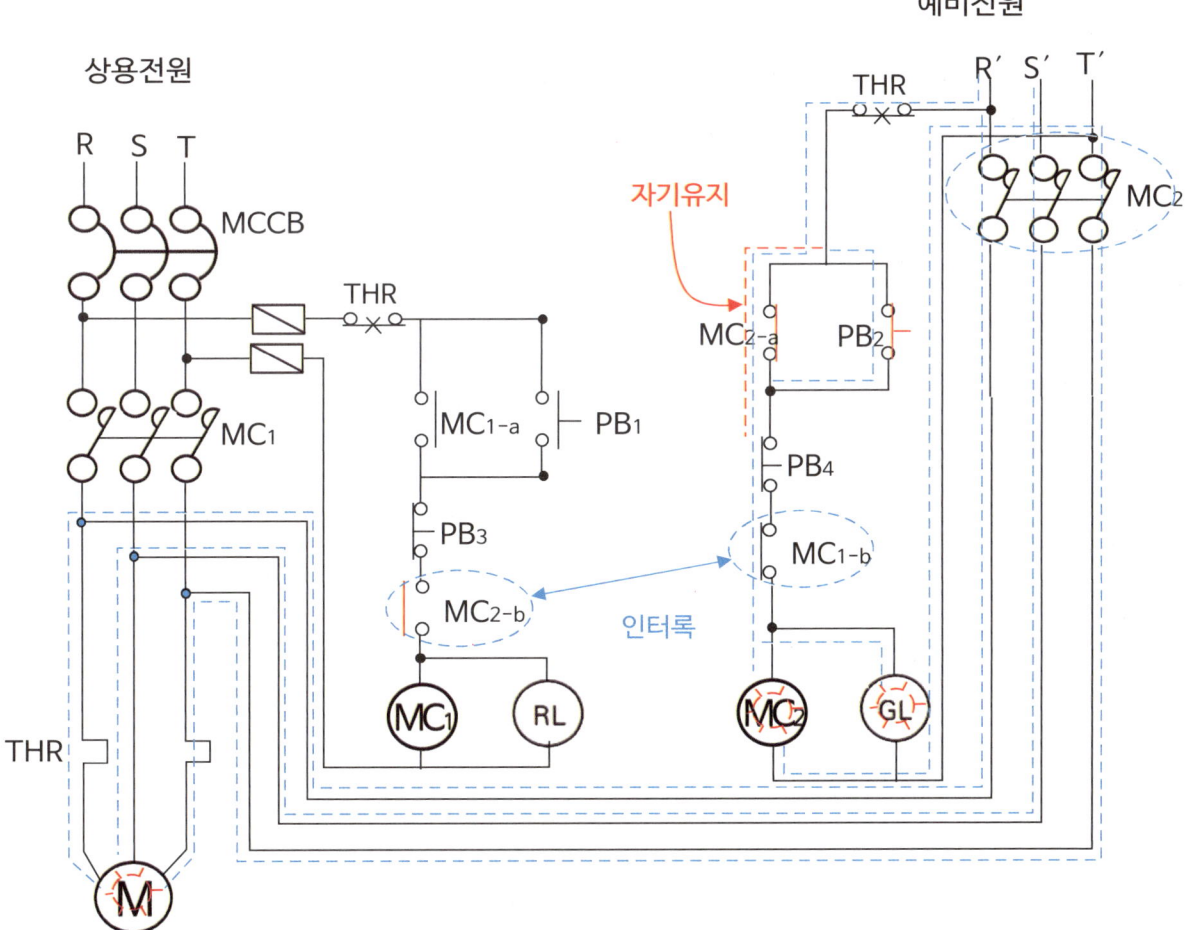

문제 19

2009.10. 기출문제

다음 주어진 도면은 유도전동기 기동정지회로의 미완성 도면이다. 다음 각 물음에 답하시오.

1. 다음과 같이 주어진 기구를 이용하여 미완성 도면을 완성하시오. (단, 기구의 개수 및 접점은 최소로 할 것)

   ① 전자접촉기 : (MC)
   ② 기동용 표시등 : (GL)
   ③ 정지용 표시등 : (RL)
   ④ 열동계전기 :
   ⑤ 누름버튼스위치 ON용 PBS-ON :
   ⑥ 누름버튼스위치 OFF용 PBS-OFF :

2. 주회로에 대한 ┌──────┐ 가 작동되는 경우 2가지만 쓰시오.

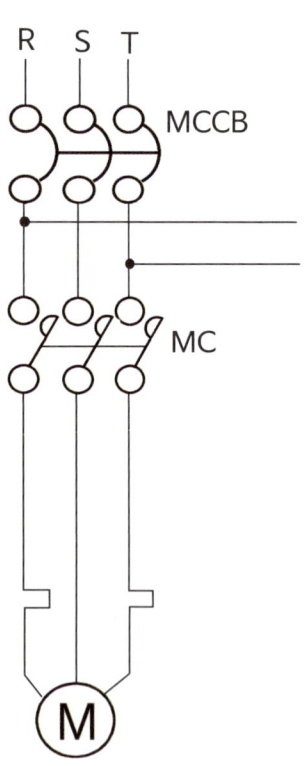

1.

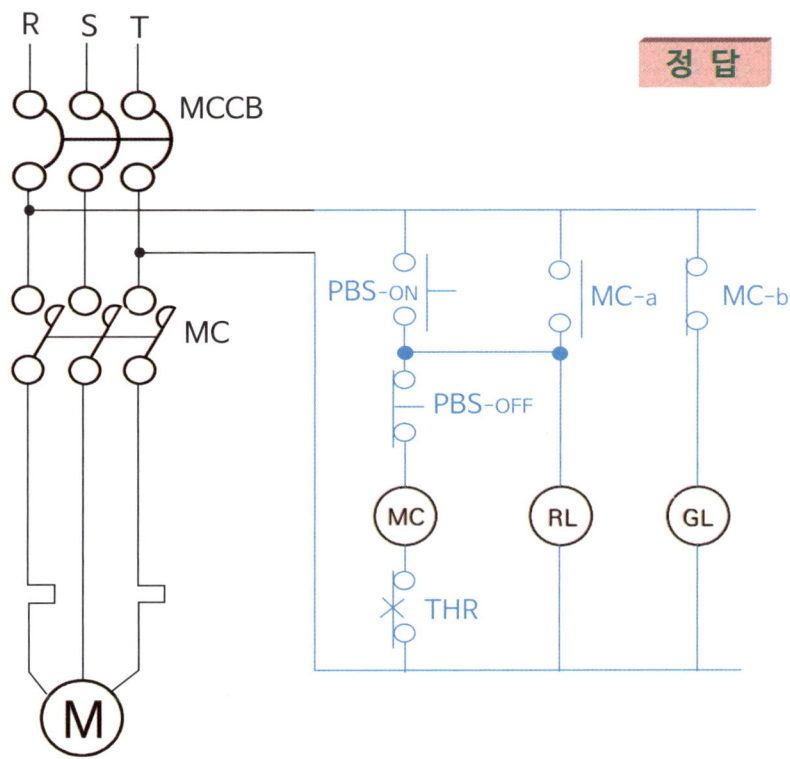

2.
① 전동기에 과전류가 흐를 경우
② 열동계전기 단자의 접촉 불량으로 과열된 경우

시퀀스 그리기 Tip

- **PBS-on**과, **PBS-off**, **전자접촉기** (MC)를 **직렬연결**한다.

- PBS-on(누름 작동버튼) 스위치는 **자기유지회로**가 구성되게 연결해야 한다.
  PBS-on과 MC-a접점은 자기유지회로가 구성되게 **병렬연결** 설치한다.

- (MC)가 여자되면 전동기가 기동되게 **주접점 MC** 설계하고, (GL)**램프가 설치되는 회로에는 MC-b 접점**을 설치하여 램프가 점등해 있다가 (MC)가 여자되면 소등되게 한다. (RL)**램프가 설치되는 회로에는** 램프가 소등되어 있다가 (MC)가 여자되면 점등되게 **MC-a 접점**을 설치한다.

- **THR(열동계전기)**은 정답과 같이 (MC) 이후의 선에 연결해도 되고, PBS-on 스위치 이전에 설치해도 된다.

직렬회로 AND 회로	$X = A \cdot B$ $X = AB$
병렬회로 OR 회로	$X = A + B$

해 설

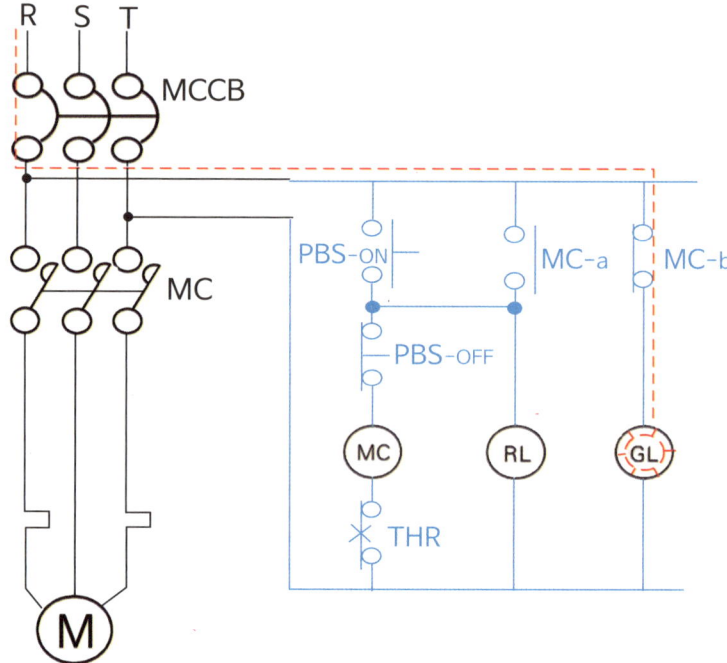

평상시에는 GL이 점등한다.

PBS-ON의 누름버튼을 누르면 MC가 여자된다.

MC 여자 ⇨ MC-a가 닫혀, 자기유지회로가 만들어 지고, RL이 점등한다.
⇨ MC-b가 열려 GL은 소등한다.
⇨ 주접점 MC가 닫혀 전동기 M이 기동한다.

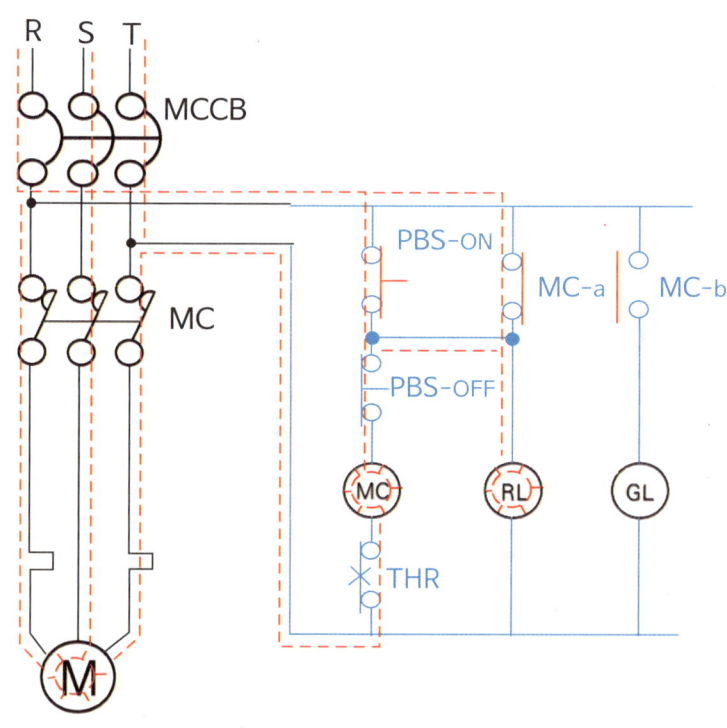

문제 20

2008.4. 2013.11 기출문제

그림과 같이 미완성된 3상 유도전동기의 전전압 기동조작회로를 완성하시오

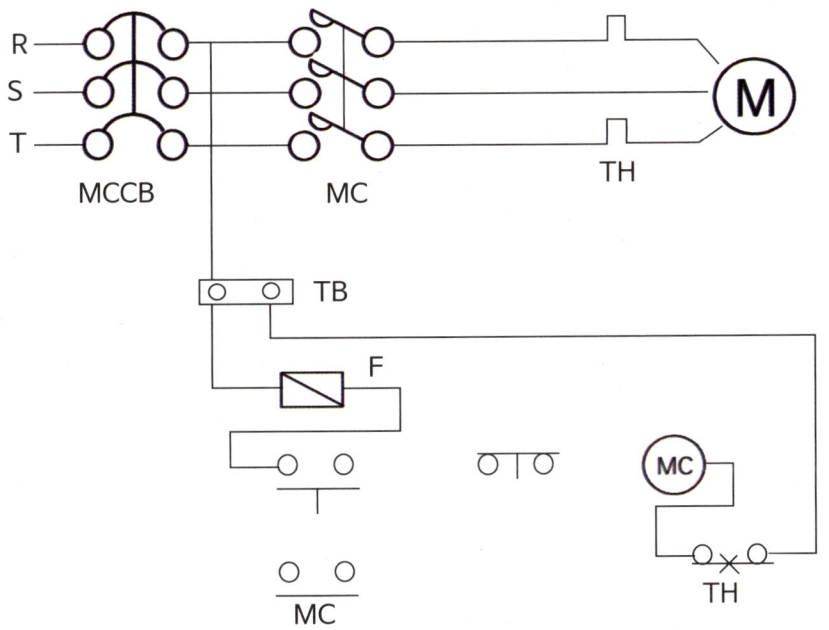

정답

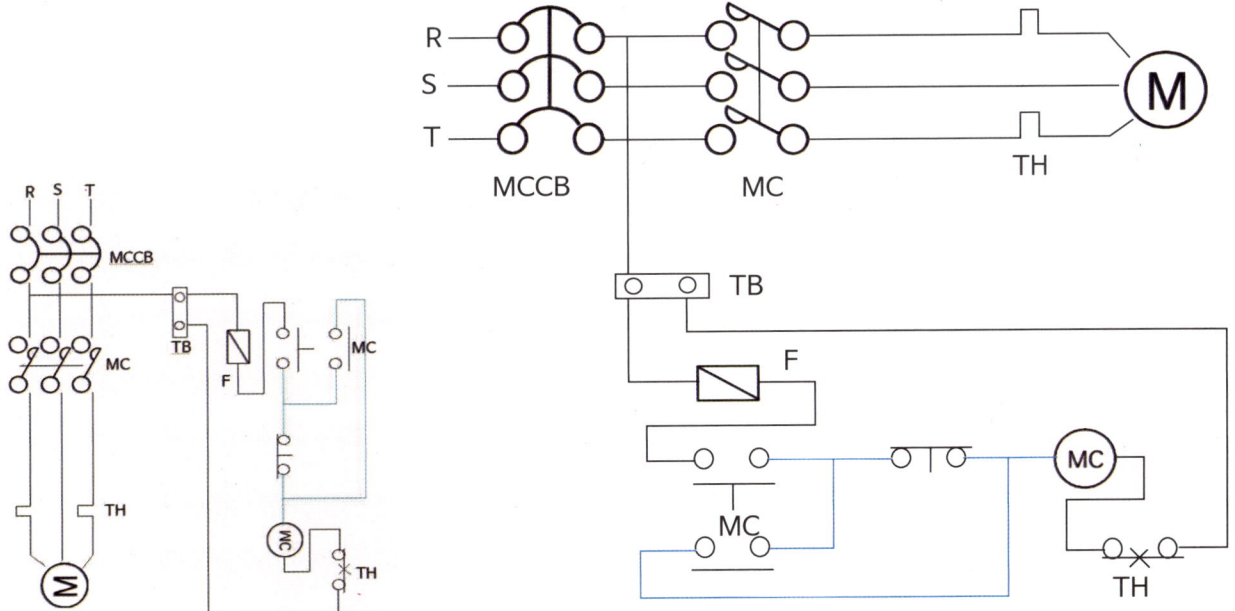

평소에 보는 시퀀스 도면 방향으로 회전하여 그렸음

문제 21

2011.5 기출문제

주어진 기계기구와 운전조건을 이용하여 옥상의 소방용 고가수조에 물을 올릴 때 사용되는 양수펌프에 대한 수동 및 자동운전을 할 수 있도록 주회로와 제어회로를 완성하시오(단, 회로 작성에 필요한 접점수는 최소 수만 사용하며, 접점기호와 약호를 기입하시오)

【기계기구】

- 운전용 누름스위치(PB-on) 1개
- 정지용 누름스위치(PB-off) 1개
- 배선용차단기(MCCB) 1개
- 자동수동전환스위치(S/S) 1개
- 전자접촉기(MC) 1개
- 열동계전기(THR) 1개
- 리밋스위치(LS) 1개
- 퓨즈(제어회로용) 2개
- 3상 유도전동기 1대

【운전조건】

- 자동운전과 수동운전이 가능하도록 해야 한다.
- 자동운전은 리밋스위치(만수위 검출)에 의하여 이루어 지도록 한다.
- 수동운전인 경우에는 다음과 같이 동작되도록 한다.
  - 운전용 누름버튼스위치에 의하여 전자접촉기가 여자되어 전동기가 운전되도록 한다.
  - 정지용 누름버튼스위치에 의하여 전자접촉기가 소자되어 전동기가 정지되도록 한다.
  - 전동기 운전 중 과부하 또는 과열이 발생되면 열동계전기가 동작되어 전동기가 정지되도록 한다(자동운전 시에서도 열동계전기가 동작하면 정지하도록 한다).

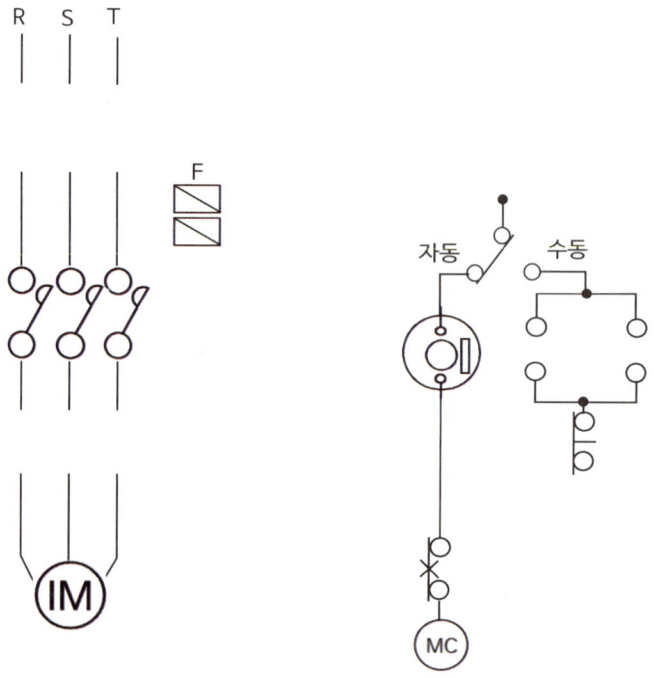

정 답

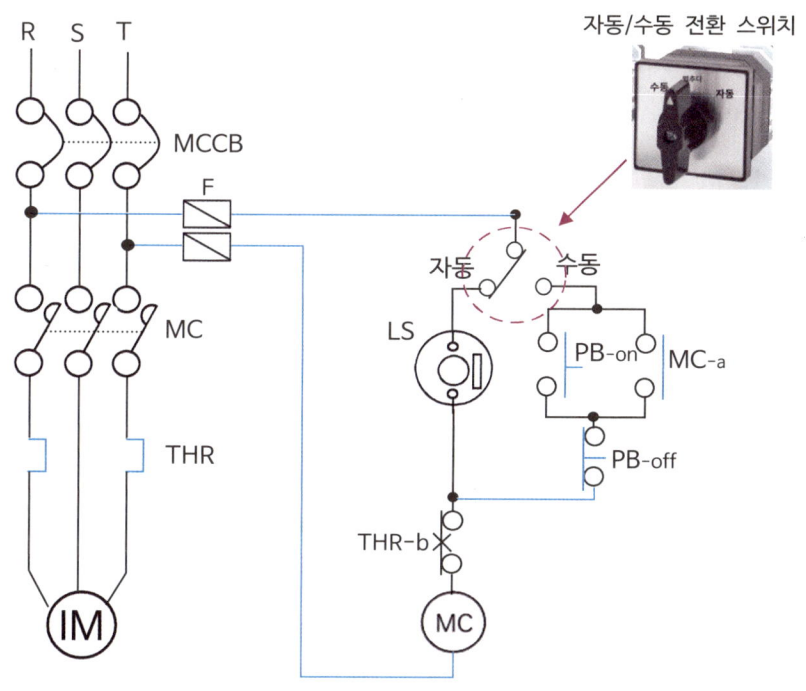

시퀀스 그리기 Tip

- **자동의 배선연결**은 리밋스위치(LS)와 전자접촉기 (MC)는 직렬연결한다.

- **수동의 배선연결**은 PB-ON과, PB-OFF, 전자접촉기 (MC)는 직렬연결한다.

- **수동의 배선연결** PB-ON과 MC-a접점은 병렬연결하여 자기유지회로가 구성되게 설치한다.

- **열동계전기(THR)**는 자동과 수동일 때 모두 배선이 차단될 수 있도록 (MC) 이전에 직렬연결한다
  ((MC) 이후에 직렬연결해도 되며, 자동과, 수동의 전환스위치 이전의 배선에 설치해도 된다)

심볼	명칭	심볼	명칭
⌇⌇⌇	차단기(MCCB)	(MC)	전자접촉기(MC)
(IM)	전동기	⌐	열동계전기(THR)
⌇⌇⌇	전자접촉기(MC)	⊚	리밋스위치(LS) 물수위(높이에 따라 작동하는 스위치)
◻	퓨즈		

리밋 스위치 limit switch : 어떤 정해진 지점을 통과하면 그 동력 모터로 통하는 전류를 차단해서 정지시키는 자동 제어 스위치

해 설

수동일 경우 운전용 누름스위치(PB-on) 작동하면, (MC)가 여자되어,
주접점 MC가 닫혀 전동기가 기동한다.   MC-a가 닫혀 자기유지된다.

수동일 경우 운전용 누름스위치(PB-off) 작동하면, (MC)가 소자되어,
주접점 MC가 열려 전동기 기동 중지한다.   MC-a 접점이 열려 자기유지 해지된다.

자동일 경우 리미트스위치 작동하면, (MC)가 여자되어, 주접점 MC가 닫혀 전동기가 기동한다.
   리밋스위치(만수위 검출)에 의하여 펌프기동이 정지된다.

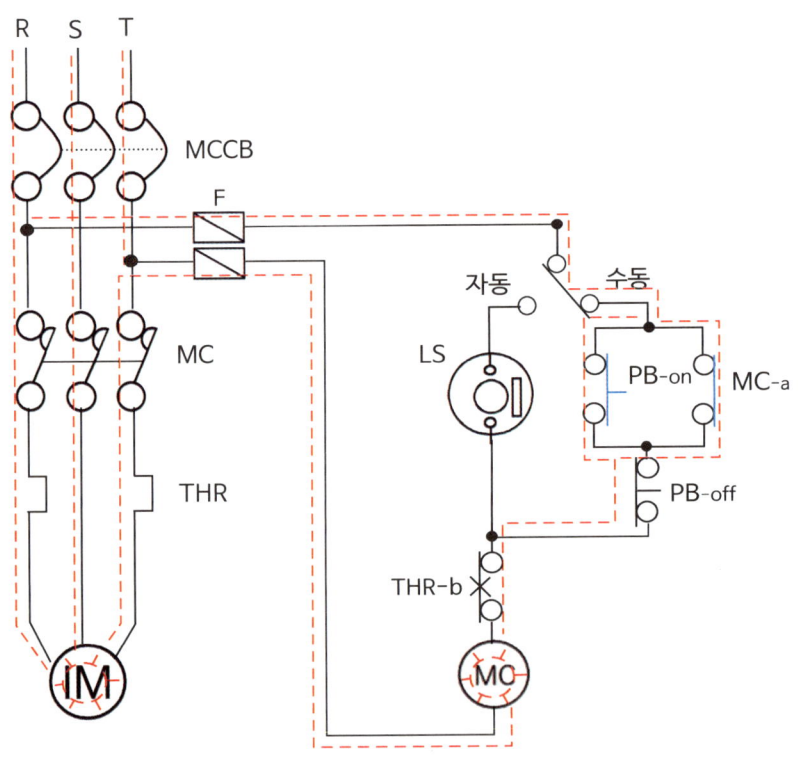

심블	명칭	심블	명칭
)))	차단기(MCCB)	(MC)	전자접촉기(MC)
(IM)	전동기	⌐	열동계전기(THR)
)))	전자접촉기(MC)	⊙	리밋스위치(LS) 물수위(높이에 따라 작동하는 스위치)
◻	퓨즈		

문제 22

2012.11 기출문제

다음 도면은 3상 농형 유도전동기의 Y-Δ 기동방식의 미완성 시퀀스 도면이다.
이 도면을 보고 다음 각 물음에 답하시오.

【물 음】
1. 이 기동방식을 채용하는 이유는 무엇 때문인가?.
2. 제어회로의 미완성 부분 ①, ②에 Y-Δ 운전이 가능하도록 접점 및 접점기호를 표시하시오.
3. ③, ④의 접점 명칭은? (우리말로 쓰시오)
4. 주접점 부분의 미완성 부분(MCD 부분)의 회로를 완성하시오.

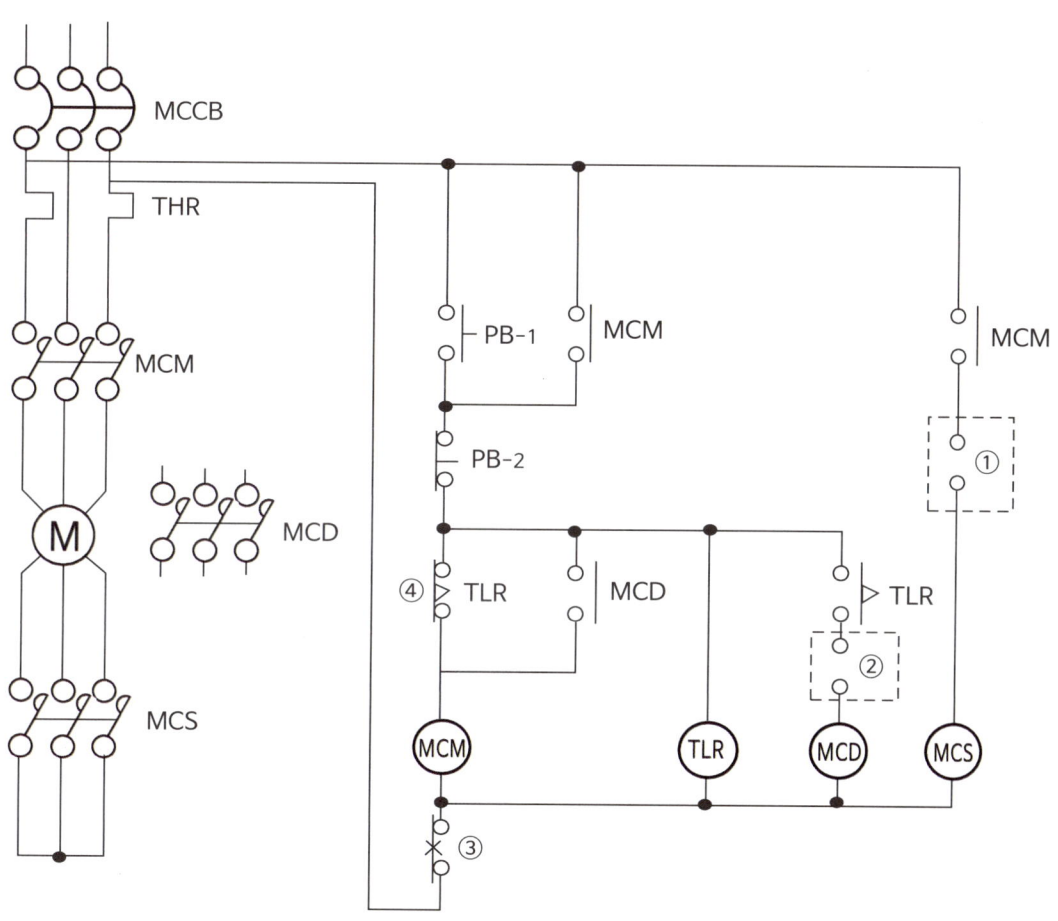

정 답

1. 기동시 기동전류를 $\frac{1}{3}$로 줄이기 위해

2. ① MCD-b ② MCS-b

3. ③ 열동형계전기 b접점   ④ 한시동작 b접점

4.

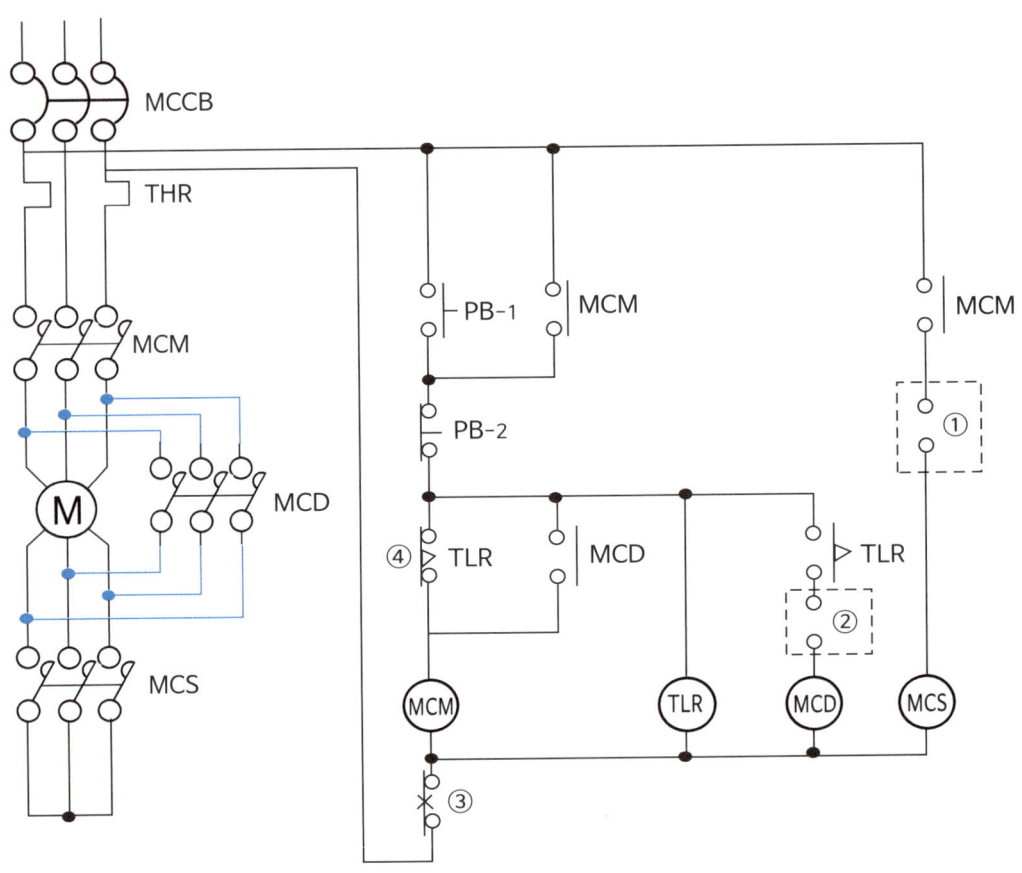

해 설 1

작동 순서

PB-1① 누름버튼 누른다.

→ (MCM)② 여자

→ MCM a접점③, ④ 릴레이 붙음(작동) - ③ MCM a접점 릴레이 자기유지

→ 주접점 MCM⑥ 붙음(작동)

→ (MCS)⑤ 여자

→ 주접점 MCS⑦ 붙음(작동)

→ (M)⑦ Y 기동(작동)

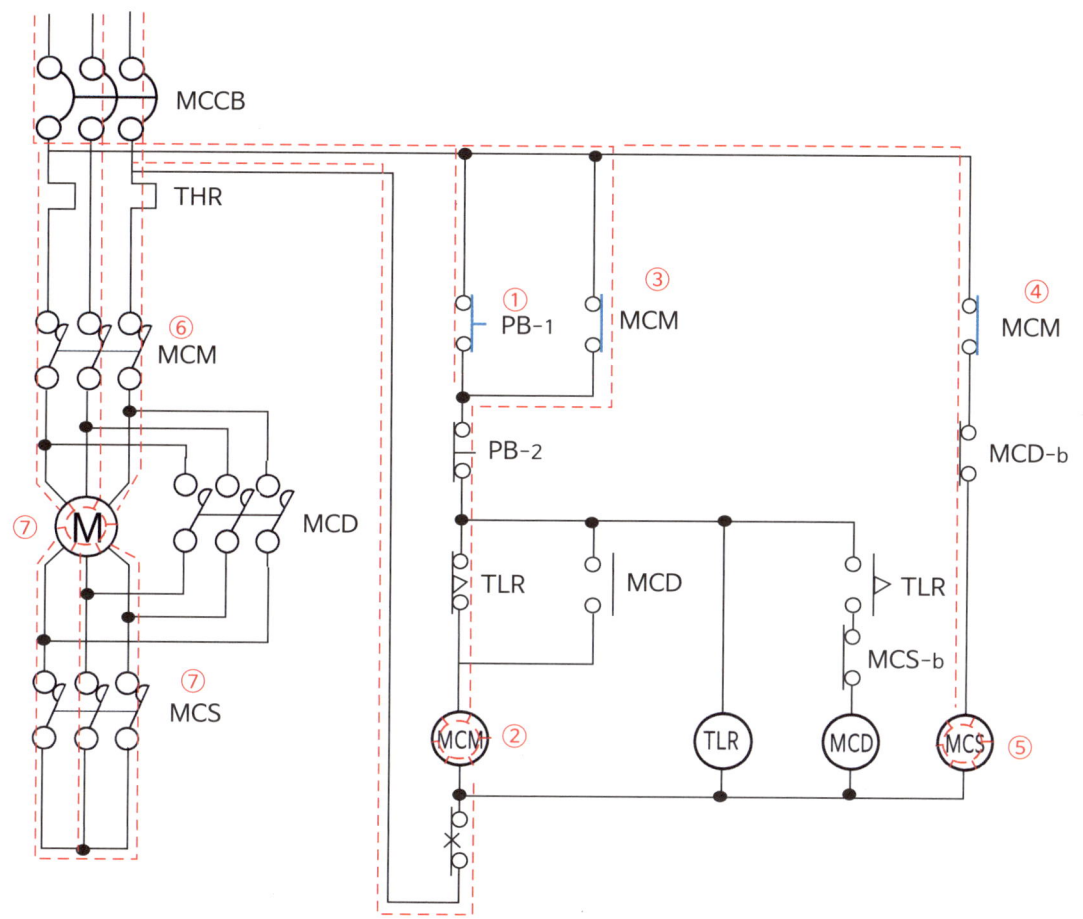

심볼	명칭	심볼	명칭
〰〰〰	차단기(MCCB)	(TLR)	타이머
(M)	전동기	(MCM)	전자접촉기(MCM) (주차단기)
〰〰〰	전자접촉기(MC)	(MCD)	전자접촉기(MC) (Δ기동 MC)
⌐⌐	열동계전기(THR)	(MCS)	전자접촉기(MC) (Y기동 MC)

해설 2

작동 순서

T초 설정시간 경과후 (TLR) ① 작동, TLR-b ② 접점 떨어짐, TLR-a ③ 접점 붙음
→ (MCD) ④ 여자
→ MCD 주접점 ⑤ 붙음(작동)
→ MCD-b ⑥ 접점 떨어짐(인터락 기능) → (MCS) ⑦ 소자
→ MCD-a ⑧ 접점 붙음(자기유지)
→ (M) ⑨ ⊿ 기동

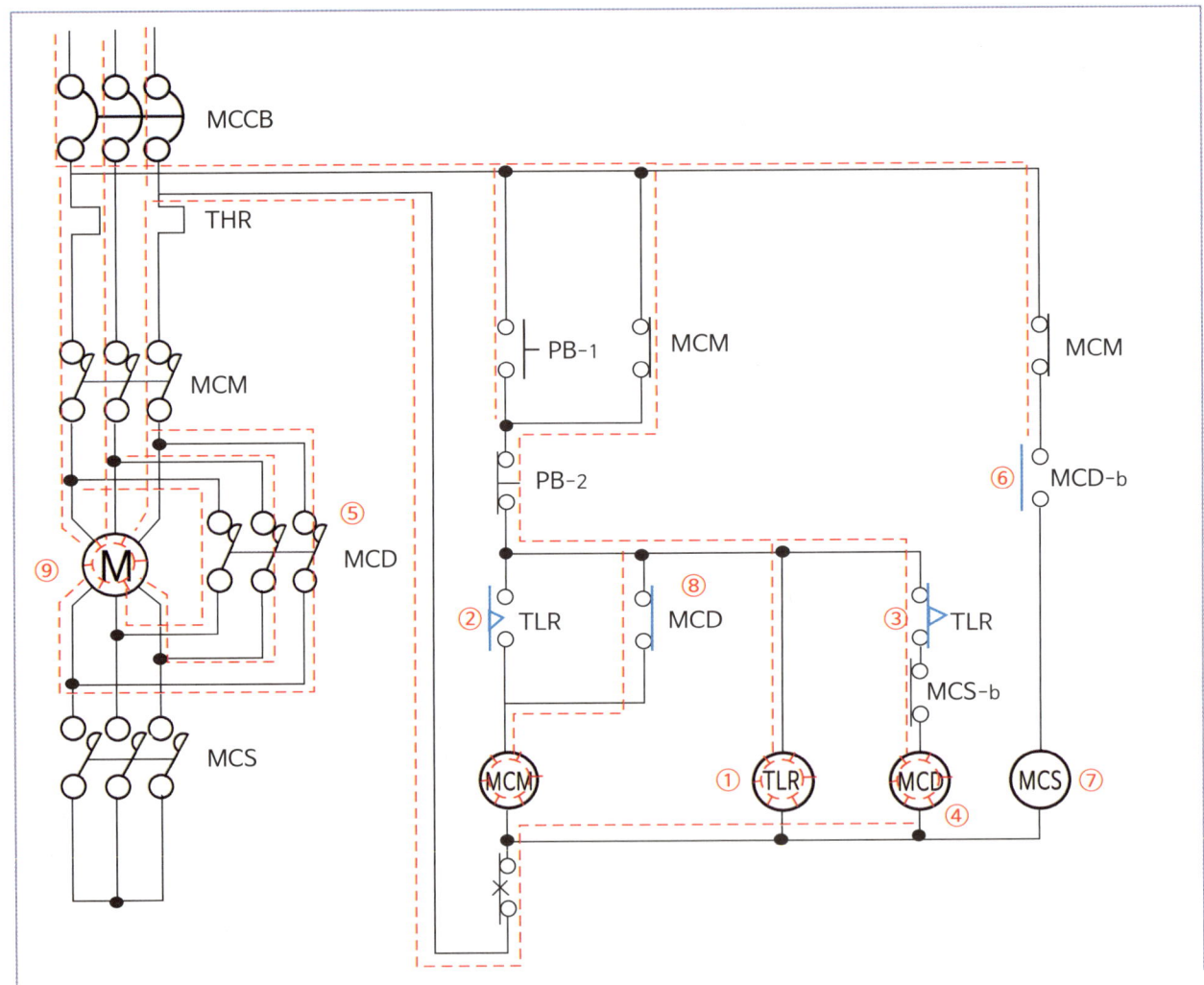

심볼	명칭	심볼	명칭
⦿⦿⦿	차단기(MCCB)	(TLR)	타임기
(M)	전동기	(MCM)	전자접촉기(MCM) (주차단기)
⦿⦿⦿	전자접촉기(MC)	(MCD)	전자접촉기(MC) (⊿기동 MC)
⌐	열동계전기(THR)	(MCS)	전자접촉기(MC) (Y기동 MC)

문제 23

2010.4. 2017.6. 2018.11. 기출문제

도면과 같은 회로를 누름버튼스위치 PB₁, 또는 PB₂ 중 먼저 ON 조작된 측의 램프만 점등되는 병렬우선 회로가 되도록 고쳐서 그리시오.
(단, PB₁ 측의 계전기는 R₁, 램프는 L₁이며. PB₂ 측의 계전기는 R₂, 램프는 L₂이다. 추가되는 접점이 있을 경우에는 최소수만 사용하여 그리도록 한다.)

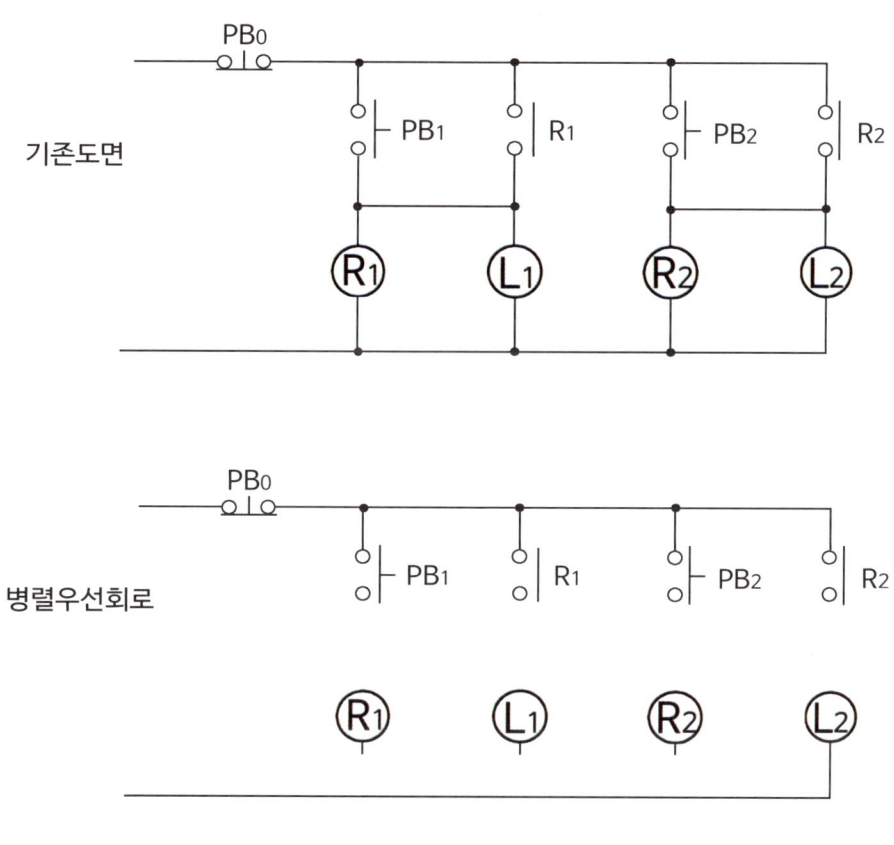

정답

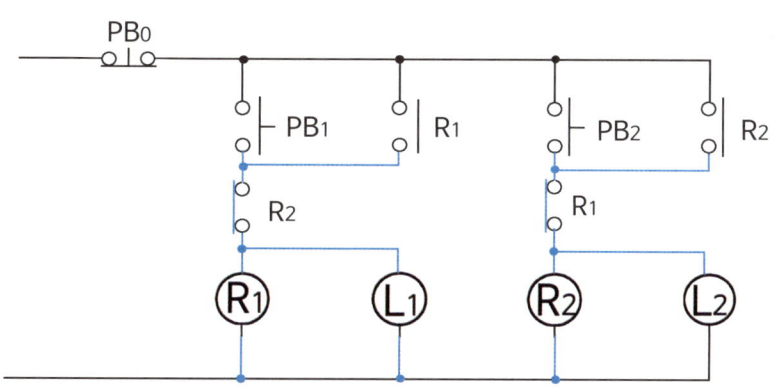

해설

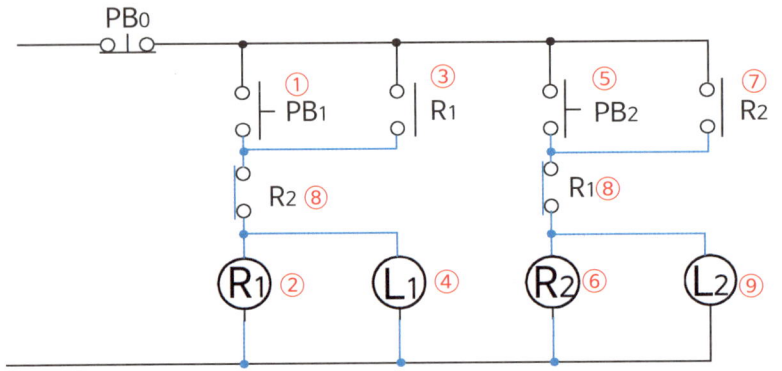

인터록 시퀀스 설계 Tip

- PB₁, Ⓡ₁, Ⓛ₁ 직렬연결 회로에 R2-b릴레이를 설치한다.
- PB₂, Ⓡ₂, Ⓛ₂ 직렬연결 회로에 R1-b릴레이를 설치한다.

병렬우선회로를 **후입력우선회로**라고도 부른다. 상세한 내용은 34P에 설명이 있다.

PB1①을 누르면 Ⓡ1②이 여자되어 R1-a③가 닫히며 자기유지된다.
R1-b⑧은 개로(접점이 떨어짐)된다.- 인터록 기능, Ⓛ1램프④가 점등한다.
이 상태에서, PB2⑤를 누르면 R1-b⑧은 개로되어 있어 Ⓡ2⑥가 여자될 수 없다.

그리고,
PB2⑤을 누르면 Ⓡ2⑥이 여자되어 R2-a③가 닫히며 자기유지된다.
R2-b⑧은 개로(접점이 떨어짐) - 인터록 기능, Ⓛ2램프⑨가 점등한다.
이 상태에서, PB1①를 누르면 R2-b⑧은 개로되어 있어 Ⓡ1②가 여자될 수 없다.

1. 먼저 입력한 신호만 동작하고, 그 이후에 입력된 신호들은 동작하지 않는 회로이다.
   주로 기기의 보호와 조작자의 안전을 목적으로 설치된다.
2. 2개의 전자릴레이 인터록회로는 한쪽의 전자릴레이가 동작하고 있는 중 상대 전자릴레이 동작을 금지하기 때문에 상대동작 금지회로라고도 한다.

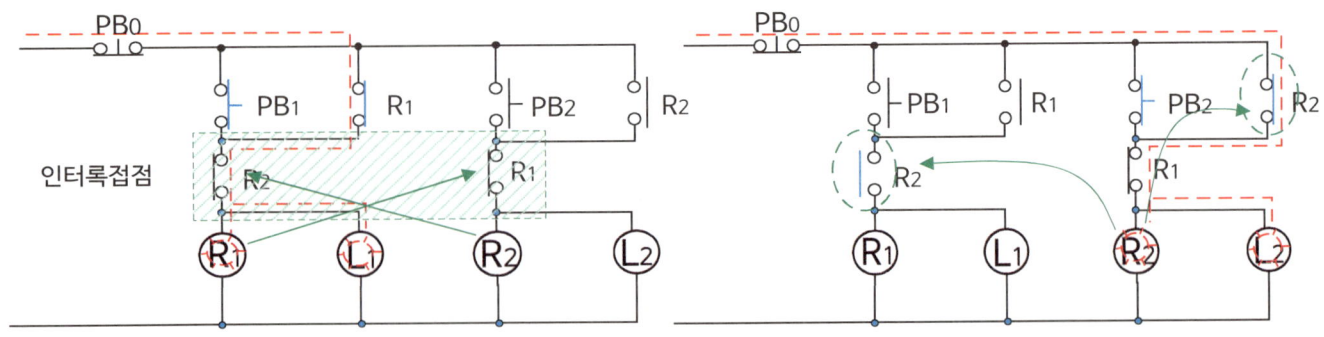

문제 24

2009.10. 2019.4. 기출문제

주어진 도면은 유도전동기 기동, 정지회로의 미완성 도면이다. 다음 각 물음에 답하시오.

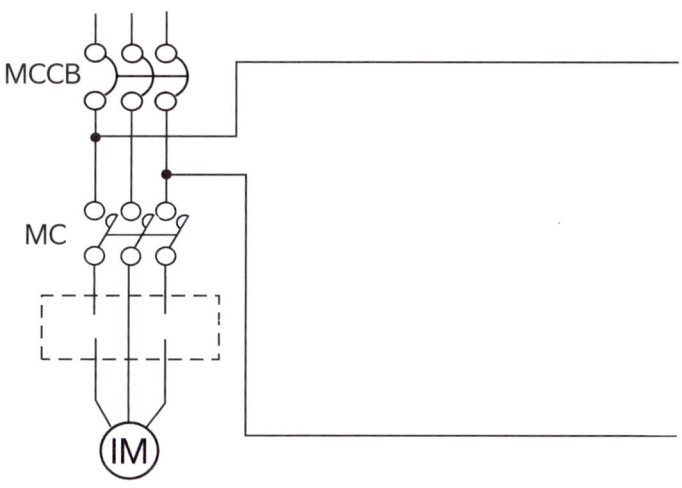

1. 다음과 같이 주어진 기구를 이용하여 제어회로 부분의 미완성 회로를 완성하시오. (단, 기동 운전 시 자기유지가 되어야 하며, 기구의 개수 및 접점 등은 최소개수를 사용하도록 한다.)

   - 전자접촉기 (MC)
   - 기동표시등 (GL)
   - 정지표시등 (RL)
   - 누름버튼스위치 OFF용
   - 누름버튼스위치 ON용
   - 열동계전기 THR

2. 주회로에 대한 점선의 내부를 주어진 도면에 완성하고 이것은 어떤 경우에 작동하는지 2가지만 쓰시오.
   ○.
   ○.

정 답

1.

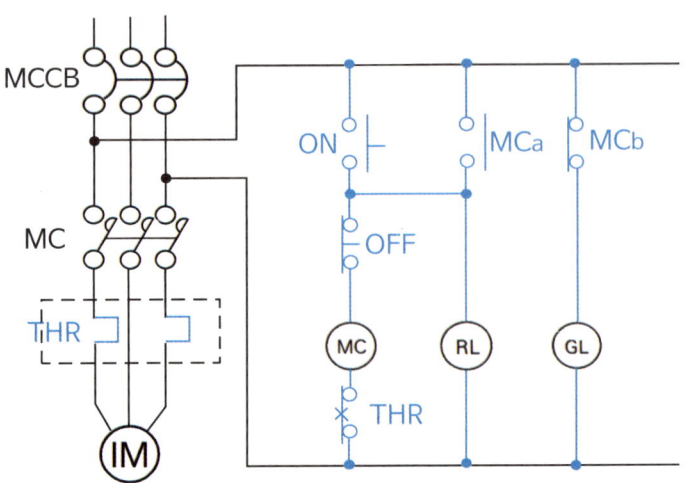

2.
○. 전동기에 과부하가 걸릴 때
○. 전류조정 다이얼 세팅시에 적정 전류보다 낮게 세팅했을 때

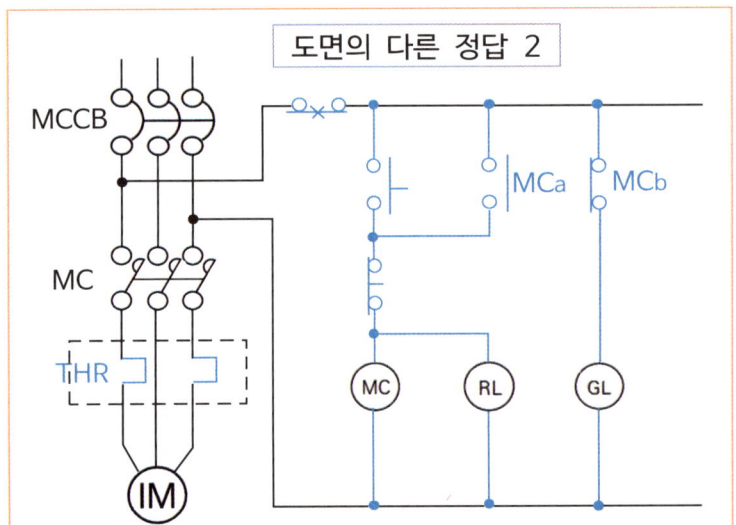

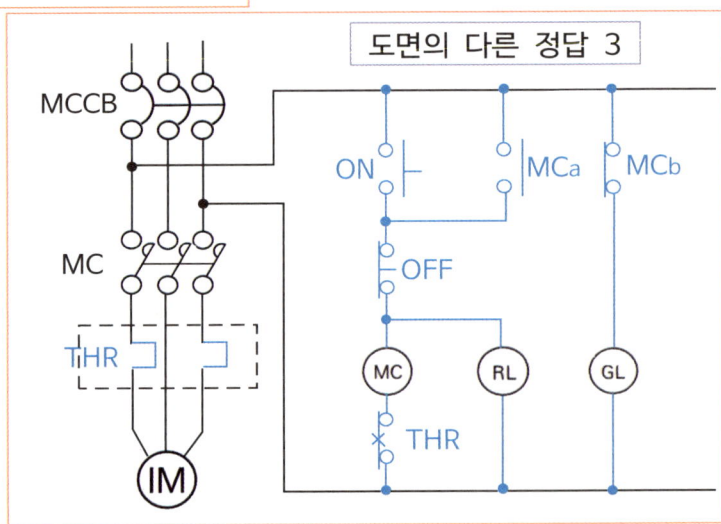

답 1

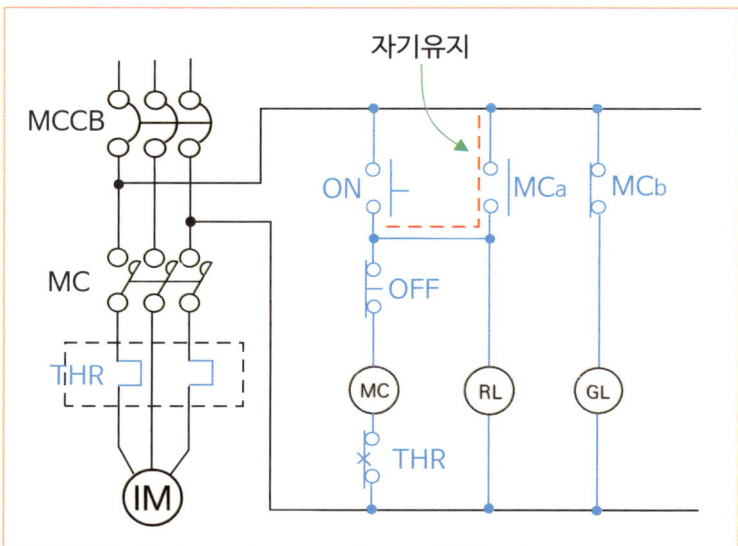

답 2(또 다른 답)

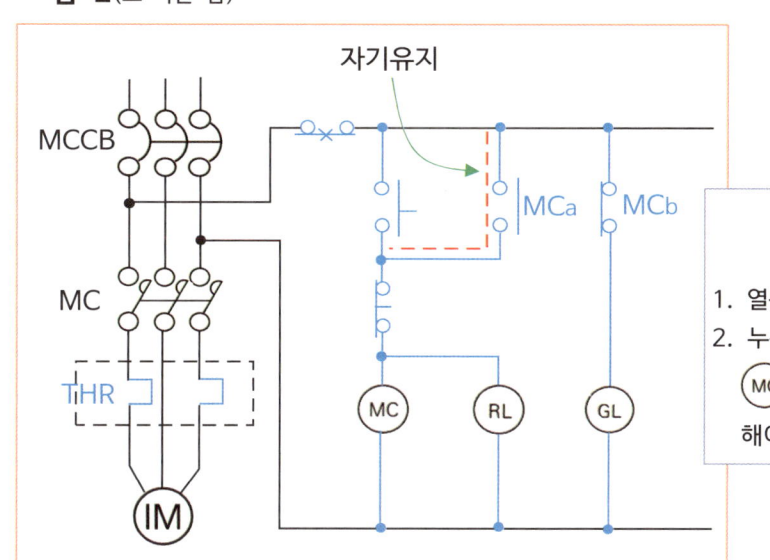

참고 내용

1. 열동계전기의 위치는 어느곳에 설치해도 된다.
2. 누름버튼스위치 ON을 눌러 복구되어도 MCa는 MC와 연결이 가능하게 자기유지회로를 구성해야 한다.

답 3(또 다른 답)

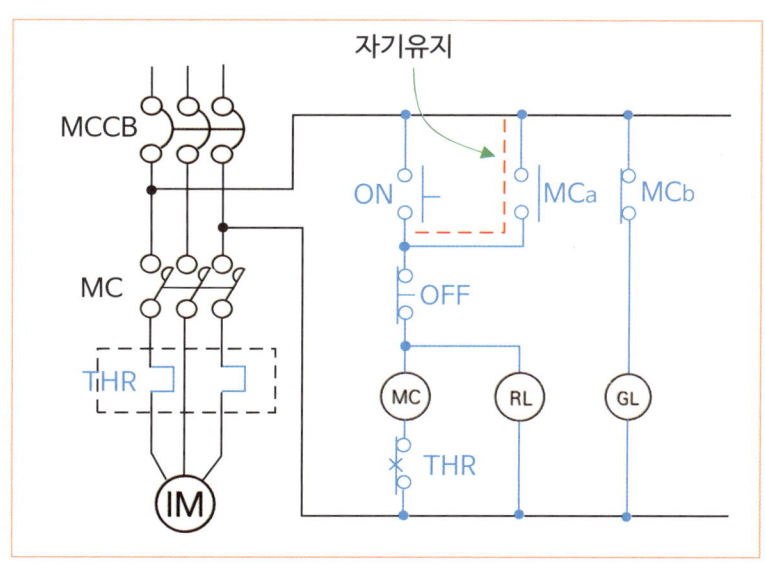

문제 25

2009.7. 2011.11. 2015.7. 2019.4. 2019.6. 기출문제

도면은 상용전원과 예비전원의 절환회로이다. 다음 각 물음에 답하시오.

1. 도면에서 MCCB의 명칭을 쓰시오.
2. 미완성된 부분을 완성하시오.

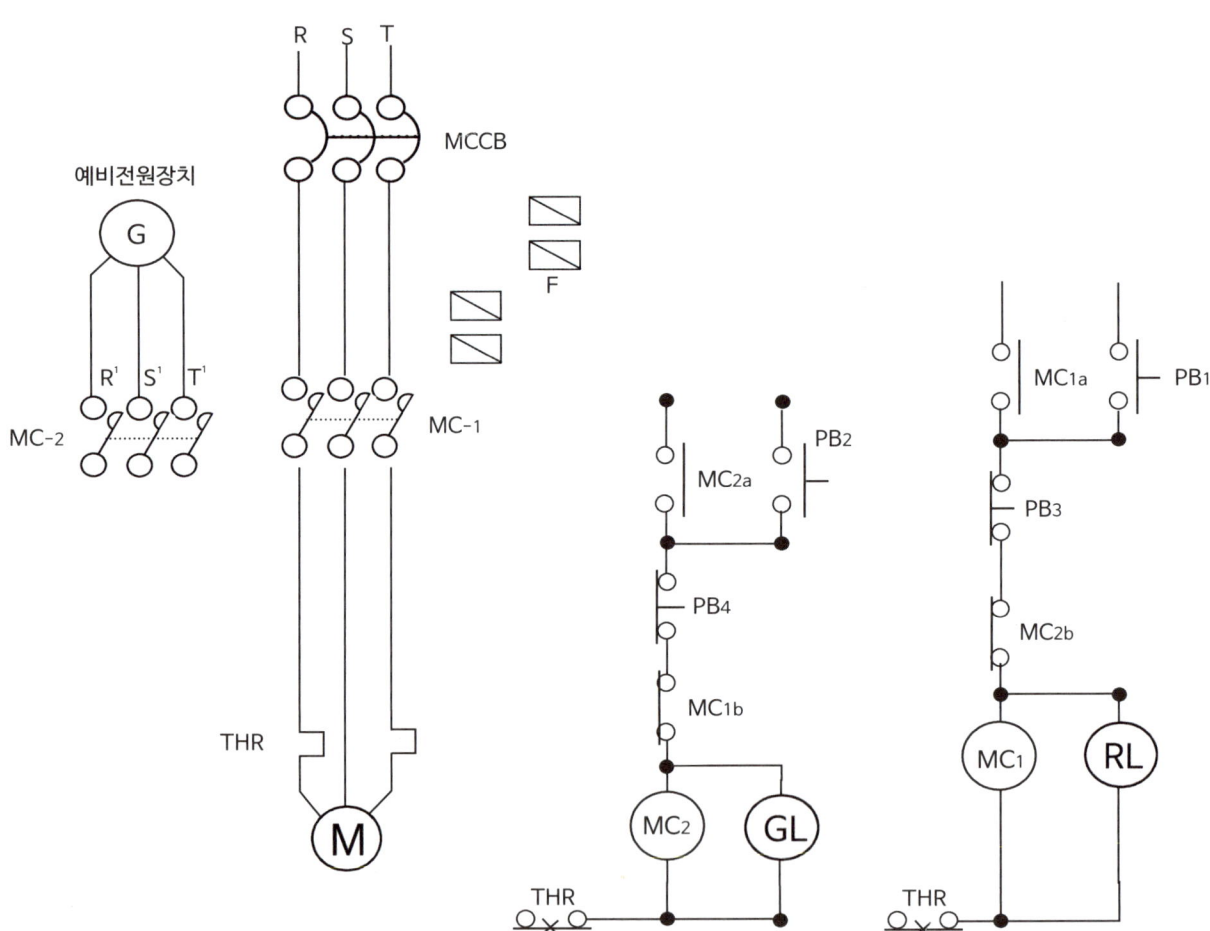

정 답

1. 차단기

2.
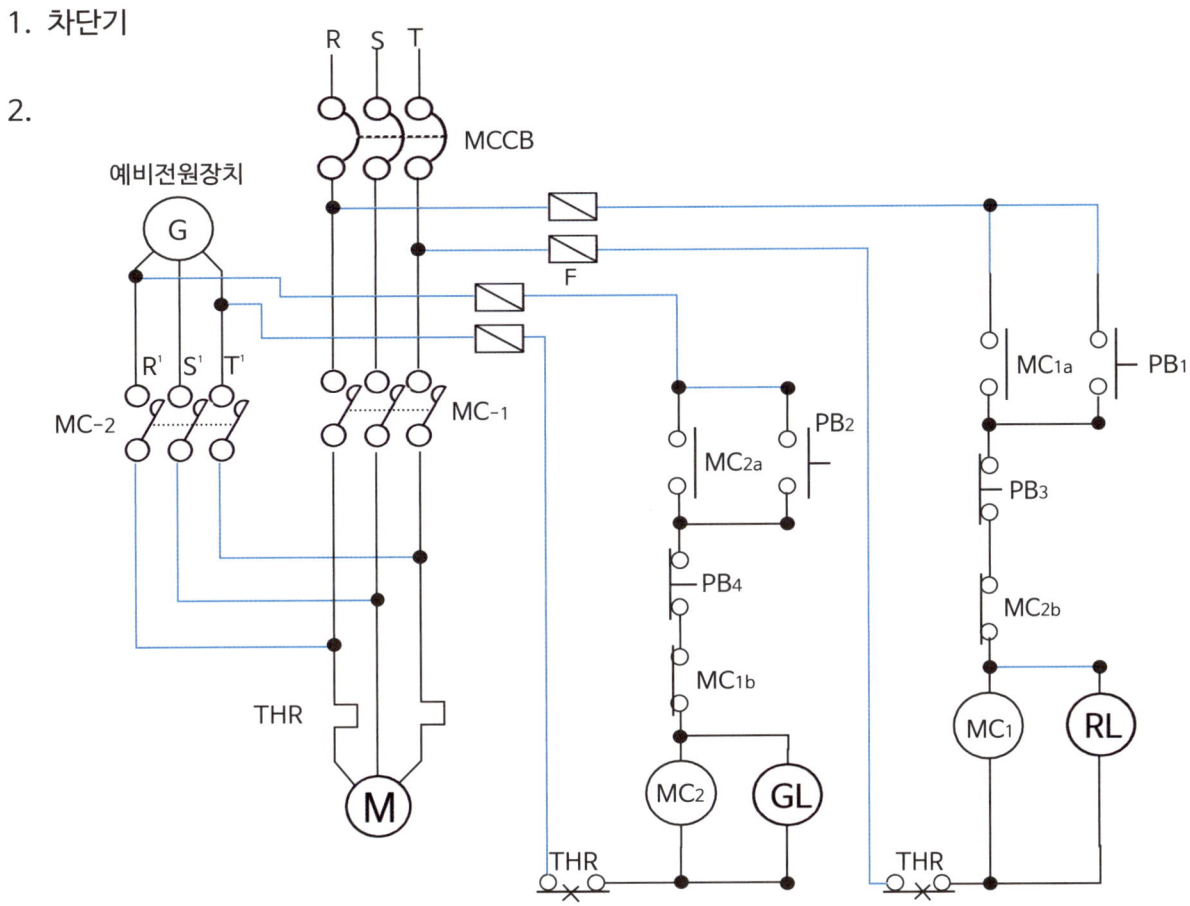

시퀀스 그리기 Tip

- **상용전원**의 작동누름버튼(PB1)과 작동정지누름버튼(PB3), MC1, 작동표시등 램프 RL(RL)은 직렬로 연결한다.
- **상용전원**의 작동누름버튼(PB1)과 MC1a 릴레이는 병렬연결하여 자기유지회로가 구성되게 설치한다.
- **예비전원**의 작동누름버튼(PB2)과 작동정지누름버튼(PB4), MC2, 작동표시등 램프 GL(GL)은 직렬로 연결한다.
- **예비전원**의 작동누름버튼(PB2)과 MC2a 릴레이는 병렬연결하여 자기유지회로가 구성되게 설치한다.
- **열동계전기(THR)**는 상용전원과 예비전원 작동스위치 회로 이전에 각각 설치하면 된다.
  (전자접촉기 MC이후에 각각 설치해도 된다)
- **인터록 회로를 구성**한다.
  MC1(MC1)이 작동하면 MC2가 작동하지 못하게 MC2 이전의 회로에 MC1b접점을 설치한다.
  MC2(MC2)가 작동하면 MC1이 작동하지 못하게 MC1 이전의 회로에 MC2b접점을 설치한다.

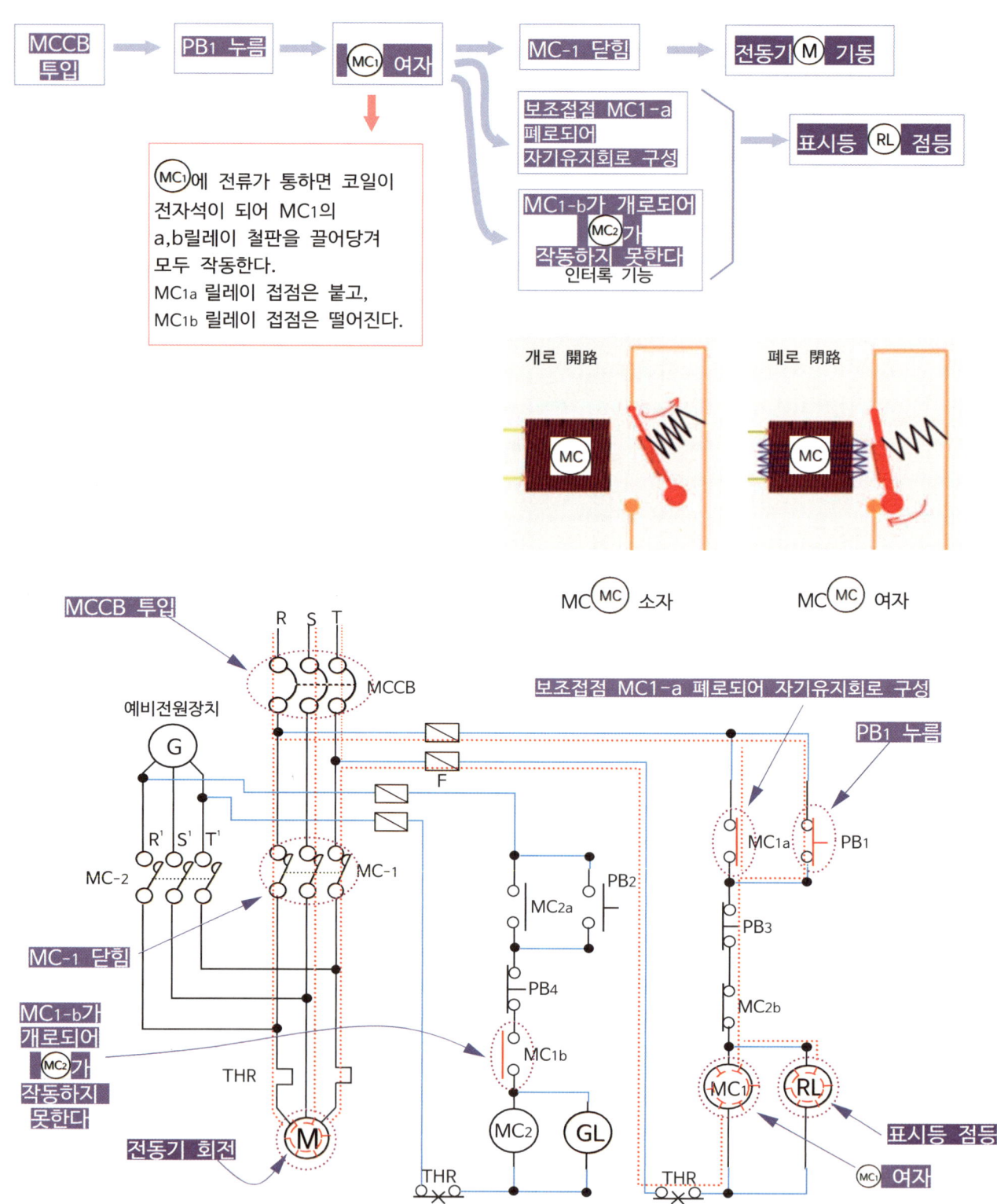

해 설 2

상용전원 전동기 운전 정지

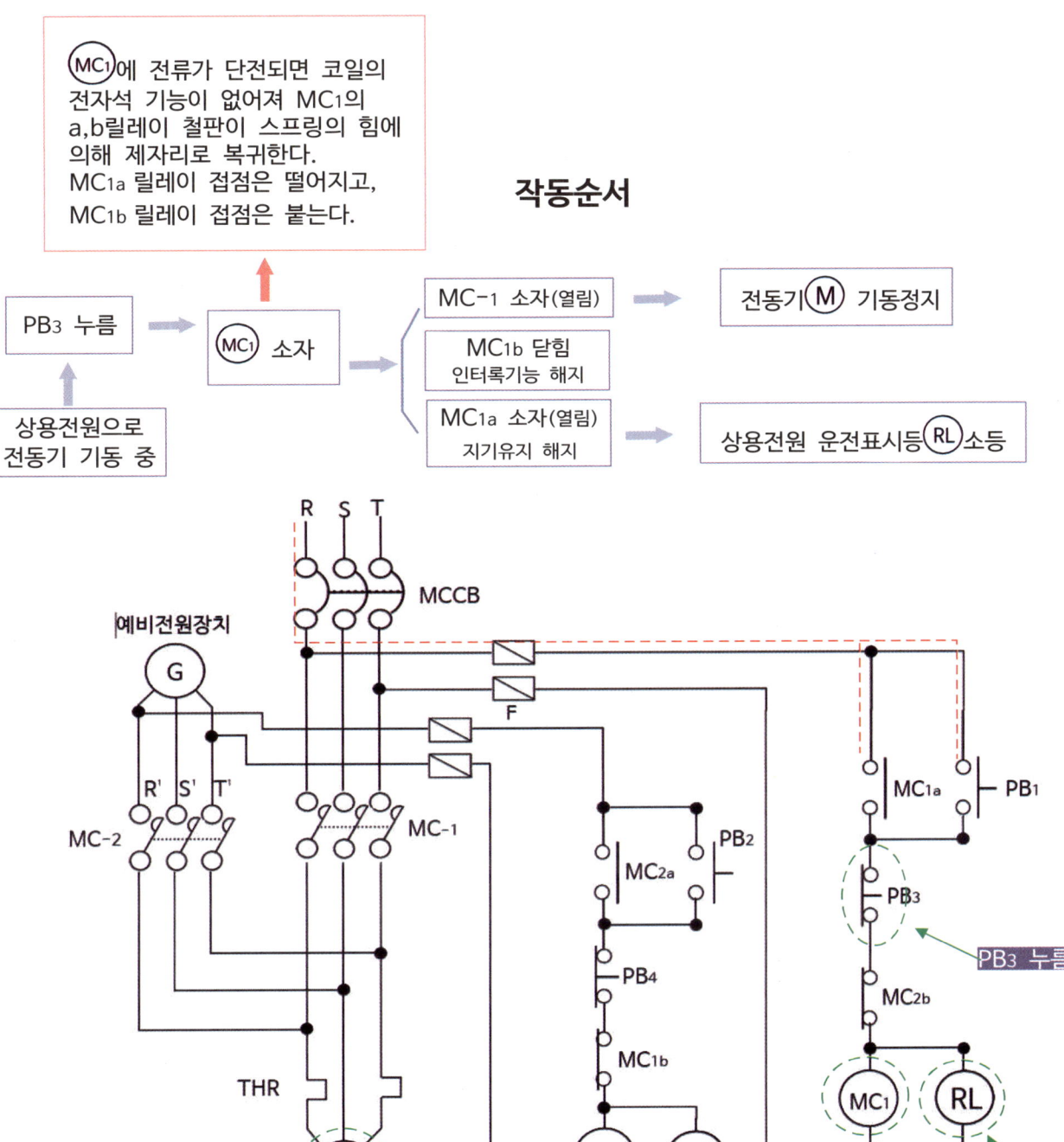

해설 3   예비전원으로 전동기 기동

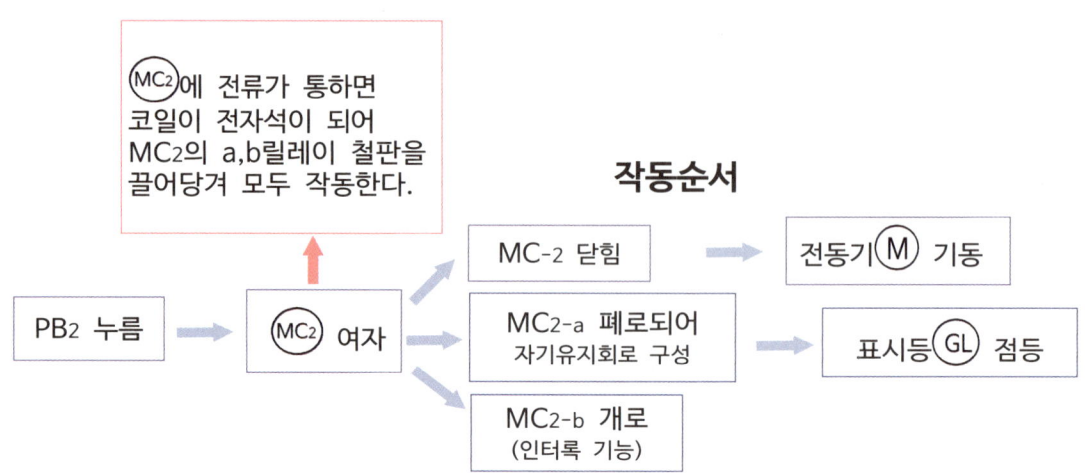

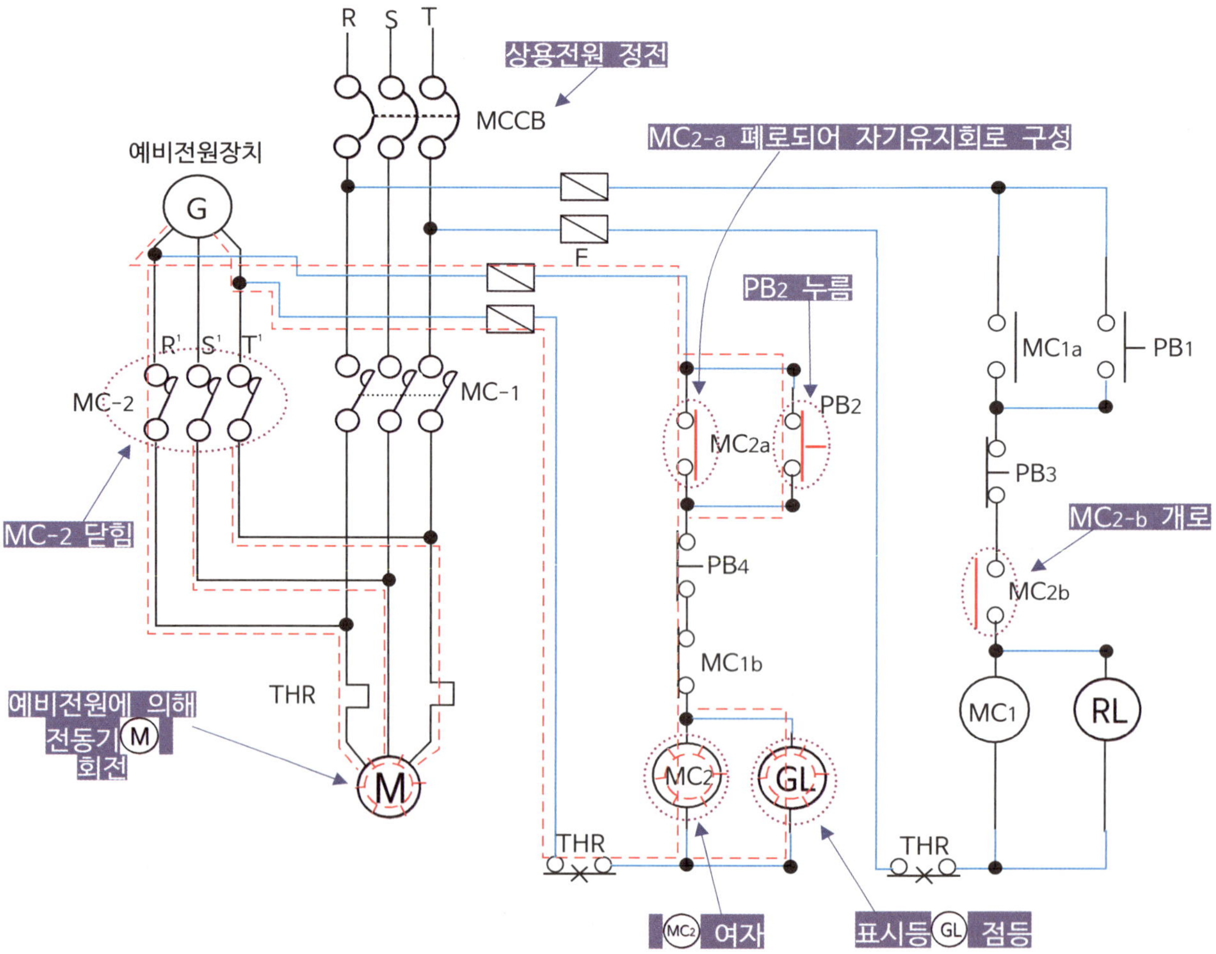

| 해 설 4 | **인터록**(interlock) **기능** : 서로 맞물리다 |

Ⓜ︎C₂가 여자되면 MC2-b가 열려 Ⓜ︎C₁이 절대 작동하지 못하게 방해하고,
Ⓜ︎C₁가 여자되면 MC1-b가 열려 Ⓜ︎C₂이 절대 작동하지 못하게 방해하는 내용을 인터록이라 한다.

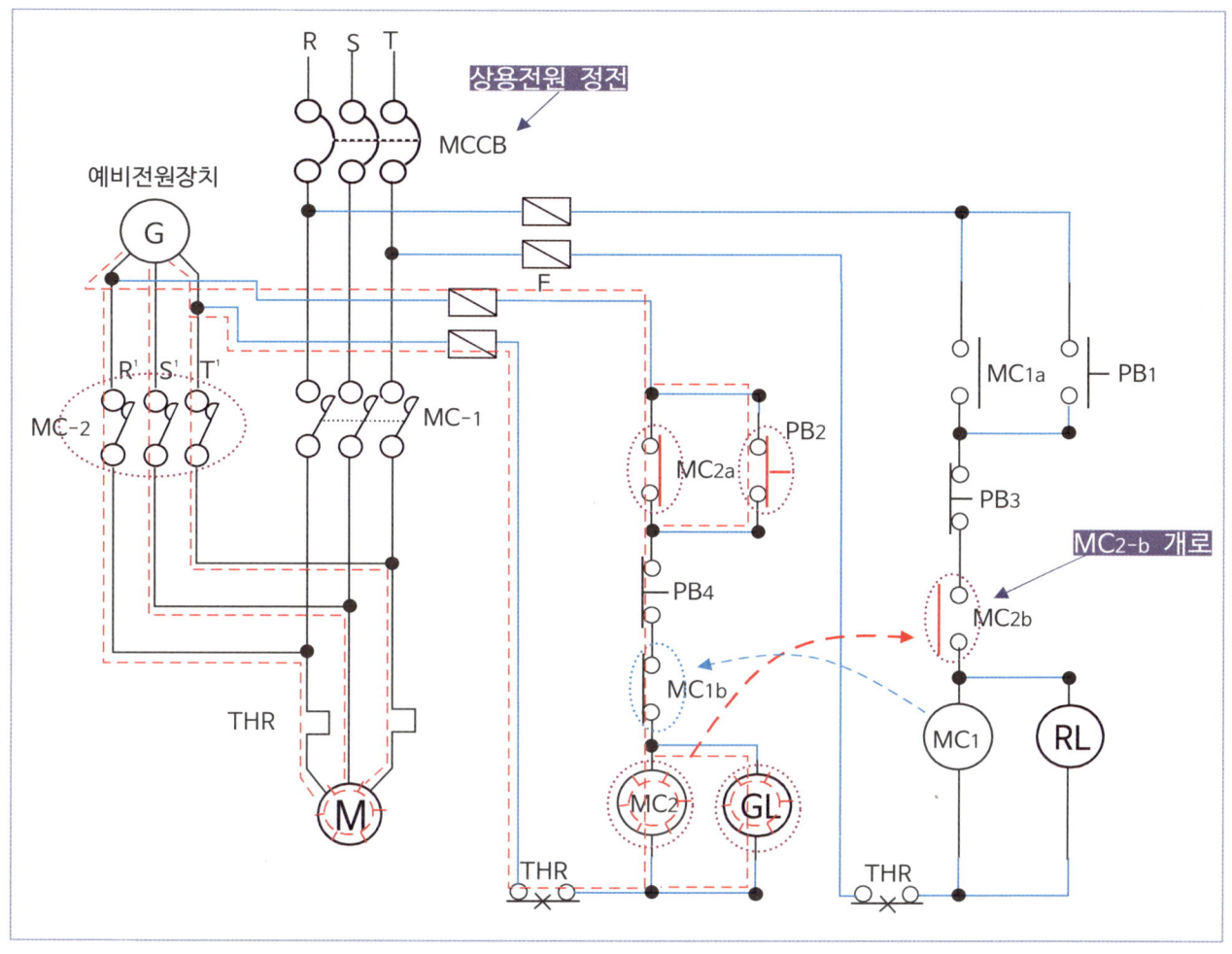

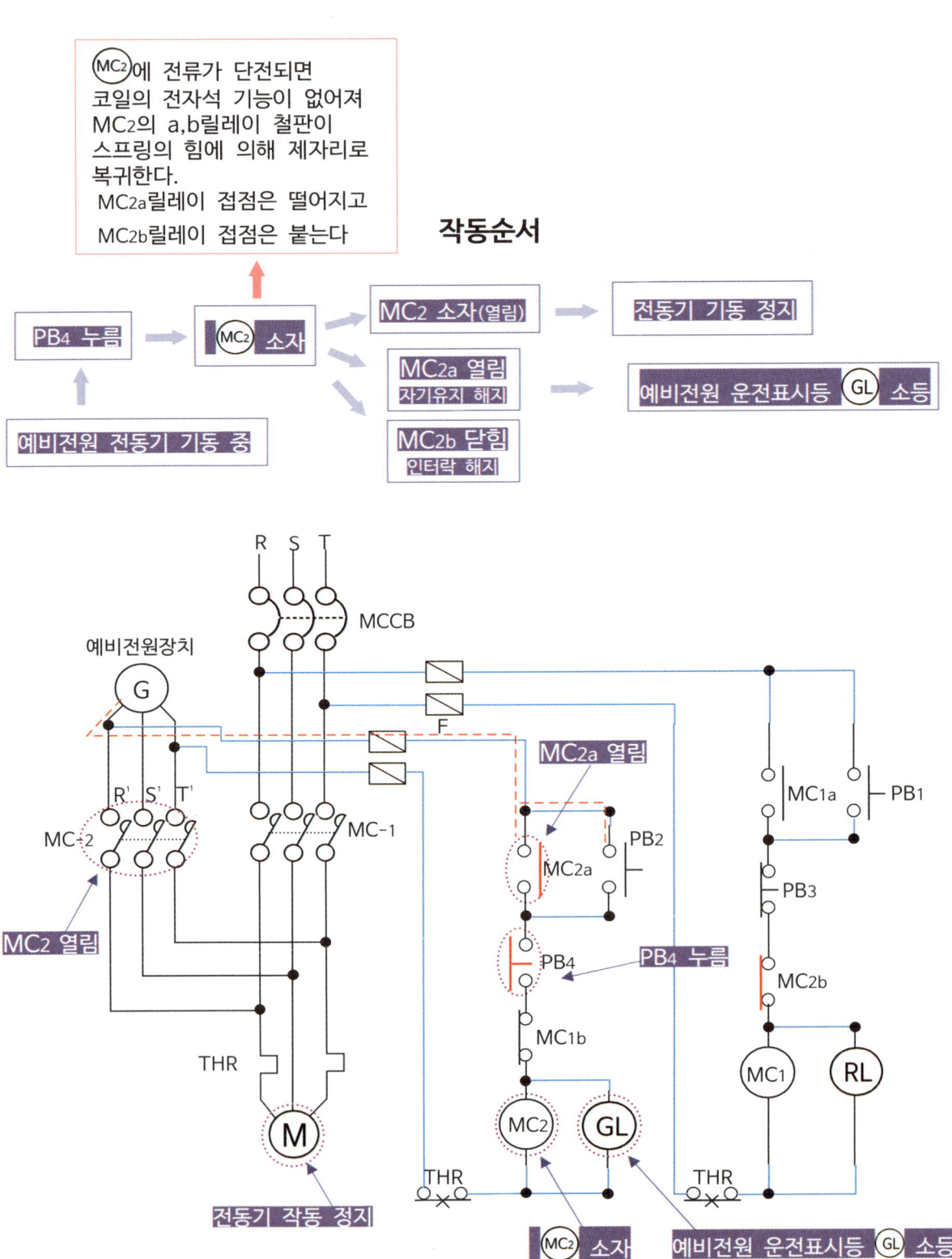

문제 26

2012.7 기출문제

주어진 동작설명에 적합하도록 미완성된 시퀀스회로를 완성하시오. (단, 각 접점 및 스위치의 명칭을 기입하시오.)

【동작 설명】

○ MCCB를 투입하면 표시램프 GL이 점등되도록 한다.

○ 전동기 운전용 누름버튼스위치(PBS-ON)을 누르면 전자접촉기 MC가 여자되어 전동기가 기동되며, 동시에 전자접촉기 보조 a접점인 MC-a 접점에 의해 전동기 운전등인 RL이 점등된다.

○ 이때 전자접촉기 보조접점 MC-b에 의하여 GL이 소등된다.

○ 또한 타이머 T가 여자되어 타이머 설정시간 후에 전자접촉기 MC가 소자되어 전동기가 정지되어 모든 상태는 누름버튼스위치를 누르기 전의 상태로 복귀한다.

○ 전동기가 정상운전중이라도 정지용 누름버튼스위치 PBS-on을 누르면 PBS-on을 누르기 전의 상태로 된다.

○ 전동기에 과전류가 흐르면 열동계전기 접점인 THR에 의하여 전동기는 정지하고 모든 접점은 최초의 상태로 복귀한다. 이때 경고등 YL이 점등된다.

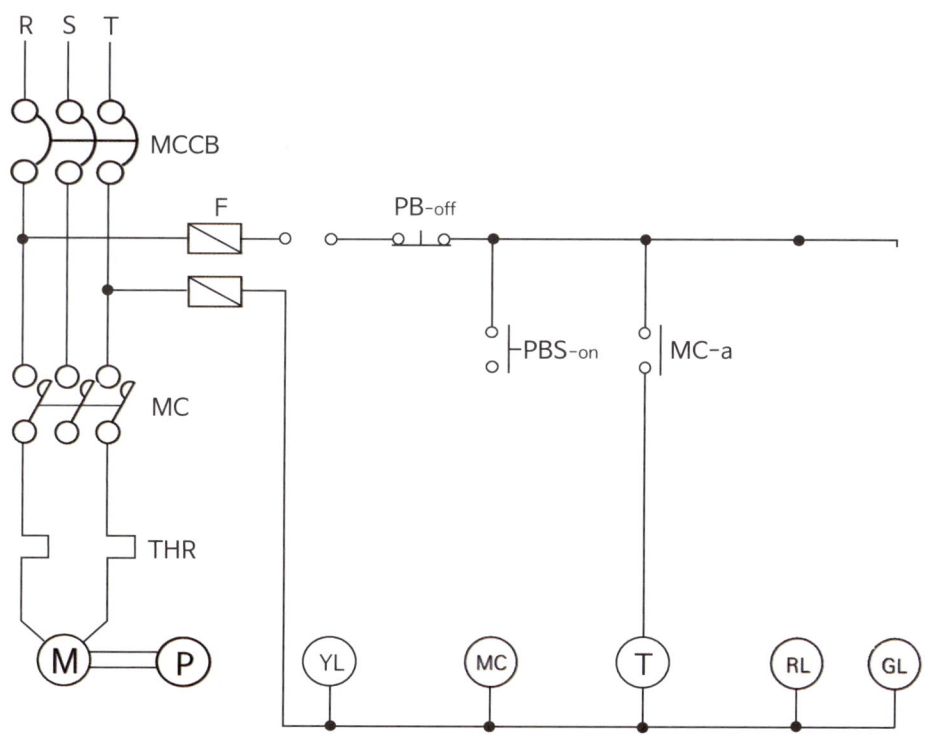

정답

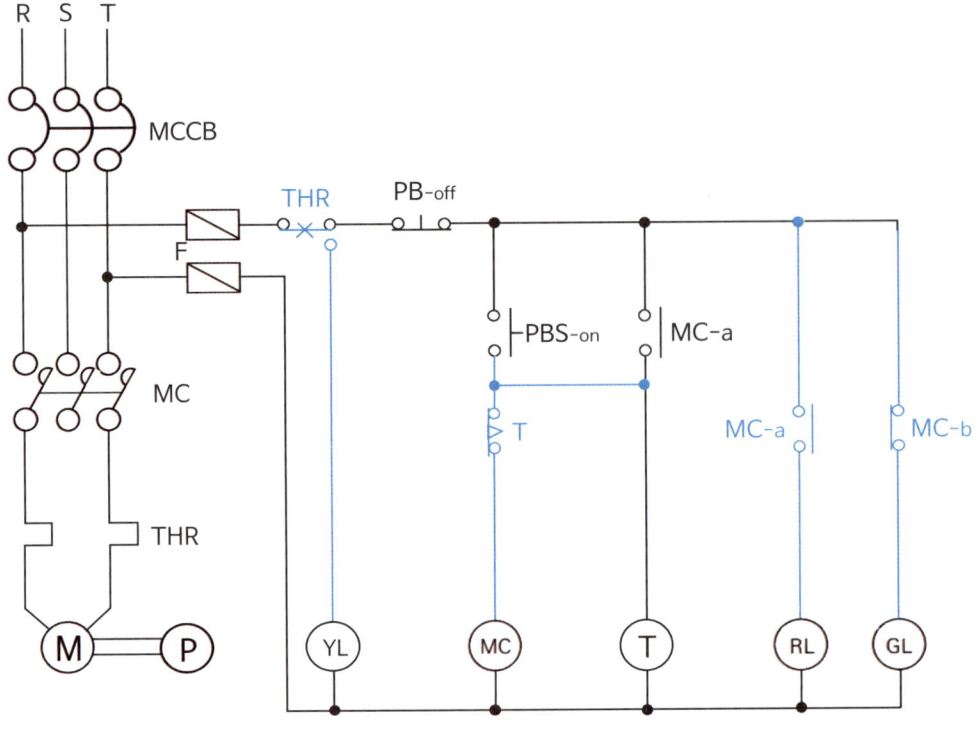

해설

【조건】 ○ MCCB를 투입하면 표시램프 GL이 점등되도록 한다.

해설 : MCCB를 작동하여 전원을 투입하면 빨간색 점선으로 전류가 통전되어 GL램프가 점등한다

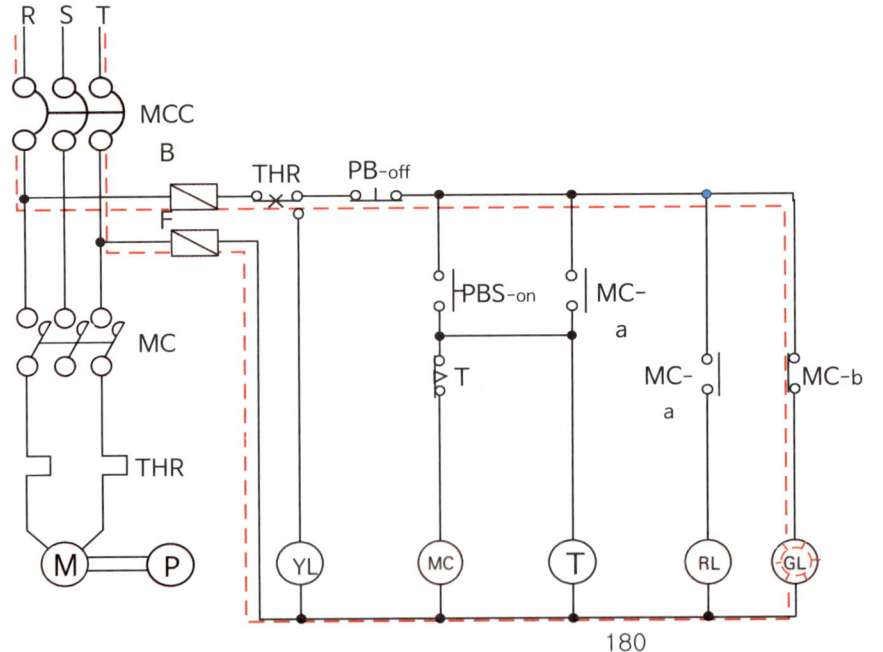

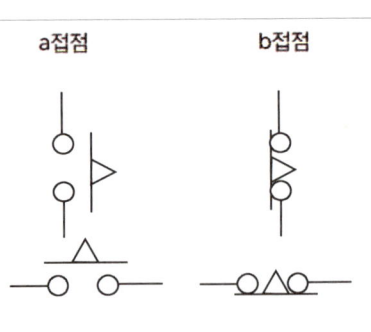

2. 한시동작 순시복귀
   on delay timer

타이머 전원이 입력되면
타이머에 설정해 둔 시간 이후에
열리고 닫히면서 동작을 하고
타이머에 공급되던 전원이 끊기면
곧바로 복귀하는 것

해 설

【조건】
○ 전동기 운전용 누름버튼스위치(PBS-ON)을 누르면 전자접촉기 MC가 여자되어 전동기가 기동되며, 동시에 전자접촉기 보조 a접점인 MC-a 접점에 의해 전동기 운전등인 RL이 점등된다.
○ 이때 전자접촉기 보조접점 MC-b에 의하여 GL이 소등된다.

작동 흐름

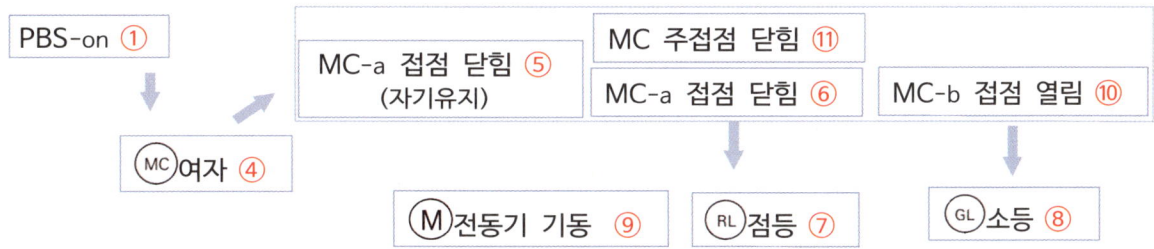

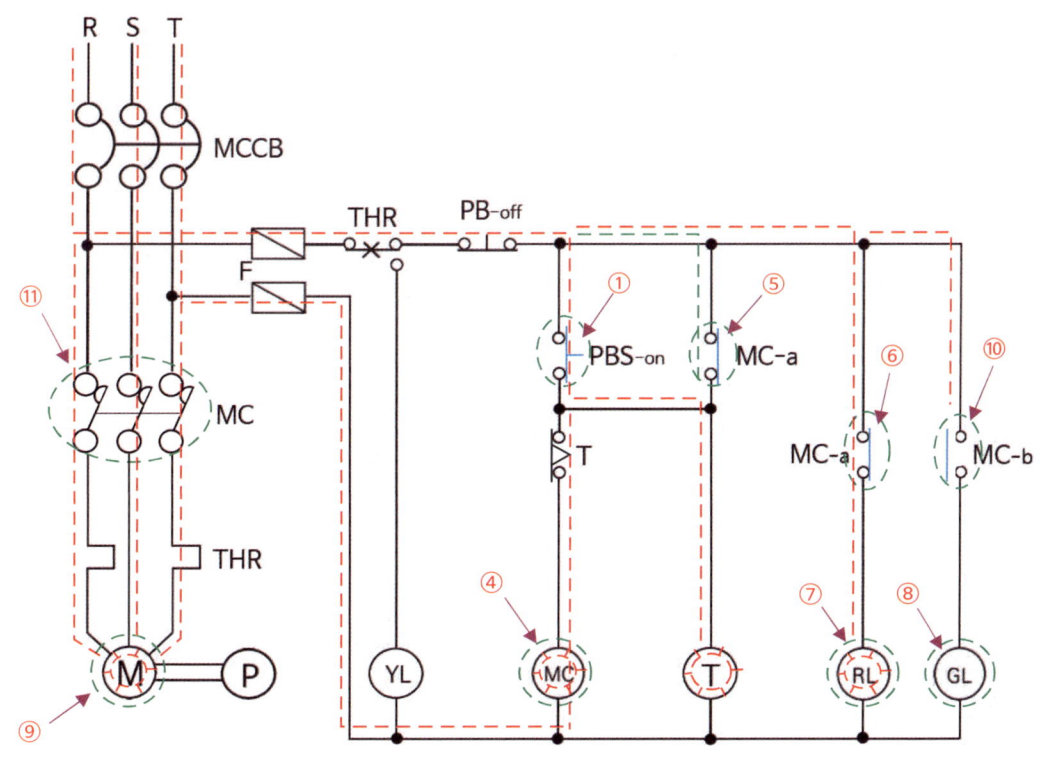

해 설

【조건】

○ 또한 타이머 T가 여자되어 타이머 설정시간 후에 전자접촉기 MC가 소자되어 전동기가 정지되어 모든 상태는 누름버튼스위치를 누르기 전의 상태로 복귀한다.

해설 : 전동기가 기동된 후 일정시간(T에 설정된 시간)이 지나면 펌프는 정지한다.

작동 흐름

2. 한시동작 순시복귀

on delay timer

타이머 전원이 입력되면
타이머에 설정해 둔 시간 이후에
열리고 닫히면서 동작을 하고
타이머에 공급되던 전원이 끊기면
곧바로 복귀하는 것

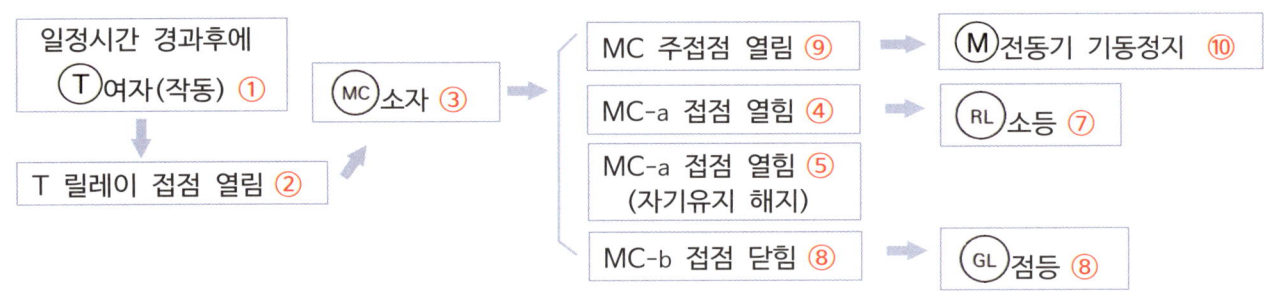

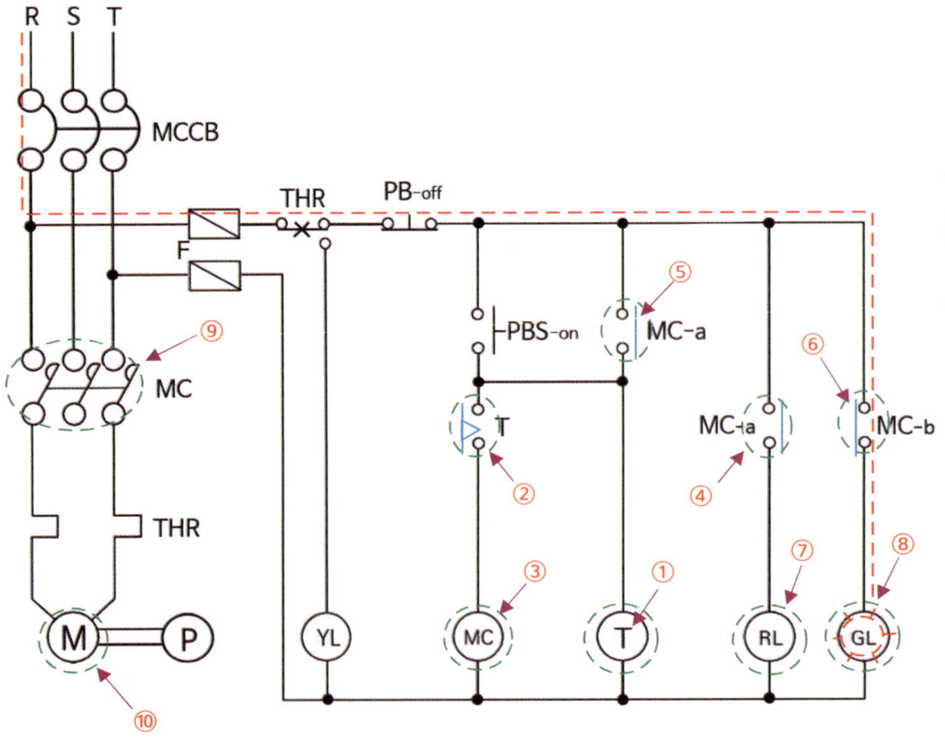

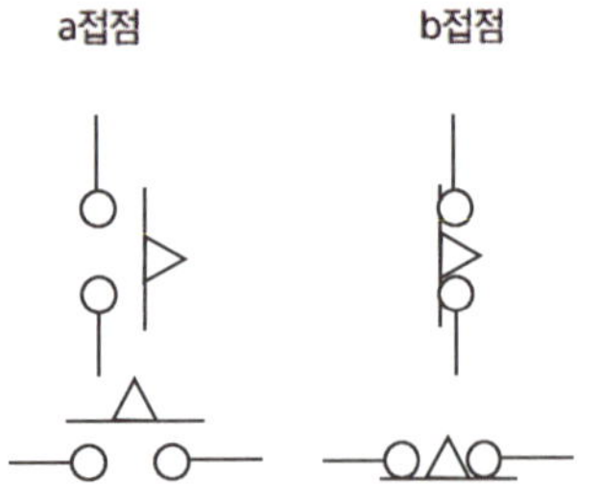

해 설

【조건】
○ 전동기에 과전류가 흐르면 열동계전기 접점인 THR에 의하여 전동기는 정지하고 모든 접점은 최초의 상태로 복귀한다. 이때 경고등 YL이 점등된다.

해설 : 전선에 이상온도가 감지되어 열동계전기(THR)가 작동하면 전류를 차단하여 전동기 기동이 정지한다.

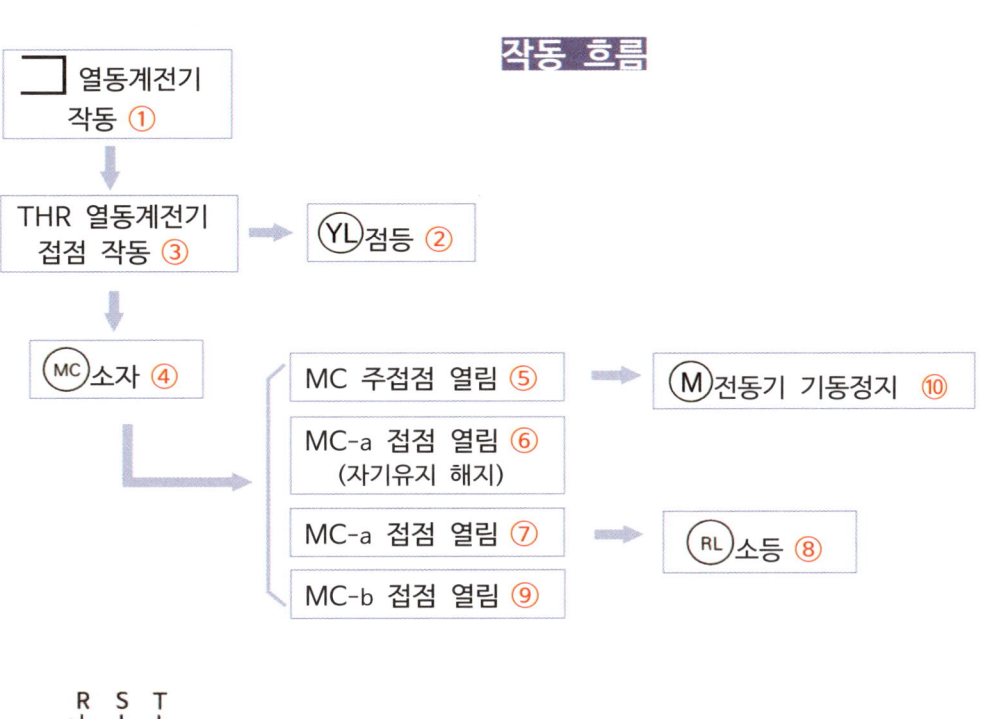

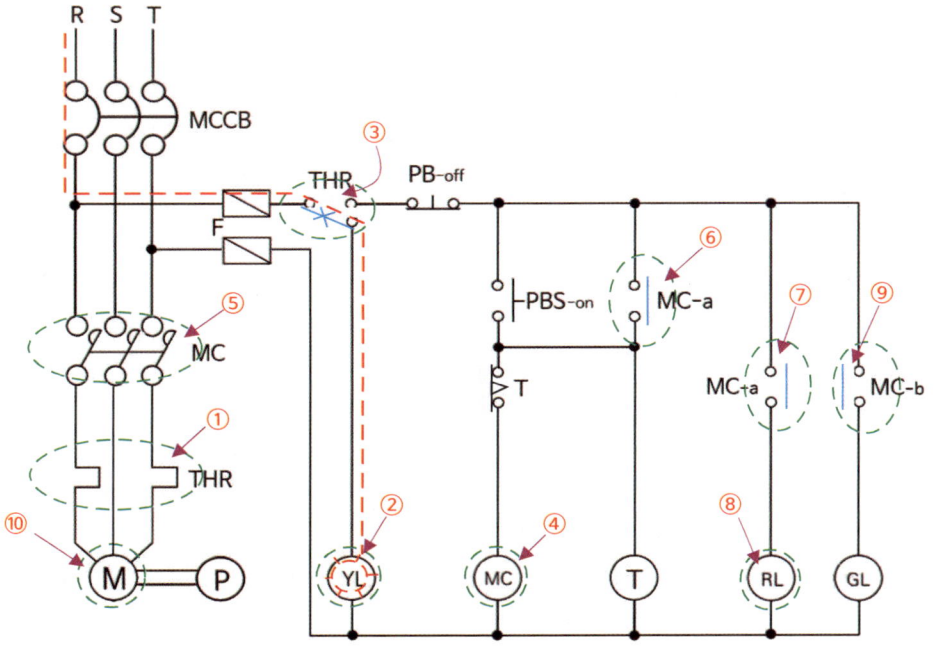

문제 27

2012.4 기출문제

그림은 옥상에 시설된 탱크에 물을 올리는 데 사용되는 수동 및 자동제어 운전회로도이다.
다음 각 물음에 답하시오.

1. ① ~ ⑦까지의 명칭을 쓰시오.
   　①　　　　　②　　　　　③　　　　　④　　　　　⑤　　　　　⑥　　　　　⑦
2. 선택스위치를 자동으로 놓았을 때 동작원리를 설명하시오.
3. 선택스위치를 수동으로 놓았을 때 동작원리를 설명하시오.
4. ②의 역할 및 목적은 무엇인가?
   ○ 역할 :
   ○ 목적 :

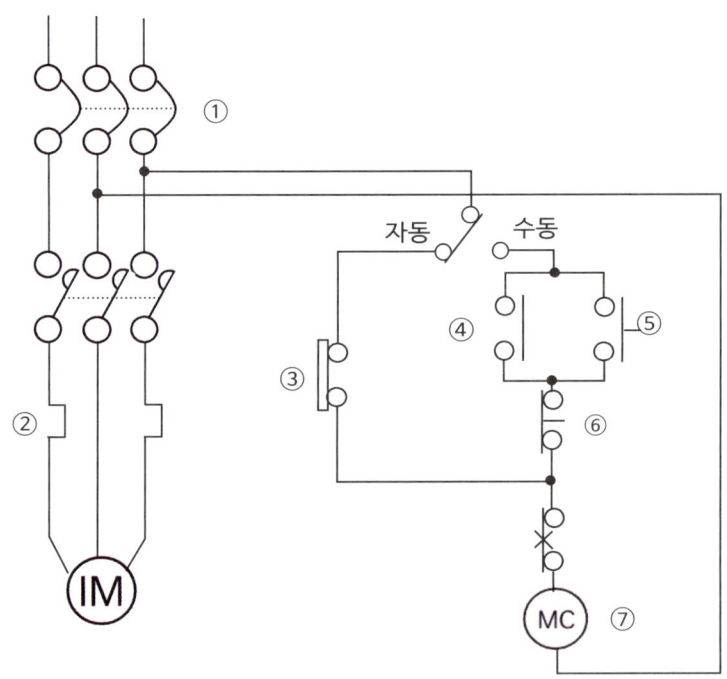

정 답

1. ① 배선용차단기　② 열동계전기　③ 리미트스위치　④ 전자접촉기 보조접점
   ⑤ 기동용 푸시버튼스위치　⑥ 정지용 푸시버튼 스위치　⑦ 전자접촉기 코일
2. **저수위** : 리미트스위치가 폐로되어 전자접촉기 MC가 여자되며, 주접점이 닫혀 유도전동기 IM이 회전한다.
3. **고수위** : 리미트스위치가 개로되어 전자개폐기 MC가 소자되고, 유도전동기 IM은 정지한다.
4.
   ○ **역할** : 전동기 과부하가 걸리면 전원을 차단하여 전동기 정지
   ○ **목적** : 전동기의 소손방지

문제 28

2019.6. 2015.7. 2011.11. 2009.7.4 기출문제

도면은 상용전원과 예비전원의 절환회로이다. 다음의 제어동작에 적합하도록 미완성된 부분을 완성하시오.

(제어동작)

1. PB₁을 누르면 전자접촉기 MC₁이 여자되고 RL이 점등되며 전자접촉기 보조접점 MC₁-a가 폐로되어 자기유지 된다.

2. 이와 동시에 전자접촉기 MC₁의 주접점이 닫혀 유도전동기는 상용전원으로 운전된다.

3. 상용전원으로 운전 중 PB₃를 누르면 MC₁이 소자되어 유도전동기는 정지하고, 상용전원 운전표시등 RL은 소등된다.

4. 상용전원 고장시 예비전원으로 운전하기 위해 PB₂를 누르면 전자접촉기 MC₂가 여자되고 GL이 점등되며 전자접촉기 보조접점 MC₂-a가 폐로되어 자기유지된다.

5. 이와 동시에 전자접촉기 MC₂의 주접점이 닫혀 유도전동기는 예비전원으로 운전된다.

6. 예비전원으로 운전 중 PB₄를 누르면 MC₂가 소자되어 유도전동기는 정지되고 예비전원으로 운전표시등 GL은 소등한다.

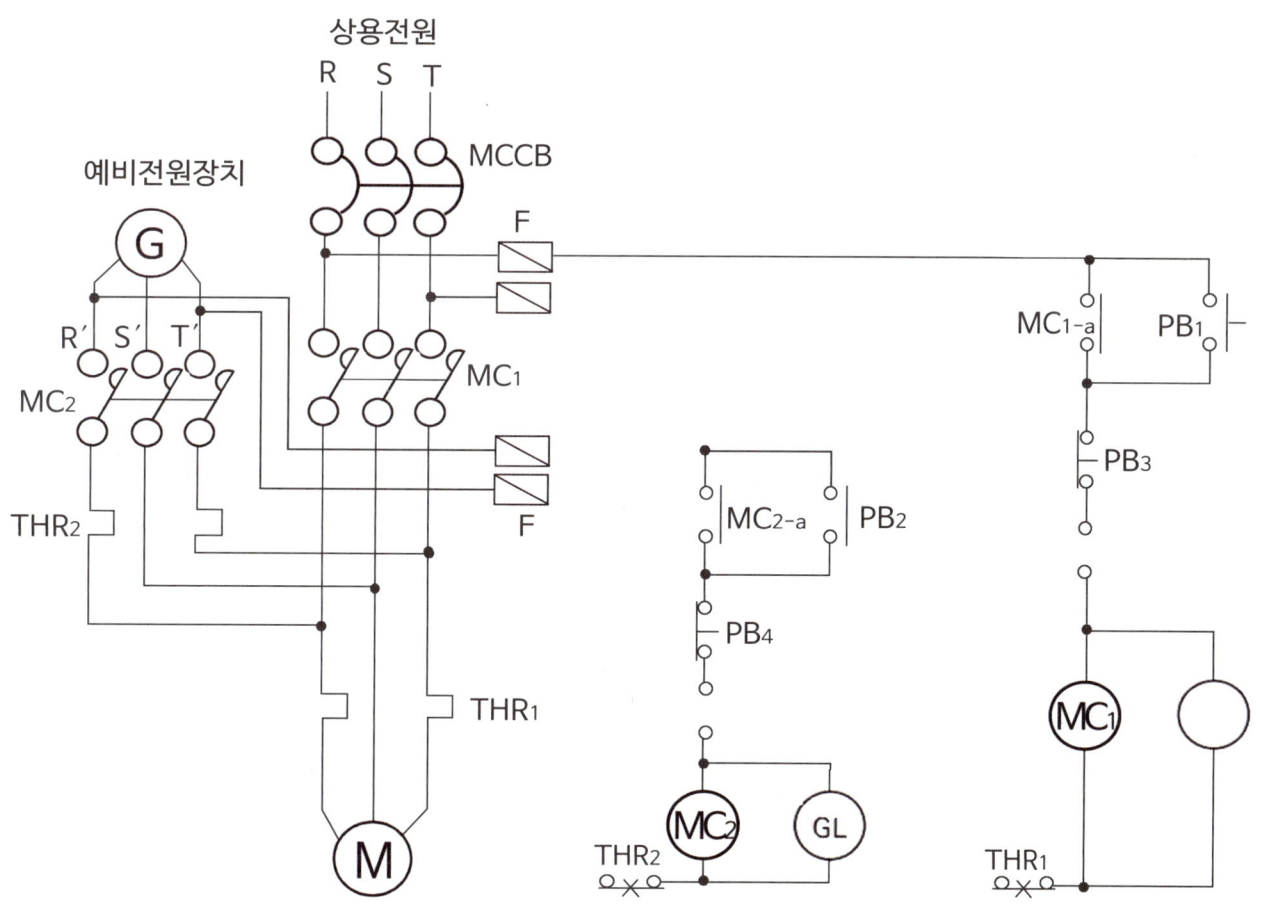

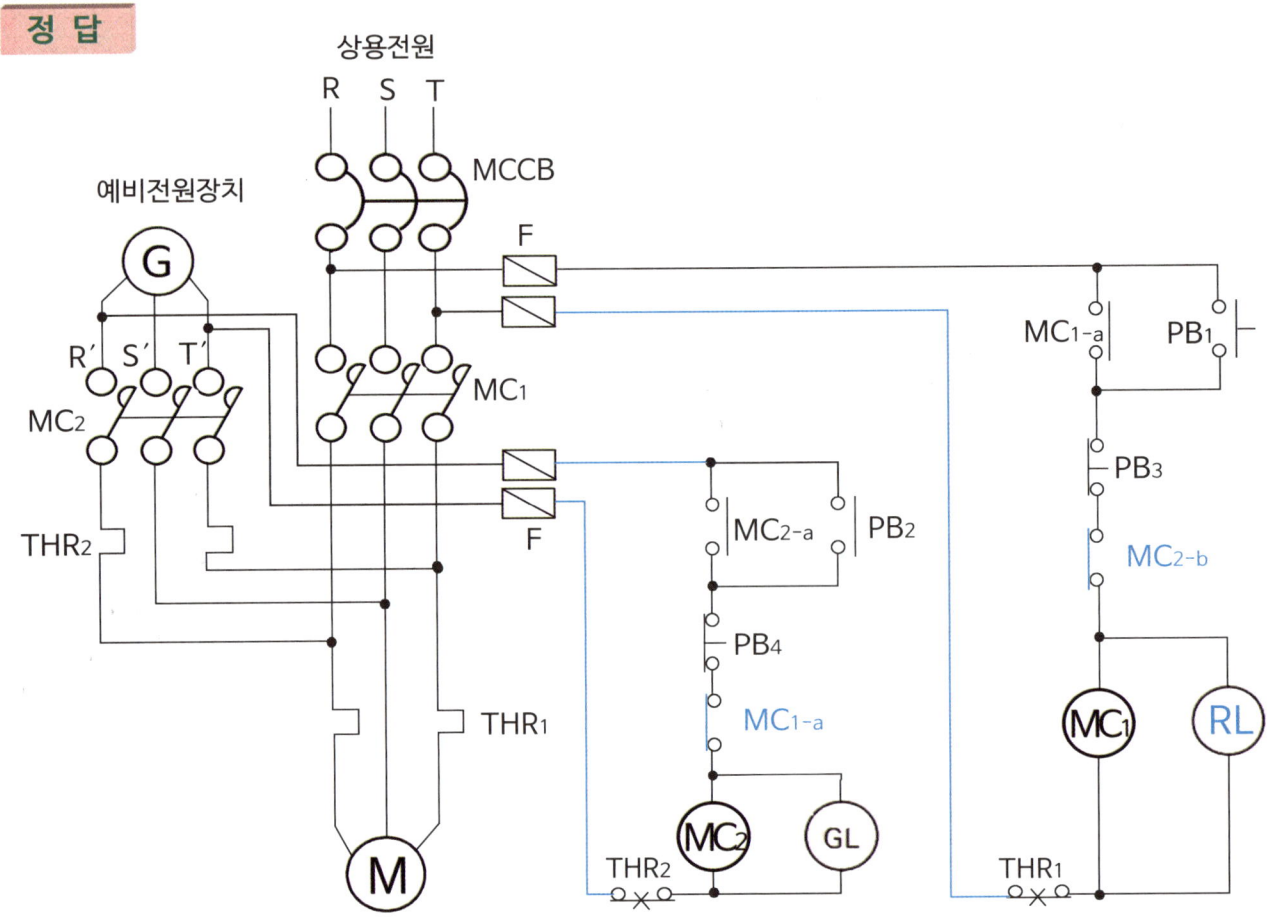

(제어동작 내용) (문제내용)

1. PB₁을 누르면 전자접촉기 MC₁이 여자되고 RL이 점등되며 전자접촉기 보조접점 MC₁-a가 폐로 되어 자기유지 된다.
2. 이와 동시에 전자접촉기 MC₁의 주접점이 닫혀 유도전동기는 상용전원으로 운전된다.

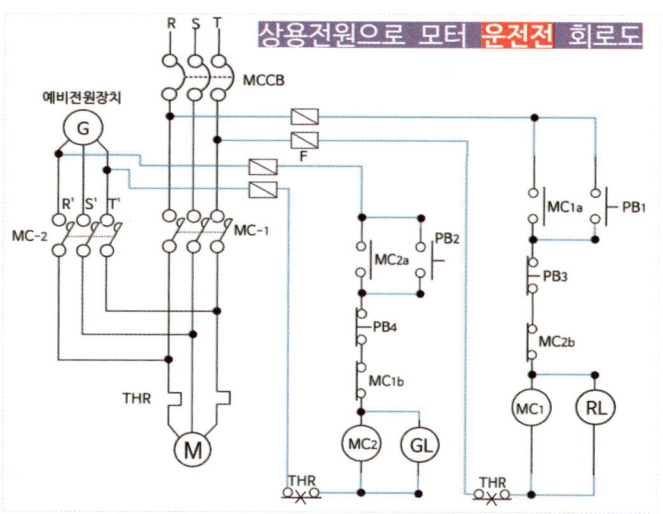

상용전원으로 전동기 기동

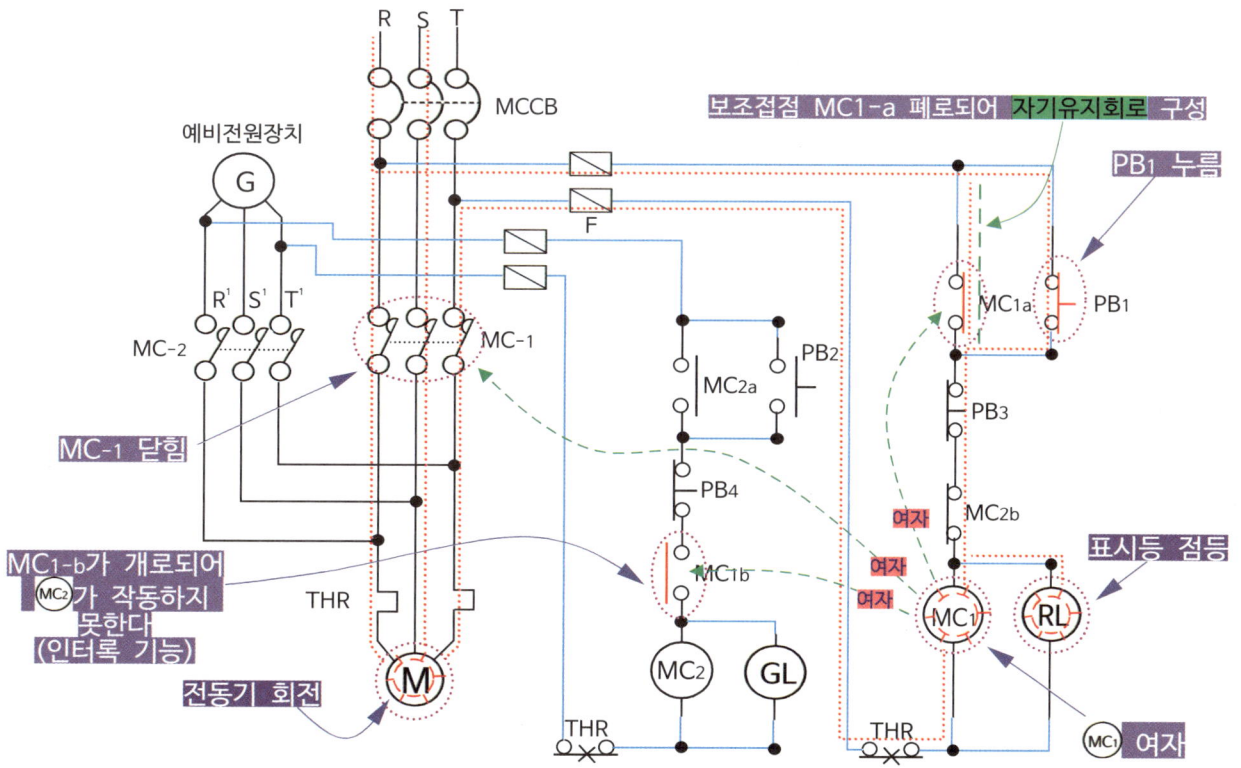

상용전원으로 전동기 기동

작동순서

PB1 누름 → MC1 여자 → MC-1 닫힘 → 표시등 RL 점등

보조접점 MC1-a 폐로되어 자기유지회로 구성 → 전동기 M 회전

MC1-b가 개로되어 MC2가 작동하지 못한다 (인터락 기능)

MC1에 전류가 통하면 코일이 전자석이 되어 MC1의 a,b릴레이 철판을 끌어당겨 모두 작동한다.
MC1a는 접점이 붙고
MC1b는 접점이 떨어진다

개로 開路   폐로 閉路

MC (MC) 소자   MC (MC) 여자

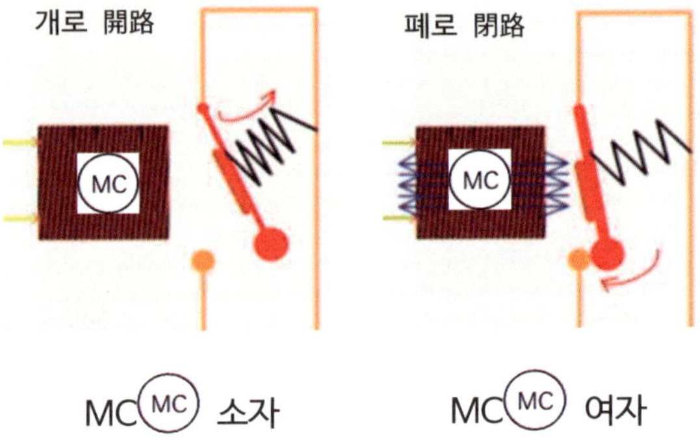

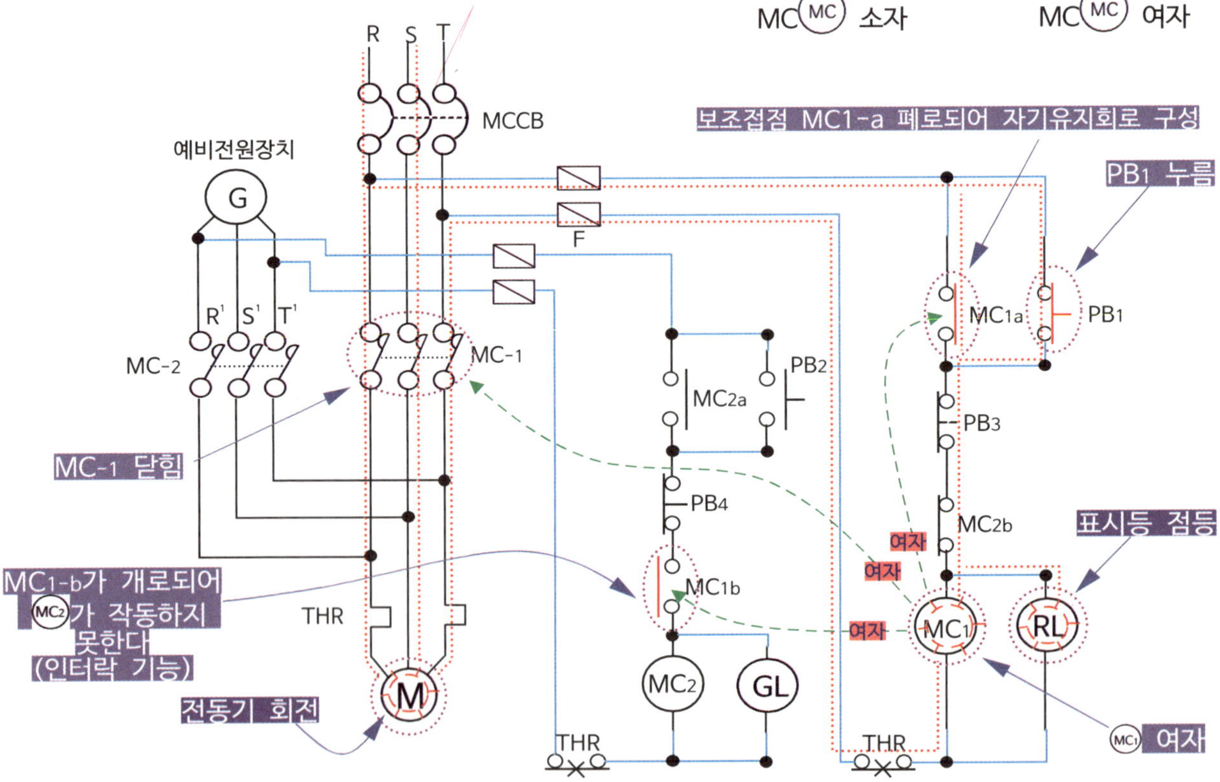

해 설 2

(제어동작 내용) (문제내용)

3. 상용전원으로 운전 중 PB3를 누르면 MC1이 소자되어 유도전동기는 정지하고, 상용전원 운전표시등 RL은 소등된다.

상용전원 전동기 기동정지

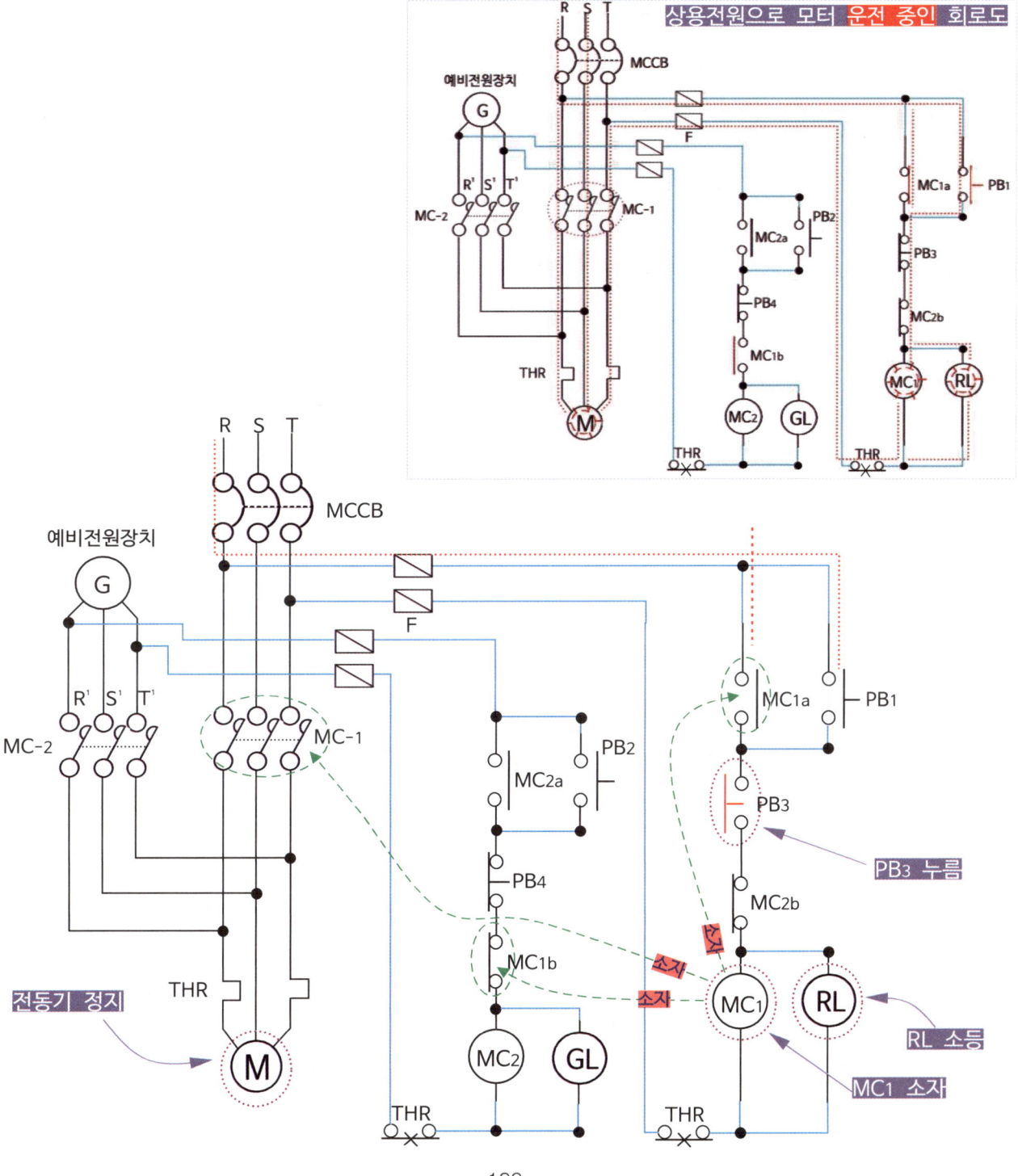

상용전원 전동기 기동정지

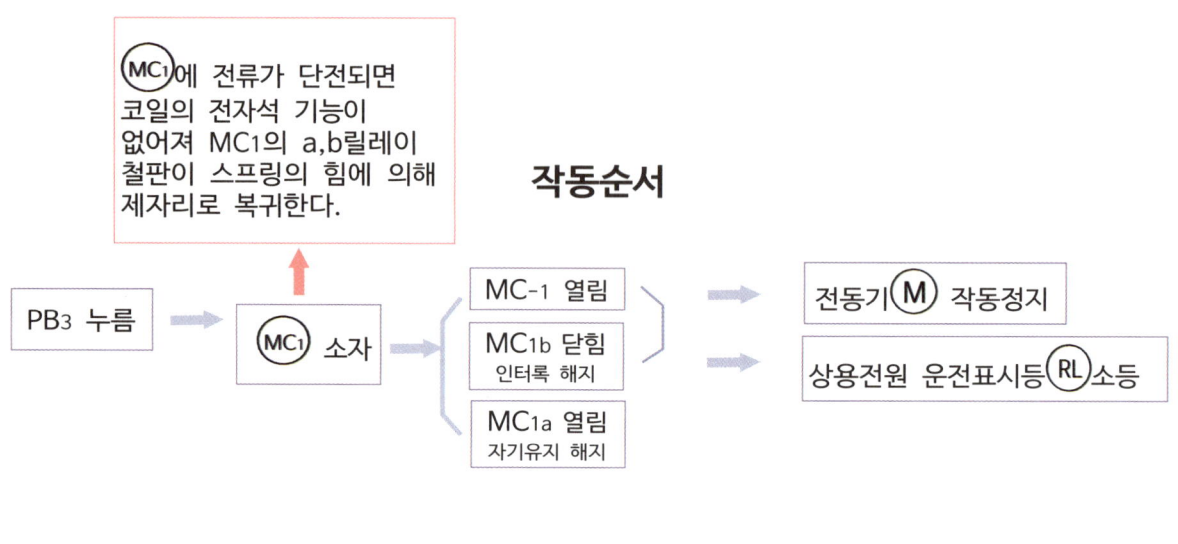

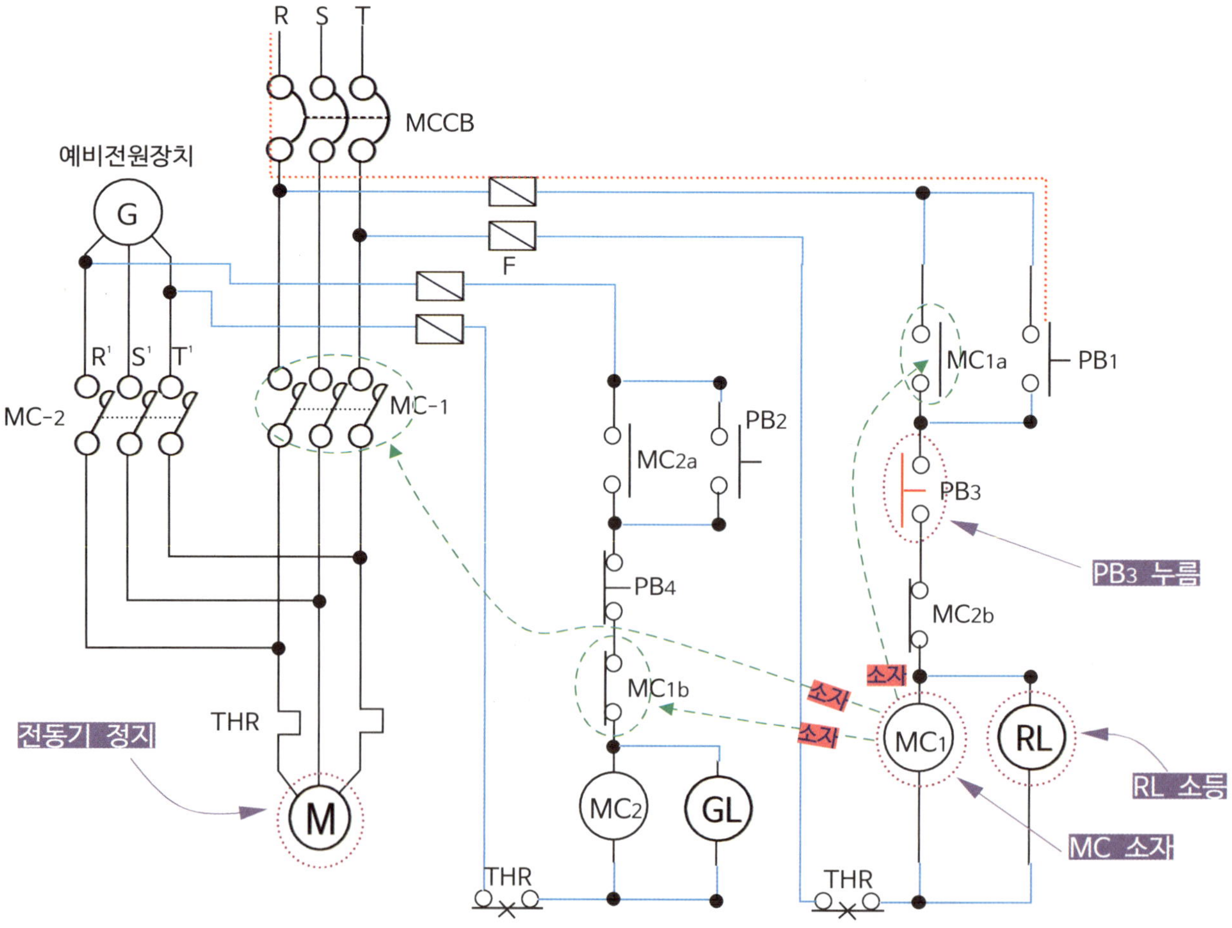

해설 3   예비전원으로 전동기 기동

(제어동작 내용) (문제내용)

4. 상용전원 고장시 예비전원으로 운전하기 위해 PB₂를 누르면 전자접촉기 MC₂가 여자되고 GL이 점등되며 전자접촉기 보조접점 MC₂-a가 폐로되어 자기유지된다.

5. 이와 동시에 전자접촉기 MC₂의 주접점이 닫혀 유도전동기는 예비전원으로 운전된다.

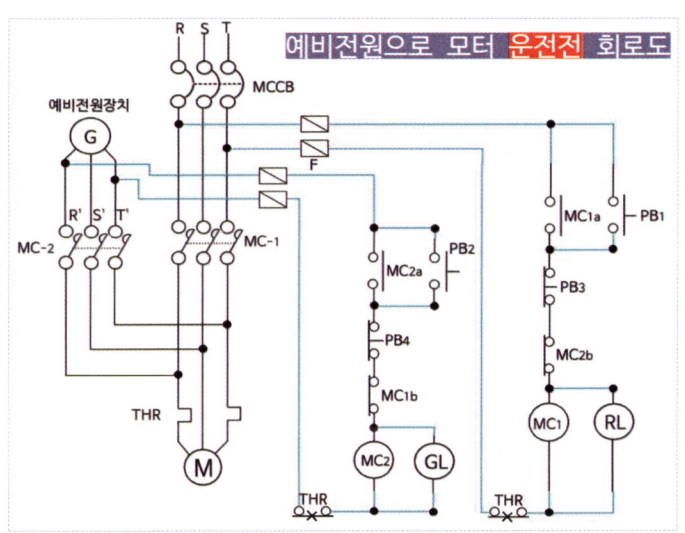

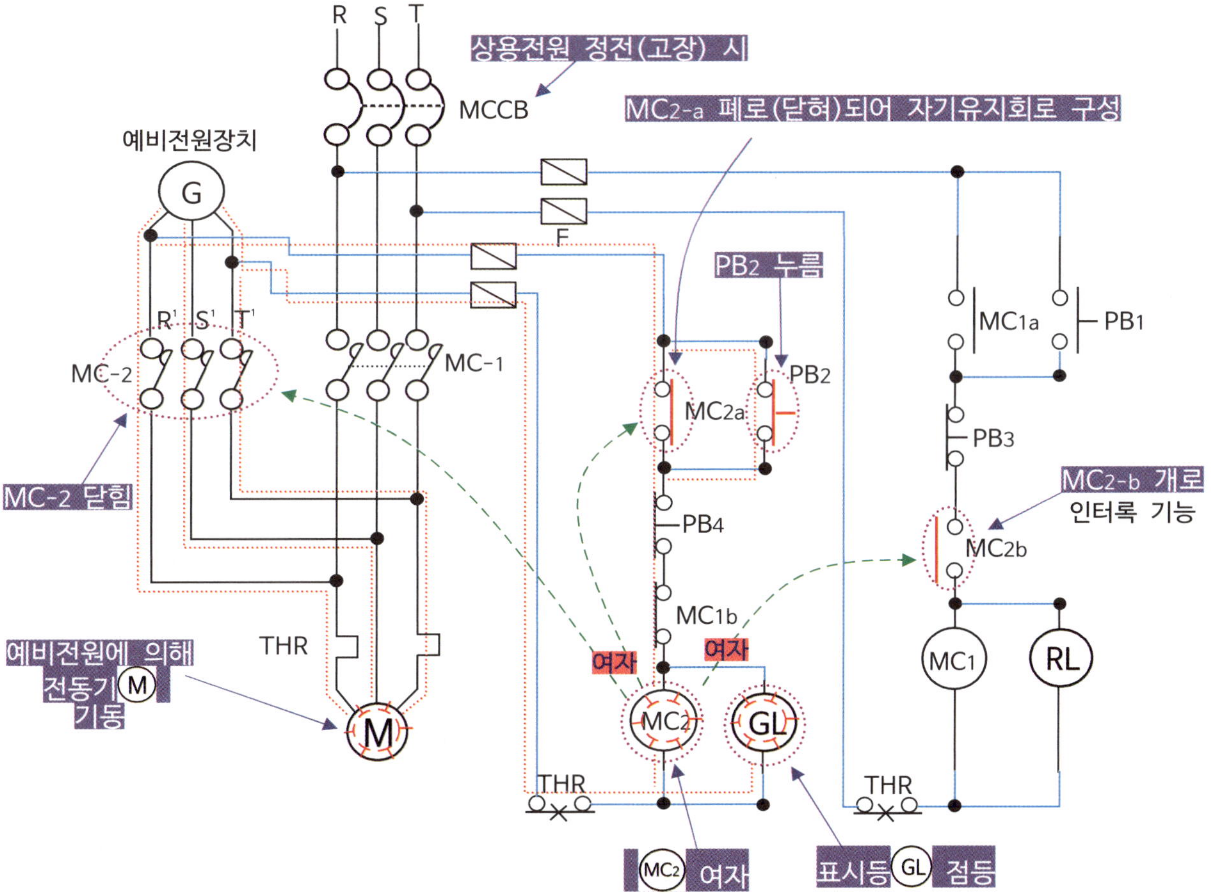

예비전원으로 전동기 기동

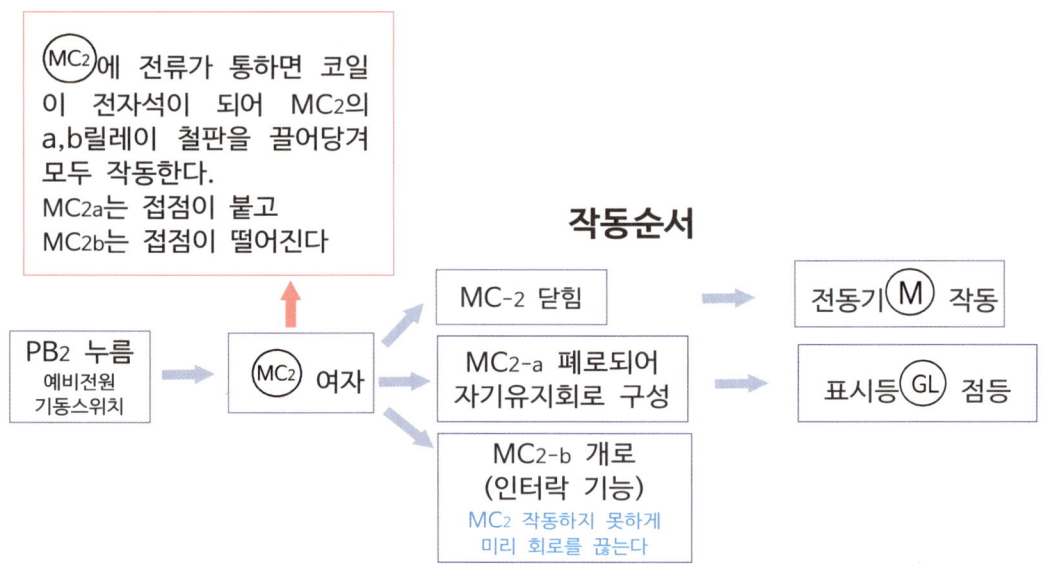

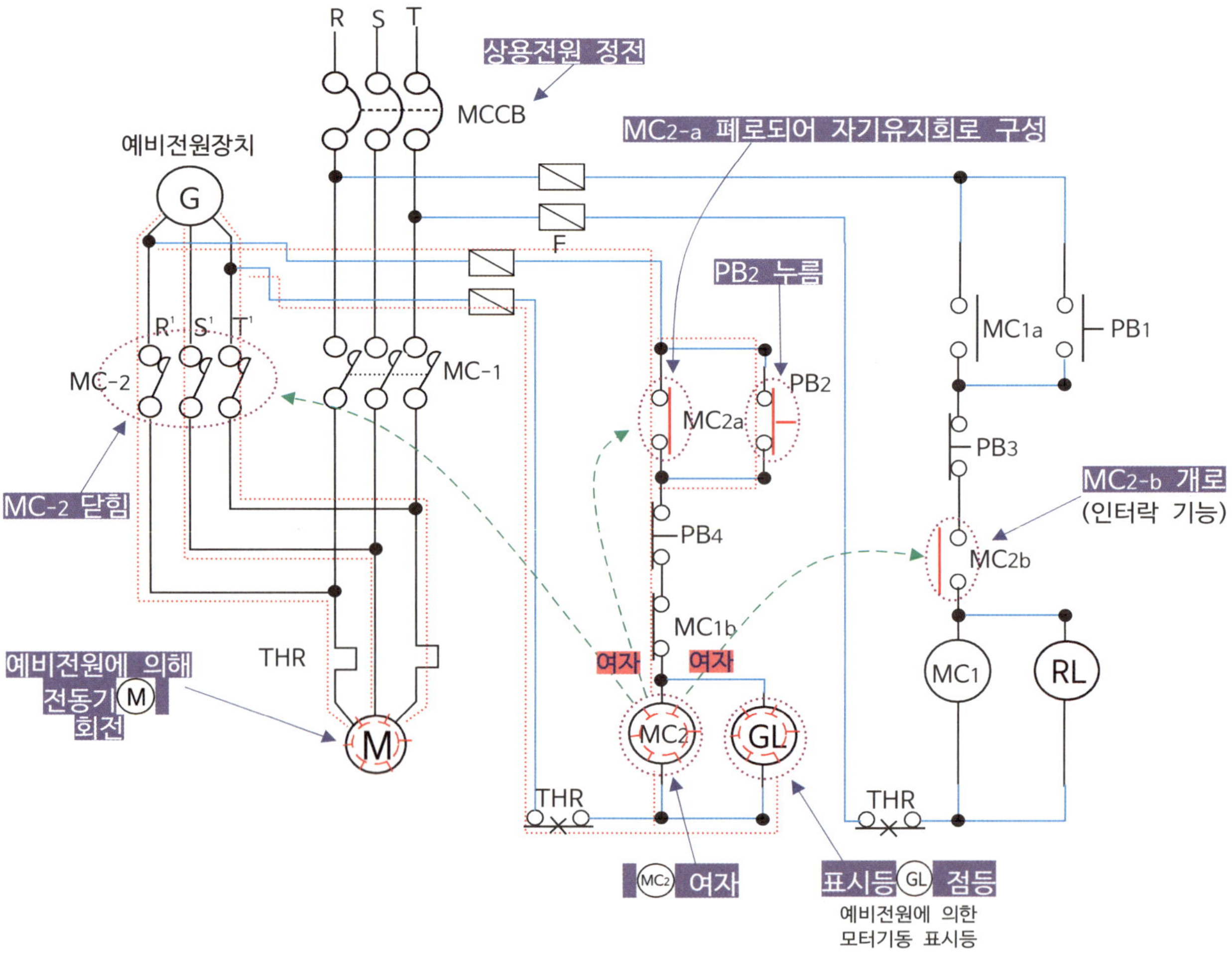

인터락 기능

【작동 조건】　(문제내용)

3. 상용전원의 정전시 PB2를 누르면 MC2가 여자되고 주접점 MC-2가 닫히어 예비전원에 의해 전동기 M이 회전하고 표시등 GL이 점등된다. 또한 보조접점 MC2-a가 폐로되어 자기유지회로가 구성되고 MC2-b가 개로(인터락 기능)되어 MC1이 작동하지 못한다.

인터락(interlock) : 서로 맞물리다

MC2가 여자되면 MC2-b가 열려 MC1이 절대 작동하지 못하게 방해하고, MC1가 여자되면 MC1-b가 열려 MC2이 절대 작동하지 못하게 방해하는 내용을 인터락이라 한다.

작동조건에서도 인터락 기능을 하도록 요구하고 있다.

예비전원으로 전동기 기동

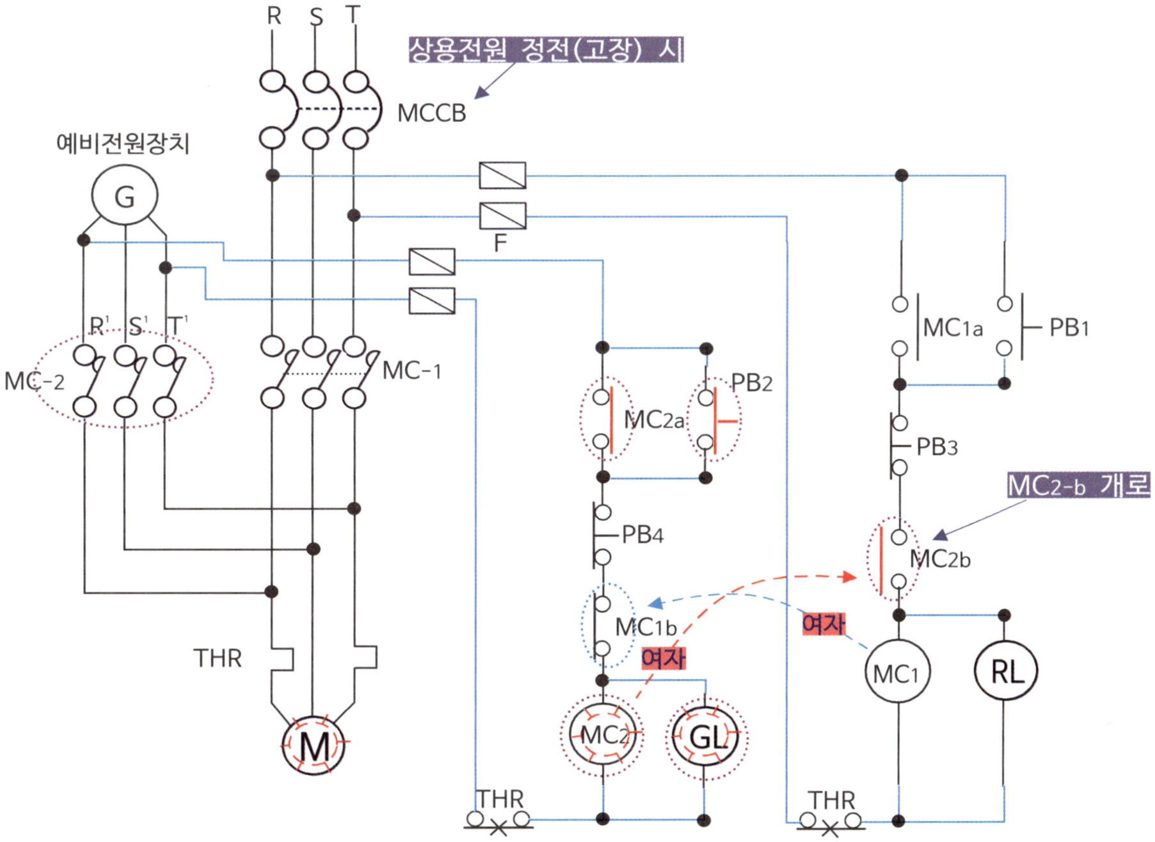

예비전원 전동기 기동정지

해 설 5

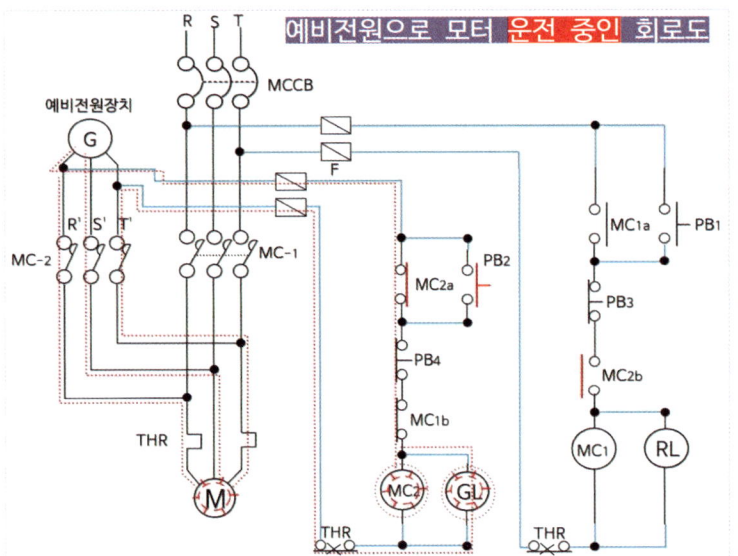

(제어동작 내용) (문제내용)

6. 예비전원으로 운전 중 PB4를 누르면 MC2가 소자되어 유도전동기는 정지되고 예비전원으로 운전표시등 GL은 소등한다.

시퀀스 그리기 Tip

상용전원의 작동누름버튼(PB-on)과 작동정지누름버튼(PB-off), 작동표시등 램프 RL은 직렬로 연결한다.

예비전원의 작동누름버튼(PB-on)과 작동정지누름버튼(PB-off), 작동표시등 램프 GL은 직렬로 연결한다.

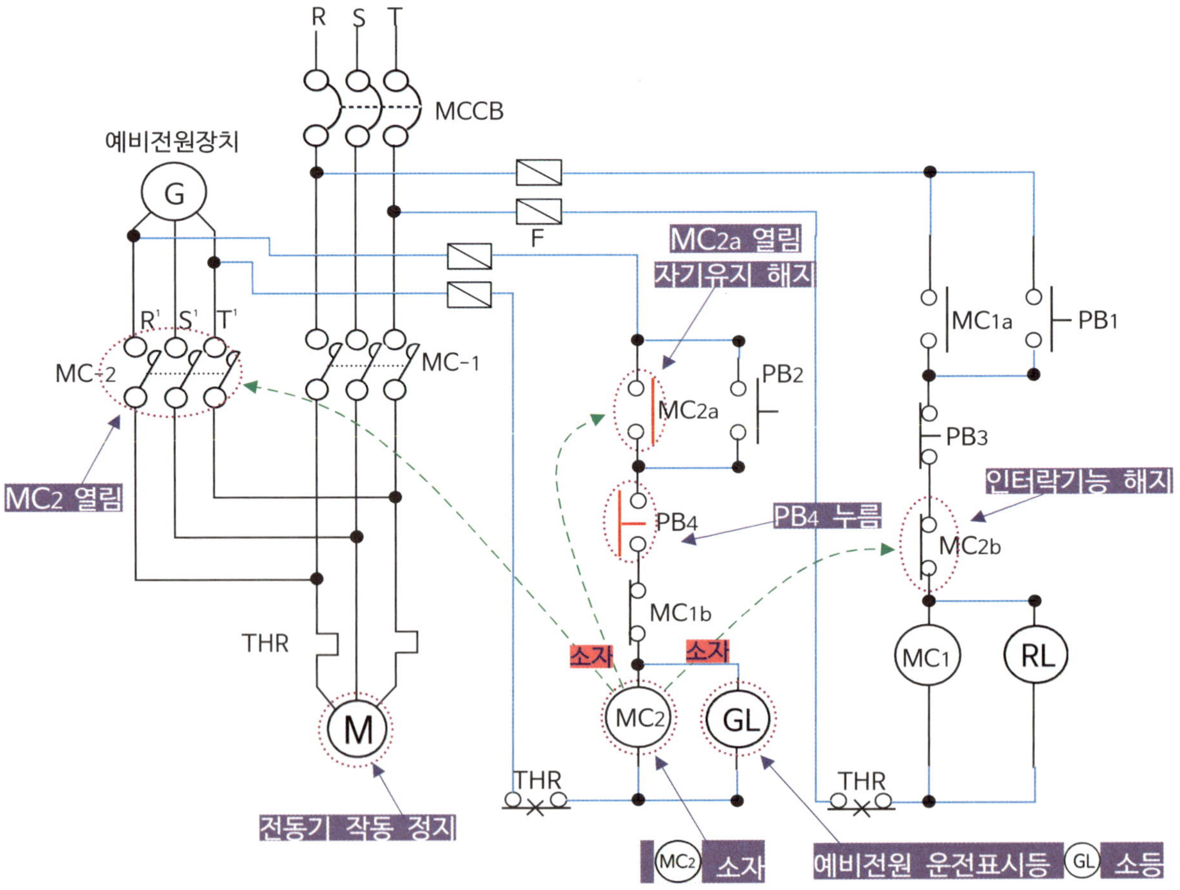

예비전원 전동기 기동정지

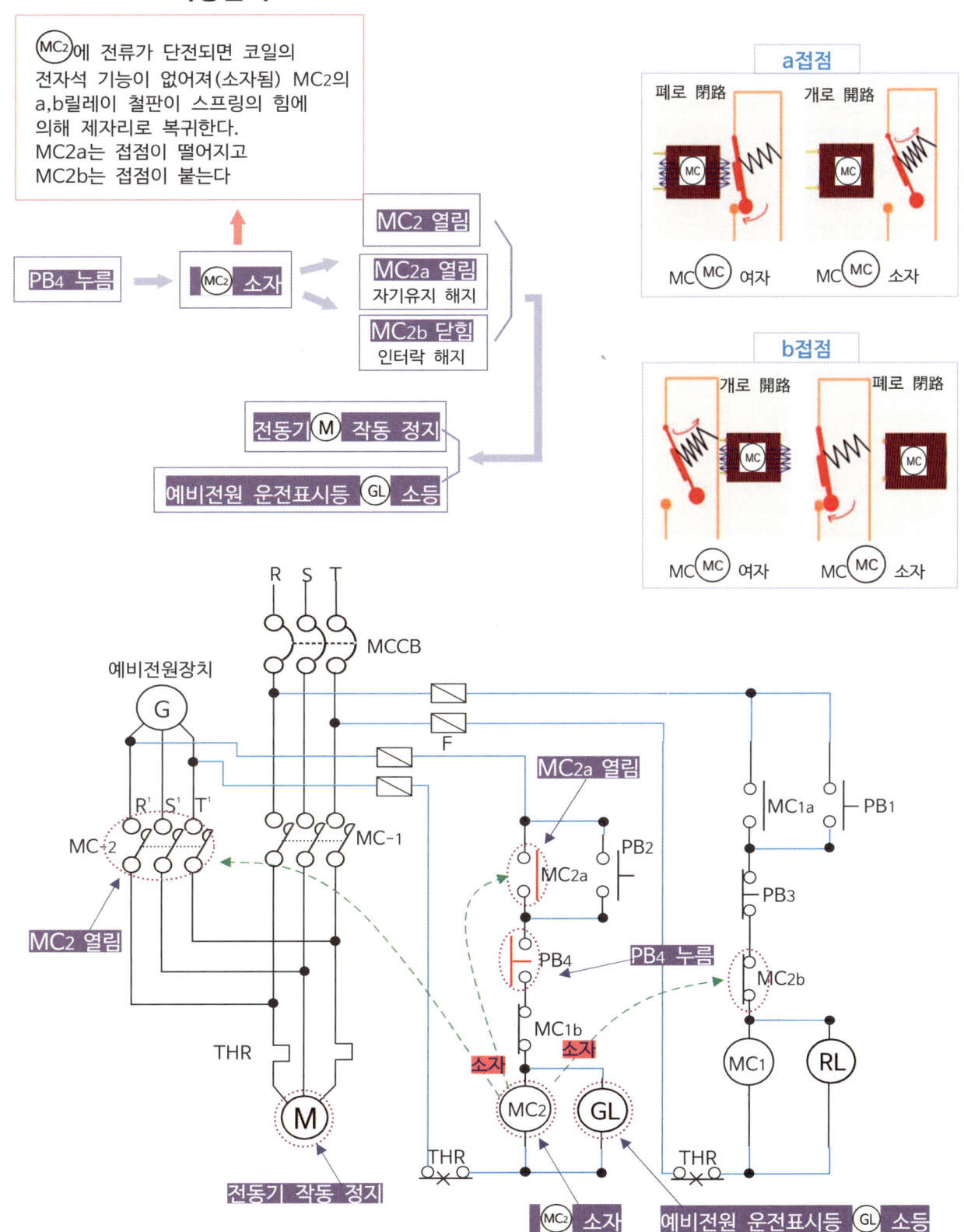

문제 29

2018.11. 2012.4. 2007.4 기출문제

주어진 동작설명에 적합하도록 미완성된 시퀀스회로를 완성하시오.(단, 각 접점 및 스위치의 명칭을 기입하시오.

【동작설명】

1. MCCB를 투입하면 표시램프 GL이 점등되도록 한다.
2. 전동기 운전용 누름버튼스위치 PB-on을 누르면 전자접촉기 MC가 여자되고, MC-a접점에 의해 자기유지되며 전동기가 기동되고, 동시에 전자접촉기 보조접점 a접점인 MC-a접점에 의해 전동기 운전등 RL이 점등된다.
3. 이때 전자접촉기 보조접점 MC-b에 의해 GL이 소등된다.
4. 전동기가 정상운전 중 정지용 누름버튼스위치 PB-off를 누르면 PBS-on을 누르기 전의 상태로 된다.
5. 전동기에 과전류가 흐르면 열동계전기 접점인 THR에 의해 전동기는 정지하고 모든 접점은 최초의 상태로 복귀한다.

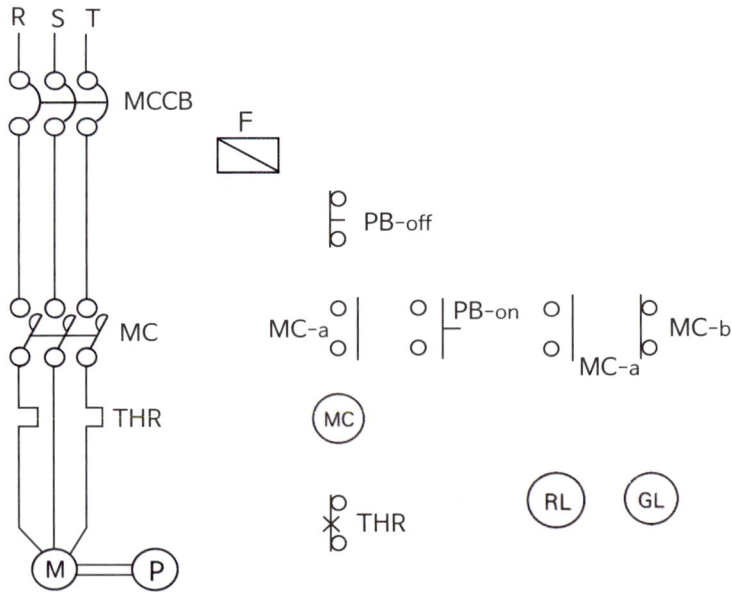

전동기를 수동으로 기동, 정지하는 시퀀스 회로 문제

정답

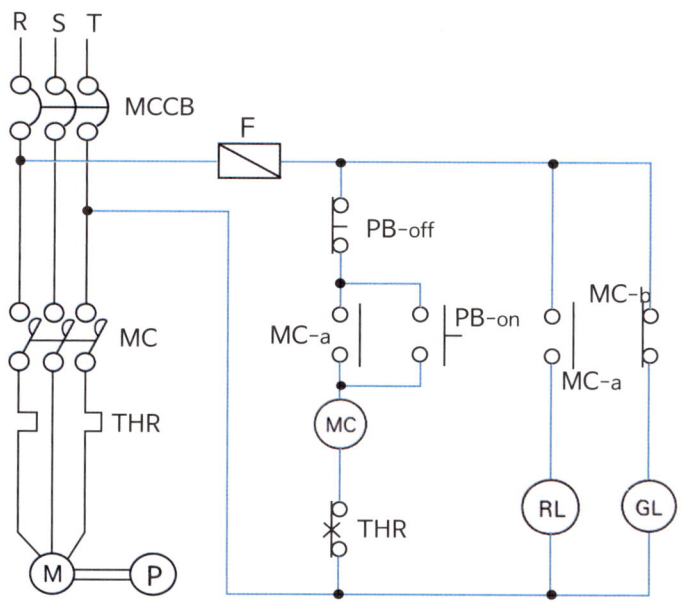

시퀀스 그리기 Tip

전원표시등 GL(GL)은 MCCB가 투입되면 평소에 GL램프(전원표시등)가 점등되게 전류가 들어오는 MCCB선과 GL램프는 직접연결하고, PB-on 스위치가 작동하여 (MC)가 여자되면 (GL)램프가 소등되게 회로상에 MC-b접점을 설치하면 된다.

작동누름버튼(PB-on)과 작동정지누름버튼(PB-off), (MC)는 직렬로 연결한다. 그래야 각각의 작동신호가 (MC)에 전달되어 ON, OFF의 기능을 할 수 있다.

모터기동표시등 램프 RL(RL)은 작동누름버튼(PB-on)과 작동정지누름버튼(PB-off)은 직렬로 연결하는 방법도 되고, 정답과 같이 전류가 들어오는 선과 직접연결하여 연결선상에 MC-a접점을 설치하여 (MC)가 여자되면 (RL)램프(모터 기동표시등)가 점등되게 그리면 된다.

열동계전기(THR)는 PB-on, PB-off, (MC)와 직렬 연결하여 ON,OFF 작동이 되지 않게 차단할 수 있는 위치에 설치해야 한다. 답안과 같이 (MC) 이후의 선에 설치해도 되며, PB-off 스위치 이전에 설치해도 된다

해설 1

【동작설명】 1. MCCB를 투입하면 표시램프 GL이 점등되도록 한다.(문제 내용)

해설 : 전원표시등 GL은 MCCB가 투입되면 평소에 GL램프(전원표시등)가 점등되게 전류가 들어오는 선과 GL램프는 직접연결하면 된다. 소등은 RL램프(모터 기동표시등)가 점등되면 소등되게 하면 된다. 그러므로 MC가 여자되면 RL램프가 점등되게 RL램프 설치된 선에 MC-a점점을 설치하고, MC가 여자되면 GL램프가 소등되게 GL램프 설치된 선에 MC-b점점을 설치하면 된다.

a접점은 평소에 열려 있고(접점이 떨어져 있다), b접점은 평소에 닫혀 있고(접점이 붙어 있다)

기호	명칭
(M)	전동기
(MC)	전자접촉기 MC
〰〰〰	전자접촉기 MC
⌐	열동계전기 THR
(GL)	녹색등 (전원 표시등)
(RL)	빨간색등 (펌프기동표시등)
〰〰〰	차단기 MCCB

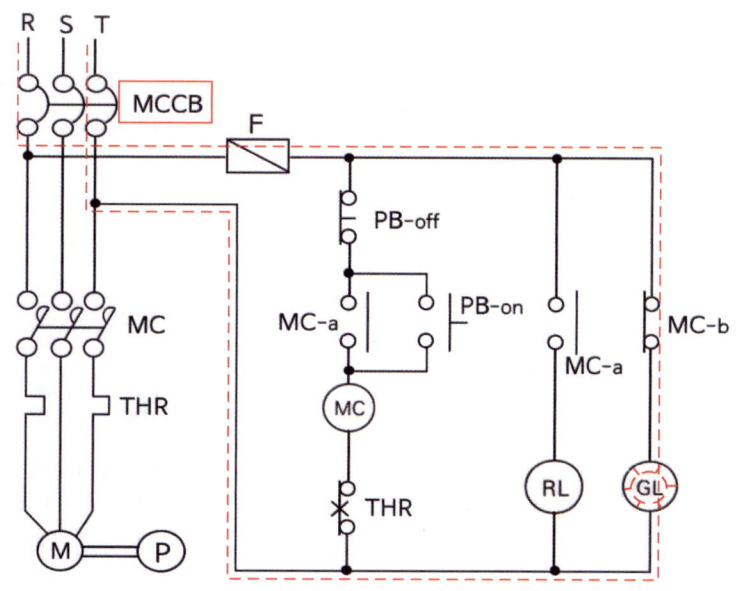

해설 2 【동작설명】 (문제 내용)

2. 전동기 운전용 누름버튼스위치 PB-on을 누르면 전자접촉기 (MC)가 여자되고, MC-a접점에 의해 자기유지되며 전동기 (M)가 기동되고, 동시에 전자접촉기 보조접점 a접점인 MC-a접점에 의해 전동기 운전등 RL(RL)이 점등된다.

3. 이때 전자접촉기 보조접점 MC-b에 의해 GL(GL)이 소등된다.

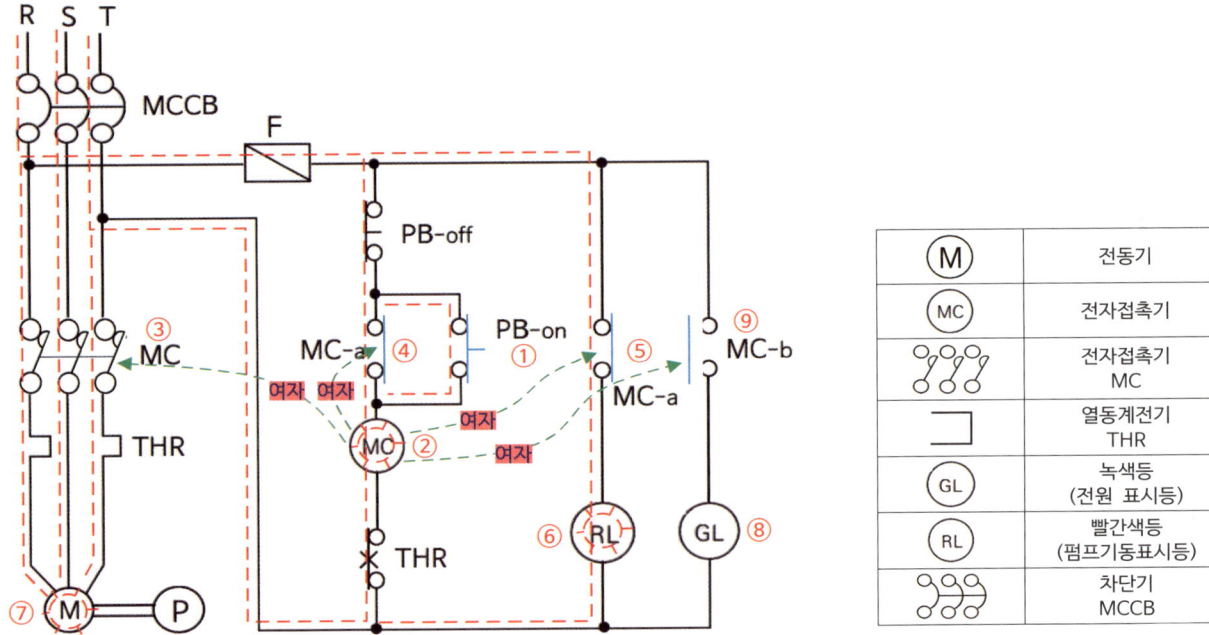

작동 흐름

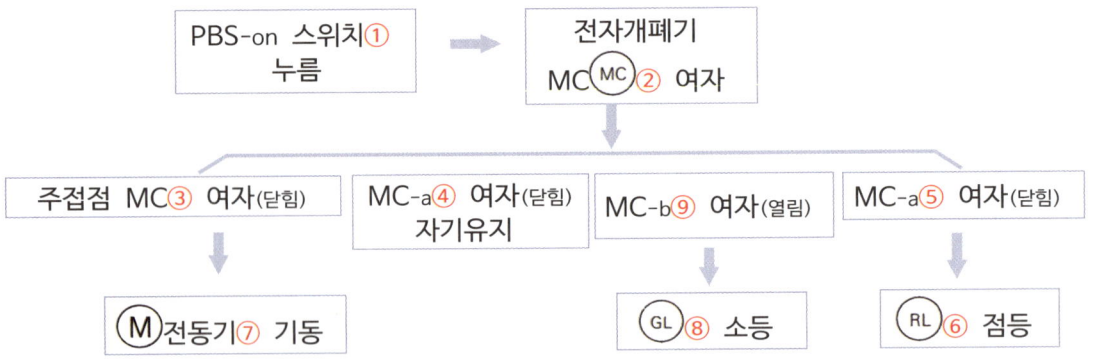

여자(勵磁) : 전자 릴레이, 전자접촉기, 타이머 등의 코일에 전류가 흘러서 전자석으로 되는 것.
소자(消磁) : 전자코일에 흐르고 있는 전류를 차단하여 자력을 잃게 하는 것.
자기유지 : 버튼을 1번 누르면 누른 상태로 작동회로가 계속 유지되게 하는 현상을 말한다.
　　　　　　버튼에서 손을 떼어 버튼 작동이 복구되어도(전류가 차단되어도) 릴레이가 작동한 회로는 작동상태로 계속 유지되는 현상을 말한다.

해설 3 　【동작설명】 (문제 내용)

4. 전동기가 정상운전 중 정지용 누름버튼스위치 PB-off를 누르면 PB-on을 누르기 전의 상태로 된다.

　　시퀀스 그림의 빨간점선 표기와 같이 통전되고 있는 선로에 PB-off를 눌러 MC로 가는 전류를 차단하면
　　MC가 소자되어 전동기 기동이 멈추고, MC-b접점도 소자되어 GL램프가 점등하게 된다.

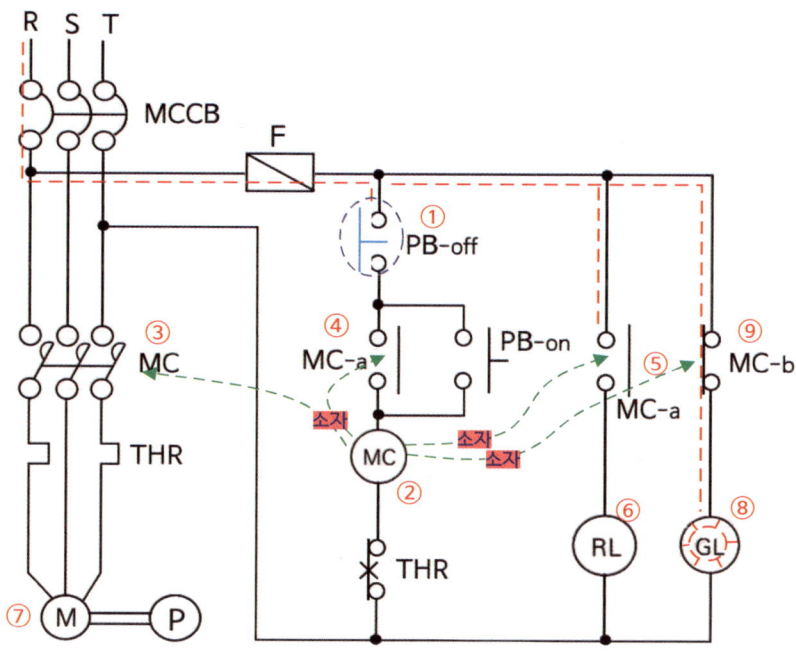

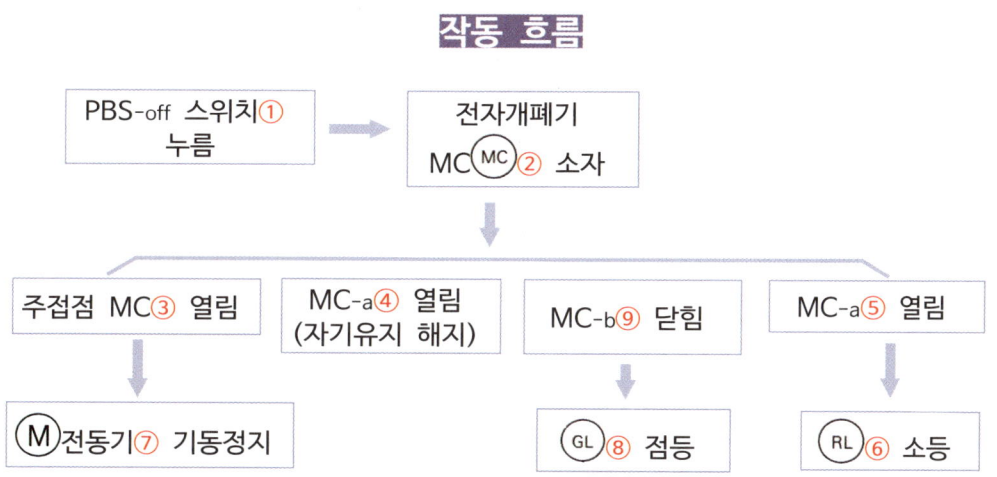

해설 4 　【동작설명】(문제 내용)

5. 전동기에 과전류가 흐르면 열동계전기 접점인 THR에 의해 전동기는 정지하고 모든 접점은 최초의 상태로 복귀한다.

　　과전류의 정도에 따라 과전류 세기가 약하면 F(퓨즈)만 끊어 질 수도 있고,
　　과정류 세기가 강하면 MCCB가 차단될 수도 있다.

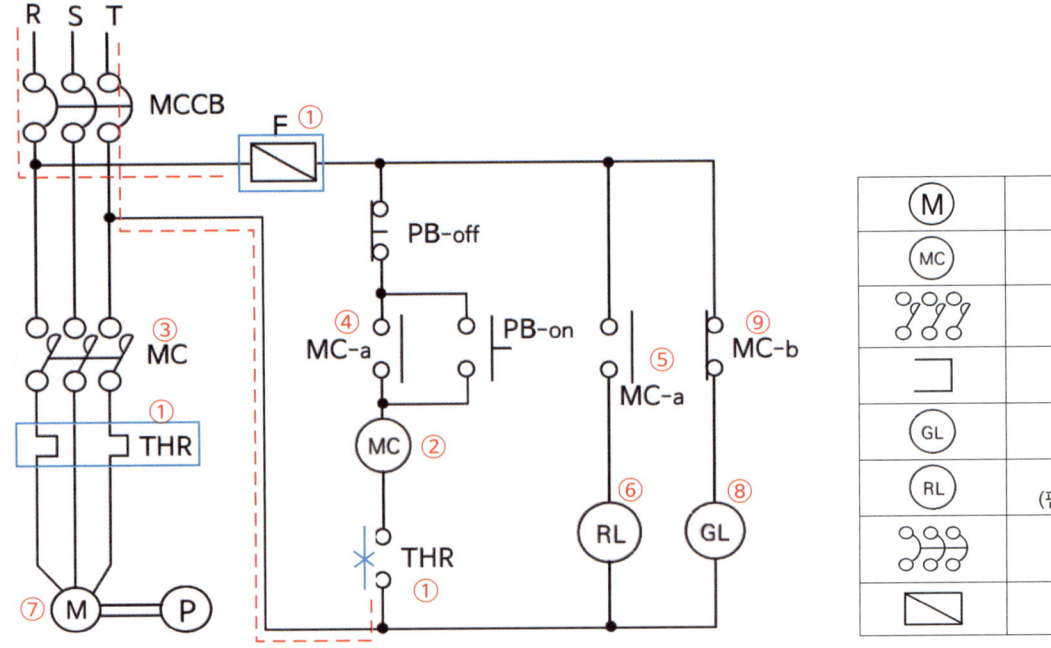

작동 흐름

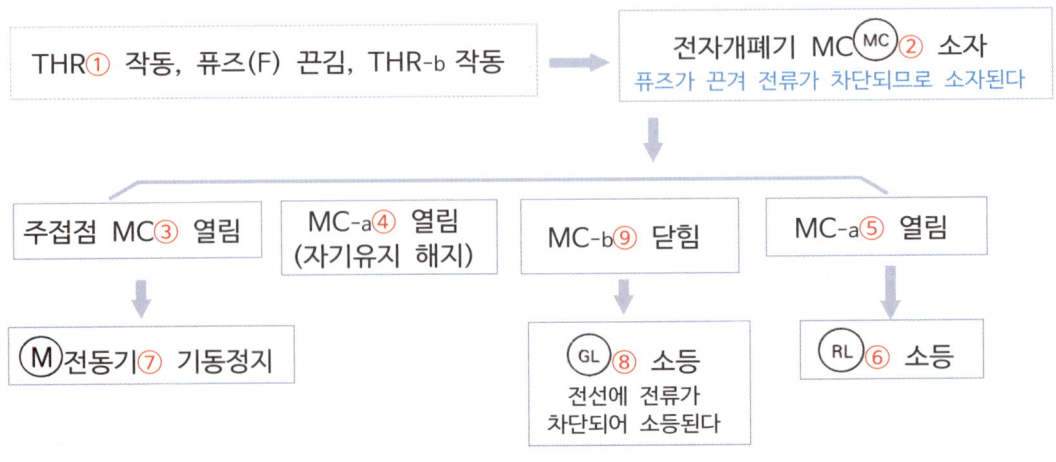

문제 30

2017.4. 2012.11. 1997.8. 기출문제

비상방송설비에서 자동화재탐지설비의 지구음향장치를 작동시킬 수 있는 미완성 결선도를 조건과 범례를 이용하여 완성하여 그리시오.

【범 례】

- ─o o─ : 작동스위치
- o⫽o : 절환스위치
- o⊥o : 정지스위치
- Ⓧ : 계전기
- ═o o═ : 감지기
- Ⓑ : 경종

【조 건】

1. 작동스위치를 누르거나 화재에 의해 감지기가 감지하면 계전기 X1이 여자되어 자기유지되며, 자기유지 접점 X1-a 접점 동작에 의해 경종이 울린다.
2. 정지스위치를 누르면 계전기 X1이 소자되고 경종이 작동을 중지한다.
3. 작동스위치 또는 감지기에 의해 경종 작동 중 절환스위치를 비상방송설비로 절환하면 계전기 X2가 여자되고 X2-b 접점에 의해 경종이 작동을 중지한다.

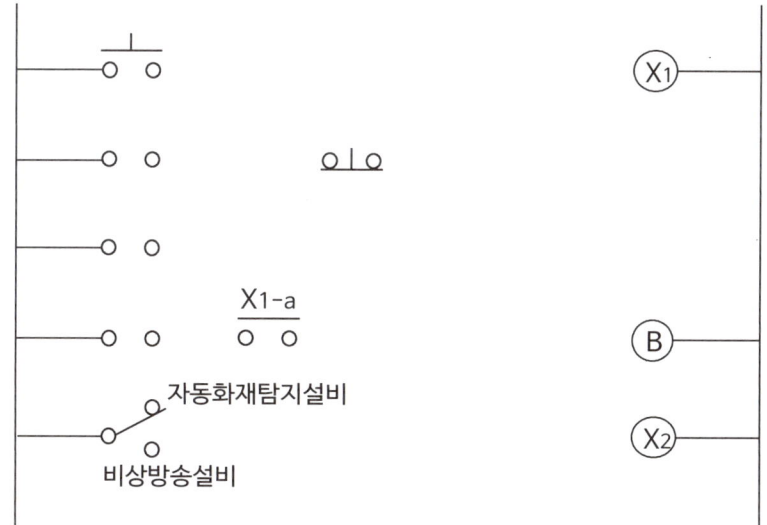

정답

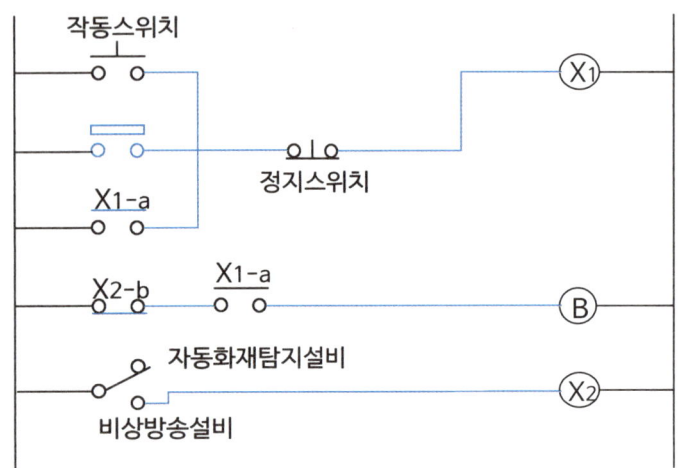

시퀀스 그리기 Tip

- **자동화재탐지설비**의, 작동스위치, 감지기, X1-a는 **병렬연결**한다.

- (작동스위치, 감지기, X1-a - 병렬)와 정지스위치, X₁은 **직렬연결**한다.

- 벨 Ⓑ은, 작동스위치를 누르거나, 감지기가 작동하면 경종이 울리게 해야 하며, 정지스위치를 누르면 경종작동이 중지되야 한다. 그러므로, 경종이 설치된 선로에 X₁ 여자되면 작동하는 X1-a릴레이를 설치해야 한다. 비상방송설비가 작동할 때에는 벨 Ⓑ이 정지되어야 하므로 X₂ 여자되면 작동하는 X2-b릴레이를 설치해야 한다.

- **자기유지회로 설치**한다. 작동스위치가 작동하면 X₁의 작동이 유지되게 X1-a릴레이를 설치한다

해설 1

【조 건】 (문제 내용)

1. 작동스위치①를 누르거나 화재에 의해 감지기②가 감지하면 계전기 X1③이 여자되어 자기유지되며, 자기유지 접점 X1-a④ 접점 동작에 의해 경종⑤이 울린다. (문제 내용)

계전기 X₁여자, 전자접촉기 Ⓜ₁ ⓂC Ⓜ ⑧⑧여자, 릴레이 Ⓡ여자 모두 동일하게 전자석이 되어 여자되면 a접점은 붙고, b접점은 떨어진다.

작동전 상태

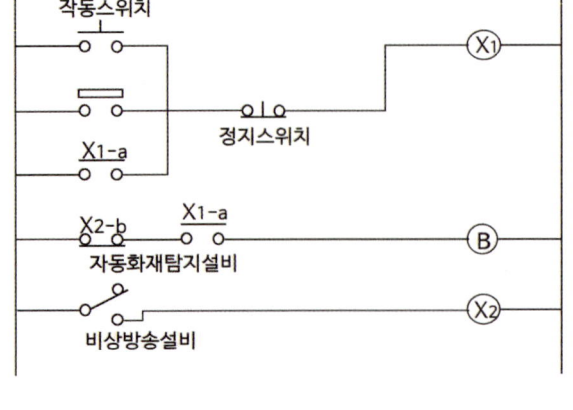

작동후 상태

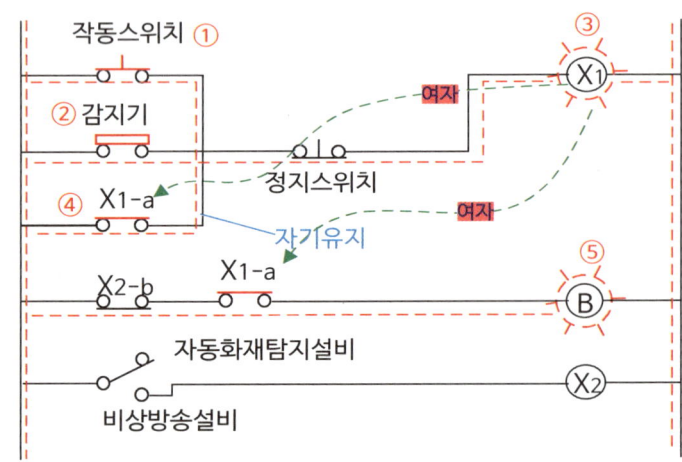

해설 2

【조 건】 (문제 내용)

2. 정지스위치①를 누르면 계전기 X1②이 소자되고 X1-a③ 접점이 떨어져 경종④이 작동을 중지한다.

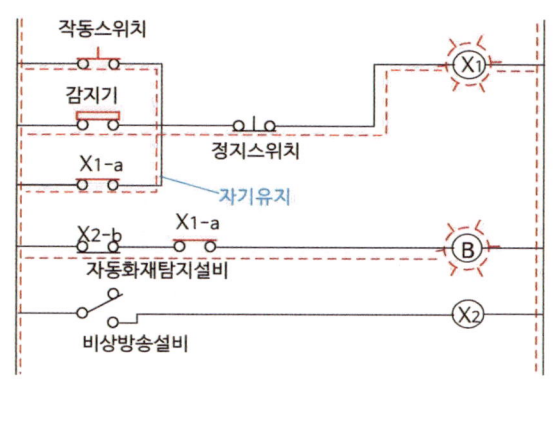

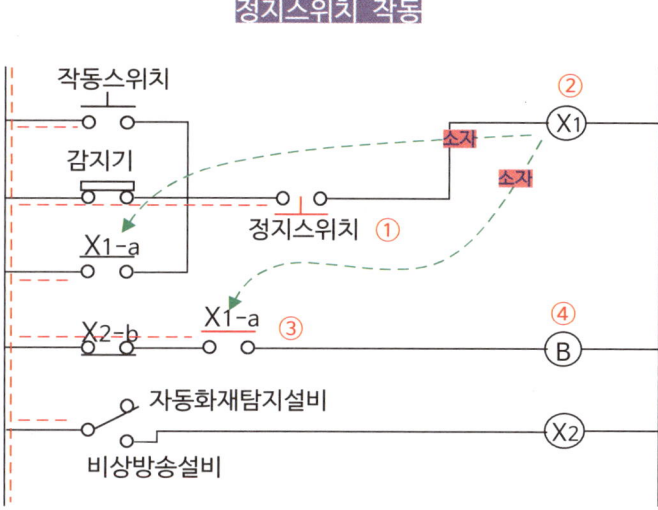

해설 3

【조 건】 (문제 내용)

3. 작동스위치 또는 감지기에 의해 경종 작동 중 절환스위치①를 비상방송설비로 절환하면 계전기 X2②가 여자되고 X2-b③ 접점이 떨어져 경종이 작동을 중지한다.

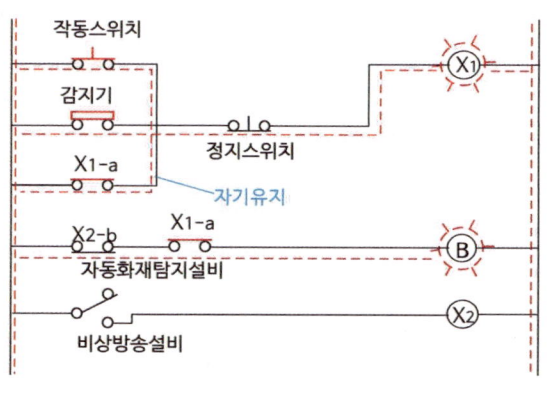

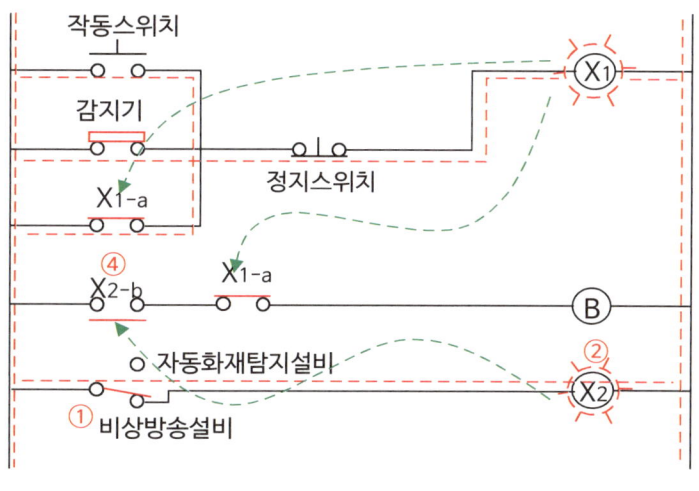

문제 31

2011.11. 기출문제

도면은 상용전원과 예비전원의 절환회로이다. 다음의 제어동작에 적합하도록 미완성된 부분을 완성하시오.

1. PB1을 누르면 전자접촉기 M1이 여자되고 RL이 점등되며 전자접촉기 보조접점 MC1-a가 폐로되어 자기유지 된다.
2. 이와 동시에 전자접촉기 MC1의 주접점이 닫혀 유도전동기는 상용전원으로 운전된다.
3. 상용전원으로 운전 중 PB3을 누르면, MC1이 소자되어 유도전동기는 정지하고, 상용전원 운전표시등 RL은 소등한다.
4. 상용전원 고장시 예비전원으로 운전하기 위해 PB2를 누르면 전자접촉기 MC2가 여자되고 GL이 점등되며 전자접촉기 보조접점 MC2-a가 폐로되어 자기유지된다.
5. 이와 동시에 전자접촉기 MC2의 주접점이 닫혀 유도전동기는 예비전원으로 운전된다.
6. 예비전원으로 운전 중 PB4를 누르면 MC2가 소자되어 유도전동기는 정지되고 예비전원 운전표시등 GL은 소등한다.

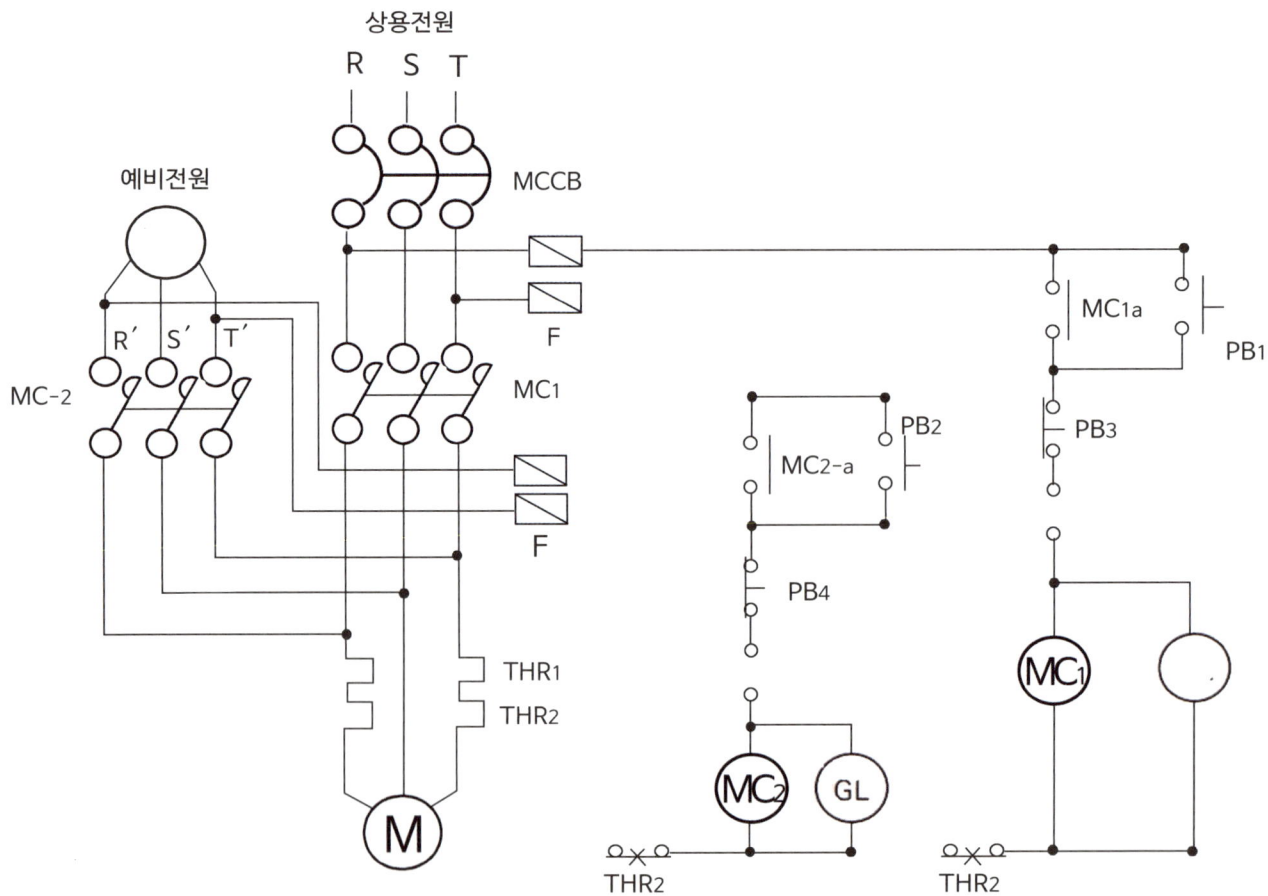

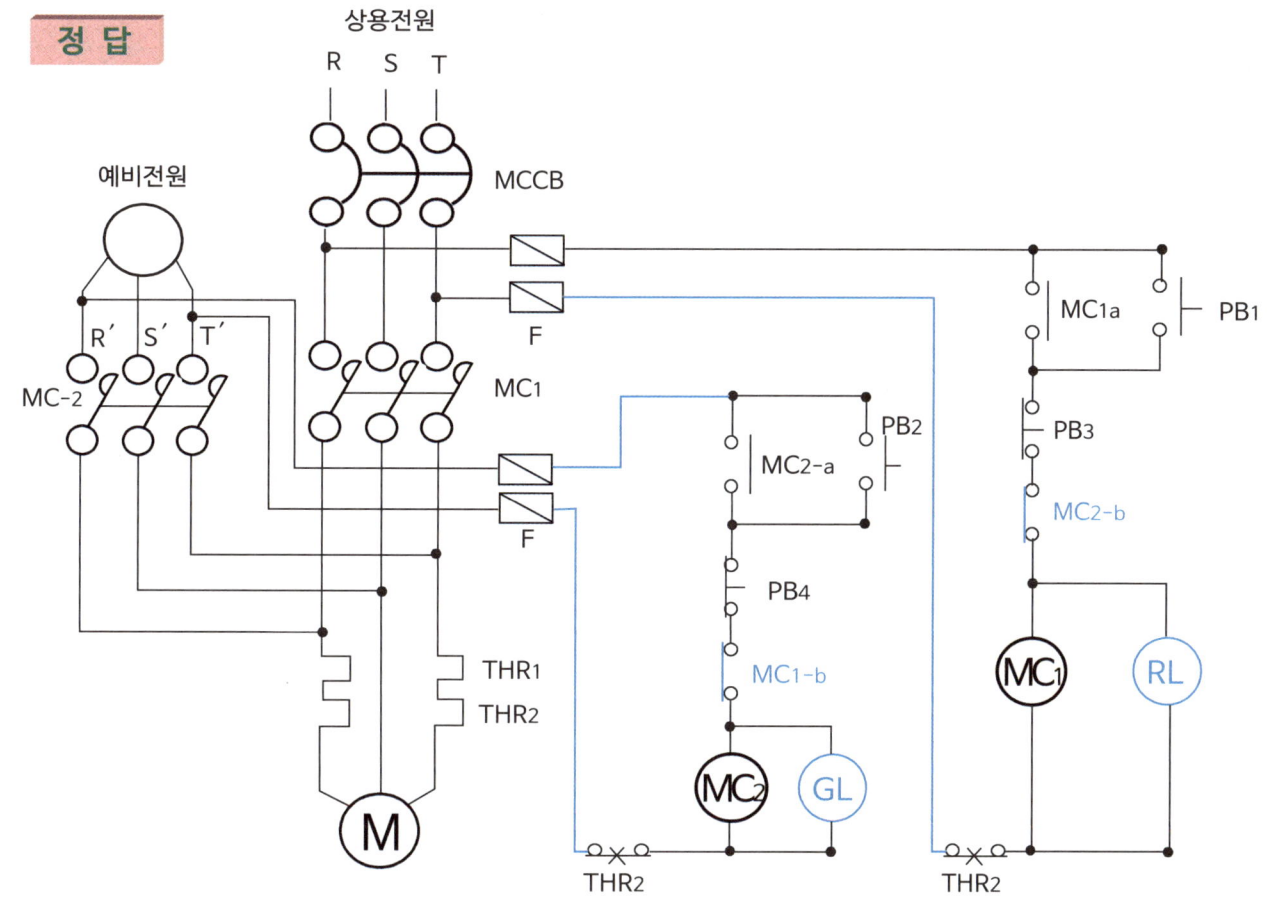

시퀀스 그리기 Tip

● 상용전원 작동누름버튼(PB1)과 작동정지누름버튼(PB3), 작동표시등 RL, (MC)는 직렬로 연결한다. 그래야 작동신호가 각각 MC에 전달되어 ON, OFF의 기능을 할 수 있다.

● 예비전원 작동누름버튼(PB2)과 작동정지누름버튼(PB4), 작동표시등 GL, (MC)는 직렬로 연결한다. 그래야 작동신호가 각각 MC에 전달되어 ON, OFF의 기능을 할 수 있다.

● 인터록 기능 회로 설치
상용전원 작동누름버튼(PB1)과 작동정지누름버튼(PB3)을 직렬로 연결한 회로에 예비전원 MC-2b접점을 설치해서 인터록이 되게 한다.

예비전원 작동누름버튼(PB2)과 작동정지누름버튼(PB2)을 직렬로 연결한 회로에 상용전원 MC-1b접점을 설치해서 인터록이 되게 한다.

● 자기유지 회로 설치
작동누름버튼(PB1), (PB2)에 자기유지회로 MC1a, MC2-a를 병렬회로 설치한다.

해설 1

상용전원으로 운전

【문제의 조건】
1. PB₁을 누르면 전자접촉기 M₁이 여자되고 RL이 점등되며 전자접촉기 보조접점 MC₁-a가 폐로되어 자기유지 된다.
2. 이와 동시에 전자접촉기 MC₁의 주접점이 닫혀 유도전동기는 상용전원으로 운전된다.

작동순서

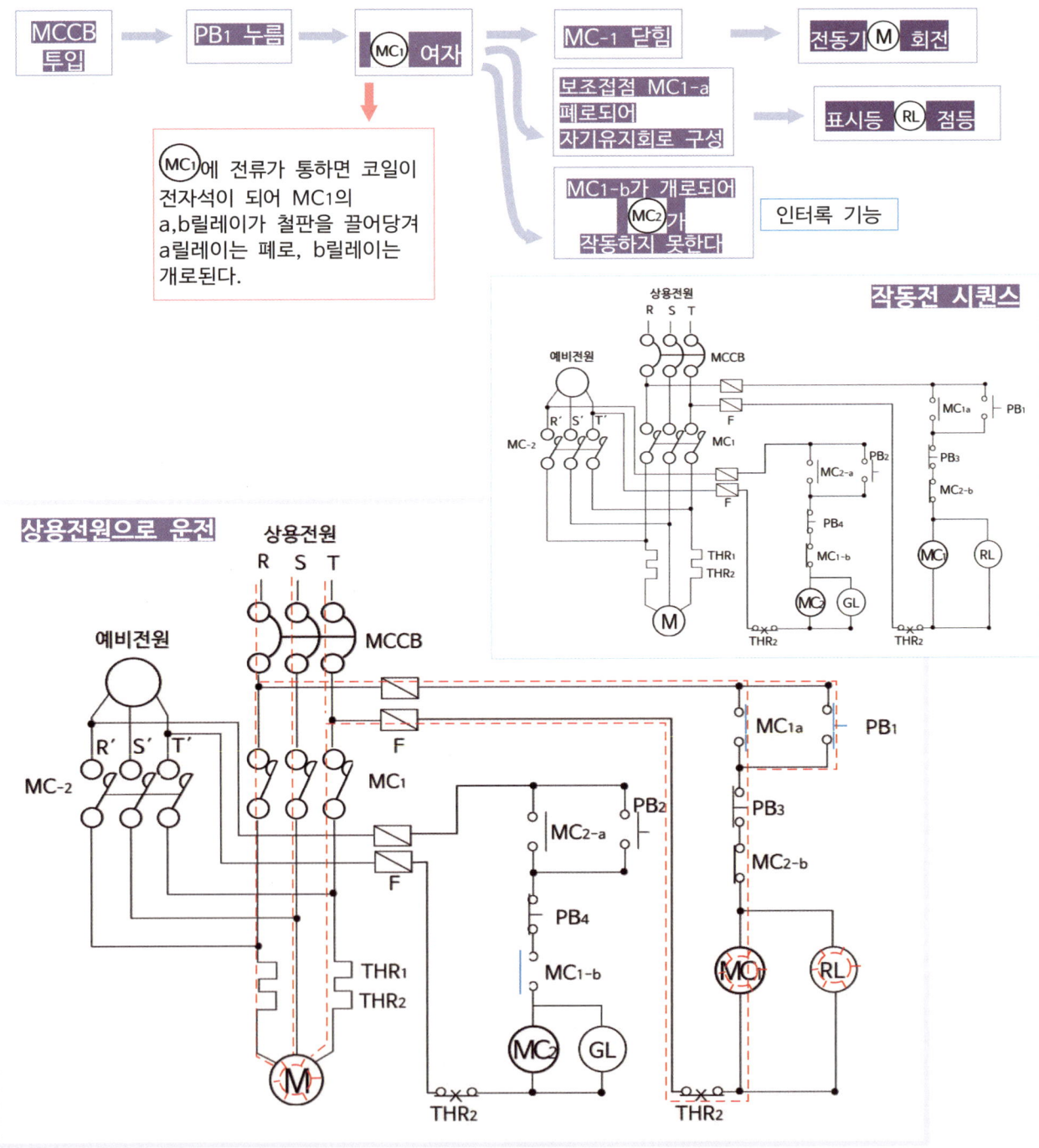

해설 2

상용전원 운전 정지

【문제의 조건】
3. 상용전원으로 운전 중 PB3을 누르면, MC1이 소자되어 유도전동기는 정지하고, 상용전원 운전 표시등 RL은 소등한다.

작동순서

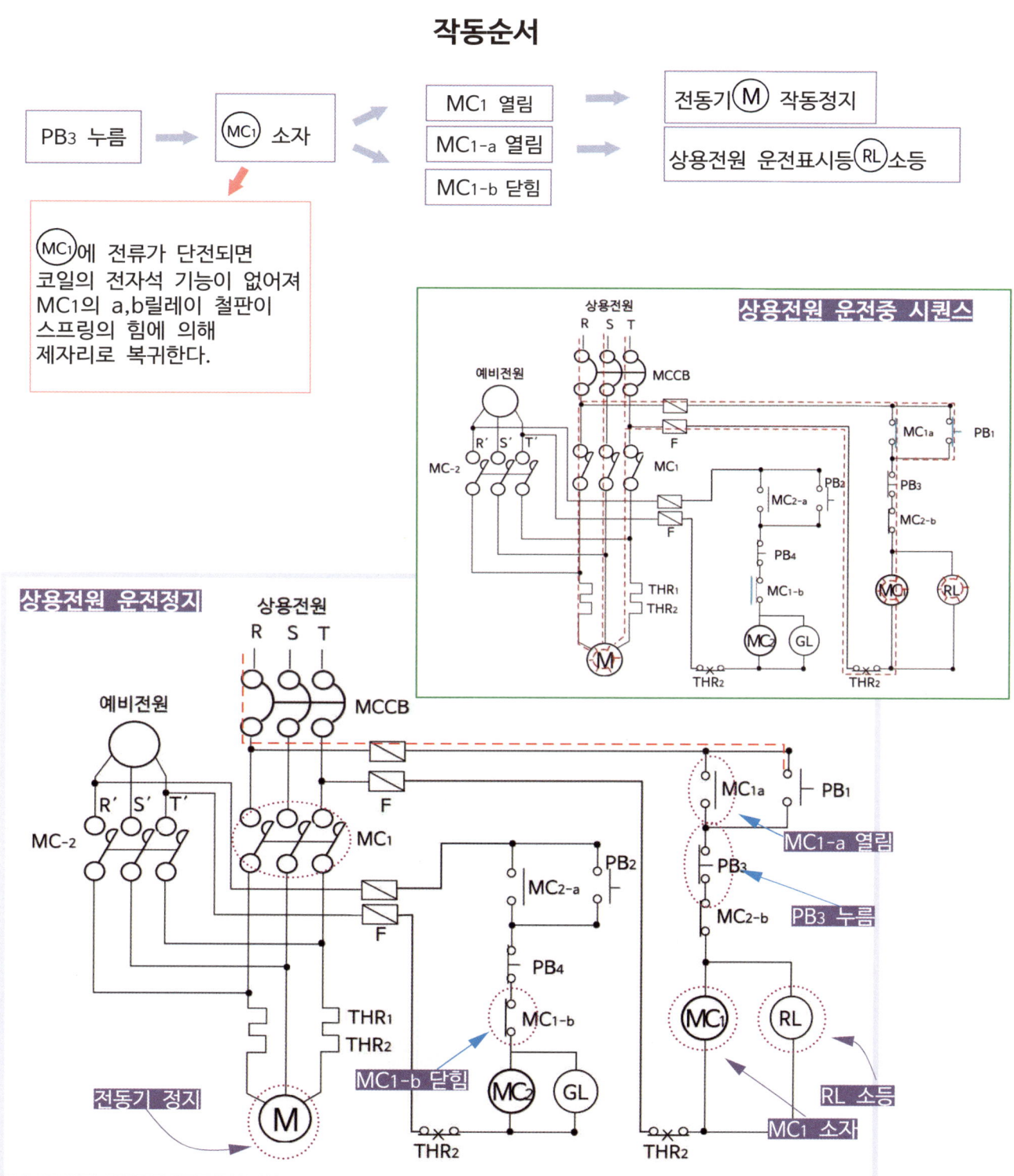

해설 3

예비전원으로 운전

【문제의 조건】

4. 상용전원 고장시 예비전원으로 운전하기 위해 PB2를 누르면 전자접촉기 MC2가 여자되고 GL이 점등되며 전자접촉기 보조접점 MC2-a가 폐로되어 자기유지된다.
5. 이와 동시에 전자접촉기 MC2의 주접점이 닫혀 유도전동기는 예비전원으로 운전된다.

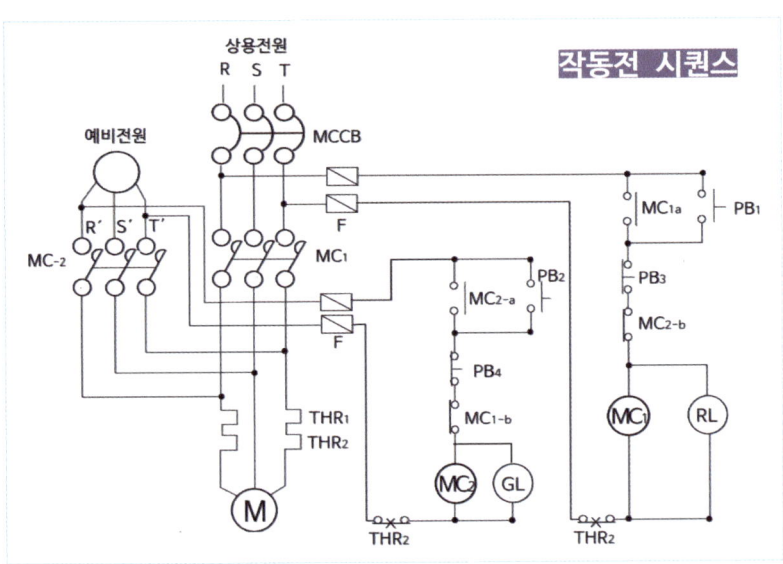

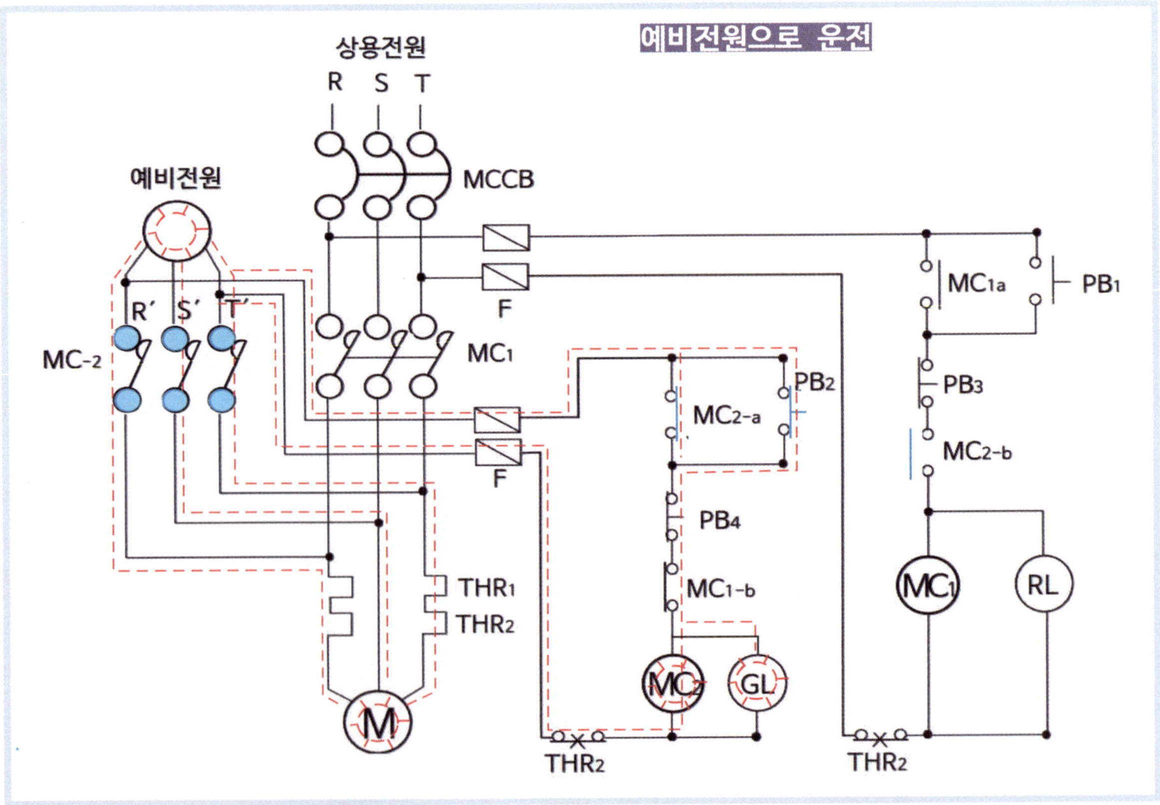

해설 4

예비전원 운전 정지

【문제의 조건】

6. 예비전원으로 운전 중 PB4를 누르면 MC2가 소자되어 유도전동기는 정지되고 예비전원 운전 표시등 GL은 소등한다.

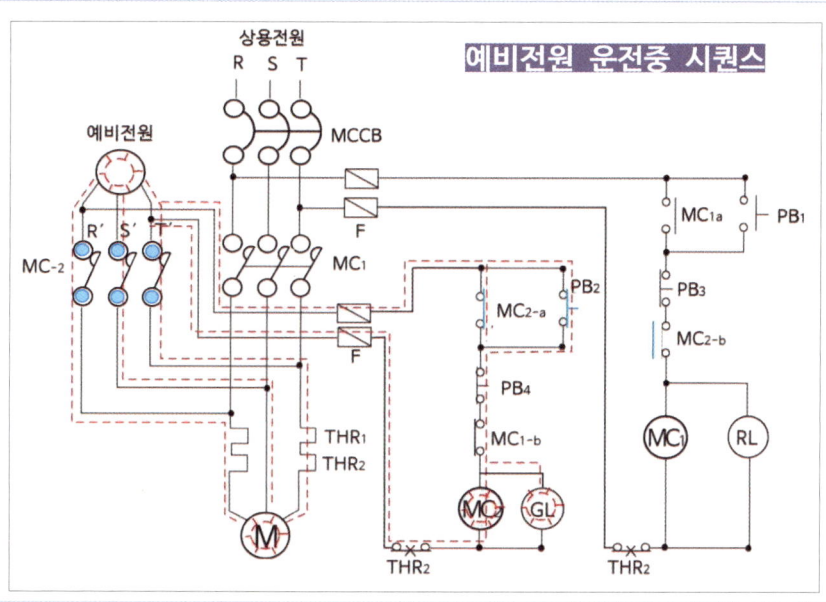

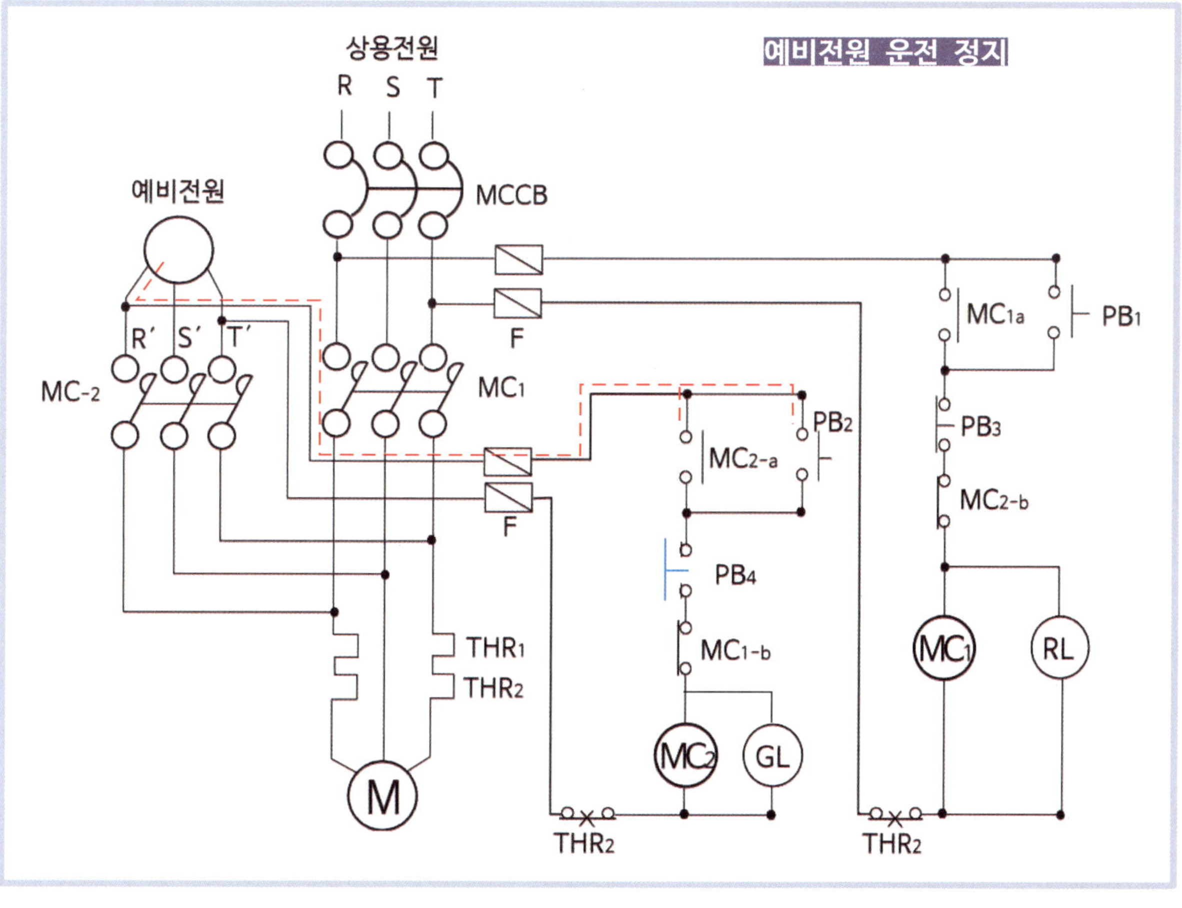

문제 32

2023.7.22. 기출문제

다음은 상용전원 정전 시 예비전원으로 절환되고 상용전원 복구 시 자동으로 예비전원에서 상용전원으로 절환되는 시퀀스제어회로의 미완성 도면이다. 다음 동작에 적합하도록 미완성 도면을 완성하시오.

1. MCCB를 투입한 후 PB1을 누르면 MC1이 여자되고 주접점 MC1 닫히고 상용전원에 의해 전동기 M이 회전하고 표시등 RL이 점등된다. 또한 보조접점 MC1-a가 폐로되어 자기유지회로가 구성되고 MC1-b가 개로되어 MC2이 작동하지 않는다.

2. 상용전원으로 운전 중 PB3을 누르면, MC1이 소자되어 전동기는 정지하고, 상용전원 운전표시등 RL은 소등한다.

3. 상용전원 정전시 PB2를 누르면 MC2가 여자되고 주접점 MC2가 닫혀 예비전원에 의해 M이 회전하고 표시등 GL이 점등된다. 또한 보조접점 MC2-a가 폐로되어 자기유지회로가 구성되고 MC2-b가 개로되어 MC1이 작동하지 않는다.

4. 예비전원으로 운전 중 PB4를 누르면 MC2가 소자되어 전동기는 정지되고 예비전원 운전표시등 GL은 소등한다.

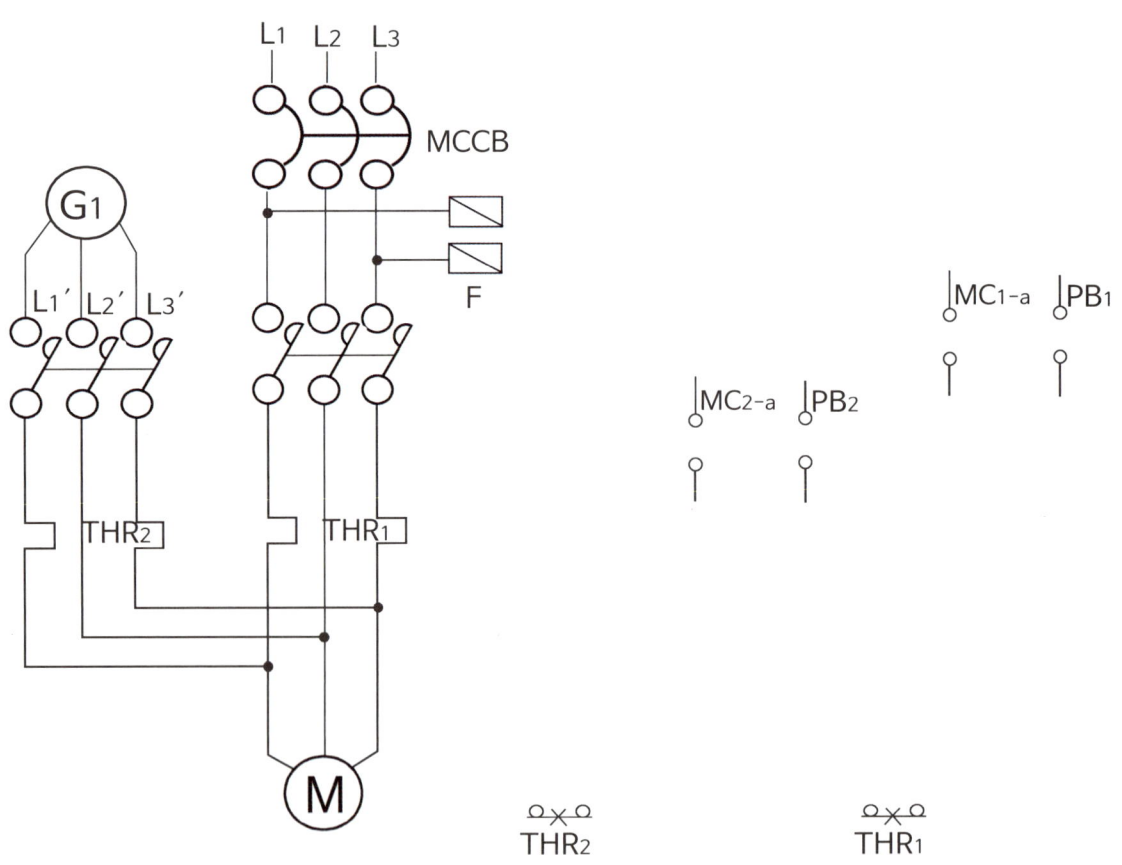

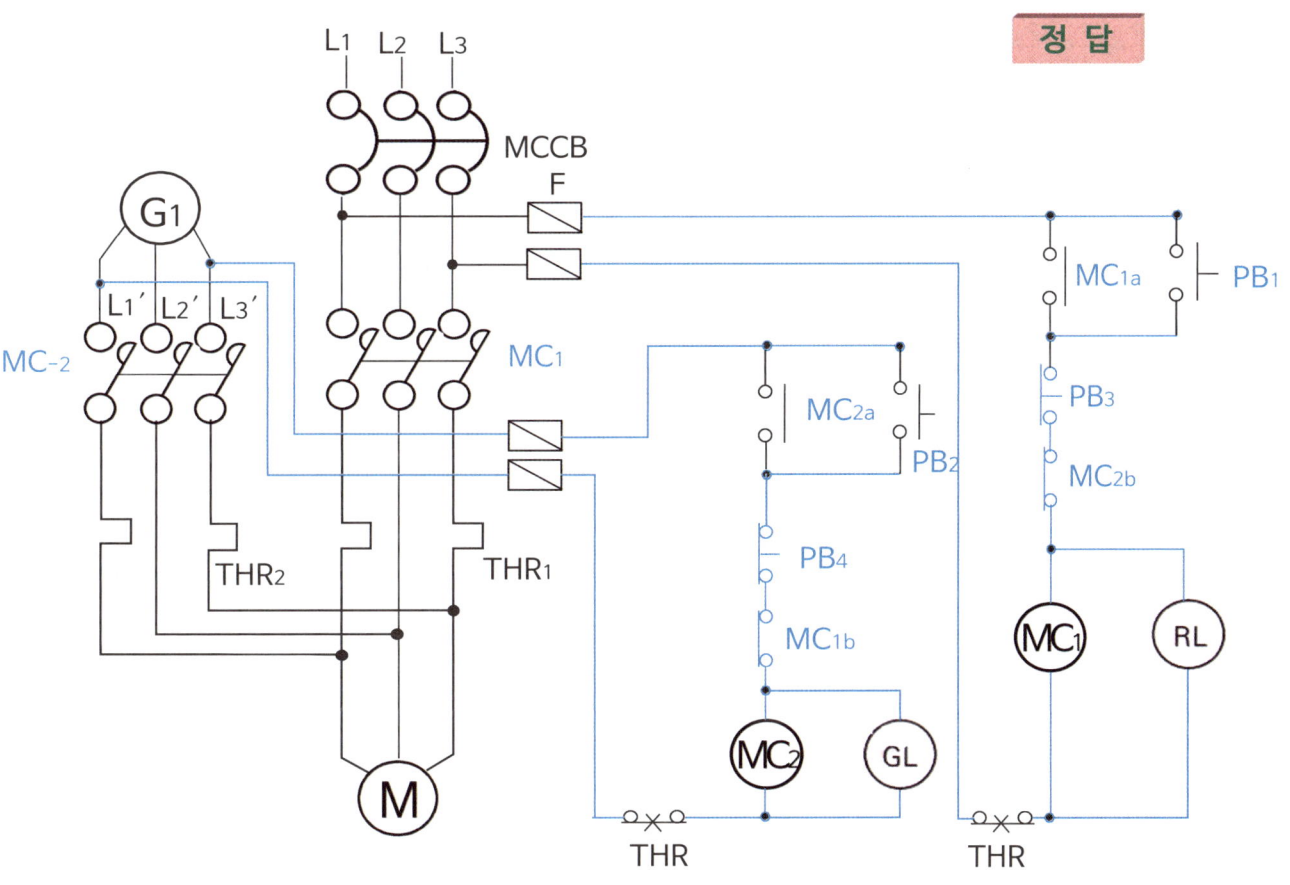

해설 1

조 건 (문제 내용)

1. MCCB를 투입한 후 PB₁①을 누르면 MC₁②이 여자되고 주접점 MC₁③ 닫히고 상용전원에 의해 전동기 M④이 회전하고 표시등 RL⑤이 점등된다. 또한 보조접점 MC1-a⑥가 폐로되어 자기유지 회로가 구성되고 MC1-b⑦가 개로되어 MC₂⑧이 작동하지 않는다.

MC1-a : 자기유지 회로
MC1-b : 인터락 회로

해설 2

조 건

2. 상용전원으로 운전 중 PB₃①을 누르면, MC₁②이 소자되어 전동기는 정지하고, 상용전원 운전표시등 RL③은 소등한다.

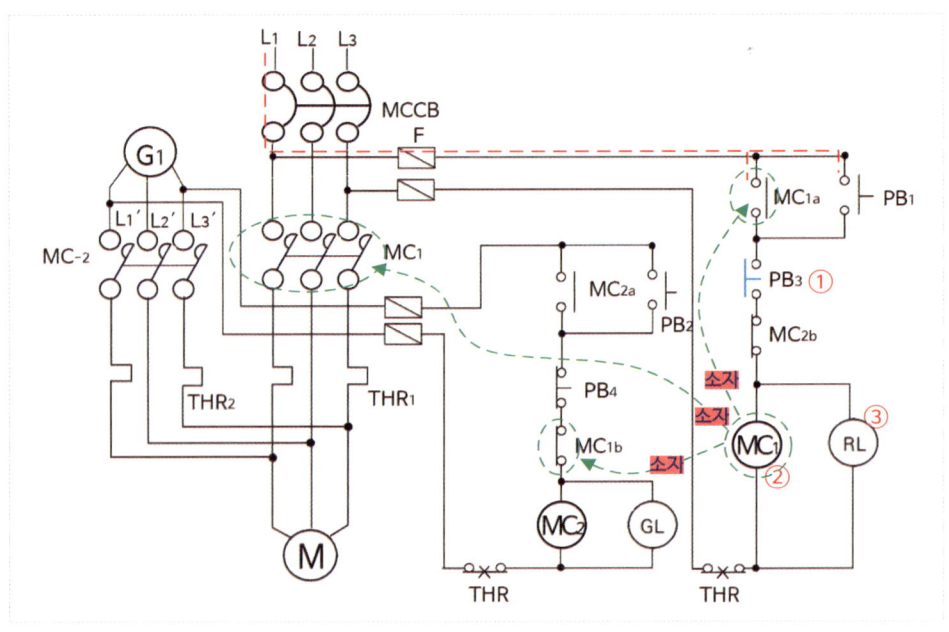

해설 3

조 건 (문제 내용)

3. 상용전원 정전시 PB2①를 누르면 MC2②가 여자되고 주접점 MC2③가 닫혀 예비전원에 의해 M④이 회전하고 표시등 GL⑤이 점등된다. 또한 보조접점 MC2-a⑥가 폐로되어 자기유지회로가 구성되고 MC2-b⑦가 개로되어 MC1⑧이 작동하지 않는다.

MC2-a : 자기유지 회로
MC2-b : 인터락 회로

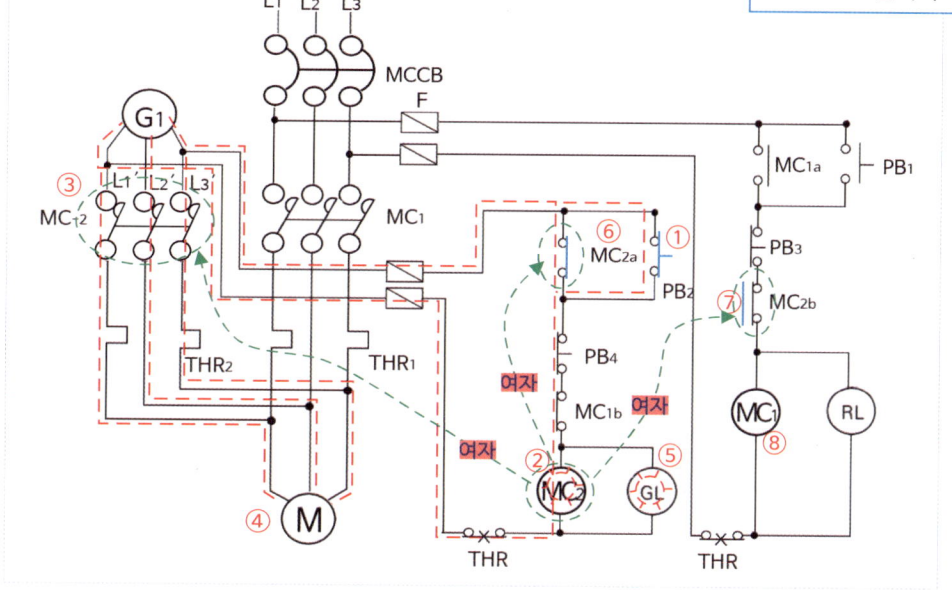

해설 4

조 건 (문제 내용)

4. 예비전원으로 운전 중 PB4①를 누르면 MC2②가 소자되어 전동기는 정지되고 예비전원 운전표시등 GL③은 소등한다.

MC2-a : 자기유지 해지
MC2-b : 인터락 해지

문제 33

2020.10.10. 기출문제

그림은 플로트스위치에 의한 펌프모터의 레벨제어에 관한 미완성 도면을 완성하시오.

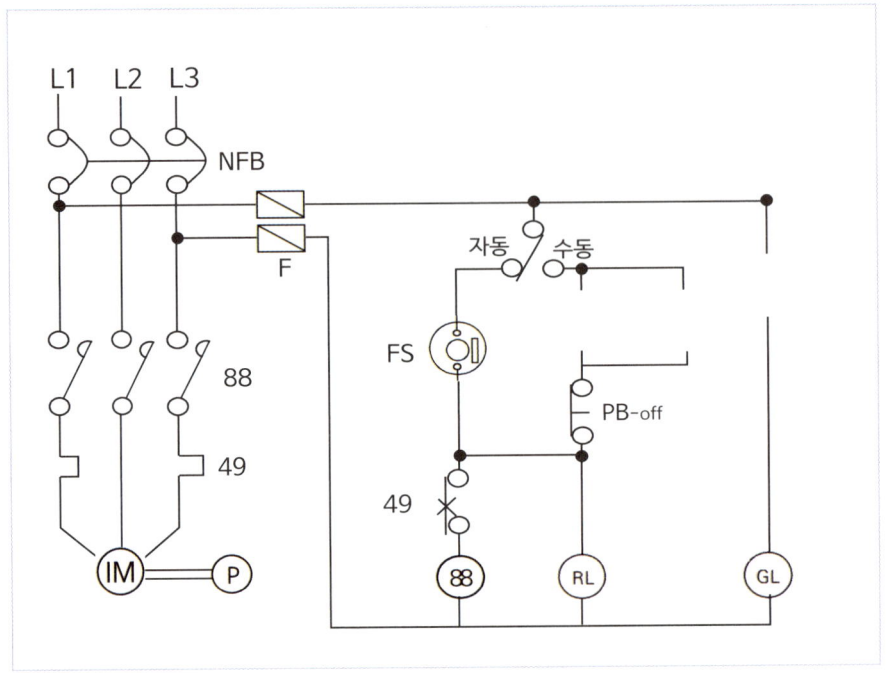

정 답

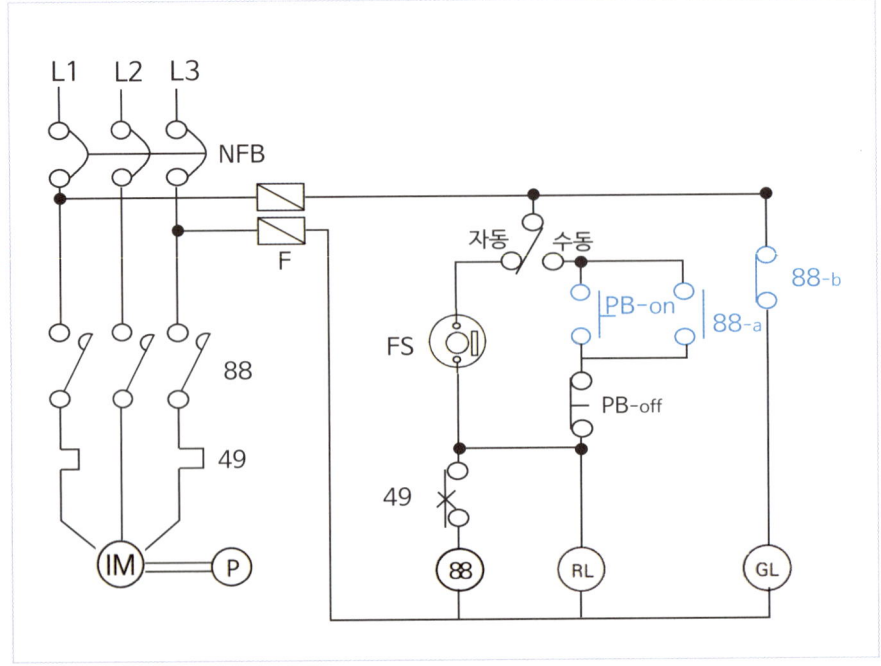

해 설

플로트스위치에 의한 펌프모터의 레벨제어의 시퀀스회로는 소방시설 물탱크에 설치되는 시퀀스회로이다.
이러한 문제는 비교적 단순한 문제이지만 쉽게 접근하는 방법을 설명한다.

플로트스위치는 물탱크의 물의 양(수위)에 따라 정해진 수위보다 낮으면 플로트스위치가 작동(접점이 붙음) 되어 자동으로 모터가 기동하고 펌프가 물을 물탱크에 물을 채우는 형식이다.
수동으로 작동하는 것은 플로트스위치 작동과 상관없이 수동버튼을 작동하여 모터, 펌프를 기동하는 방식이다.

【부품 기호】

- ⑧⑧은 MC와 같은 전자접촉기 도시기호다. 기능은 전류가 통하면 전자석의 기능을 가져 회로에 설치된 주차단기가 있다면 MC, 그리고 보조접점인 MC-a, MC-b를 작동하게 한다.
    - a접점은 평상시에 개로(열림, 접점이 떨어짐)되어 있다.
    - b접점은 평상시에 폐로(닫힘, 접점이 붙음)되어 있다.

- GL은 녹색등의 표기이며, 전원표시등(또는 펌프 정지표시등)이다. 주차단기가 작동(투입되었다는 용어를 쓴다)되면 전체 회로에 전류가 통하고 있다는 표시등이다. 전원표시등은 평상시에는 점등되고 ⑧⑧(MC)가 작동하여 모터가 기동되면 GL등은 소등이 되게 88-b(MC-b) 릴레이를 설치해야 한다.

- RL는 빨간색등의 표기이다. 모터 작동표시등이며, 모터가 기동(작동)되면 RL이 점등되도록 연결해야 한다.

- ▭은 열동계전기(THR)이다. 49로도 이름을 붙인다.
    전선에 온도가 일정한 값 이상이 되면 작동하는 계전기이다.

【회로 연결 방법】

1. **수동작동스위치(PB-on)**와 전자접촉기 MC(⑧⑧)는 직렬로 연결해야 한다.
    ①
   수동작동스위치(누름버튼)은 누르고 손을 떼면 자동 복구되므로 MC가 계속 작동될 수 있게 자기유지회로를
                                                        ②
   구성해 주어야 한다.

2. **수동작동스위치(PB-off)**와 ⑧⑧은 직렬연결한다.
   버튼을 누르면 전자접촉기 MC(⑧⑧)가 소자되게
   직렬로 연결해야 한다.
    ③

3. **모터 작동표시등** RL은 수동작동스위치(PB-on)가
   작동하여 MC(⑧⑧)가 여자되면 작동되게 직렬로
   연결해야 한다.

4. **전원표시등** GL은 ⑧⑧이 소자되면 점등되도록
   88-b 릴레이 설치, **펌프기동표시등** RL은 ⑧⑧이
   여자되면 점등되도록 88-a 릴레이 설치한다.

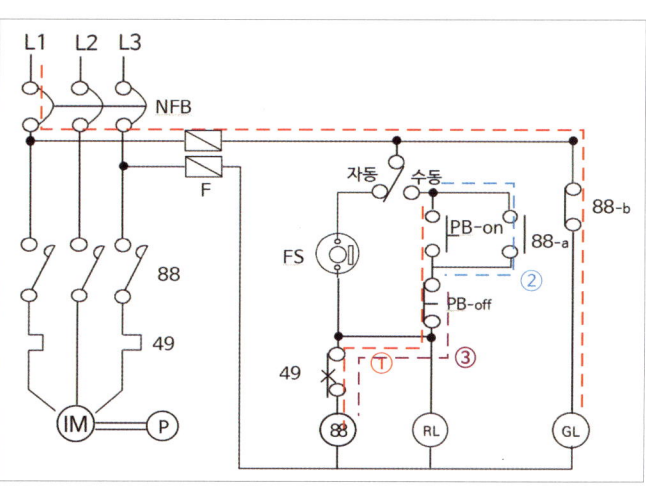

문제 34

2020.10.14. 기출문제

다음은 3상 유도전동기의 전전압 기동방식회로의 미완성 도면이다. 이도면을 주어진 조건과 부품들을 사용하여 완성하시오.(단, 조작회로는 220【V】로 구성하며, 푸시버튼 스위치는 ON용 1개, OFF용 1개를 사용한다).

【조 건】

가. 전자접촉기 (MC) 및 그 보조접점을 사용한다.

나. 정지표시등 (GL)은 전원표시등으로 사용하며, 전동기 운전 시에는 소등되도록 한다.

다. 운전표시등 (RL)은 운전 시의 표시등으로 사용한다.

라. 퓨즈의 심벌은 ▱으로 표현한다.

마. 부저는 열동계전기가 동작된 다음에 리셋 버튼을 누를 때까지 계속 울리도록 C접점을 사용해서 그리도록 한다.

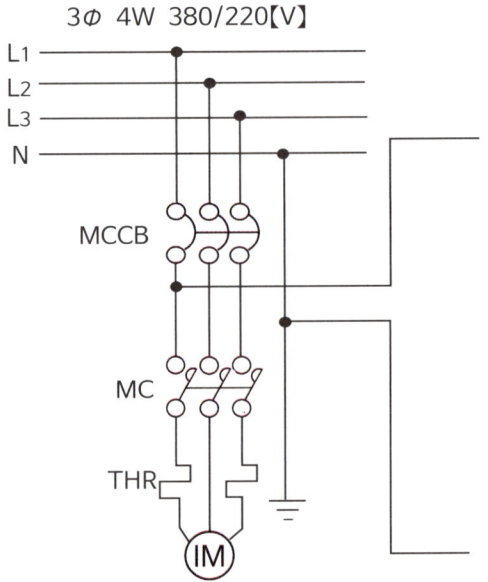

정 답

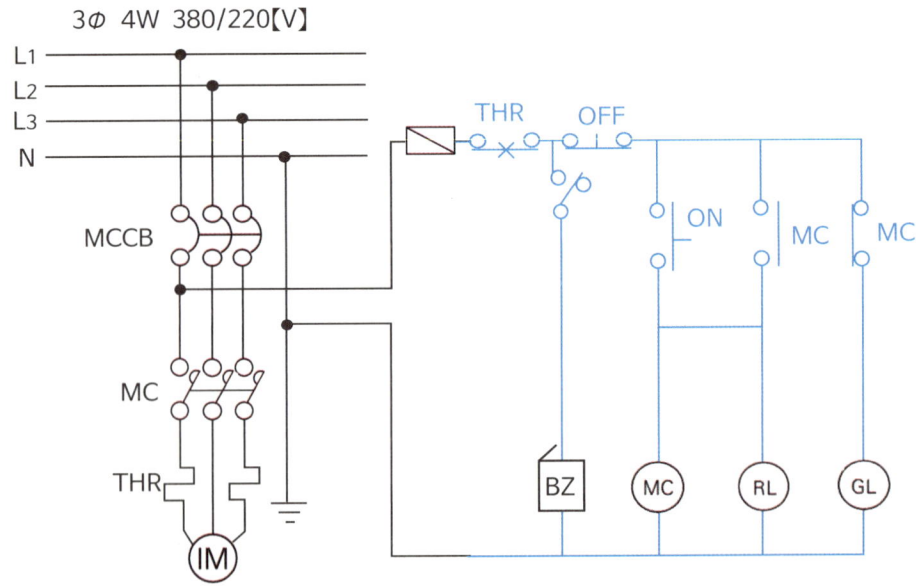

해 설

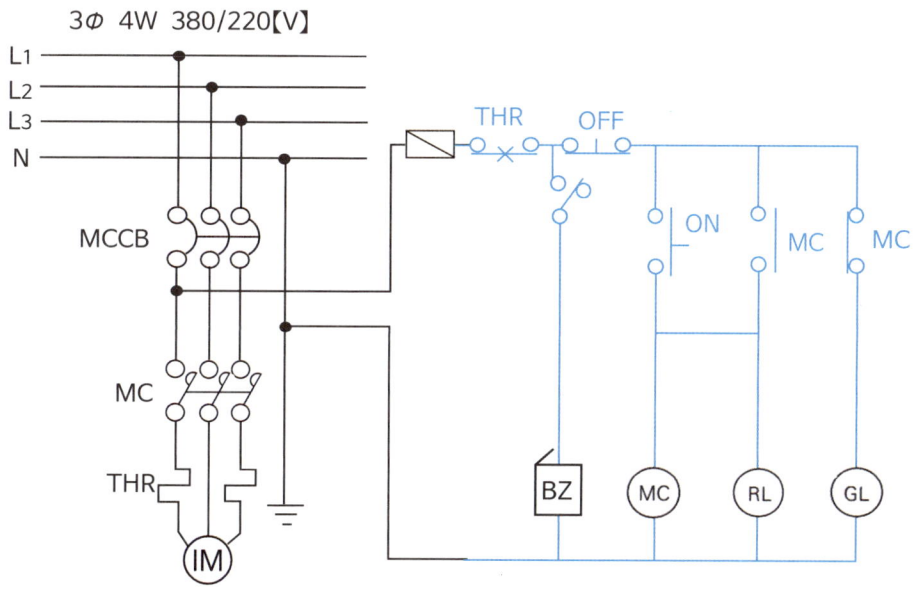

【작동 내용】

작동버튼(PB-on)을 누르면 전자접촉기 (MC)가 여자된다.

(MC)여자로 인해,
MC-a 접점은 닫히고(폐로되고) 자기유지회로가 구성된다.
MC-b접점은 열린다(개로된다).
MC 주접점이 닫혀 전동기가 기동한다.

MC-a 접점이 닫혀 운전표시등 (RL)이 점등한다.

MC-b 접점이 열려 정지표시등 (GL) 또는 전원표시등은 소등한다.

부저는 회로에 과전류가 흘러 열동계전기가 작동할 때 부저가 울리며, C접점으로 그린다.

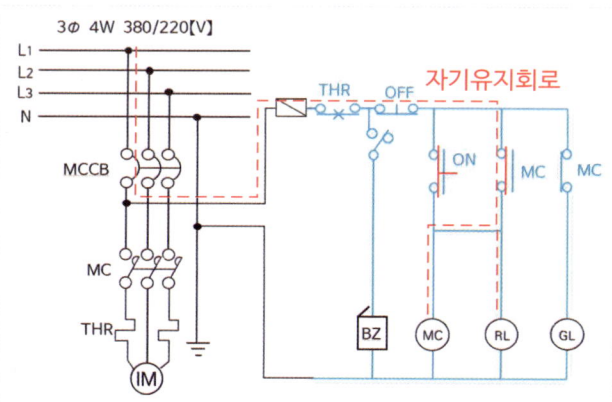

	평상시 (릴레이 소자)	동작시 (릴레이 여자)
C 접점		

문제 35

2019.4.14. 기출문제

가. 다음 주어진 도면은 유도전동기 기동정지회로의 미완성 도면이다. 다음 각 물음에 답하시오.(단, 기구의 개수 및 접점을 최소로 할 것)

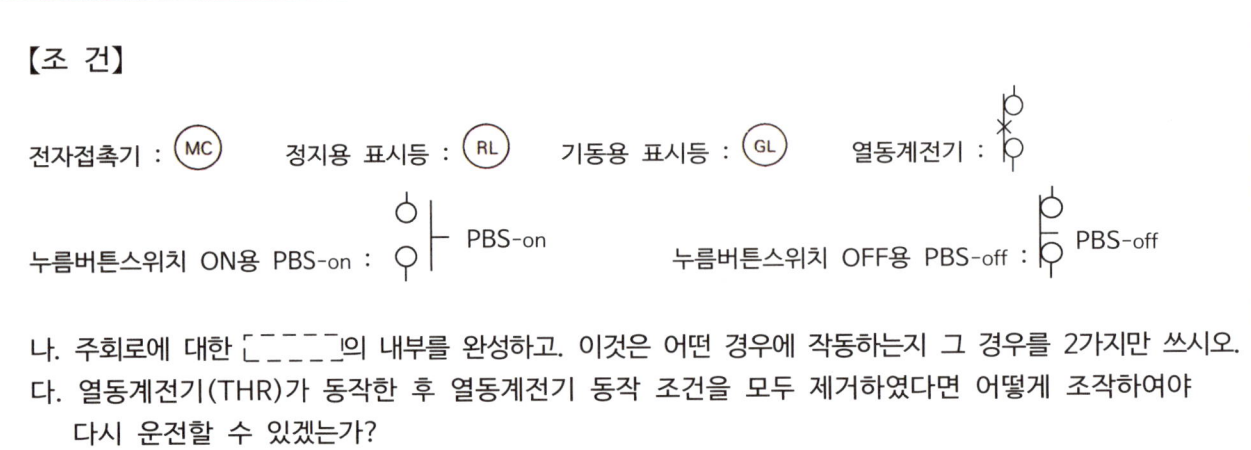

나. 주회로에 대한 ⌐ ¬의 내부를 완성하고, 이것은 어떤 경우에 작동하는지 그 경우를 2가지만 쓰시오.

다. 열동계전기(THR)가 동작한 후 열동계전기 동작 조건을 모두 제거하였다면 어떻게 조작하여야 다시 운전할 수 있겠는가?

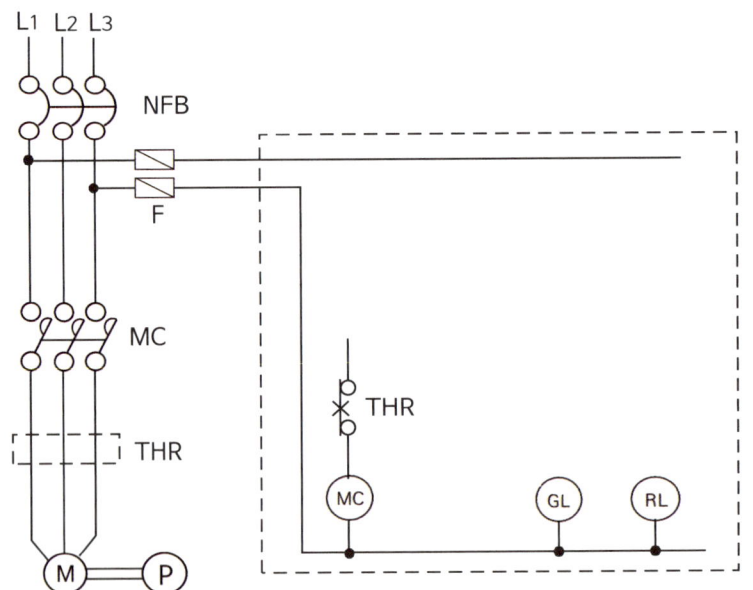

정 답

가. 완성도면

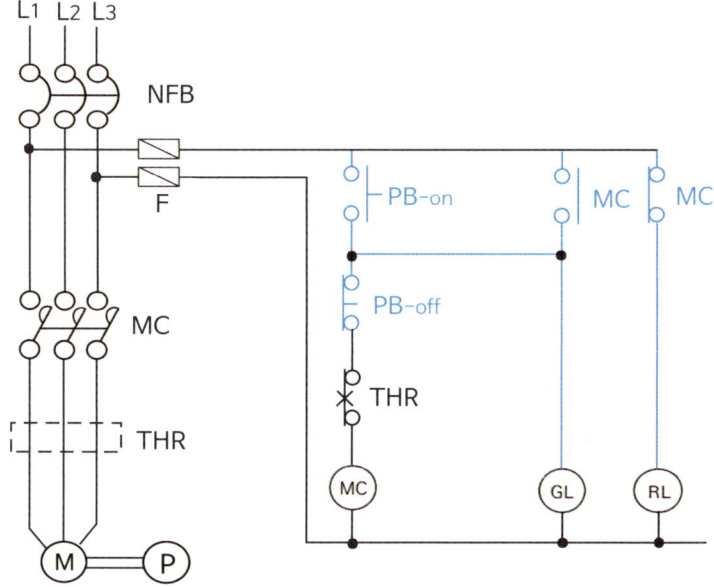

나.

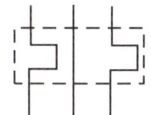

THR이 작동하는 경우
1. 전동기에 과전류가 흐를 때
2. 전류조정 다이얼이 정격전류보다 낮게 설정된 경우
3. 리셋버튼을 수동으로 눌러 복귀한 뒤 기동용 푸시버튼스위치를 ON 조작한 겨우

해 설

【시퀀스 그림 그릴 때 Tip】

- 작동버튼(PB-on)을 누르면 전자접촉기 (MC)가 여자되게 그린다.
- (MC)여자로 인해, 아래와 같은 내용이 작동되게 그린다.
    MC-a 접점은 닫히고(폐로되고) 자기유지회로가 구성되게 한다.
    MC-b접점은 열린다(개로된다).
    MC 주접점이 닫혀 전동기가 기동한다.
- (MC)가 여자되면 MC-a 접점이 닫혀 운전표시등 (RL)이 점등되도록 한다.
- (MC)가 소자되면 MC-b 접점이 열려 정지표시등 (GL) 또는 전원표시등은 소등되도록 한다.
- 누름버튼스위치(PBS-off)와 작동버튼(PB-on)은 (MC)와 직렬로 연결해야한다.
    그렇게 해야 전동기 기동과 정지가 각각 작동할 수 있다.
- 열동계전기(THR)는 이미 그려진 위치에서 시퀀스 도면을 그리면 되고, 만약 열동계전기(THR) 그려져 있지 않다면 적합한 위치에 옮겨 그려도 작동에는 지장이 없다.

문제 36

2014.1회 기출문제

그림은 유도전동기의 정·역전 제어회로의 미완성도면이다. 도면을 이용하여 다음 각 물음에 답하시오.

1. 미완성 접점부분을 모두 완성하여 정·역전회전이 가능하도록 회로를 완성하시오.
2. 정·역전회전이 가능하도록 주 접점 부분을 완성하시오.
3. NFB를 원문영어(또는 영문에 대한 우리말 표기)로 표현하시오.

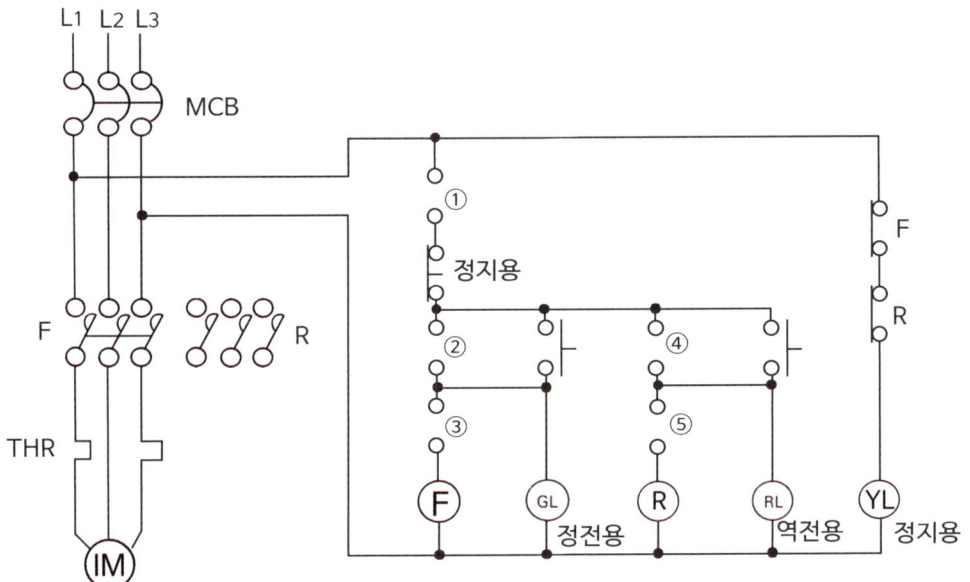

정답

가. 나.

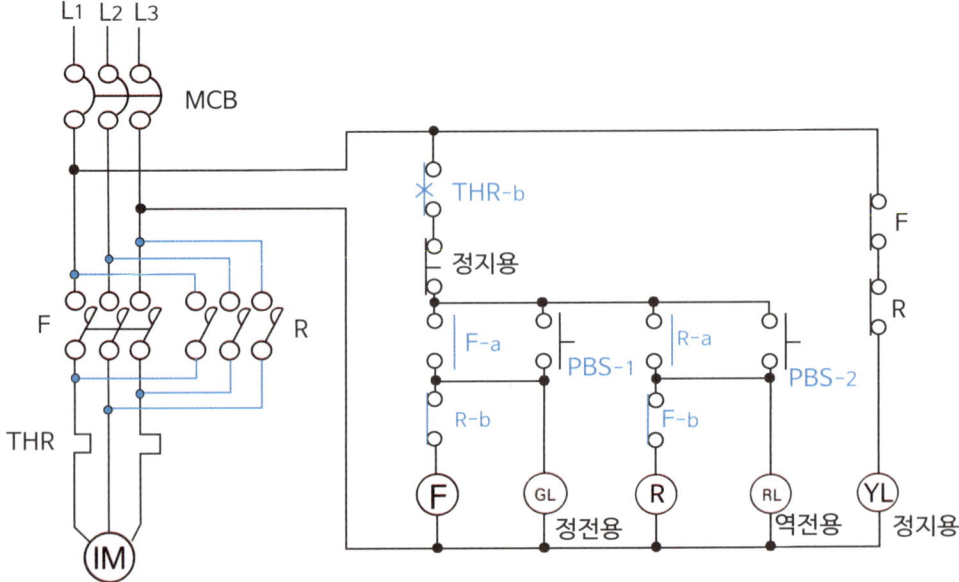

다. No Fuse Breaker 배선용차단기

| 해설 | 정역운전(정방향, 역방향 운전) 전동기 회로 결선방법 |

전동기 연결 선 L1, L2, L3의 결선으로 정방향 운전(회전)이 되는 결선상태에서, L1, L2, L3의 3선 중 2선을 다른 곳에 결선하면 전동기가 역방향 운전(회전)이 된다

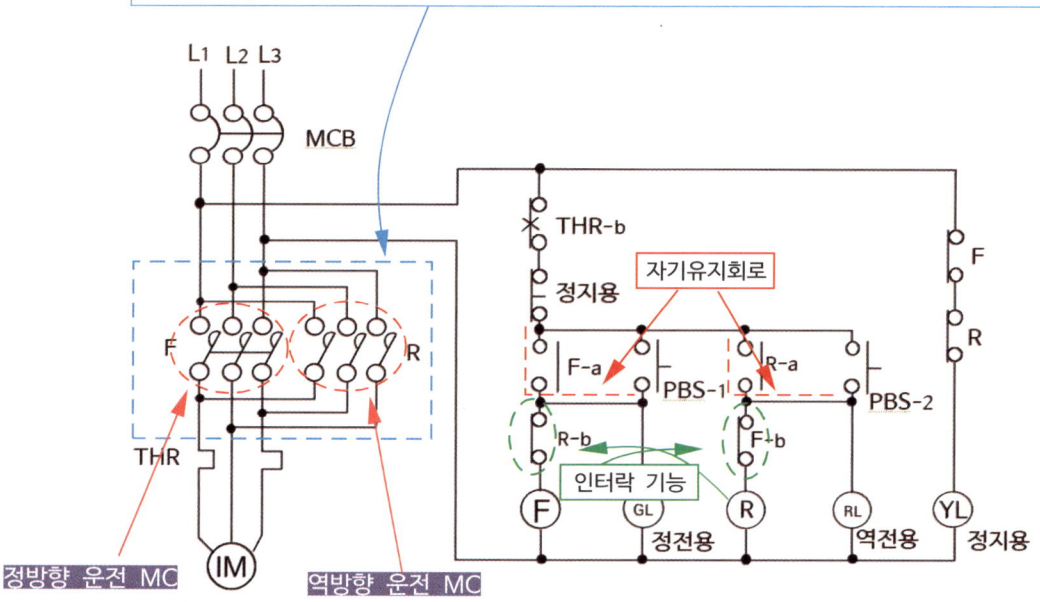

작동, 정지 버튼 회로 연결 방법

- PBS-1(정방향 운전버튼), PBS-2(역방향 운전버튼)은 병렬연결해야 하며, 자기유지회로가 되도록 한다.
- PBS-1, PBS-2의 작동으로 상호 인터락 기능이 되도록 한다.
- PBS-1, PBS-2와 전동기 기동정지 버튼은 직렬연결해야 한다.

정방향 운전 동작설명

PBS-1을 누르면 Ⓕ가 여자되어 F-a가 폐로되어 되어 자기유지되고, 주접점 F가 폐로되어 전동기는 정방향으로 회전한다.

PBS-1(버튼) 누름 ⇨ Ⓕ 여자 ⇨ F 주접점 닫힘, F-a 접점 닫힘(자기유지), F-b 접점 열림(인터락) ⇨ 전동기 정방향 회전 ⇨ ⒼⓁ 점등

역방향 운전 동작설명

PBS-2를 누르면 Ⓡ이 여자되어 R-a가 폐로되어 되어 자기유지되고, 주접점 R이 폐로되어 전동기는 역방향으로 회전한다.

PBS-2(버튼) 누름 ⇨ Ⓡ 여자 ⇨ R 주접점 닫힘, R-a 접점 닫힘(자기유지), R-b 접점 열림(인터락) ⇨ 전동기 역방향 회전 ⇨ ⓇⓁ 점등

전동기 작동정지 설명

역방향 운전 또는 정방향 운전중 정지용 버튼을 누르면 회로는 초기화 되어 전동기 기동이 멈춘다.

정지용 버튼 누름 ⇨ ⓎⓁ 점등, 회로 초기화

문제 37

2021.4.24. 기출문제

그림의 도면은 타이머에 의한 전동기 M1, M2를 교대운전이 가능하도록 설계한 전동기의 시퀀스 회로이다. 이 도면을 이용하여 다음 각 물음에 답하시오.

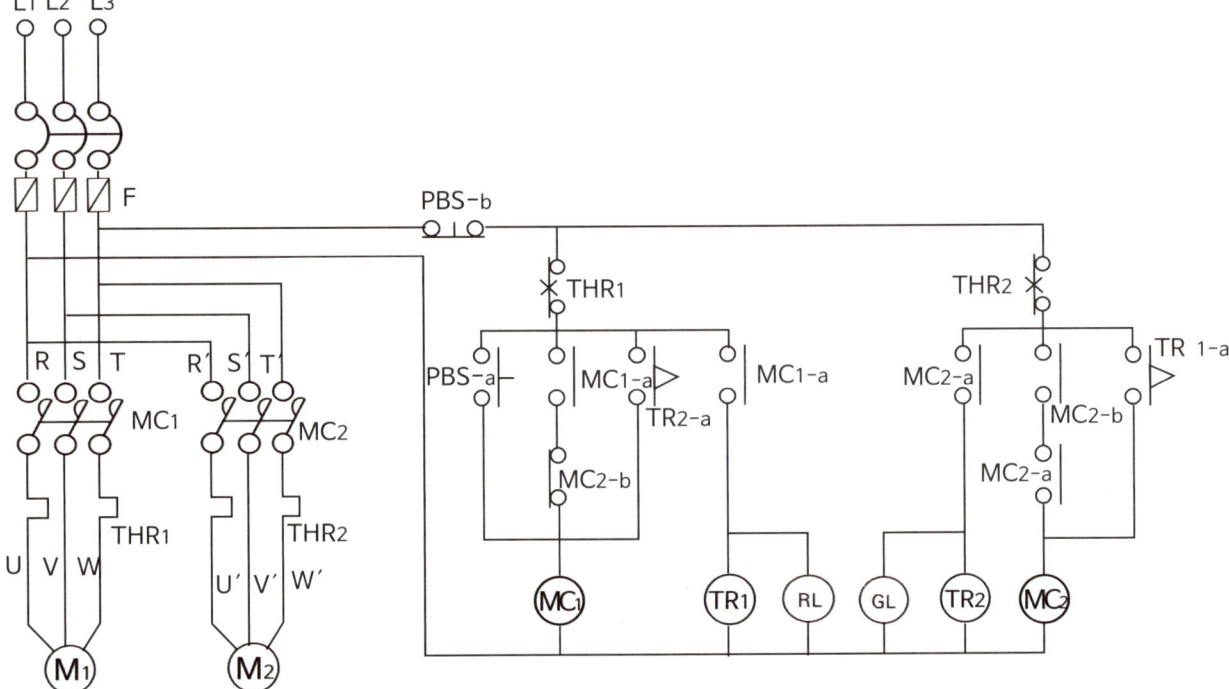

가. 제어회로 중에 잘못된 부분을 지적하고 어떻게 고쳐야 하는지 쓰시오.
나. 타이머 TR1이 2시간, 타이머 TR2가 4시간으로 각각 세팅이 되어 있다면 하루에 전동기 M1과 M2는 몇 시간씩 운전되는지 쓰시오.
다. RL표시등, GL표시등의 용도에 대해 쓰시오.

정답

가. MC2 회로의 MC2-b를 MC1-b로 수정해야 한다.
나. ① M1 : 8시간   ② M2 : 16시간
다. ① RL표시등 : M1 전동기 기동 표시등
   ② GL표시등 : M2 전동기 기동 표시등

해 설

가. 제어회로 중에 잘못된 부분

MC2 회로의 MC2-b를 MC1-b로 수정해야 한다.

M1과 M2가 교대운전이 가능하게 해야 하며, 동시에 운전이 되면 되지 않는다.

그러므로 MC1과 MC2는 서로 인터록이 되도록 해야한다.

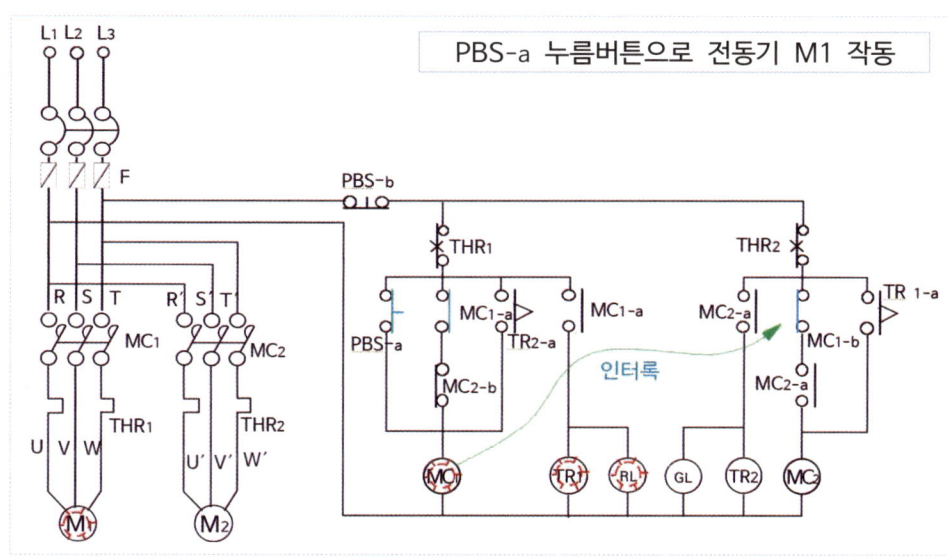

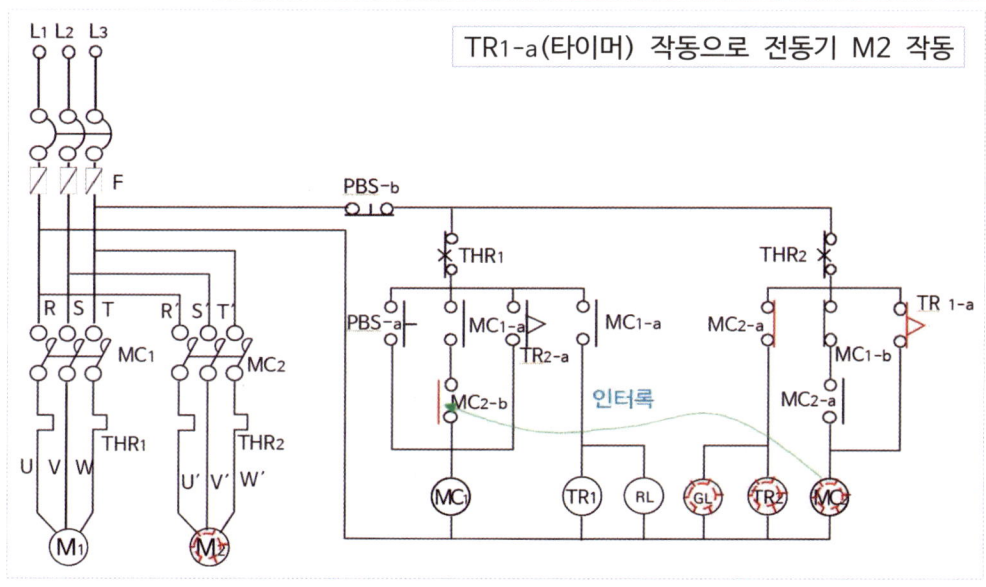

나. 타이머 TR1이 2시간, 타이머 TR2가 4시간으로 각각 세팅이 되어 있다면 하루에 전동기 M1과 M2 운전시간

하루 24시간으로, TR1 : 2시간, TR2 : 4시간 = 6시간,   24시간 ÷ 6시간 = 4회 운전,

그러므로
- TR1 : 2시간 × 4회 = 8시간 운전
- TR2 : 4시간 × 4회 = 16시간 운전

문제 38

2021.11.13. 기출문제

도면은 소방펌프용 모터의 Y-Δ 기동방식의 미완성 시퀀스 도면이다. 도면을 보고 다음 각 물음에 답하시오.

가. 주회로의 미완성 부분을 완성하시오.
나. 회로도에서 표시등의 도시기호 R, Y, G는 각각 어떤 상태를 표시하는지 쓰시오.

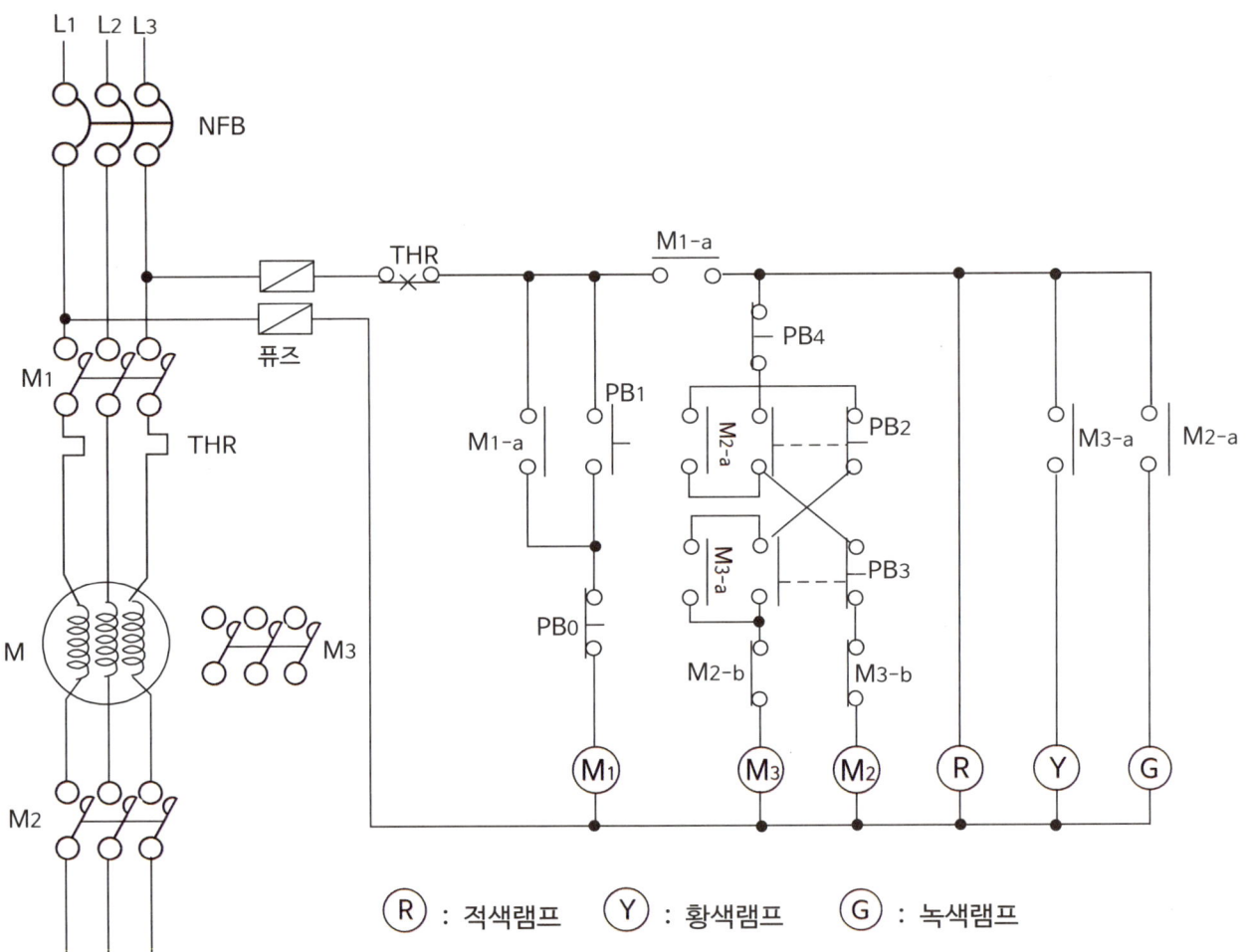

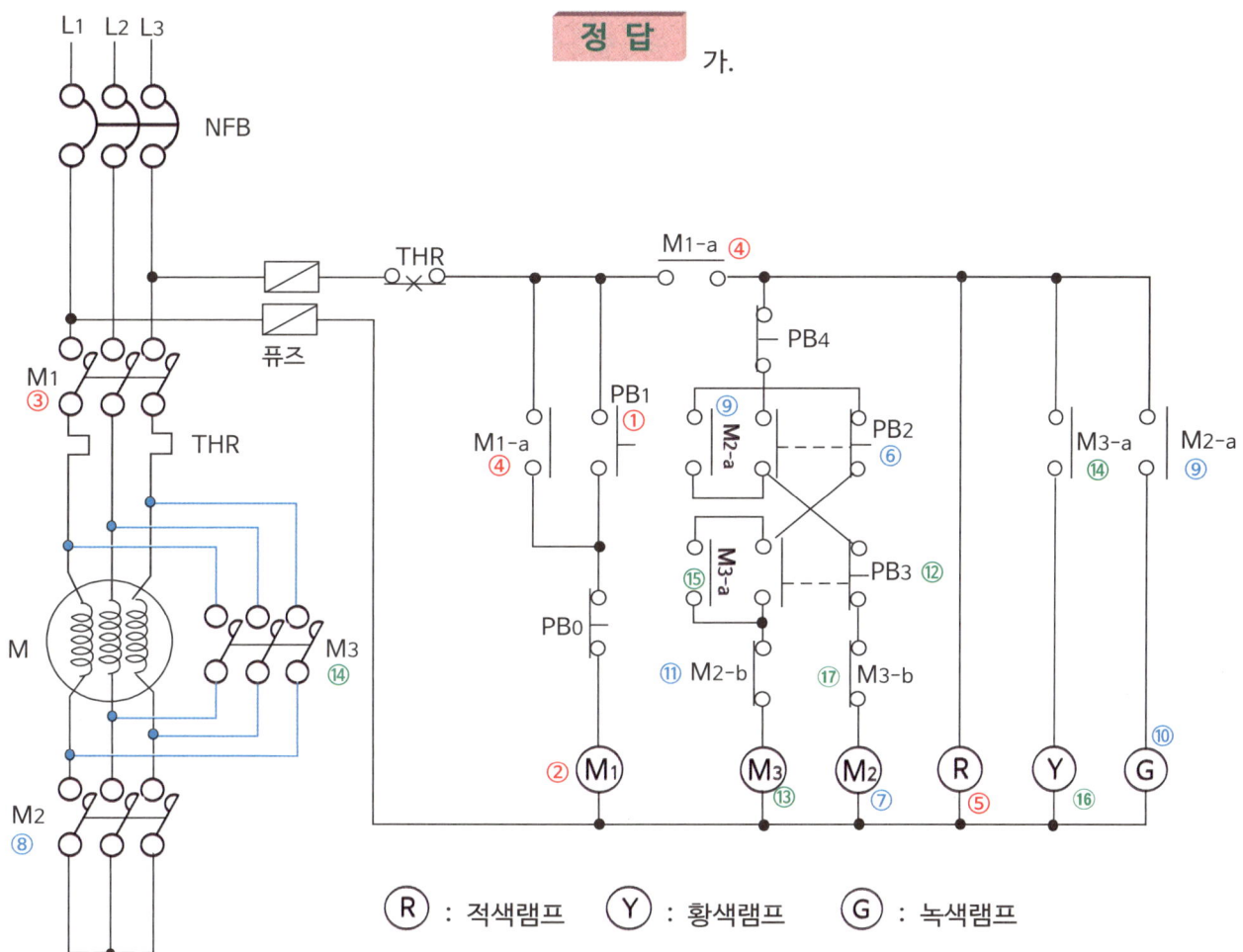

정답 가.

나. ① R : 운전표시등, ② Y : △ 기동 표시등, ③ G : Y 기동 표시등

해설 1 작동순서

1. PB1①을 누르면 Ⓜ₁② 이 여자되어 주접점 M1③ 접점붙음, M1-a④ 릴레이 접점 붙어 자기유지 되고, M1-a④ 릴레이 접점 붙어, Ⓡ⑤(적색램프)이 점등한다.

2. Ⓜ₁이 동작되고 있는 상태에서, PB2⑥를 누르면 Ⓜ₂⑦ 전자개폐기 여자되어 주접점 M2⑧작동 (접점붙음), M2-a⑨ 릴레이 작동(접점 붙음)-자기유지, M2-a⑨ 릴레이 작동(접점 붙음) 램프 Ⓖ⑩(녹색램프) 점등되고, M2-b⑪ 여자(접점 떨어짐)-인터락, Y결선으로 기동된다.

3. Ⓜ₁이 동작되고 있는 상태에서, PB3⑫을 누르면 Ⓜ₂ 전자개폐기가 소자되어 주접점 M2가 소자(접점 열림), M2-a 릴레이 소자(접점 떨어짐)되어 Ⓖ(녹색램프) 소등되며, M2-b⑪ 소자(접점 붙음)-인터락 해지 Ⓜ₃⑬전자개폐기가 여자되어 주접점 M3⑭가 작동(접점 닫힘), M3-a⑮릴레이 작동(접점 붙음)-자기유지, M3-b⑰ 여자(접점 떨어짐)-인터락, Ⓨ⑯(황색램프)램프가 점등되고 전동기는 △결선으로 운전된다.

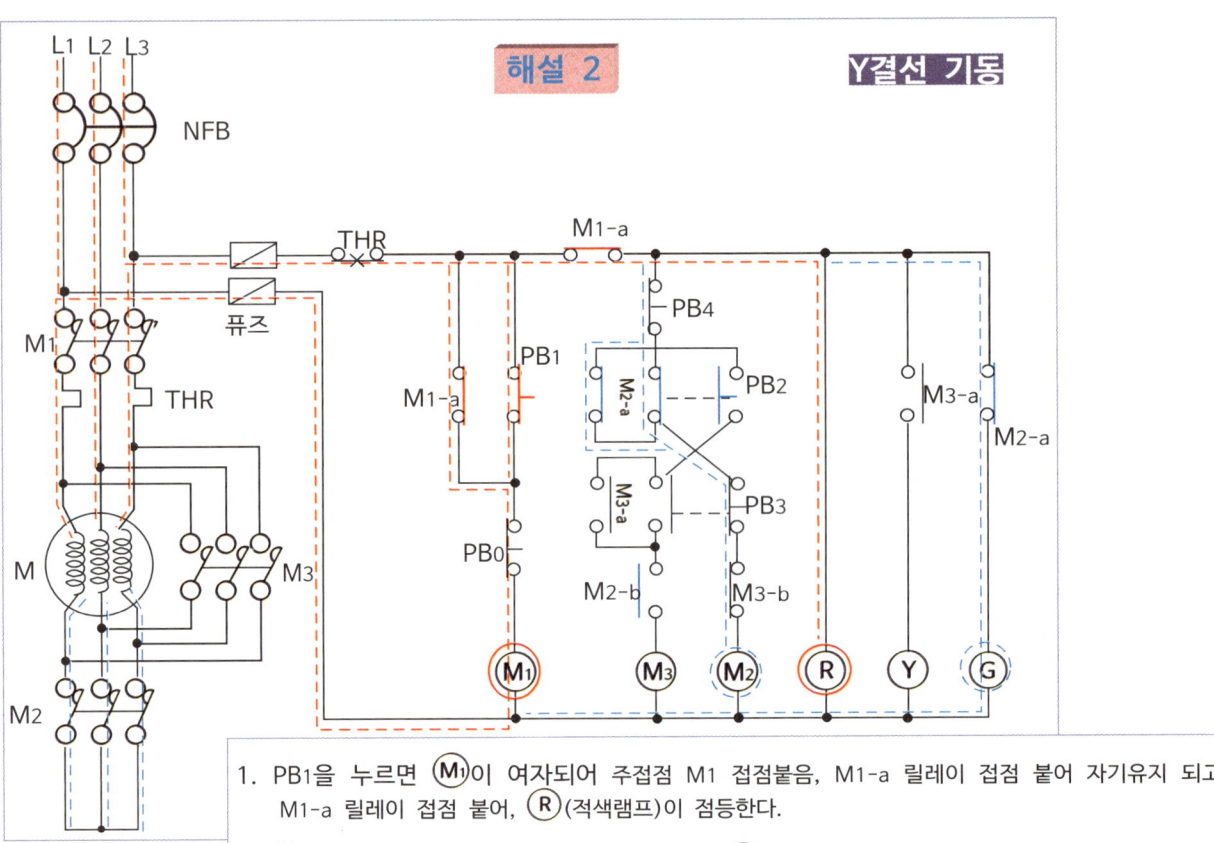

IV. 논리회로

1. 불대수(Boolean) ··· 228
   가. 불대수(Boolean)의 기본정리 ··· 228
   나. 시퀀스 회로와 논리회로 내용 ··· 231
   다. 논리회로 표기 방법 ·· 232
   라. 치환법 ··· 232
   마. 릴레이(유접점) 및 로직(무접점) 시퀀스 ························· 233

2. 타임차트(Time Chart), 논리회로 ····································· 238
   가. a접점 ·· 238
   나. 2개의 a접점 ·· 239
   다. b접점 ·· 240
   라. 자기유지 · 해제 ··· 241
   마. 후입력 우선 ·· 242
   바. 인터록 회로 ·· 244
   사. 카르노맵(Karnaugh map) ··· 245
   아. 타임차트 기출문제 ··· 246
   자. 논리회로 기출문제 ··· 264

1. 불대수(Boolean)

가. 불대수(Boolean)의 기본정리

Boolean : 컴퓨터와 전자공학에서 참과 거짓을 나타내는 숫자 1과 0만을 이용하는 방식

(1) A+0 = A

OR회로(덧셈)
논리합

(2) A+1 = 1

OR회로(덧셈)
논리합

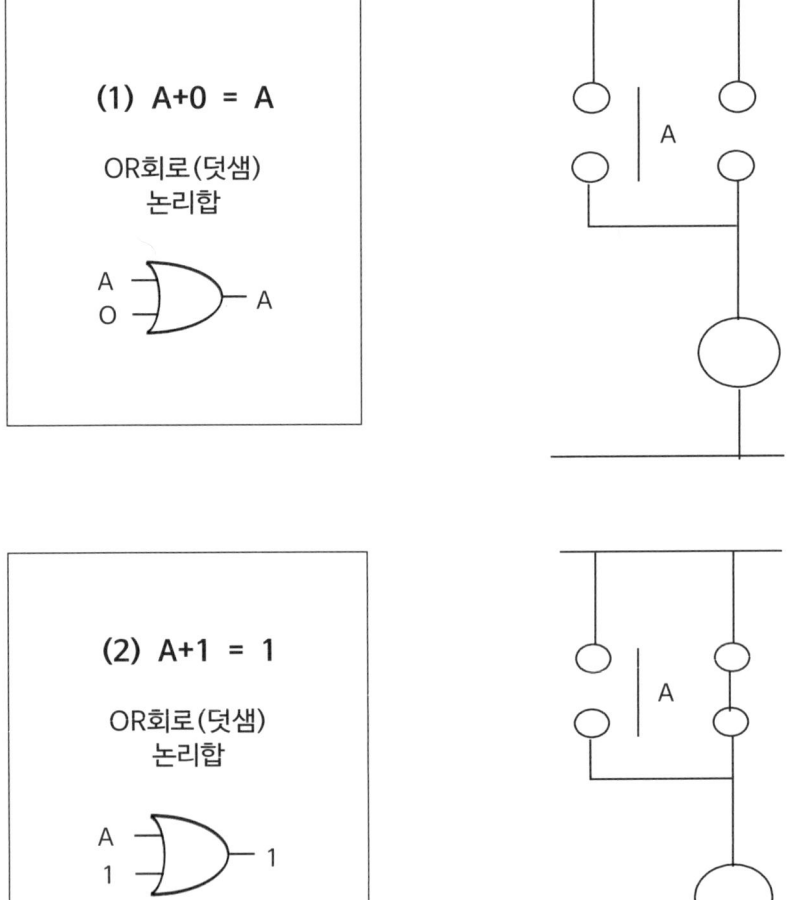

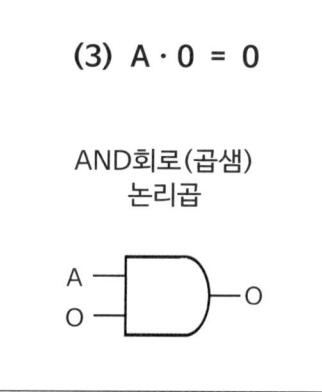

(3) $A \cdot 0 = 0$

AND회로(곱셈)
논리곱

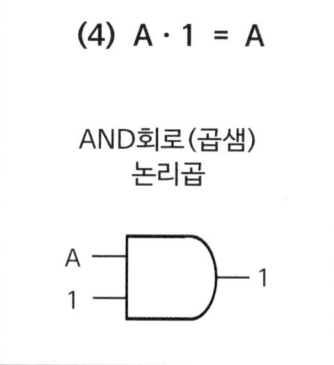

(4) $A \cdot 1 = A$

AND회로(곱셈)
논리곱

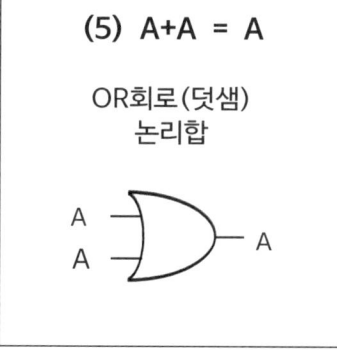

(5) $A + A = A$

OR회로(덧셈)
논리합

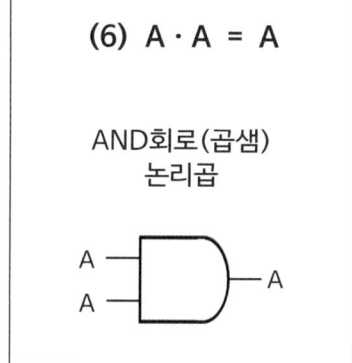

(6) $A \cdot A = A$

AND회로(곱셈)
논리곱

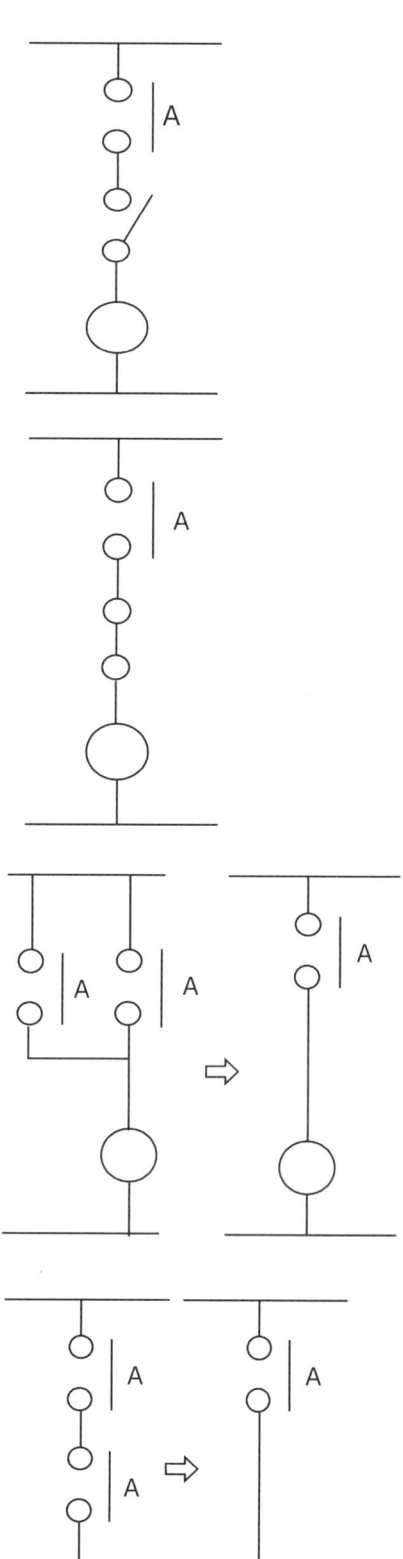

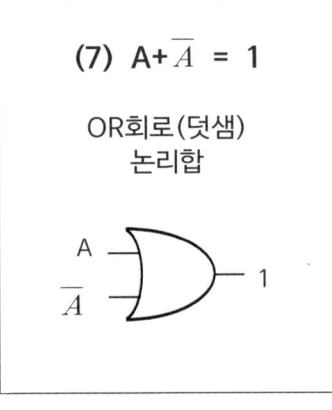

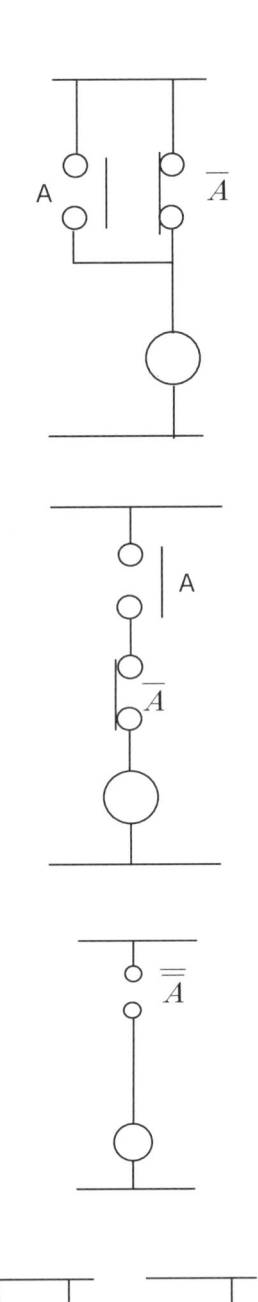

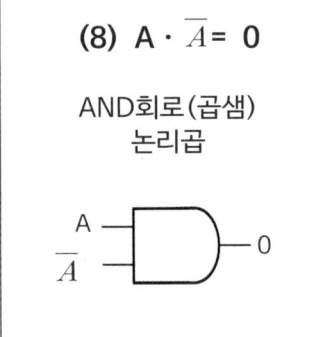

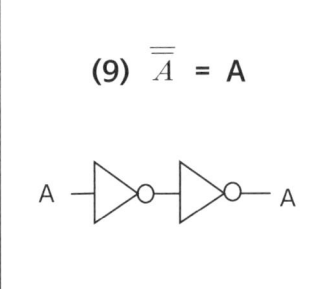

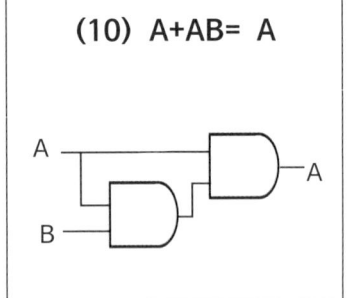

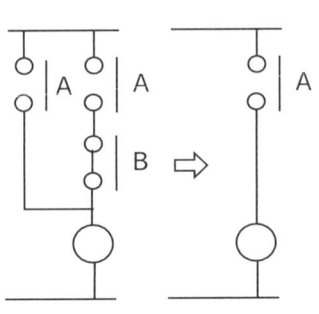

A와 $\overline{A}$는 반대되는 수이다. $\overline{\overline{A}}$ A가 0이면 $\overline{A}$는 1, A가 1이면 $\overline{A}$는 0이 된다는 A의 반대 반대다 결국 A이다.

나. 시퀀스 회로와 논리회로 내용

명칭	시퀀스회로	논리회로	진리표
AND 회로 직렬회로		$X = A \cdot B = AB$	A B X 0 0 0 0 1 0 1 0 0 1 1 1
OR 회로 병렬회로		$X = A + B$	A B X 0 0 0 0 1 1 1 0 1 1 1 1
NOT 회로		$X = \overline{A}$	A X 0 1 1 0
NAND 회로 (NOT AND 회로)		$X = \overline{A \cdot B}$ $\overline{A \cdot B} = \overline{A} + \overline{B}$	A B X 0 0 1 0 1 1 1 0 1 1 1 0
NOR 회로 (NOT OR 회로)		$X = \overline{A + B}$ $\overline{A + B} = \overline{A} \cdot \overline{B}$	A B X 0 0 1 0 1 0 1 0 0 1 1 0
XOR 회로 Exclusive OR 독점적인, 배타적인 둘다 공존하지 않는		$X = A \oplus B$ $\overline{A}\,\overline{B} + A\,B$	A B X 0 0 0 0 1 1 1 0 1 1 1 0

다. 논리회로 표기 방법

+	병렬회로, OR 게이트
×	직렬회로, AND 게이트
X	a접점 X-a 출력
$\overline{X}$	b접점 X-b 출력안됨
A, B	스위치, 입력
1, 0	스위치 on, 스위치 off, 접점작동, 접점미작동, 출력, 미출력

라. 치환법

논리회로	치환	명칭
버블 (NAND with bubble on input)	NOR 게이트	NOR 회로
NAND	OR 게이트	OR 회로 병렬회로
NOR	NAND 게이트	NAND 회로
NOR (inverted inputs)	AND 게이트	AND 회로 직렬회로

마. 릴레이(유접점) 및 로직(무접점) 시퀀스

(1) AND 회로(직렬회로, 논리곱회로) : 모든 입력신호가 1일 경우에만 출력되는 회로

① 유접점 회로(릴레이 회로)   ② 무접점 회로(논리 회로)   ③ 논리식 : X = A · B = AB

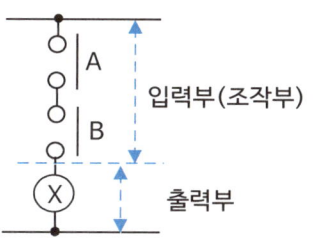

④ 진리표

A	B	X
0	0	0
0	1	0
1	0	0
1	1	1

⑤ 타임차트

(2) OR 회로(병렬회로, 논리합회로) : 모든 입력신호 중 어느 하나만 1이면 출력되는 회로

① 유접점 회로(릴레이 회로)   ② 무접점 회로(논리 회로)   ③ 논리식 : X = A+B

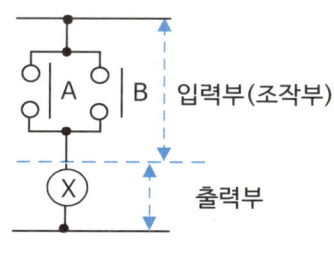
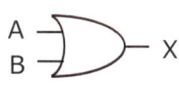

④ 진리표

A	B	X
0	0	0
0	1	1
1	0	1
1	1	1

⑤ 타임차트

(3) NOT 회로(부정회로, b접점) : 입력이 1이면 출력이 0이 되고, 입력이 0이면 출력이 1이 되는 회로

① 유접점 회로(릴레이 회로)　　② 무접점 회로(논리 회로)　　③ 논리식 : $X = \overline{A}$

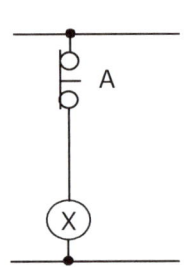
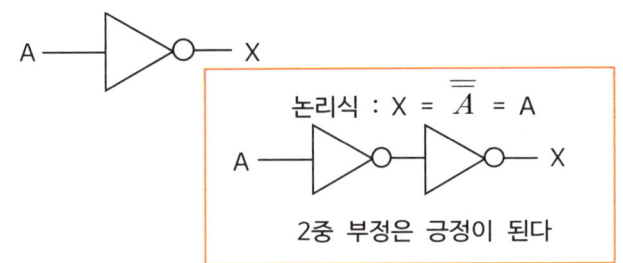

④ 진리표　　　　　　　　　⑤ 타임차트

A	X
0	1
1	0

(4) NAND 회로(AND + NOT) : AND회로의 부정회로

① 유접점 회로(릴레이 회로)　　② 무접점 회로(논리 회로)　　③ 논리식 : $X = \overline{A \cdot B}$

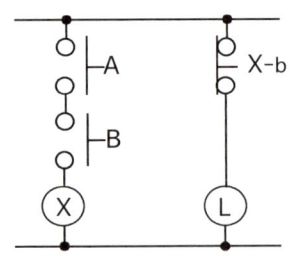
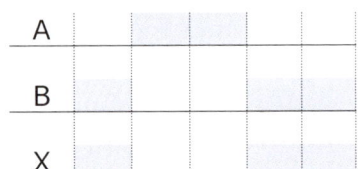

④ 진리표　　　　　　　　　⑤ 타임차트

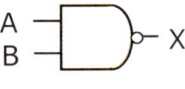

A	B	X
0	0	1
0	1	1
1	0	1
1	1	0

(5) NOR 회로(OR + NOT) : OR회로의 부정회로

① 유접점 회로(릴레이 회로)　　② 무접점 회로(논리 회로)　　③ 논리식 : $X = \overline{A + B}$

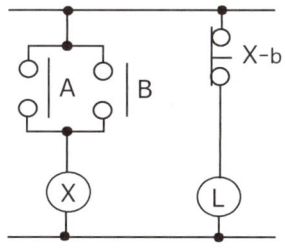

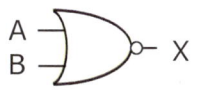

④ 진리표

A	B	X
0	0	1
0	1	0
1	0	0
1	1	0

⑤ 타임차트

(6) 논리소자 등가 변환

① NAND회로

$X = \overline{A \cdot B} = \overline{A} + \overline{B}$

② NOR회로

$X = \overline{A + B} = \overline{A} \cdot \overline{B}$

③ AND회로

$X = A \cdot B$ 　　 $X = \overline{\overline{A} + \overline{B}}$ 　　 $X = \overline{\overline{A \cdot B}}$

④ OR회로

$X = \overline{\overline{A} \cdot \overline{B}}$ 　　 $X = \overline{\overline{A + B}}$ 　　 $X = A + B$

(7) EOR 회로(배타적 논리합 회로) : 어느 하나만의 입력으로 출력하는 회로

① 유접점 회로(릴레이 회로) ② 무접점 회로(논리 회로) ③ 논리회로 간소화

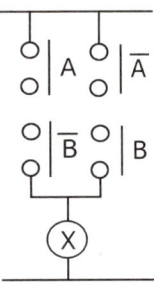 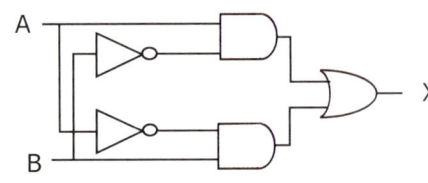 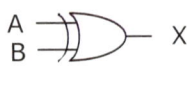

④ 논리식   ⑤ 진리표   ⑥ 타임차트

$X = A\overline{B} = \overline{A}B$

A	B	X
0	0	0
0	1	1
1	0	1
1	1	0

(8) 자기유지 회로 : 항상 기동스위치와 병렬연결 (보조접점 a접점 이용)

① 유접점 회로(릴레이 회로)   ② 논리식   ③ 무접점 회로(논리 회로)

$X = (PB_1 + X) \cdot \overline{PB_2}$

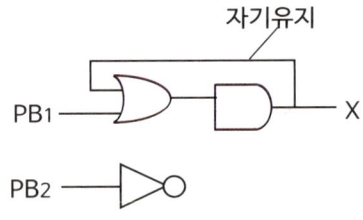

④ 타임차트

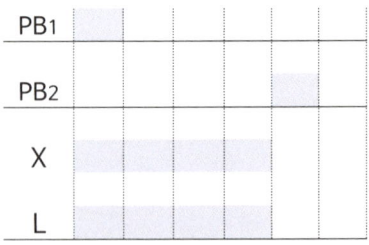

(9) 인터록 회로(병렬 우선회로, 선입력 우선회로) : 동시투입 방지회로

① 유접점 회로(릴레이 회로)

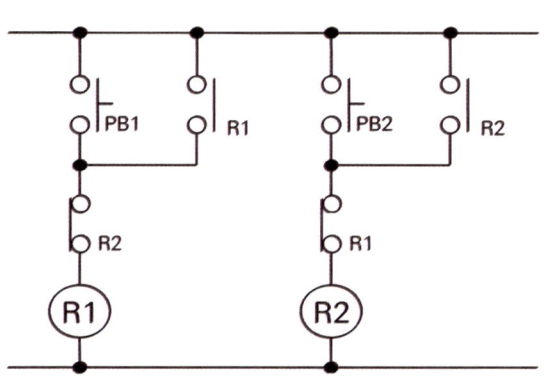

② 논리식

$R1 = (PB1 + R1) \cdot \overline{R2} \cdot \overline{PB0}$

$R2 = (PB2 + R2) \cdot \overline{R1} \cdot \overline{PB0}$

③ 무접점 회로(논리 회로)

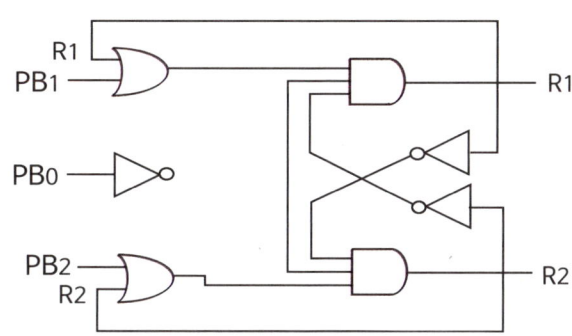

④ 타임차트

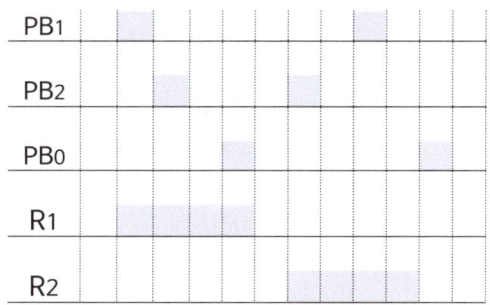

2. 타임차트(Time Chart), 논리회로

시간이 지남에 따라 신호나 장치의 작동이 어떻게 달라지는지를 나타내는 도표. 교환기의 계전기나 스위치, 인쇄 전신기의 각 부품의 작동 순서와 설정된 접점이 작동하는 시간의 상호 관계 따위를 나타내는 것을 말한다.

소방시설의 부품간의 시간이 지남에 따라 신호나 장치의 작동이 어떻게 달라지는지를 나타내는 그래프(차트)를 말한다.

가. a접점

【동작 내용】

1. P1입력(ON)되는 시간에만 P10이 출력된다.
2. P1을 누르면 P10이 ON되고 P1을 떼면 P10은 OFF된다.
3. 반복하여 P1을 입력하면 P10이 출력된다.

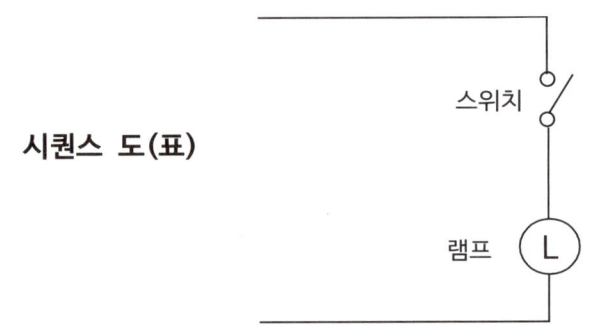

시퀀스 도(표)

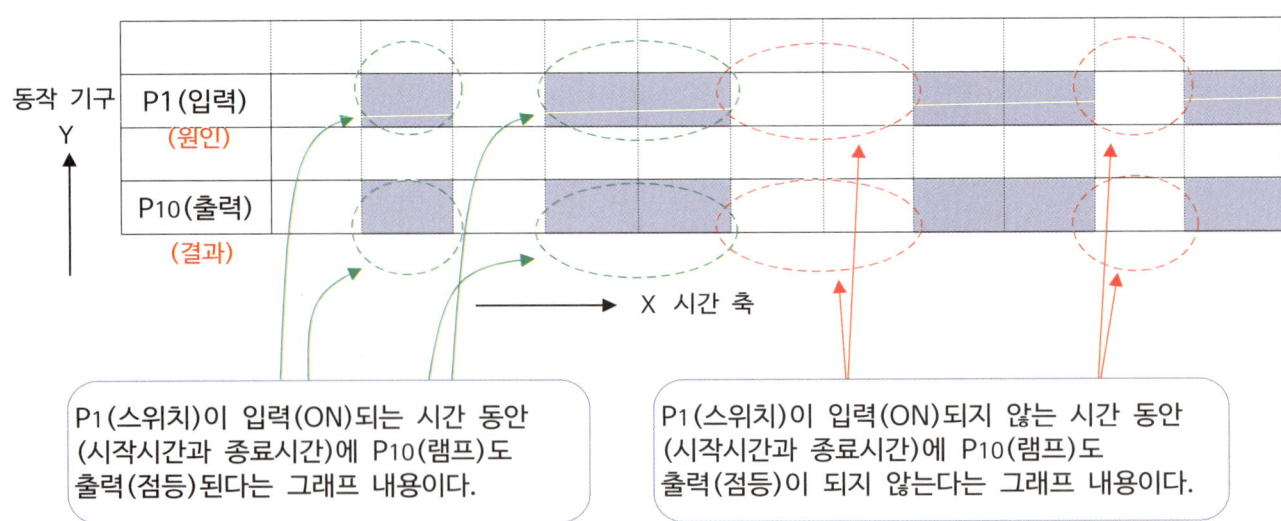

타임차트 도(표)

나. 2개의 a접점

【동작 내용】

1. P1이 입력(ON)되는 시간동안에 P10과 P20이 동시에 출력(ON)된다.
2. P1을 OFF하면 P10과 P20도 동시에 OFF된다.
3. 반복하여 P1을 입력하면 P10과 P20이 동시에 출력되고, P1을 OFF하면 P10과 P20도 OFF된다.

시퀀스 도(표)

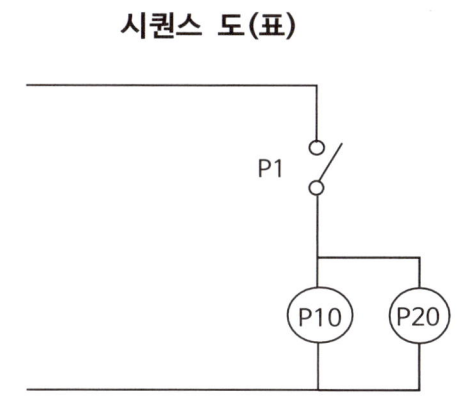

P1이 입력(ON)되는 시간 동안 (시작시간과 종료시간)에 P10, P20도 출력된다는 그래프 내용이다.

타임차트 도(표)

P1(입력)원인											
P10(출력)결과											
P20(출력)결과											

P1이 입력(ON)되지 않는 시간 동안 (시작시간과 종료시간)에 P10, P20도 출력되지 않는다는 그래프 내용이다.

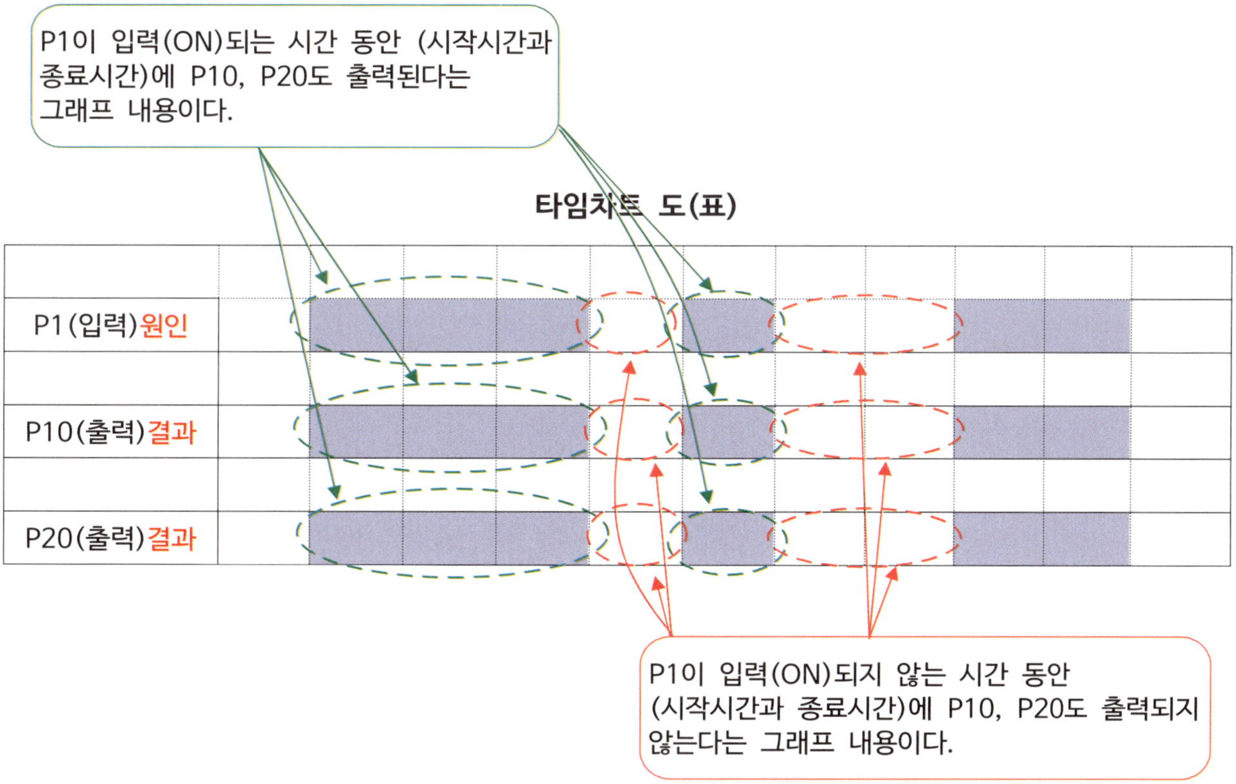

다. b접점

【동작 내용】

1. 평시에는 P1이 b접점으로 입력(ON)되어 있고, P10은 출력(ON)되고 있다.
2. P1을 입력(ON)하는 시간동안 P10은 동시에 출력(OFF)된다.
3. 반복하여 P1을 입력(ON)하지 않으면, P10은 출력(ON)되고
   P1을 입력(ON)하면 P10은 동시에 출력(OFF)된다.

시퀀스 도(표)

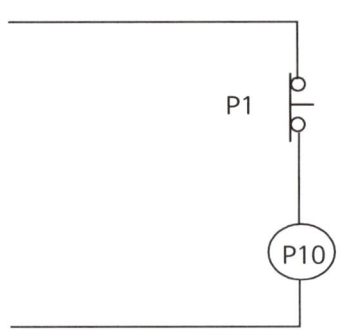

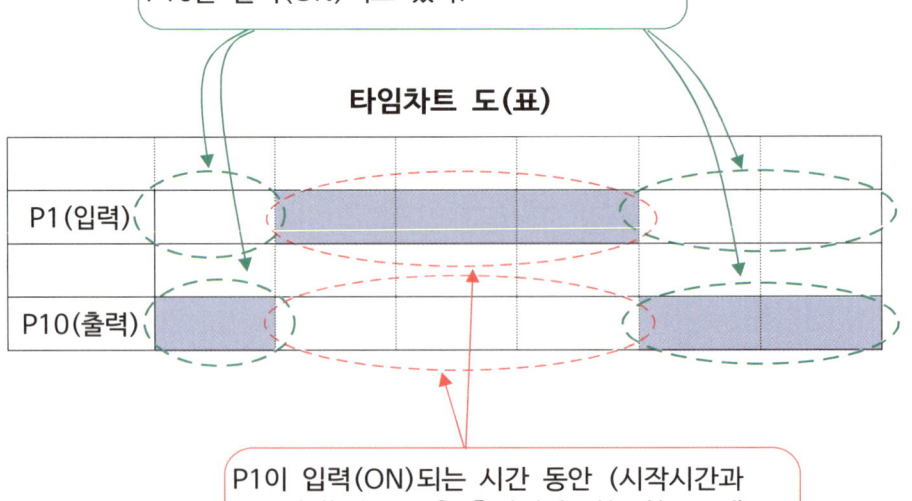

라. 자기유지 · 해제

【동작 내용】

1. P1이 입력(ON)되면 P10은 출력(ON)되며 자기유지 된다.
2. P2가 입력(ON)되면 P10이 출력(OFF)되며 초기화 된다.
3. 반복하여 P1이 입력(ON)되면 P10은 출력(ON)되며 자기유지 되고, P2가 입력(ON)되면 P10이 출력(OFF)되며 초기화 된다.

시퀀스 도(표)

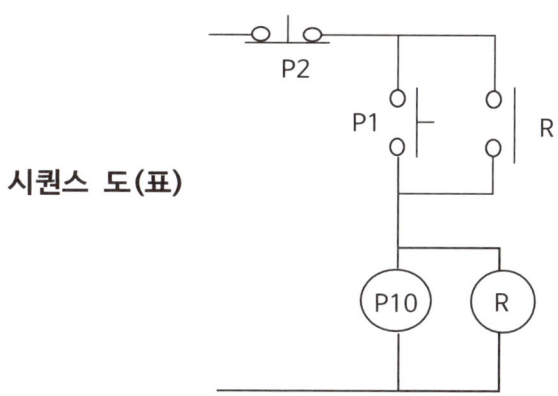

P1이 입력(ON-누르면)되면 P10이 출력(ON-작동)된다.
R이 여자되어 R릴레이 접점이 붙어 자기유지된다.
P1 누름버튼스위치는 손을 떼면 접점이 떨어진다(OFF),
그러나 자기유지회로에 의해 P10은 계속 작동한다.

타임차트 도(표)

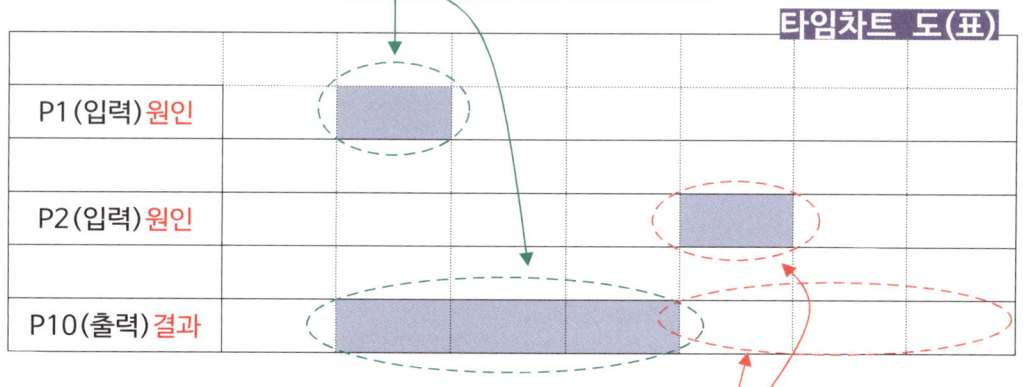

P10이 출력(ON-작동) 중에 P2를 누르면 P10은 작동중지(OFF)된다.
P2의 누름버튼스위치를 손에서 떼면 스위치는 복구된다.
그러나 P2의 누름버튼스위치를 누르면 회로가 차단되어
R이 소자되어 R릴레이 접점이 떨어져 자기유지가 해제된다.
그러므로 P10은 작동중지(OFF)된다.

마. 후입력 우선

【동작 내용】

1. P1입력(ON)되면 P40은 출력(ON) 된다.
2. P1이 OFF되어도 P40은 계속 작동(출력-ON) 된다.
3. P40이 ON되어 있는 상태에서 P2를 ON하면 P40이 OFF되며 P41이 ON된다.
4. P41이 ON되어 있는 상태에서 P1을 ON하면 P41이 OFF되며 P40이 ON된다.
5. P1은 P40, P2는 P41과 한 쌍
6. 나중에 입력되는 신호가 동작하는 후입력 우선회로이다.

시퀀스 도(표)

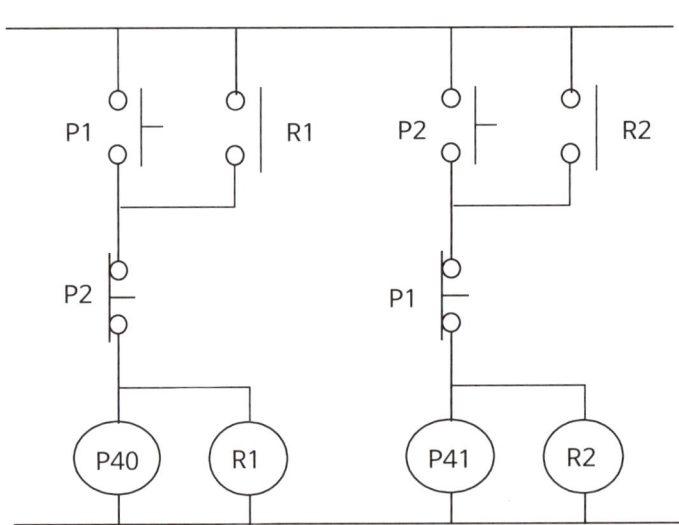

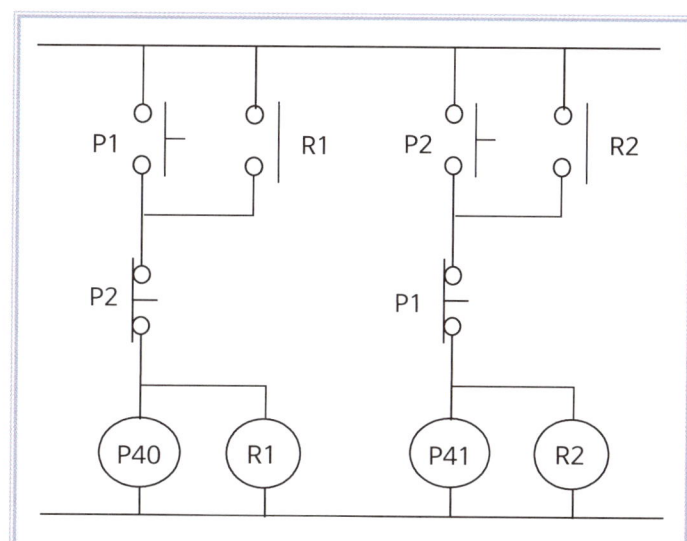

P1이 입력(ON-누르면)되면,
P40이 여자된다.(출력-ON-작동)된다.

R1이 여자되어 R1릴레이 접점이 붙어,
자기유지된다.
P1 누름버튼스위치는 손을 떼면, 접점이
떨어진다(OFF),
그러나 자기유지회로에 의해 P40은
계속 작동한다.

P40이 ON되어 있는 상태에서 P2를 ON하면 P40이 OFF되며 P41이 ON된다.

타임차트 도(표)

P1(입력)											
P2(입력)											
P40(출력)											
P41(출력)											

P41이 ON되어 있는 상태에서 P1을 ON하면 P41이 OFF되며 P40이 ON된다.
P1은 P40, P2는 P41과 한 쌍이다.
나중에 입력되는 신호가 동작하는 후입력 우선회로이다.

바. 인터록 회로

○ 인터록(인터락)회로

동시동작이 금지되고, 우선동작(먼저동작)한 회로가 출력되는 회로를 말한다.
서로 상대방 출력의 b접점을 가지고 있다.
(예를 들어 TV쇼 퀴즈프로그램에서 먼저 버튼을 누른사람의 부저가 울리면 늦게 누른사람의 부저는 먼저 울린 부저가 끝날 때까지 울리지 않는다)

○ 타이차트 표기 방법

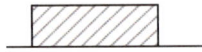

① 접점이 작동되고 있음을 표현한 것이다(입력)
② 출력이 되고 있음을 표현한 것이다(출력)

설명

- ○ 입력 A가 먼저 입력되면 인터록접점 X1이 출력되고, 인터록접점인 X1이 열린다. 그러므로 입력B가 입력되어도 X2는 출력되지 않는다.
- ○ 입력 B가 먼저 입력되면 인터록접점 X2이 출력되고, 인터록접점인 X2이 열린다. 그러므로 입력A가 입력되어도 X1는 출력되지 않는다.
- ○ 입력A가 먼저 입력되면 A입력이 끝날 때까지 X1이 출력되고 이후, 입력 B를 입력했을 때는 A입력이 끝난 시점부터 X2가 출력된다.

	타임차트	시퀀스회로, 유접점회로
인터락회로	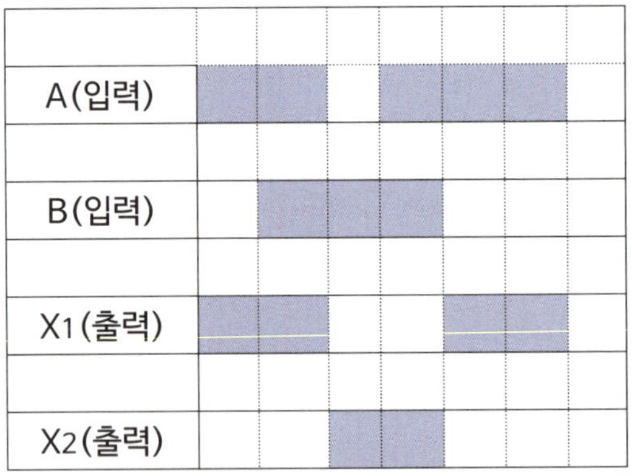	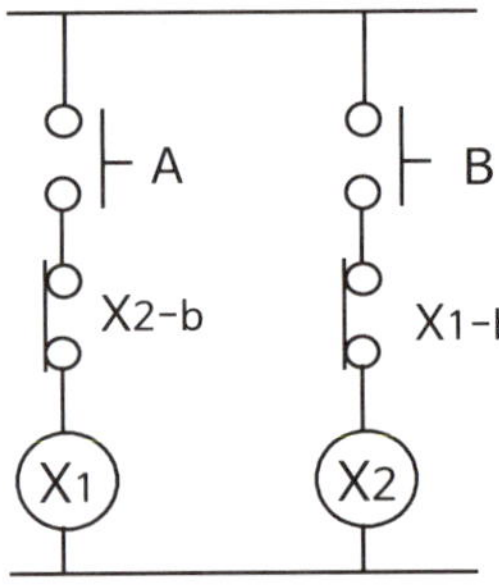
	논리식	논리회로, 무접점회로
	$X1 = A \cdot \overline{X2}$ $X2 = B \cdot \overline{X1}$	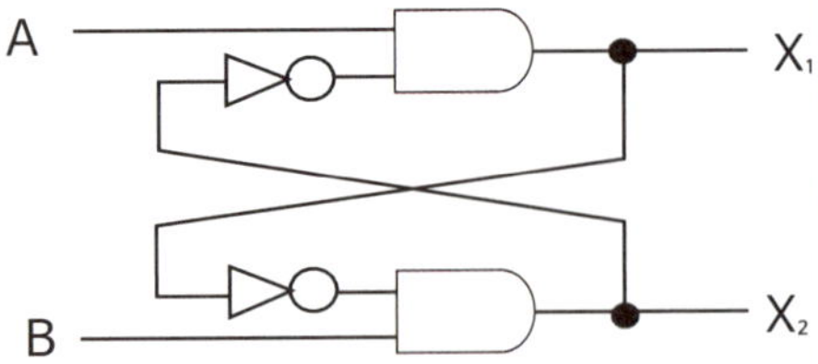

사. 카르노맵(Karnaugh map)

논리회로에 해당하는 진리표를 행렬로 정의한 표

A	B	C	X
0	0	0	0
0	0	1	0
0	1	0	1
0	1	1	0
1	0	0	1
1	0	1	1
1	1	0	1
1	1	1	0

아. 타임차트 기출문제

문제 1   그림과 같은 회로를 보고 다음 각 물음에 답하시오.   2007.11. 기출문제

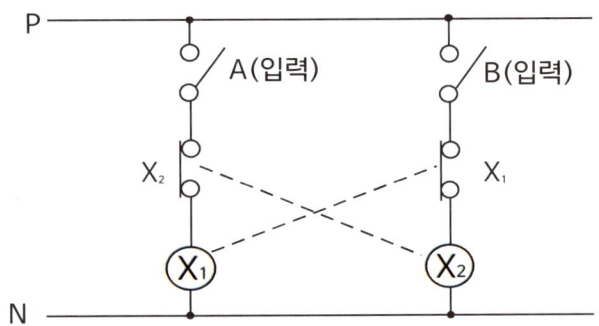

1. 주어진 회로에 대한 논리회로를 완성하시오.
2. 회로의 동작 상황을 타임차트로 그리시오.

A															
B															
X1															
X2															

3. 주어진 회로에서 접점 X1과 X2의 관계를 무엇이라 하는가?

정 답

1.

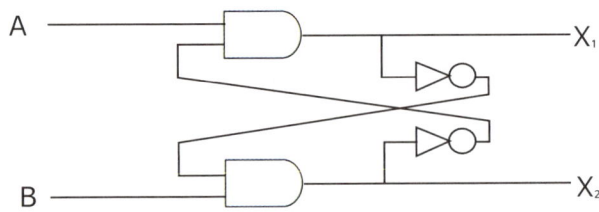

2.

A															
B															
X1															
X2															

3. 인터록(인터락)

해 설

1.

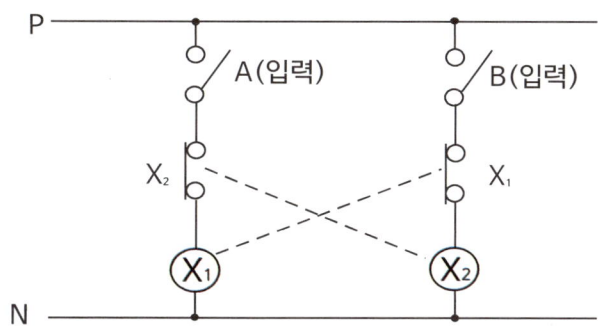

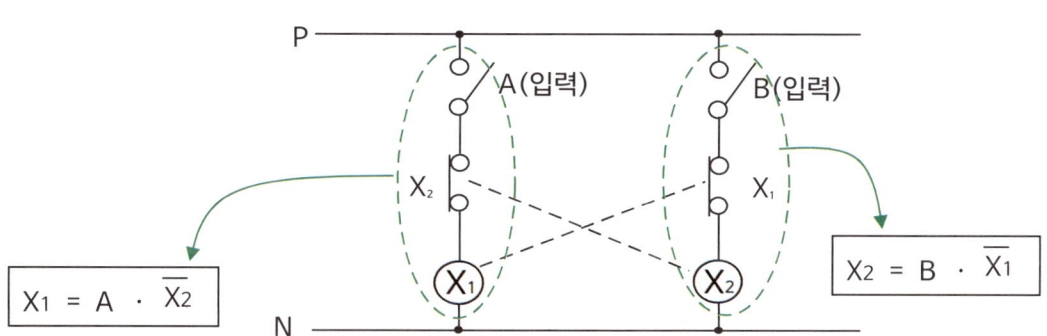

> 전선 안의 부품 A(입력) ↔ X_2 ↔ ⓧ$_1$간에는 직렬로 연결되었다.
> 이 내용을 수식으로 표현하면, ⓧ$_1$ = A · $\overline{X_2}$ 이 된다.
>
> X_2의 a접점은 X_2로, b접점은 $\overline{X_2}$ 로 쓴다.

> 전선 안의 부품 B(입력) ↔ X_1 ↔ ⓧ$_2$간에는 직렬로 연결되었다.
> 이 내용을 수식으로 표현하면, ⓧ$_2$ = B · $\overline{X_1}$ 이 된다.
>
> X_1의 a접점은 X_1로, b접점은 $\overline{X_1}$ 로 쓴다.

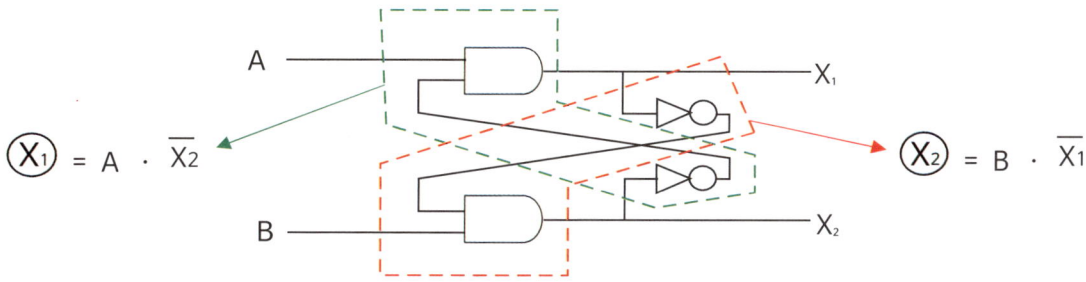

해설

2.

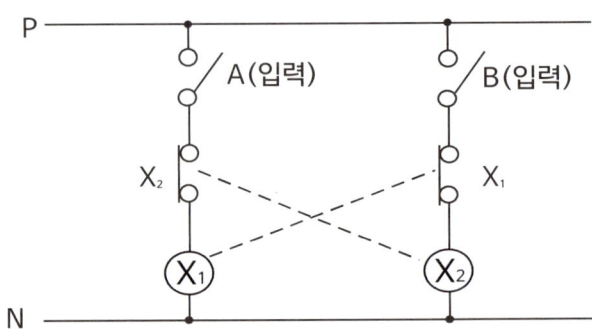

A		①				④						
B			②								⑥	
X1							⑤					
X2			③								⑦	

시퀀스회로에 대한 타임차트 작동 설명

A①가 작동(동작)하면 Ⓧ₁이 여자된다. X1b 릴레이는 떨어지며 Ⓧ₂는 작동하지 못한다
Ⓧ₁이 여자되어 X1b 릴레이가 떨어지게 하여 Ⓧ₂를 작동하지 못하게 하는 것이 인터록 기능이다.

A①가 작동(동작)하고 있을 때 B②를 작동(동작)해도 이미 X1b 릴레이는 떨어져 있어 Ⓧ₂③는 작동하지 못한다.

A④를 작동(동작)해도 B가 먼저 작동하여 X2b 릴레이는 떨어지게 하여 Ⓧ₁을 작동하지 못하게 하고 있다. 그러므로 Ⓧ₁⑤은 작동하지 못한다.

B⑥를 작동(동작)해도 Ⓧ₁이 여자되어 X1b 릴레이는 떨어지게 하여 Ⓧ₂를 작동하지 못하게 하고 있다
그러므로 Ⓧ₂⑦은 작동하지 못한다.

3. **인터락(인터록)**

선입력 우선회로라고도 부른다. 어떤 회로에 동시에 2가지 입력이 같이 동작(투입) 되는 것을 방지하는 회로를 말한다. 먼저 동작(투입)한 회로만 작동하고 나중에 동작(투입)된 회로는 작동하지 않는다.

인터록 = 선입력 우선회로 = 병렬우선회로

문제 2

2009.4. 기출문제

다음 타임차트는 A~C 입력이 주어졌을 때 X_A~X_B의 출력 상태를 나타낸 것이다. 다음 물음에 답하시오.

1. 타임차트를 보고 X_A~X_C의 논리식을 쓰시오.
    ① X_A
    ② X_B
    ③ X_C
2. 1의 논리식을 유접점회로로 그리시오.
3. 1의 논리식을 무접점회로로 그리시오.

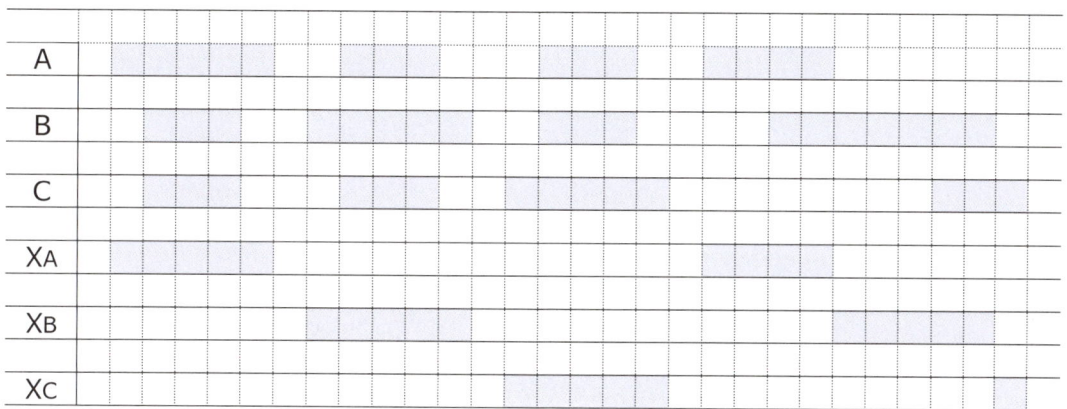

정 답

1. $X_A = A \, \overline{X_B} \, \overline{X_C}$,　$X_B = B \, \overline{X_A} \, \overline{X_C}$,　$X_C = C \, \overline{X_A} \, \overline{X_B}$

2.

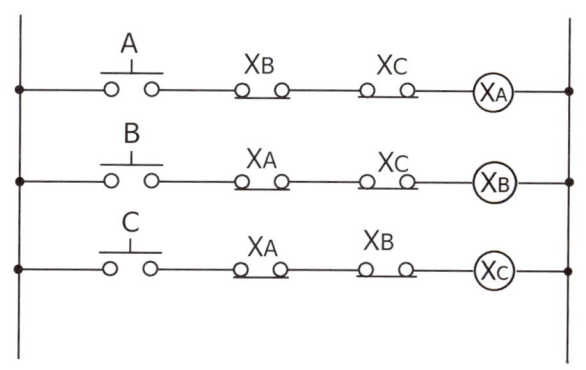

3.

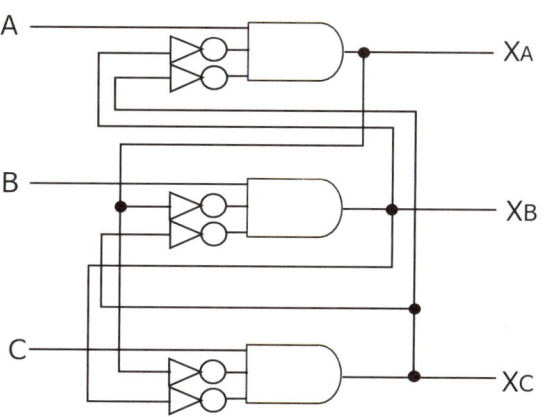

해 설 1

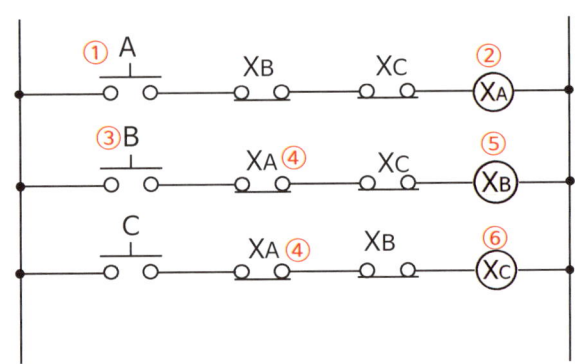

1. $X_A = A \overline{X_B} \overline{X_C}$, $X_B = B \overline{X_A} \overline{X_C}$, $X_C = C \overline{X_A} \overline{X_B}$

시퀀스회로와 타임차트 작동 설명

A누름버튼①이 작동하면 ⓧA②가 여자되어 X_A-B릴레이④ 2곳의 접점을 떨어뜨려 ⓧB⑤, ⓧC⑥가 작동하지 못하게 방해 한다(인터록 기능). A누름버튼이 작동하는 시간동안① ⓧA②도 작동한다.

A가 작동하여 ⓧA가 여자되어 있는 시간내에 누름버튼 B③가 작동해도 X_A-B릴레이④ 접점이 떨어져 있어 ③의 시간에는 ⓧB④가 작동할 수 없다.

B누름버튼③이 작동하면, ⓧB⑤가 여자된다. B누름버튼이 작동하는 시간동안 ⑥ⓧB도 작동한다.
B가 작동하여 ⓧB가 여자되어 있는 시간내⑤에 누름버튼 A, C가 작동해도 X_B-B릴레이 접점이 떨어져 있어 ⓧA⑥, ⓧC⑦가 작동할 수 없다.

인터록 기능이 있는 시퀀스 회로이다.

해 설 2

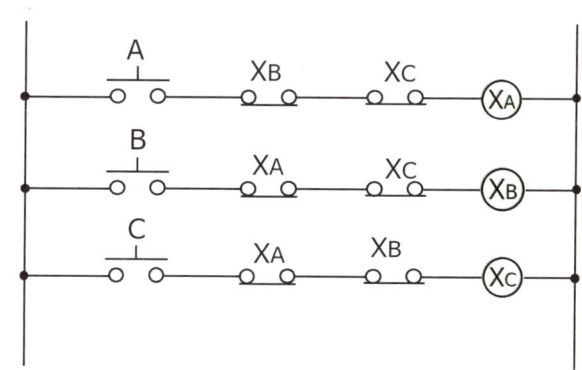

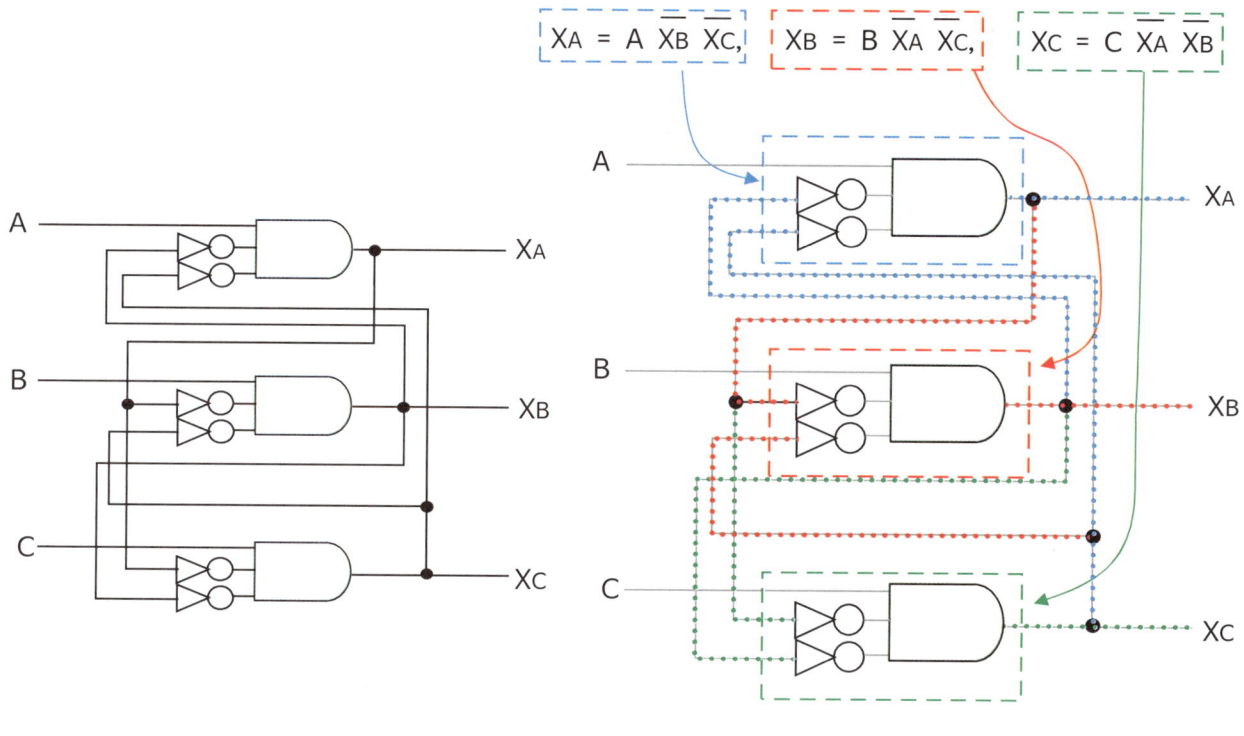

$X_A = A \ \overline{X_B} \ \overline{X_C},$

$X_B = B \ \overline{X_A} \ \overline{X_C},$

$X_C = C \ \overline{X_A} \ \overline{X_B}$

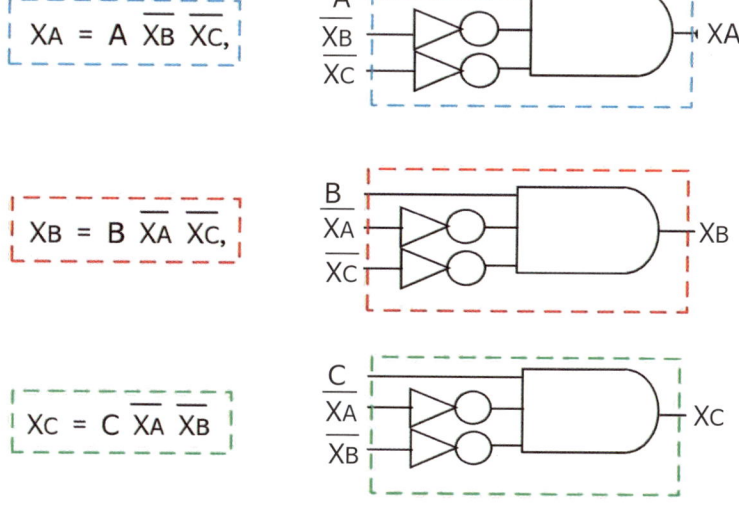

문제 3

2019.6. 2013.11. 기출문제

그림과 같은 회로를 보고 타임차트를 완성하시오.

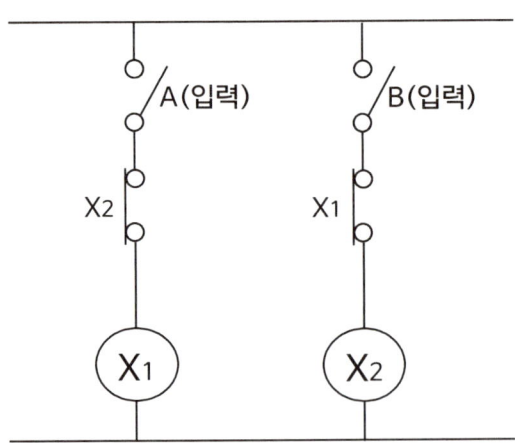

정 답

해설 1

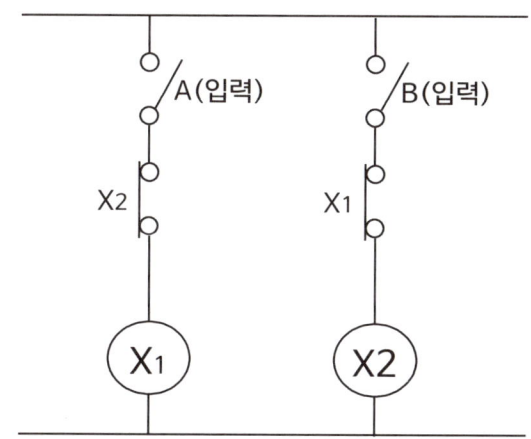

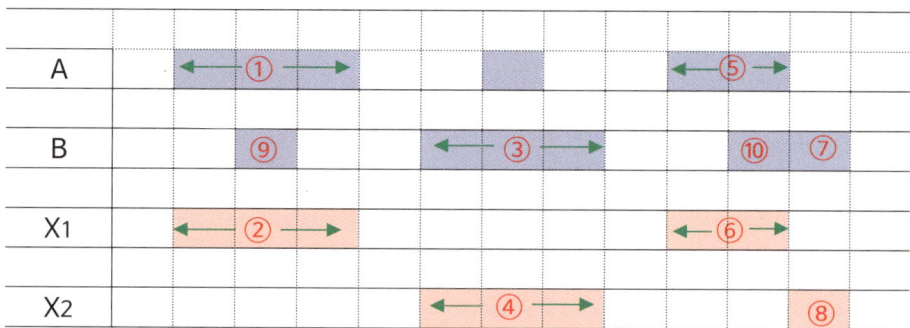

이 문제는 **인터락(인터록)** 또는 **선입력 우선회로(병렬우선회로)**에 대한 문제이다.

A가 입력(ON)하면 X1이 여자되어 X1-b접점 릴레이 접점이 떨어져 X2가 절대 작동하지 못하게 한다.

B가 입력(ON)하면 X2이 여자되어 X2-b접점 릴레이 접점이 떨어져 X1이 절대 작동하지 못하게 한다. 이러한 기능을 인터락 회로라 한다.

타임차트 그림에서 A가 작동(3칸 시간①)하면 X1도 동시간 동안 작동(3칸 시간②)한다.
　　　　A가 작동하는 시간에는 X2는 작동하지 않는다.

타임차트 그림에서 B가 작동(3칸 시간③)하면 X2도 동시간 동안 작동(3칸 시간④)한다.
　　　　B가 작동하는 시간에는 X1은 작동하지 않는다.

타임차트 그림에서 A가 작동(2칸 시간⑤)하면 X1도 동시간 동안 작동(2칸 시간⑥)한다.
　　　　A가 작동하는 시간에는 X2는 작동하지 않는다.

타임차트 그림에서 B가 작동(2칸 시간중 1칸⑦)하면 X2도 동시간 동안 작동(2칸 시간중 1칸⑧)한다.
　　　　B가 작동하는 시간에는 X1은 작동하지 않는다.

타임차트 그림에서 A가 작동중 B(1칸 작동⑨)가 작동해도 X2는 작동하지 않는다.

타임차트 그림에서 A가 작동중 B(1칸 작동⑩)가 작동해도 X2는 작동하지 않는다.

문제 4

2010.7. 2016.11. 2022.5.7 기출문제

다음 회로에서 램프 L의 작동을 주어진 타임차트에 표시하시오.
(단, PB : 누름버튼스위치, LS : 리미트스위치, R : 릴레이이다)

1.

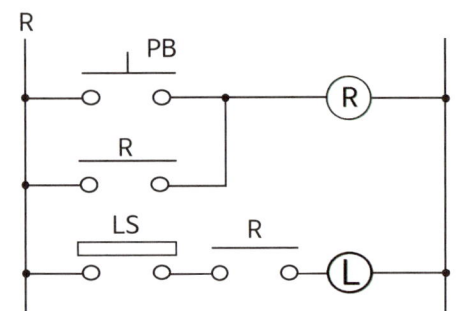 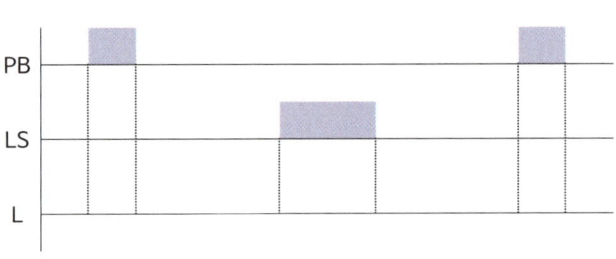

2.

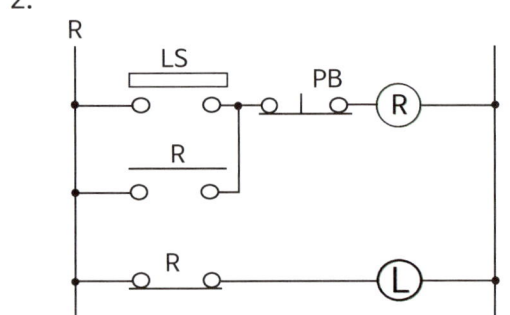 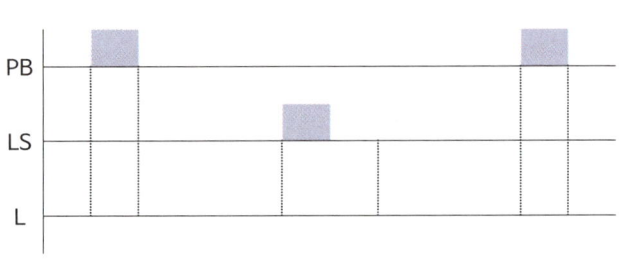

정 답

1.

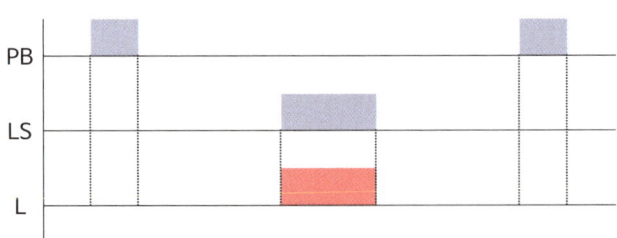

2.

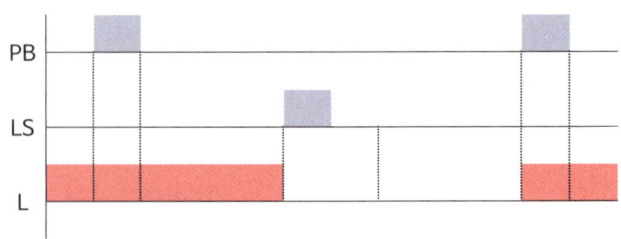

 **해설 1**

1.

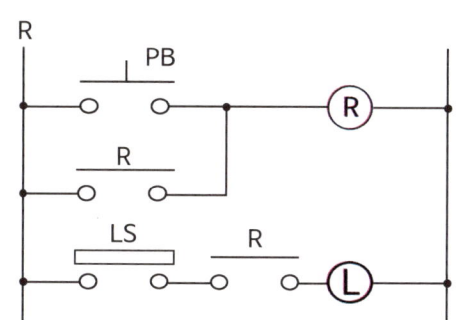

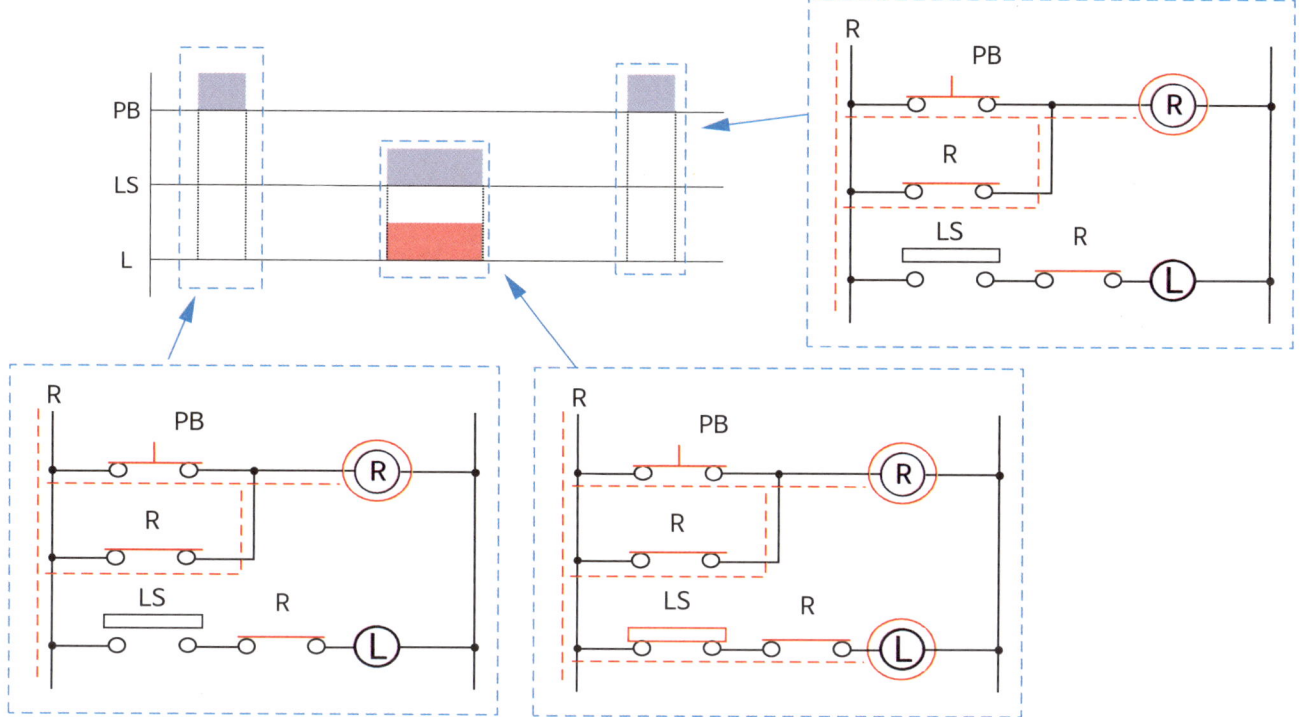

타임차트 작동내용 설명

1. 누름버튼스위치(PB)를 누르면 ⓡ이 여자되어 릴레이(R) a접점이 닫혀 자기유지된다.
   누름버튼스위치(PB)를 누르는 시간동안에는 LS(리밋스위치), L(램프)는 작동하지 않는다.
2. LS(리밋스위치)가 작동하면 리밋스위치가 작동하는 시간 동안 L(램프)ⓛ는 점등한다.
3. 누름버튼스위치(PB)를 누르면 ⓡ이 여자되어 릴레이(R) a접점이 닫혀 자기유지된다.
   누름버튼스위치(PB)를 누르는 시간동안에는 LS(리밋스위치), L(램프)는 작동하지 않는다.

램프 점등조건 : ⓡ계전기 여자 중에 LS가 동작되어 두 개 입력이 모두 충족되어야 점등한다.

리밋스위치(limit switch)
기계 승강기, 공작 기계 따위가 작동을 하다가 어떤 한계를 넘어서서 위험한 경우에 자동적으로 동작을 멈추게 하기 위하여 쓰는 스위치

해설 2

2.

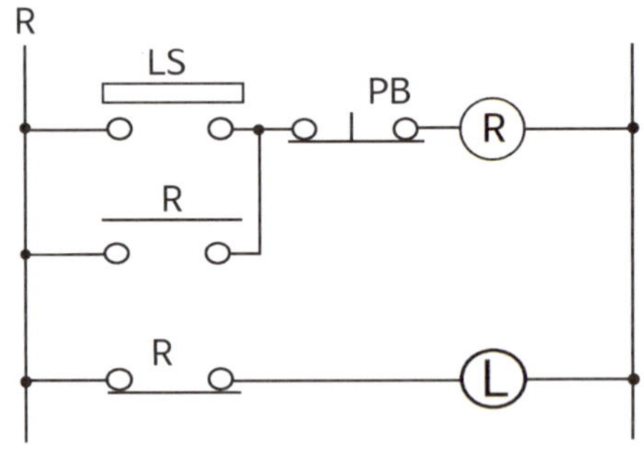

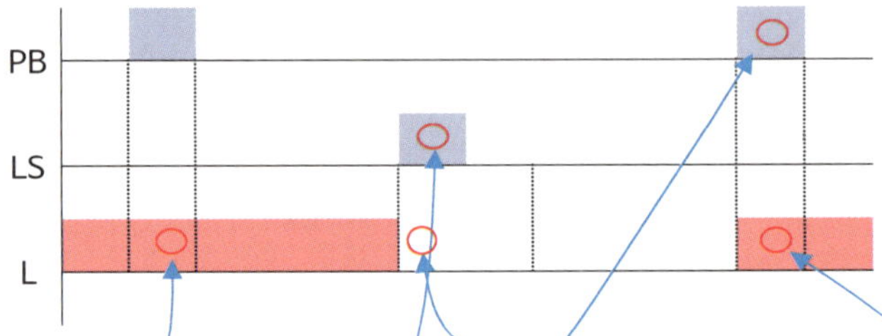

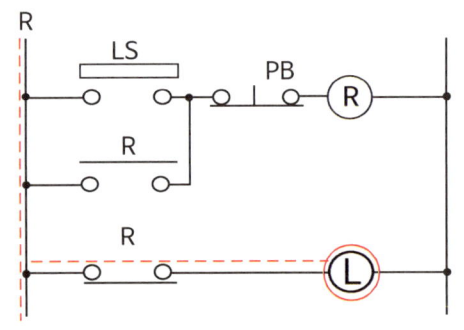

1. 평상시 램프 Ⓛ 점등된다.
2. LS(리밋스위치)가 작동하면 릴레이 Ⓡ이 여자되고 자기유지되면 램프 Ⓛ 소등된다.
3. 누름버튼스위치(PB) 누르면 릴레이 Ⓡ이 소자되고 램프 Ⓛ가 다시 점등한다.

평상시 램프 점등된다

LS 작동하면 Ⓡ 여자되고 램프 소등한다

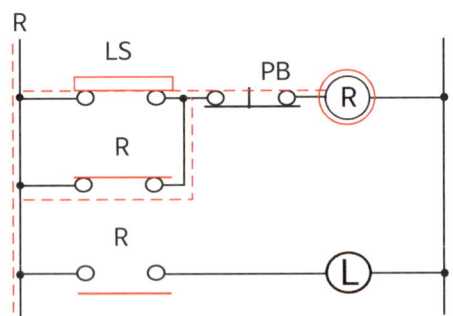

PB 누르면 릴레이 Ⓡ이 소자되고 램프 Ⓛ가 다시 점등한다.

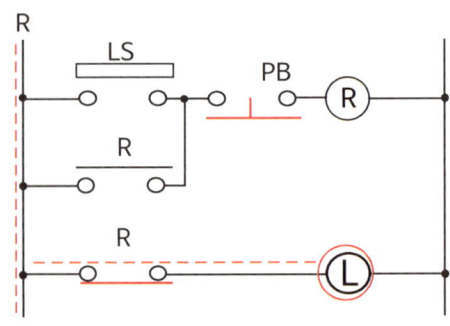

문제 5

2020.10. 기출문제

3개의 입력 A, B, C중 어느 것이든 먼저 들어간 입력이 우선 동작하고, 출력 X_A, X_B, X_C를 발생시킨다. 그 다음에 들어가는 신호는 먼저 들어간 신호에 의해서 Lock되어 출력이 없다고 할 때, 다음 그림과 같은 타임차트를 보고 각 물음에 답하시오.

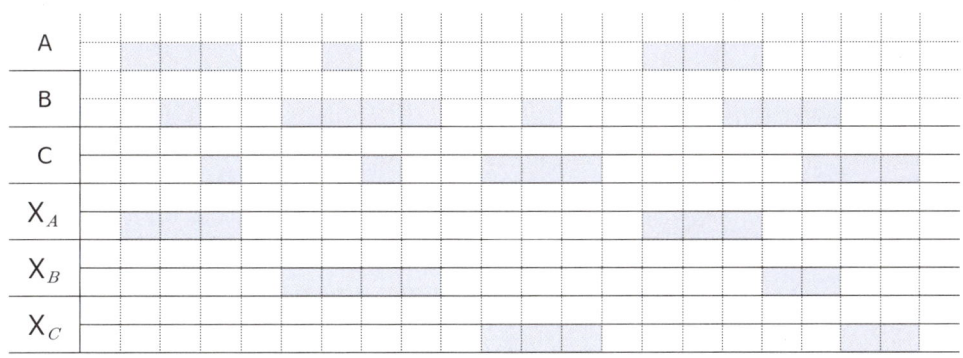

가. 타임차트를 이용하여 출력 X_A, X_B, X_C에 대한 논리식을 쓰시오.
나. 타임차트와 같은 동작이 이루어지도록 유접점회로 및 무접점회로를 그리시오.

정답

가.
- $X_A = A \cdot \overline{X_B} \cdot \overline{X_C}$
- $X_B = B \cdot \overline{X_A} \cdot \overline{X_C}$
- $X_C = C \cdot \overline{X_A} \cdot \overline{X_B}$

나.

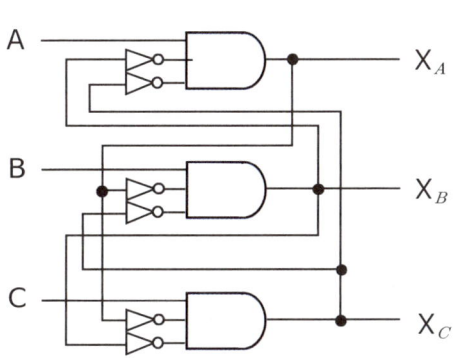
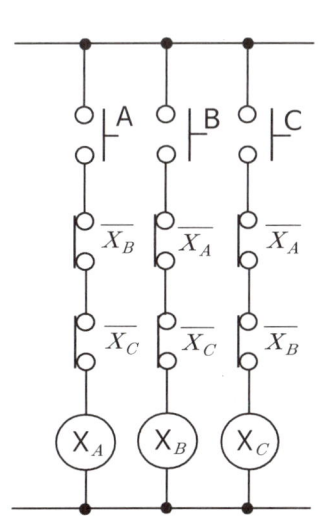

해 설

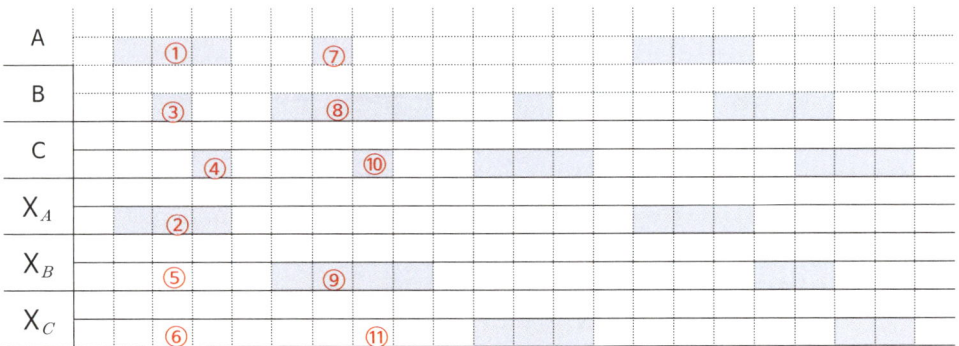

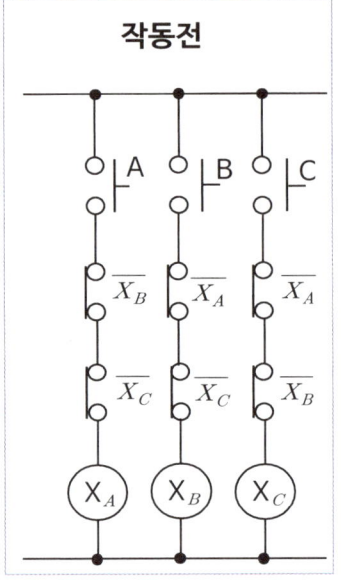
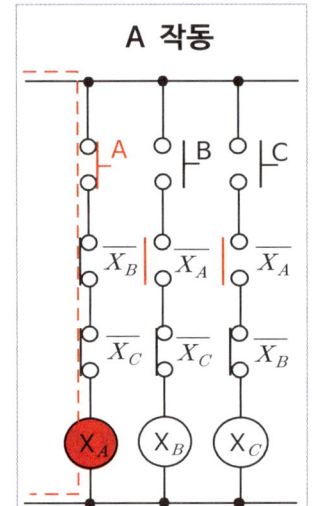
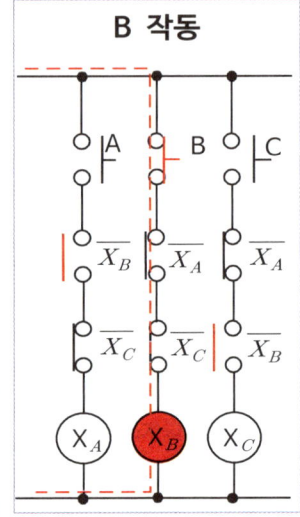
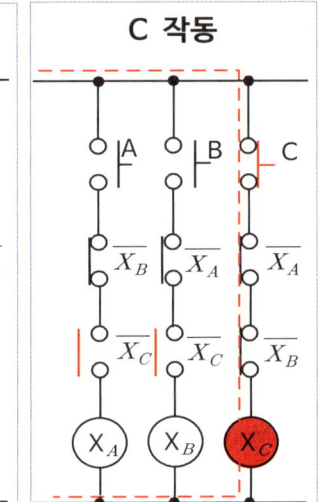

이 문제는 **인터락(인터록)** 또는 **선입력 우선회로(병렬우선회로)**에 대한 문제이다.

A가 입력(ON)하면(A버튼을 누르면) X_A가 여자된다.
X_A b접점 2곳 릴레이가 작동하여 X_B, X_C가 절대 작동하지 못하게 한다.(인터록 기능)

B가 입력(ON)하면(B버튼을 누르면) X_B가 여자된다.
X_B b접점 2곳 릴레이가 작동하여 X_A, X_C가 절대 작동하지 못하게 한다.(인터록 기능)

C가 입력(ON)하면(C버튼을 누르면) X_C가 여자된다.
X_C b접점 2곳 릴레이가 작동하여 X_A, X_B가 절대 작동하지 못하게 한다.(인터록 기능)

타임차트 그림에서 A가 작동(①)하면 X_A(②)가 여자된다. X_A가 여자되고 있는 시간에 B(③), C(④)를 작동해도 그 시간에는 X_B(⑤), X_C(⑥)가 작동하지 않는다.

타임차트 그림에서 A가 작동(⑦)하면 B(⑧)가 먼저 작동하여 X_B(⑨)가 작동하고 있다.
B가 작동하는 시간안에는 C(④)가 작동해도 X_C(⑪)는 작동하지 않는다.

문제 6

2021.11. 기출문제

다음 유접점 논리회로를 보고 다음 각 물음에 답하시오.

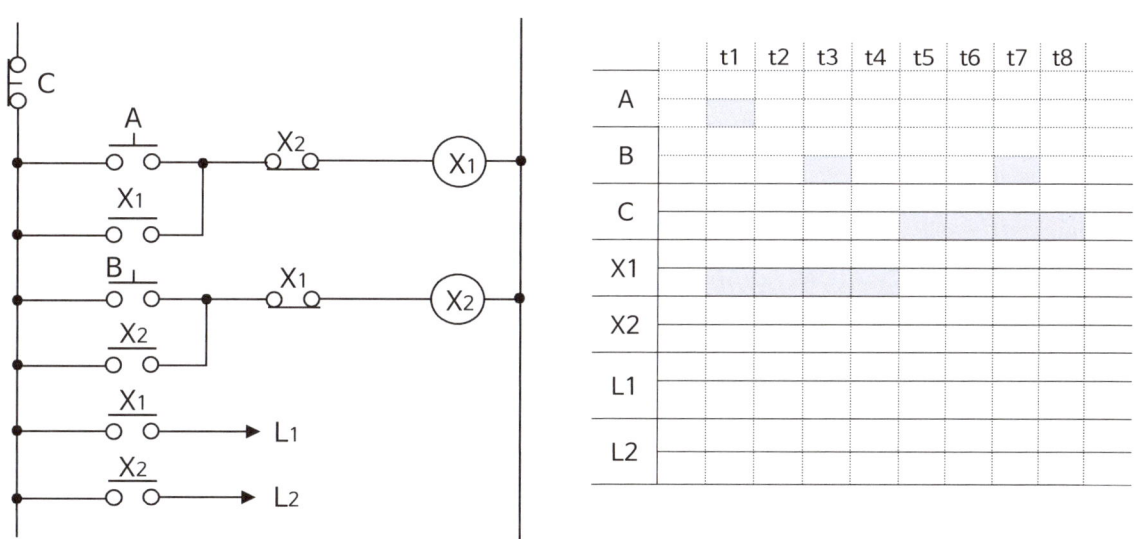

가. 그림과 같은 타이밍으로 입력이 주어졌을 때 램프 L_1, L_2의 상태를 타임차트로 표시하시오.
나. 이런 동작을 하는 회로를 무슨 회로라 하는가.
다. 릴레이 X_1의 b접점과 릴레이 X_2의 b접점은 어떤 관계에 있는 접점이라 할 수 있는가?

정 답

가.

	t1	t2	t3	t4	t5	t6	t7	t8
A		■						
B			■	■				
C					■	■		
X1		■	■	■				
X2								
L1		■	■	■				
L2								

나. 병렬우선회로
다. 인터록 회로

해 설

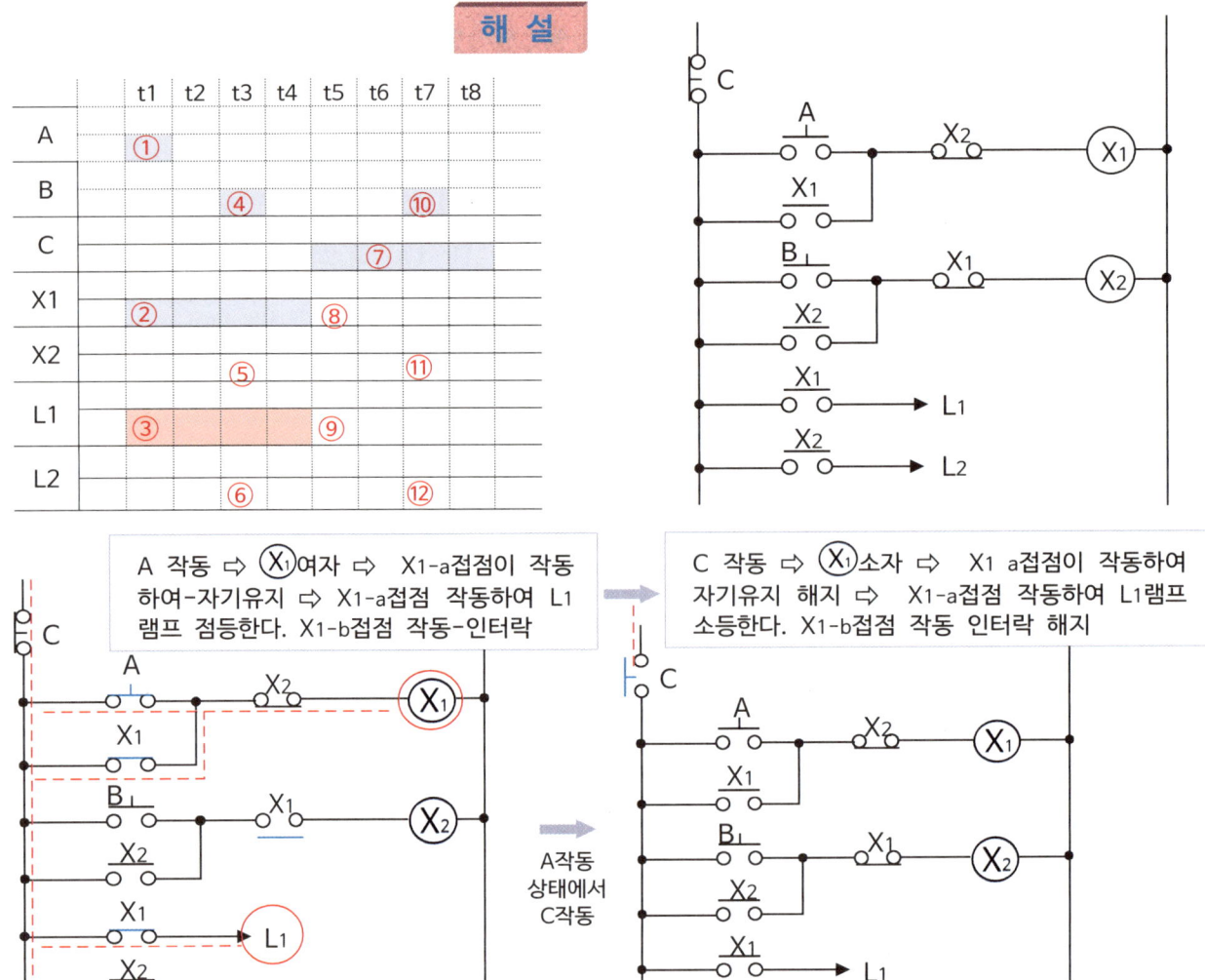

이 문제는 <u>인터락 회로 - 선입력 우선회로(병렬우선회로)</u>에 대한 문제이다.
인터락(인터록)회로를 선입력 우선회로(병렬우선회로)라고도 부른다.

A가 입력(ON)하면(A버튼을 누르면) X1이 여자되어, X1 a접점 2곳과, X1 b접점 1곳 릴레이가 작동한다.
X1 b접점이 떨어져(인터락 기능) X2가 절대 작동하지 못하게 한다.

B가 입력(ON)하면 X2이 여자되어 X2 b접점 릴레이 접점이 떨어져 X1이 절대 작동하지 못하게 한다.
이러한 기능을 인터락 회로라 한다.

타임차트 그림에서 A가 작동(①)하면 X1(②)이 여자되어 X1-a접점이 작동하여 자기유지되고,
X1-a접점이 작동 L1램프(③)가 점등한다. X1-b접점 작동하여 인터락 기능한다.

A가 작동(①)하여 X1(②)이 여자되어 X1-a접점이 작동하여 자기유지되고, L1램프(③)가 점등되고 있는 시간에,
B가 작동(④)해도 인터락이 걸려 있어, X2(⑤)가 여자되어 L2램프(⑥)가 점등될 수 없다.

X1여자, L1램프 점등 중에 C가 작동(⑦)하면 X1(⑧)가 소자되어 L1램프(⑨)가 소등한다.

C가 작동(⑦)하는 시간 동안에는 B가 작동(⑩)해도 X2(⑪)가 여자되어 L2램프(⑫)가 점등될 수 없다.

문제 7

2017. 1회 산업기사 기출문제

그림은 릴레이 시퀀스회로도이다. 도면을 보고 다음 각 물음에 답하시오.

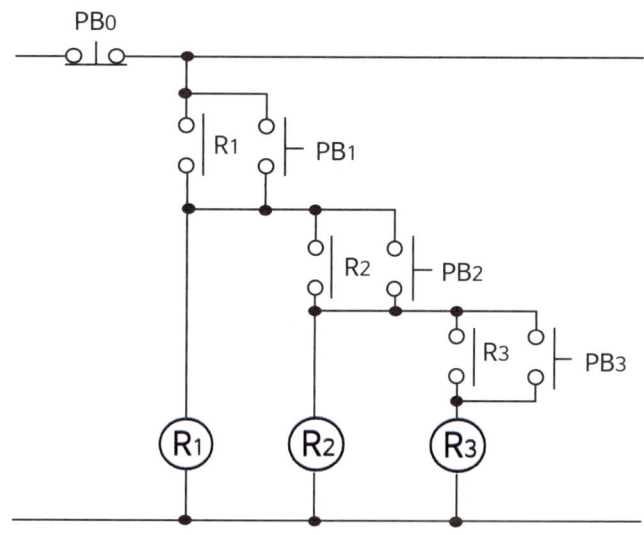

1. 푸시버튼스위치 PB1 → PB2 → PB3 → PB0을 차례로 눌렀을 때 작동순서를 쓰시오.
2. 현 도면 상태에서 PB2를 ON 하였을 때의 동작상태를 쓰시오.
3. 타임차트를 완성하시오.

정 답

1. 작동순서
  가. PB1을 누르면 R1이 여자되고 R1접점에 의해 자기유지된다.
  나. PB2을 누르면 R2이 여자되고 R2접점에 의해 자기유지된다.
  다. PB3을 누르면 R3이 여자되고 R3접점에 의해 자기유지된다.
  라. PB0을 누르면 동작 중이던 R1, R2, R3 가 소자된다.

2. 동작하지 않는다. (작동중인 PB1, PB2, PB3이 모두 복구된다)

3. 타임차트

PB1								
PB2		①						
PB3								
PB0						⑥		
R1						③		
R2		②				④		
R3						⑤		

타임차트 해설

PB1이 작동하지 않은 상태에서,
PB2을 누르면① R2②가 작동되지 않는다.

PB1, PB2, PB3이 모두 작동된 상태에서 PB0⑥을 누르면 동작 중이던 R1③, R2④, R3⑤이 소자된다(복구된다)

해설 1

푸시버튼스위치 **PB1** → PB2 → PB3 → PB0을 차례로 누렀을 때 작동순서

  PB1를 ON 하면 Ⓡ1이 여자되어 R1접점이 붙는다. R1접점에 의해 PB1버튼에 손을 떼어 복구되더라도 회로는 자기유지된다.

PB2을 차례로 누렀을 때,

PB2를 ON 하면 Ⓡ2이 여자되어 R2접점이 붙는다.
R2접점에 의해 PB2버튼에 손을 떼어 복구되더라도 회로는 자기유지된다. R1접점이 먼저 작동이 되어 PB2버튼까지 회로 연결이 되어 있어서 가능하다

PB3을 차례로 누렀을 때,

PB3를 ON 하면 Ⓡ3이 여자되어 R3접점이 붙는다.
R3접점에 의해 PB3버튼에 손을 떼어 복구되더라도 회로는 자기유지된다. R1, R2접점이 먼저 작동이 되어 PB3버튼까지 회로 연결이 되어 있어서 가능하다

PB0을 차례로 누렀을 때,

PB0를 ON 하면 Ⓡ1 Ⓡ2 Ⓡ3가 모두 소자된다.

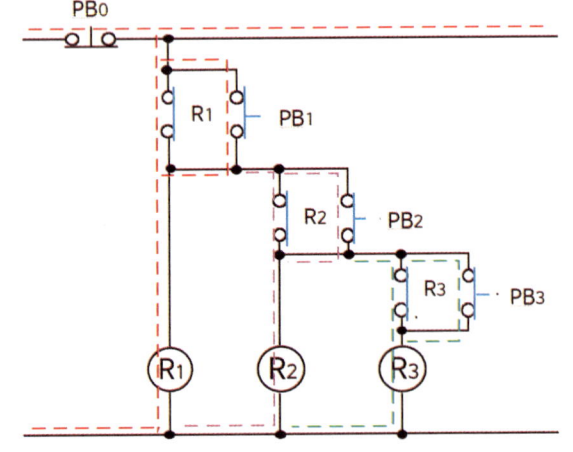

해설 2

현 도면 상태에서 **PB2를 ON 하였을 때의 동작상태**

PB2를 ON 하더라도 R1과 PB1이 작동하지 않고 접점이 떨어져 있으므로 PB2로 전류가 통할 수 없으므로 동작할 수 없다

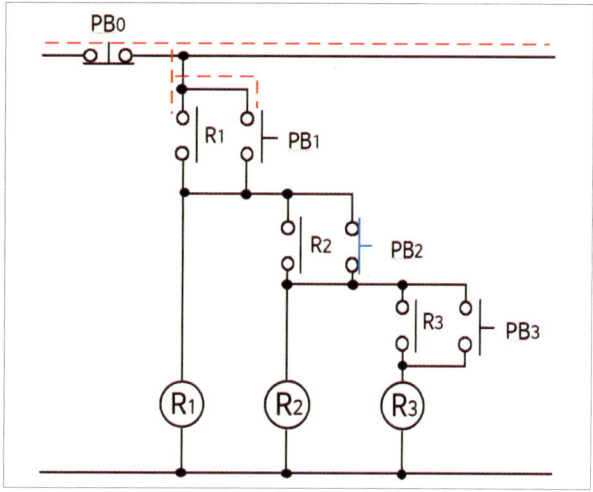

타임차트 내용

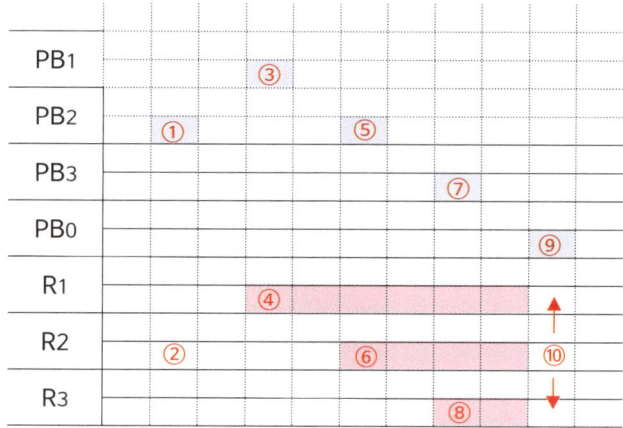

- PB2 누름버튼이 작동했을 때①, R2(R2)가 작동할 수 없다②.
  R2가 작동할 수 없는 이유는 R1과 PB1이 작동하여 PB2까지의 회로에 전류가 통하고 있어야 PB2가 작동이 가능하다.

- PB1 누름버튼이 작동했을 때③, R1(R1)가 작동한다④.

- PB2 누름버튼이 작동했을 때⑤, R2(R2)가 작동한다⑥.
  R2가 작동할 수 있는 이유는 R1과 PB1이 작동하여 PB2까지의 회로에 전류가 통하고 있기 때문이다.

- PB3 누름버튼이 작동했을 때⑦, R3(R3)가 작동한다⑧.
  R3가 작동할 수 있는 이유는 R1과 PB1이 작동, R2과 PB2이 작동하여 PB3까지의 회로에 전류가 통하고 있기 때문이다.

- PB0 누름버튼이 작동했을 때⑨, R1(R1), R2(R2), R3(R3)가 모두 소자된다⑩.
  PB0가 작동하면 R1, R2 ,R3 모두 소자된다

자. 논리회로 기출문제

문제 1
2013.11.　2019.6.기출문제

그림과 같은 회로를 보고 다음 각 물음에 답하시오.

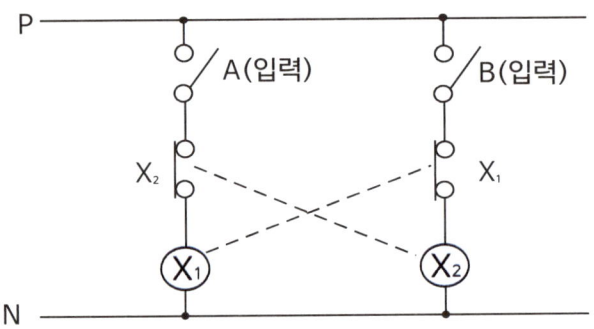

1. 주어진 회로에 대한 논리회로를 그리시오.

2. 주어진 회로에서 X_1과 X_2의 b접점(Normal Close)의 사용목적을 쓰시오.

정답

1.

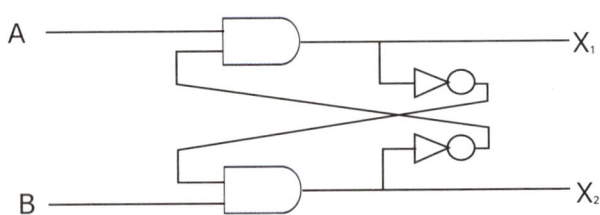

2. X_1과 X_2의 동시투입(작동) 방지(인터록 기능)

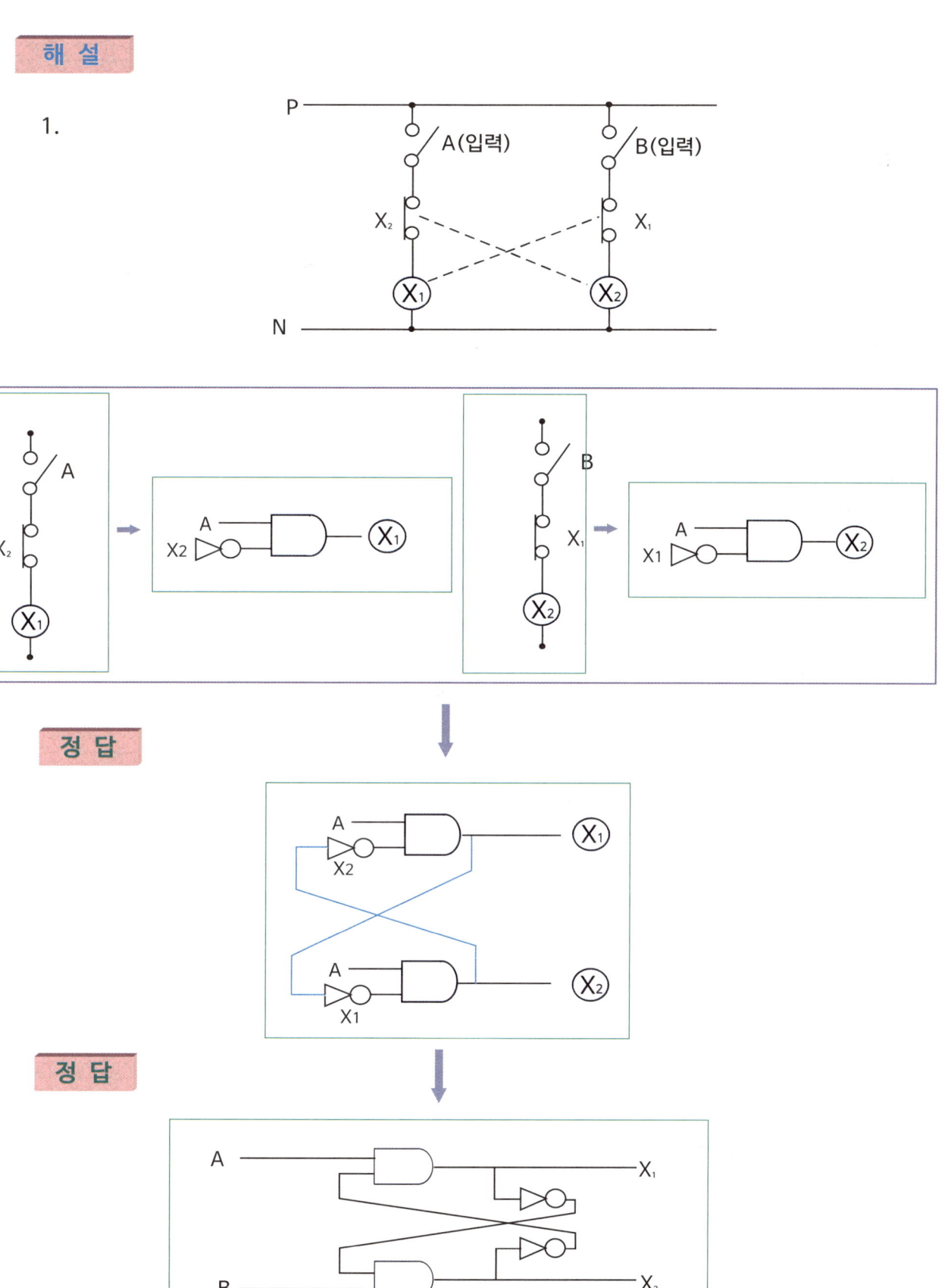

해 설

1.

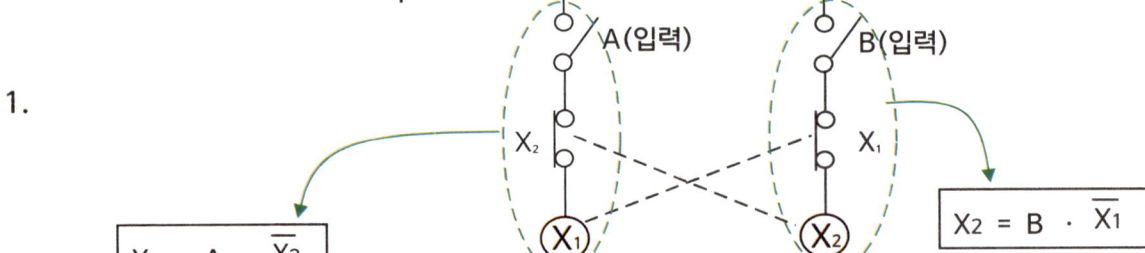

전선 안의 부품 A(입력) ↔ $\overline{X_2}$ ↔ Ⓧ₁간에는 직렬로 연결되었다. 이 내용을 수식으로 표현하면, Ⓧ₁ = A · $\overline{X_2}$ 이 된다.

X_2의 a접점은 X_2로, b접점은 $\overline{X_2}$ 로 쓴다.

전선 안의 부품 B(입력) ↔ $\overline{X_1}$ ↔ Ⓧ₂간에는 직렬로 연결되었다. 이 내용을 수식으로 표현하면, Ⓧ₂ = B · $\overline{X_1}$ 이 된다.

X_1의 a접점은 X_1로, b접점은 $\overline{X_1}$ 로 쓴다.

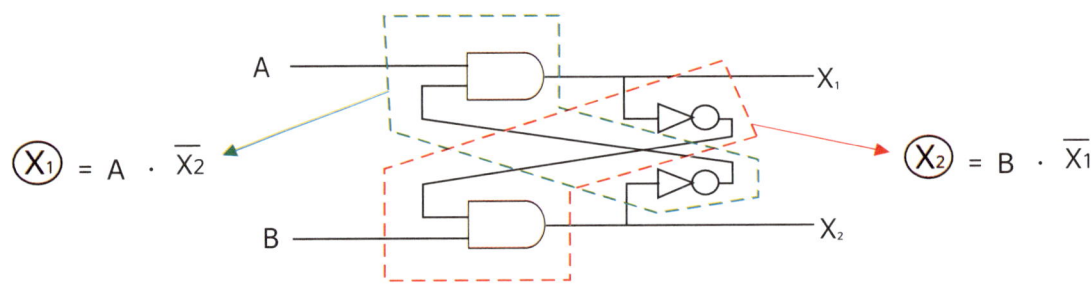

기호 내용

기호	내 용
A, B	스위치(입력)
X	a접점, 출력, X-a
$\overline{X}$	b접점, 출력, X-b
+	병렬회로, OR게이트,
×	직렬회로, AND게이트,
1	스위치 on, 접점 작동, 출력
0	스위치 off, 접점 미작동, 출력

문제 2
2017.6. 기출문제

논리식 $Z = (A+B+C) \cdot (A \cdot B \cdot C + D)$를 릴레이회로(유접점회로)와 논리회로(무접점회로)로 바꾸어 그리시오.

정답

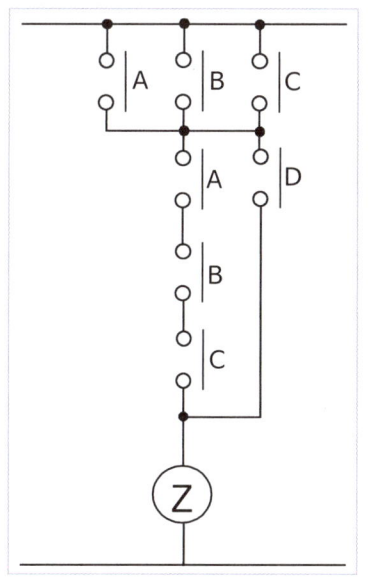

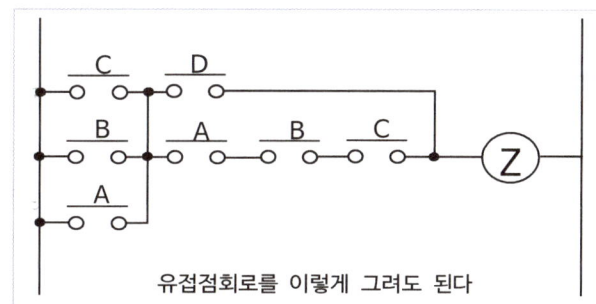

유접점회로를 이렇게 그려도 된다

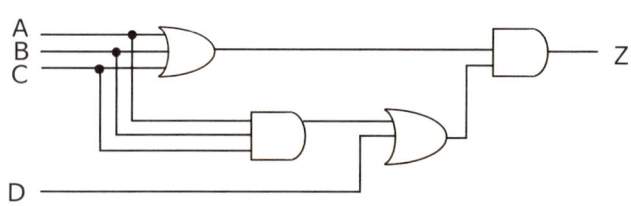

해설

$$Z = (A+B+C) \cdot (A \cdot B \cdot C + D)$$

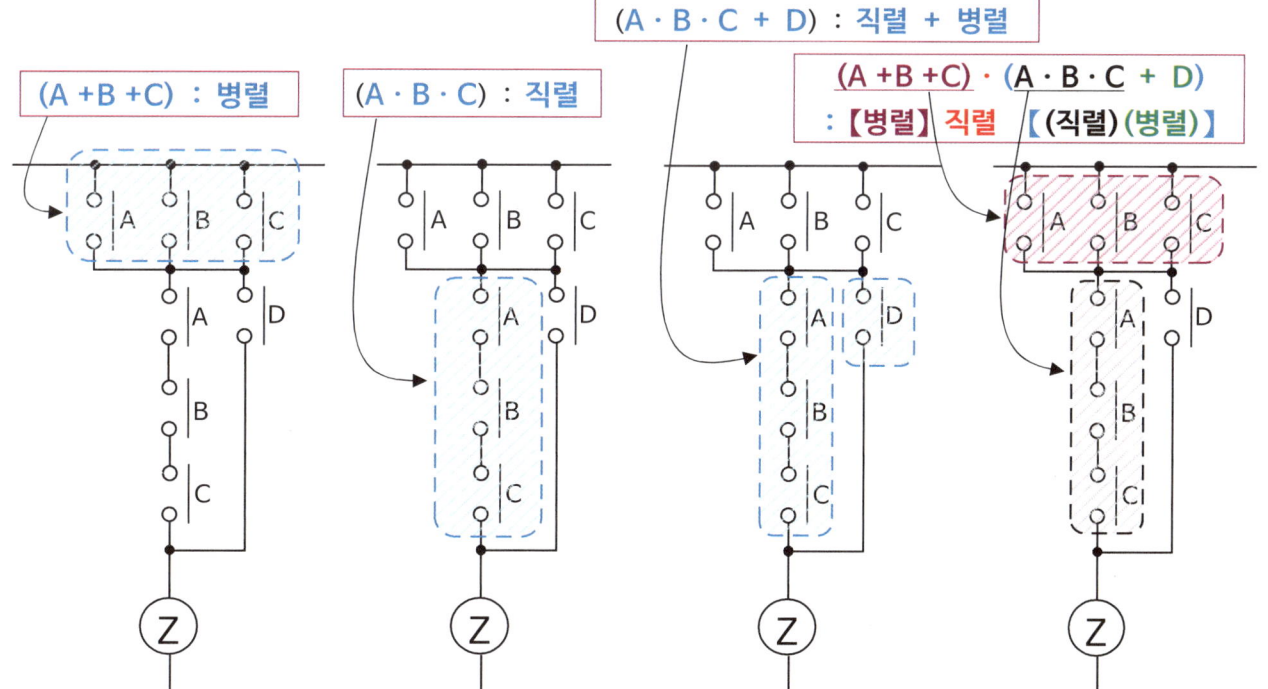

 논리식 Z = (A + B + C) · (A · B · C + D)를 논리회로(무접점회로)로 바꾸는 내용.

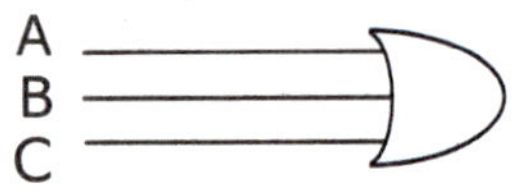

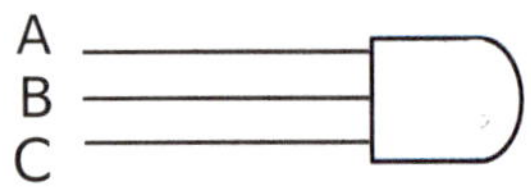

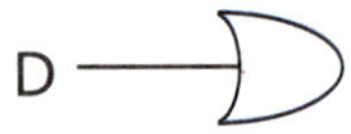

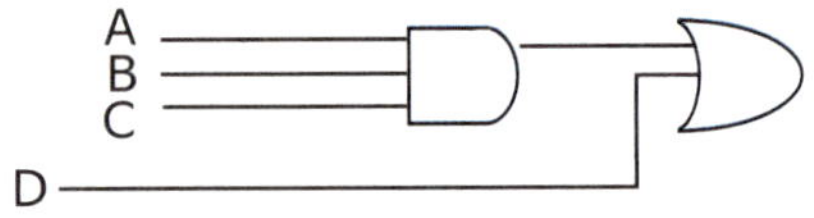

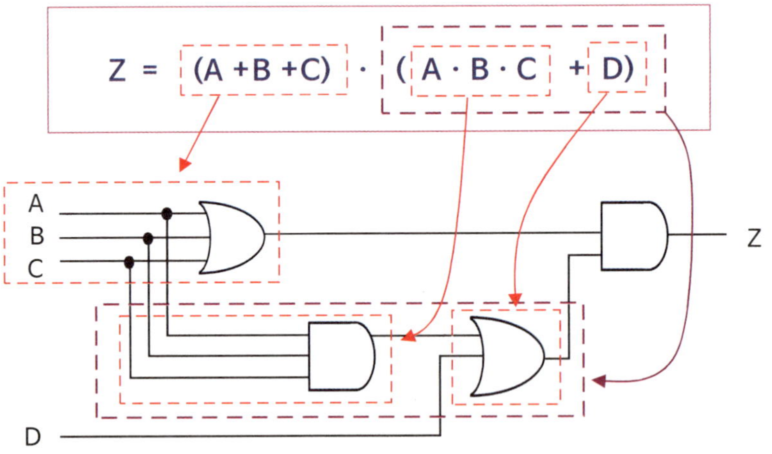

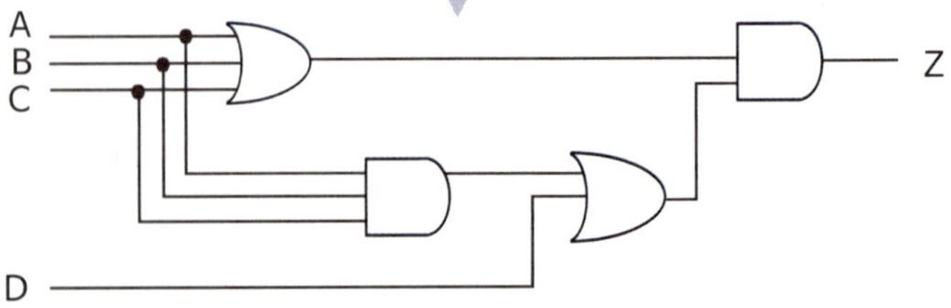

시퀀스 회로와 논리회로 내용

회로	논리식	시퀀스	논리회로
직렬회로 AND 회로	X = A · B X = AB		
병렬회로 OR 회로	X = A + B		
a접점	X = A		
b접점	X = $\overline{A}$		

기호 내용

기호	내 용
A, B	스위치(입력)
X	a접점, 출력, X-a
$\overline{X}$	b접점, 출력, X-b
+	병렬회로, OR게이트,
×	직렬회로, AND게이트,
1	스위치 on, 접점 작동, 출력
0	스위치 off, 접점 미작동, 출력

문제 3

2009.4. 2009.7. 2016.4. 기출문제

그림과 같은 유접점 시퀀스회로에 대해 다음 각 물음에 답하시오.

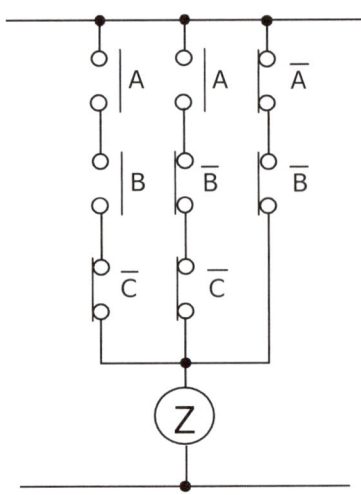

1. 그림의 시퀀스도를 가장 간략화한 논리식으로 표현하시오. (단, 최초의 논리식을 쓰고 이것을 간략화 하는 과정을 기술하시오.)
2. 1에서 가장 간략화한 논리식을 무접점 논리회로로 그리시오.

정 답

1. $Z = AB\overline{C} + A\overline{B}\,\overline{C} + \overline{A}\,\overline{B} = A\overline{C}(B + \overline{B}) + \overline{A}\,\overline{B} = A\overline{C} + \overline{A}\,\overline{B}$

2.

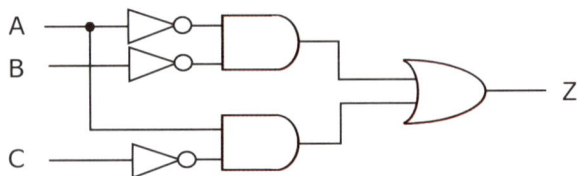

해설

1. $Z = \underline{A B \overline{C} + A \overline{B} \overline{C}} + \overline{A} \overline{B}$

   $\underline{A B \overline{C} + A \overline{B} \overline{C}} = A \overline{C}(B + \overline{B})$

   $= A \overline{C}\underline{(B + \overline{B})} + \overline{A} \overline{B}$

   $\underline{(B + \overline{B})} = 1$

   $= A \overline{C} + \overline{A} \overline{B}$

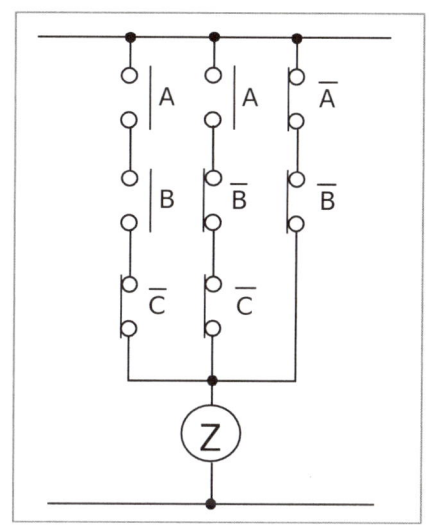

1. $Z = A B \overline{C} + A \overline{B} \overline{C} + \overline{A} \overline{B} = A \overline{C}(B + \overline{B}) + \overline{A} \overline{B} = A \overline{C} + \overline{A} \overline{B}$

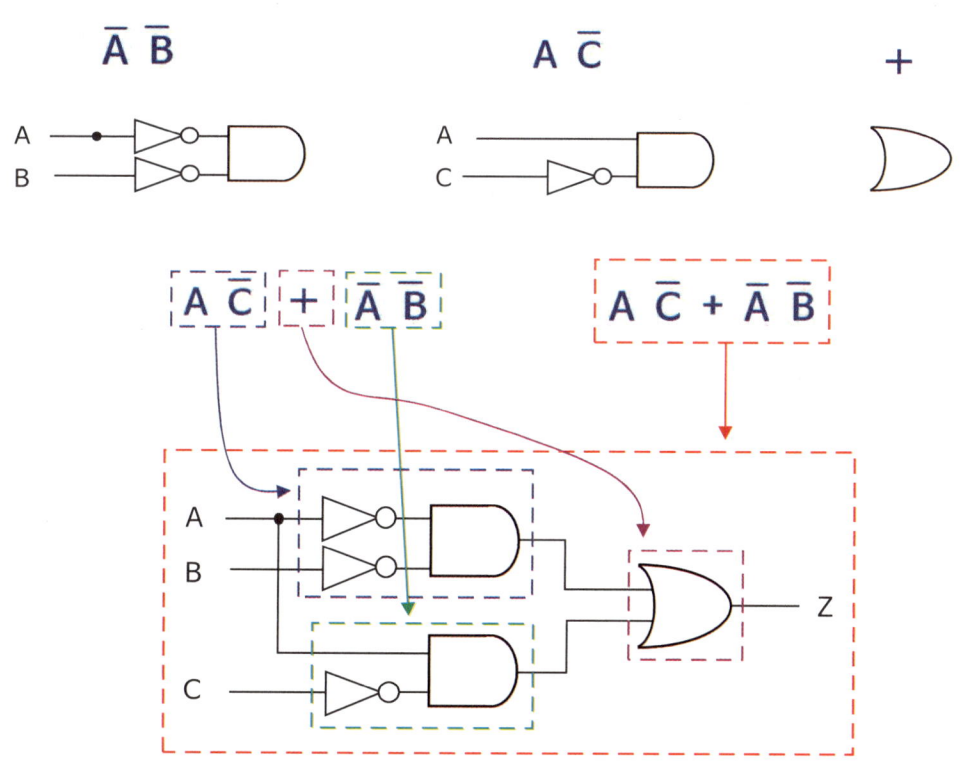

해설

불대수의 정리

정리	논리합	논리곱
1	X + 0 = X	X · 0 = 0
2	X + 1 = 1	X · 1 = X
3	X + X = X	X · X = X
4	$\overline{X}$ + 1 = 1	$\overline{X}$ · X = 0
5	X + Y = Y + X	X · Y = Y · X
6	X + (Y + Z) = (X + Y) + Z	X(YZ) = (XY)Z
7	X + (Y + Z) = XY + XZ	(X + Y)(Z + W) = XZ + XW + YZ + YW
8	X + XY = X	X + $\overline{X}$Y = X + Y
9	$\overline{(X + Y)}$ = $\overline{X}$ · $\overline{Y}$	$\overline{(X \cdot Y)}$ = $\overline{X}$ + $\overline{Y}$

무접점 논리회로

회로	논리식	논리회로
직렬회로 AND 회로	X = A · B X = AB	(AND gate)
병렬회로 OR 회로	X = A + B	(OR gate)
a접점	X = A	(AND, OR with single input A)
b접점	X = $\overline{A}$	(NOT, NAND, NOR)

기호 내용

기호	내용
A, B	스위치(입력)
X	a접점, 출력, X-a
$\overline{X}$	b접점, 출력, X-b
+	병렬회로, OR게이트,
×	직렬회로, AND게이트,
1	스위치 on, 접점 작동, 출력
0	스위치 off, 접점 미작동, 출력

문제 4

2016.11. 2022.11.19. 기출문제

그림은 10개의 접점을 가진 스위칭회로이다. 이 회로의 접점수를 최소화하여 스위칭회로를 그리시오.
(단, 주어진 스위칭회로의 논리식을 최소화 하는 과정을 모두 기술하고 최소화된 스위칭회로를 그리도록 한다.)

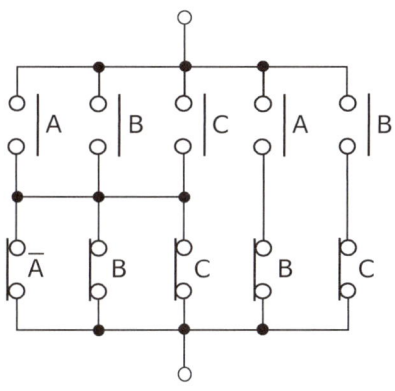

1. 논리식 :   2. 최소화된 스위칭 회로 :

정답

1. 논리식

   $(A + B + C) \cdot (\overline{A} + B + C) + AB + BC$
   $= A\overline{A} + AB + AC + B\overline{A} + BB + BC + C\overline{A} + CB + CC + AB + BC$
   $= AB + AC + \overline{A}B + B + BC + \overline{A}C + C$
   $= (AB + \overline{A}B + B + BC) + (AC + \overline{A}C + C)$
   $= B(A + \overline{A} + 1 + C) + C(A + \overline{A} + 1)$
   $= B + C$

2. 최소화된 스위칭회로

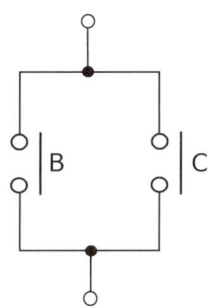

해 설

1. 논리식

같은 것은 하나만 남겨두고 모두 삭제한다

$(A + B + C) \cdot (\overline{A} + B + C) + AB + BC$

$= \underline{\overline{A}A} + AB + AC + \overline{A}B + \underline{BB} + BC + \overline{A}C + \cancel{BC} + \underline{CC} + \cancel{AB} + \cancel{BC}$

　　$X \cdot 0 = 0$ 　　　　$X \cdot X = X$ 　　　　　$X \cdot X = X$

$= AB + AC + \overline{A}B + B + BC + \overline{A}C + C$

$= (AB + \overline{A}B + B + BC) + (AC + \overline{A}C + C)$

$= B(A + \overline{A} + 1 + C) + C(A + \overline{A} + 1)$

　　　　　$\underline{}$ 　　$\underline{}$
　　　　　　$X + 1 = 1$ 　　　　$X + 1 = 1$

$= B \cdot 1 + C \cdot 1$ 　　　　$= B + C$

$X \cdot 1 = X$ 　$X \cdot 1 = X$

불대수의 정리

정리	논리합	논리곱
1	X + 0 = X	X · 0 = 0
2	X + 1 = 1	X · 1 = X
3	X + X = X	X · X = X
4	$\overline{X}$ + 1 = 1	$\overline{X}$ · X = 0
5	$\overline{X}$ + Y = Y + X	X · Y = Y · X
6	X + (Y + Z) = (X + Y) + Z	X(YZ) = (XY)Z
7	X + (Y + Z) = XY + XZ	(X + Y)(Z + W) = XZ + XW + YZ + YW
8	X + XY = X	X + $\overline{X}$Y = X + Y
9	$\overline{(X + Y)}$ = $\overline{X}$ · $\overline{Y}$	$\overline{(X \cdot Y)}$ = $(\overline{X} + \overline{Y})$

해 설

2. 최소화된 스위칭회로

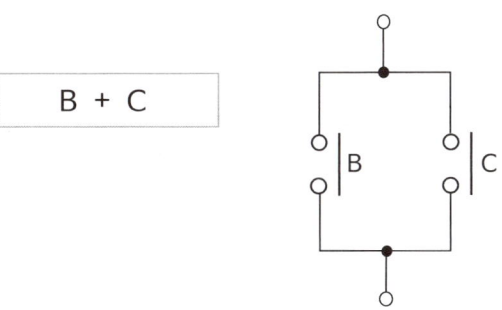

B + C

기호 내용

기호	내 용
A, B	스위치(입력)
X	a접점, 출력, X-a
$\overline{X}$	b접점, 출력, X-b
+	병렬회로, OR게이트,
×	직렬회로, AND게이트,
1	스위치 on, 접점 작동, 출력
0	스위치 off, 접점 미작동, 출력

무접점 논리회로

회로	논리식	논리회로
직렬회로 AND 회로	X = A · B X = AB	A, B → AND → X
병렬회로 OR 회로	X = A + B	A, B → OR → X
a접점	X = A	A → AND → X A → OR → X
b접점	X = $\overline{A}$	A → NOT → X A → NAND → X A → NOR → X

문제 5

2010.4. 2015.7. 2023.11.05. 기출문제

감지기회로의 배선방식으로 교차회로 방식을 사용할 경우 다음 각 물음에 답하시오.
   1. 불대수의 정리를 이용하여 간단한 논리식을 쓰시오.
   2. 무접점회로를 나타내시오.
   3. 진리표를 완성하시오.

A	B	C
0	0	
0	1	
1	0	
1	1	

정답

1. A · B = C

2.

3.

A	B	C
0	0	0
0	1	0
1	0	0
1	1	1

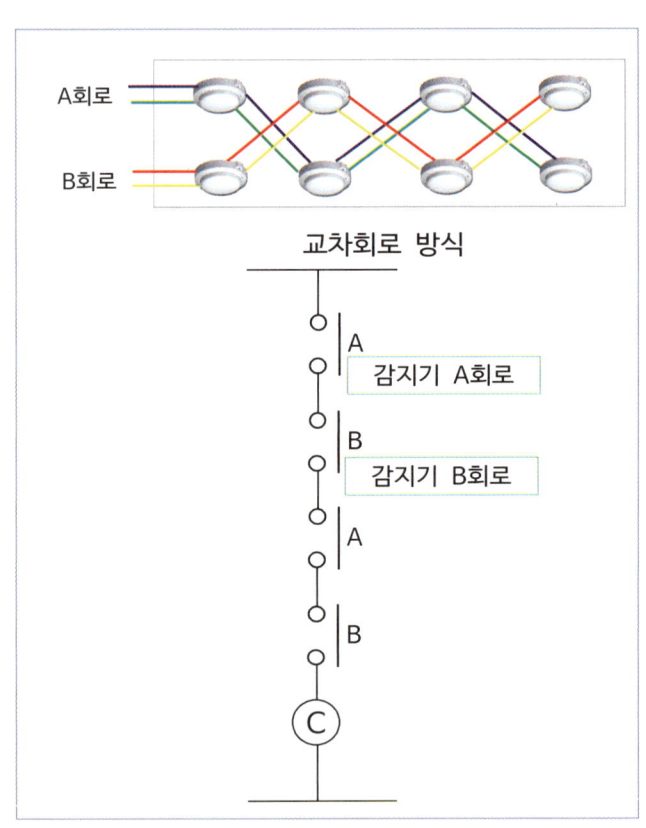

교차회로 방식

해설

시퀀스회로와 논리회로

명칭	시퀀스회로	논리회로	진리표		
AND 회로 직렬회로		X = A · B = AB 입력신호 A,B가 동시에 1일 때만 출력신호 X가 1이 된다	A	B	X
			0	0	0
			0	1	0
			1	0	0
			1	1	1

문제 6

2014.4. 기출문제

다음 주어진 진리표를 보고 다음 각 물음에 답하시오.

A	B	C	X
0	0	0	0
0	0	1	0
0	1	0	1
0	1	1	0
1	0	0	1
1	0	1	1
1	1	0	1
1	1	1	0

1. 카르노맵을 이용하여 간략화하고 논리식을 쓰시오.

A\BC	00	01	11	10
0				
1				

○ 논리식 :

2. 간략회로 논리식을 보고 유접점회로 및 무접점회로를 나타내시오.
   ○ 유접점회로 :
   ○ 무접점회로 :

정답

1.

A\BC	00	01	11	10
0				1
1	1	1		1

○ 논리식 : X = A$\overline{B}$ + B$\overline{C}$

2.
○ 유접점회로 :

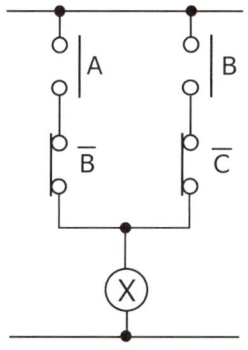

○ 무접점회로 :

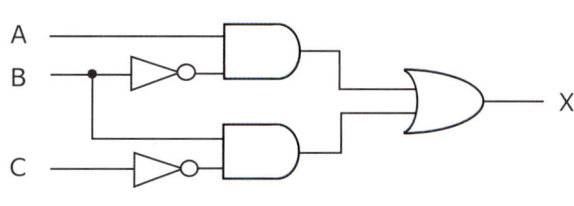

문제 7

2012.4. 2021.11.13. 기출문제

두 입력상태가 같을 때 출력이 없고 두 입력상태가 다를 때 출력이 생기는 회로를 배타적 논리합(exclusive OR)회로라 한다. 그림과 같은 배타적 논리합회로에서 다음 각 물음에 답하시오.

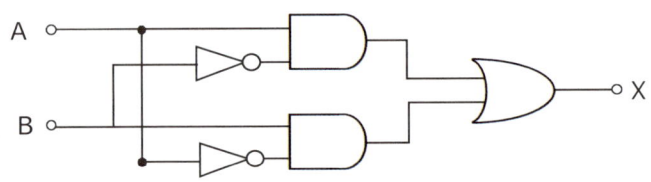

1. 이 회로의 논리식을 쓰시오.
2. 이 회로에 대한 유접점 릴레이회로를 그리시오.
3. 이 회로의 타임차트를 완성하시오.

A											
B											
X											

4. 이 회로의 진리표를 완성하시오

A	B	X

정답

1. $X = A\overline{B} + \overline{A}B$

2.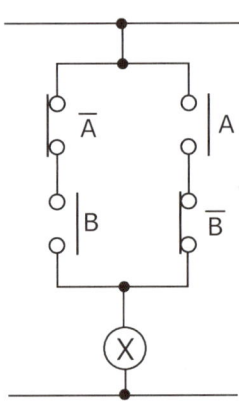

3.

A	B	X
0	0	0
0	1	1
1	0	1
1	1	0

해설 1

1. 논리식

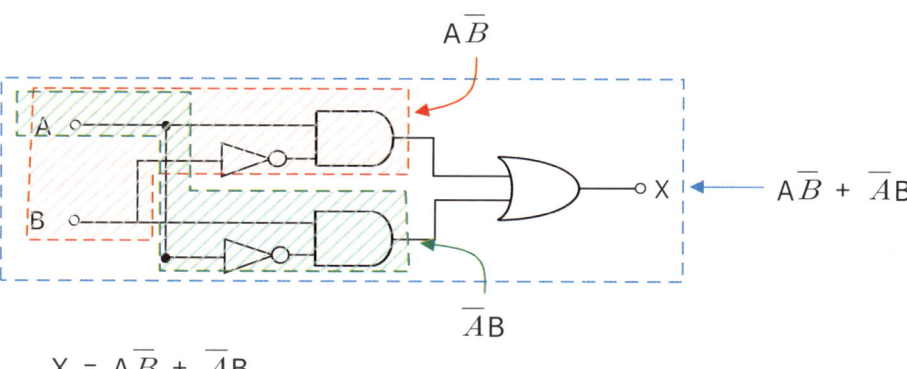

$$X = A\overline{B} + \overline{A}B$$

2. $X = A\overline{B} + \overline{A}B$ 회로에 대한 유접점 릴레이회로

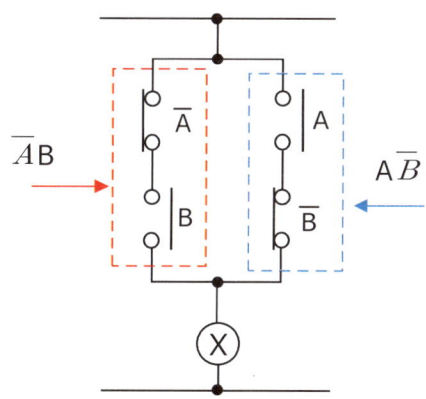

3. 해설 2

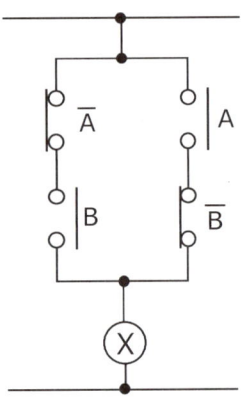

1. A(①)가 작동하면 X(②)가 여자된다.
2. A가 작동중에 B(③)가 작동하면 X(④)는 소자된다. A(⑤) 작동정지하고 B(⑥)가 작동하면 X(⑦)가 여자된다.
3. A(⑧)가 작동하지 않고 B(⑨)가 작동하지 않으면 X(⑩)는 소자된다

4. 진리표

명칭	시퀀스회로	논리회로	진리표		
XOR 회로 Exclusive OR 독점적인, 배타적인 둘다 공존하지 않는	A-b, A-a B-a, B-b X	A ⊕ B → X X = A ⊕ B $\overline{A}B + A\overline{B}$ 입력신호 A,B중 어느 한쪽만이 1 이면 출력신호 X가 1이 된다	A	B	X
			0	0	0
			0	1	1
			1	0	1
			1	1	0

진리표 작동 및 결과 값 설명

A가 작동하지 않고(0), B가 작동하지 않으면(0) 결과(X)는 0이다.
A가 작동하지 않고(0), B가 작동하면(1) 결과(X)는 1이다.
A가 작동하고(1), B가 작동하지 않으면(0) 결과(X)는 1이다.
A가 작동하고(1), B가 작동하면(1) 결과(X)는 0이다.

문제 8

2022.7. 2021.7. 기출문제

주어진 진리표를 보고 다음 각 물음에 답하시오.

A	B	C	Y1	Y2
0	0	0	1	0
0	1	0	1	1
0	0	1	0	1
0	1	1	0	1
1	0	0	1	0
1	1	0	0	1
1	0	1	0	1
1	1	1	0	1

1. 가장 간략화된 논리식을 적으시오.

2. 다음의 무접점회로를 그리시오.

              A ○   ○ Y1

              B ○

                                             ○ Y2

              C ○

3. 유접점회로를 그리시오.

정답

1. $Y_1 = (\overline{A} + \overline{B})\overline{C}$
   $Y_2 = B + C$

해설

● Y1의 출력이 1인 경우는
 (A, B, C)가 (0,0,0), (0,1,0), (1,0,0)일 때이다.

$$Y_1 = \overline{A}\,\overline{B}\,\overline{C} + \overline{A}B\overline{C} + A\overline{B}\,\overline{C} = \overline{A}\,\overline{C}(\overline{B} + B) + A\overline{B}\,\overline{C}$$
$$= \overline{C}(\overline{A} + A\overline{B}) = \overline{C}(\overline{A} + A)(\overline{A} + \overline{B})$$
$$= \overline{C}(\overline{A} + \overline{B})$$

● Y2의 출력이 1인 경우는
 (A, B, C)가 (0,1,0), (0,0,1), (0,1,1) (1,1,0), (1,0,1), (1,1,1)일 때이다.

$$Y_2 = \overline{A}\,B\,\overline{C} + \overline{A}\,\overline{B}\,C + \overline{A}\,B\,C + A\,B\,\overline{C} + A\,\overline{B}\,C + A\,B\,C$$
$$= \overline{A}(B\,\overline{C} + \overline{B}\,C + B\,C) + A(B\,\overline{C} + \overline{B}\,C + B\,C)$$
$$= \overline{A}[B(\overline{C} + C) + \overline{B}\,C] + A[B(\overline{C} + C) + \overline{B}\,C]$$
$$= \overline{A}(B + \overline{B})(B + C) + A(B + \overline{B})(B + C)$$
$$= \overline{A}(B + C) + A(B + C)$$
$$= (B + C)(\overline{A} + A)$$
$$= B + C$$

정답

2.

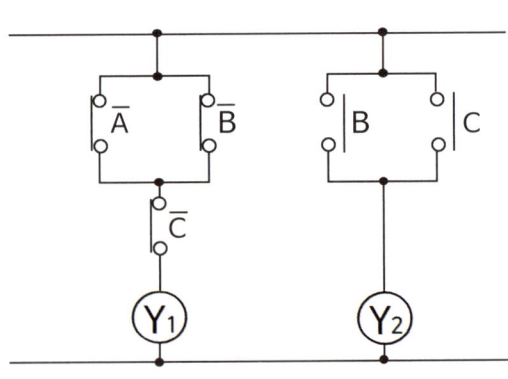

3.

해설

● 무접점회로 : 덧셈은 A B ⊃— X 기호를 사용, 곱셈은 A B D— X 기호를 사용, 부정은 A —▷∘— X 기호를 사용한다.
● 유접점회로 : 덧셈은 병렬로 연결하며, 곱셈은 직렬로 연결한다. 부정은 b접점으로 표시한다.

문제 9

2022.11.19. 기출문제

다음은 PB-ON 동작 시 X 릴레이가 동작하고 세팅 시간 후 타이머가 동작하여 MC에 전원이 동작하는 시퀀스 회로도 이다. PB-ON 스위치 ON 후 X 릴레이와 타이머가 소자 되어도 MC가 동작하여 전동기는 계속 회전할 수 있도록 시퀀스를 수정하시오.

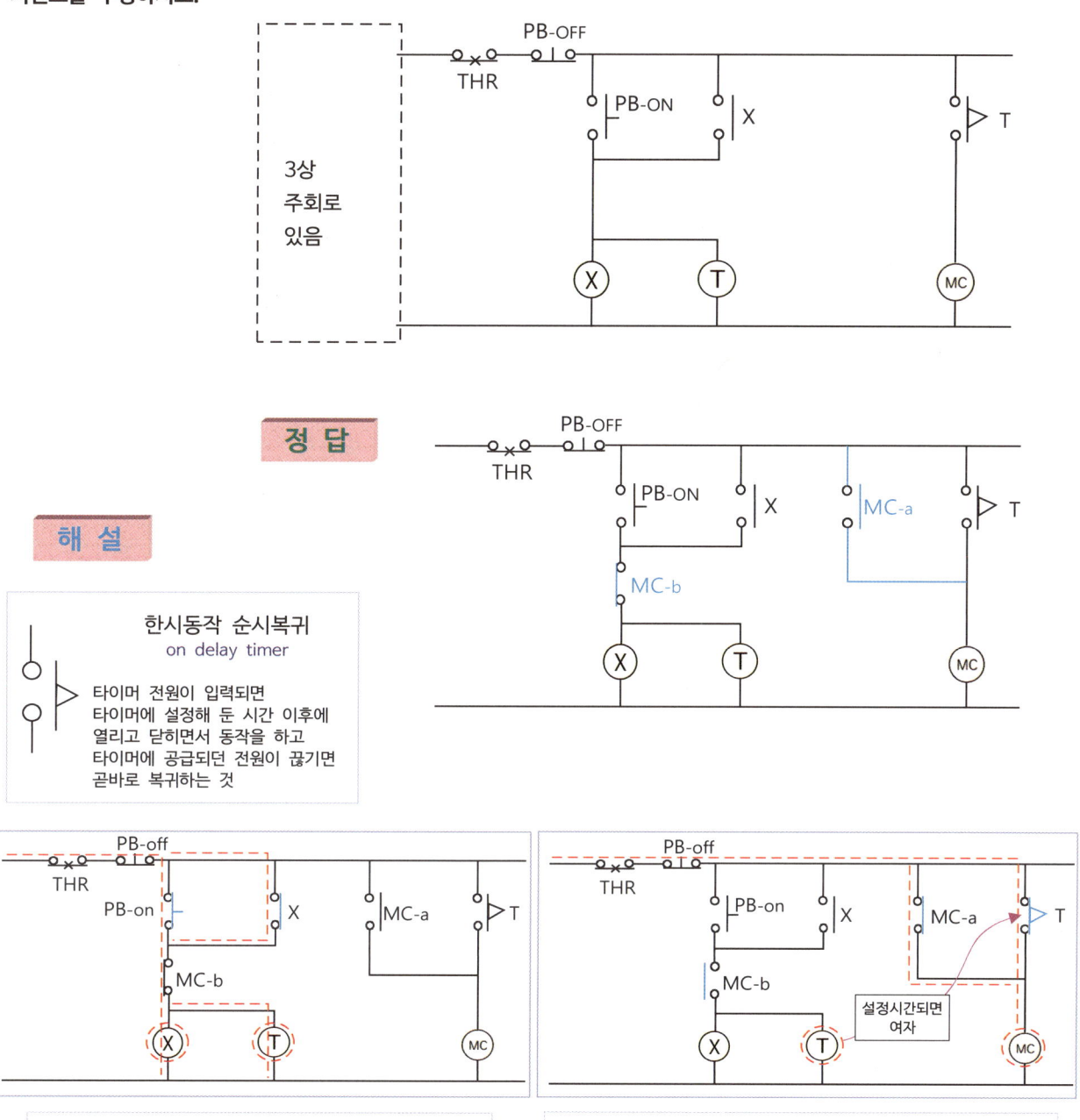

1. PB-on 동작 시 X 릴레이와 타이머 T가 여자되고 X 접점이 폐로되어 자기유지회로가 만들어 진다.

2. 일정시간이 지난 후 한시접점 타이머가 작동하면 전자접촉기 MC가 여자되고 MC-b접점은 개로되어 X 릴레이와 타이머 T가 소자된다. MC-a접점은 폐로되어 자기유지되고 전동기가 작동한다.

3. 전동기 과부하로 인하여 THR 작동 및 PB-off를 누르면 전자접촉기 MC가 소자되어 전동기가 정지한다.

문제 10

2021.4. 기출문제

3개의 입력 A, B, C가 주어졌을 때 출력 X_A, X_B, X_C의 논리식이 다음과 같이 주어졌 있다. 주어진 논리식을 참고하여 다음 각 물음에 답하시오.

(조건)

(1) $X_A = A \cdot \overline{X_B} \cdot \overline{X_C}$
(2) $X_B = B \cdot \overline{X_A} \cdot \overline{X_C}$
(3) $X_C = C \cdot \overline{X_A} \cdot \overline{X_B}$

가. 논리식을 참고하여 동일한 동작이 되도록 유접점회로를 그리시오.
나. 논리식을 참고하여 동일한 동작이 되도록 무접점회로를 그리시오.
다. 논리식을 참고하여 타임차트를 완성하시오.

정답

가.

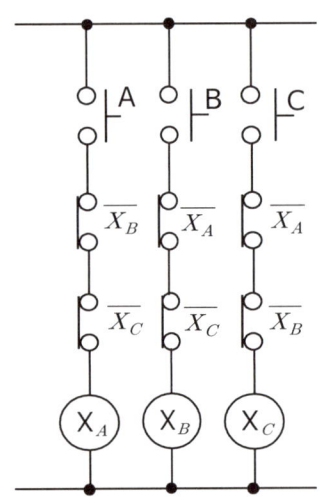

나.

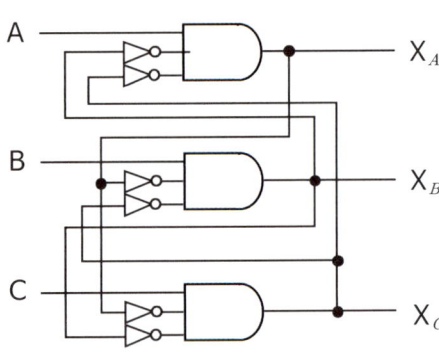

다.

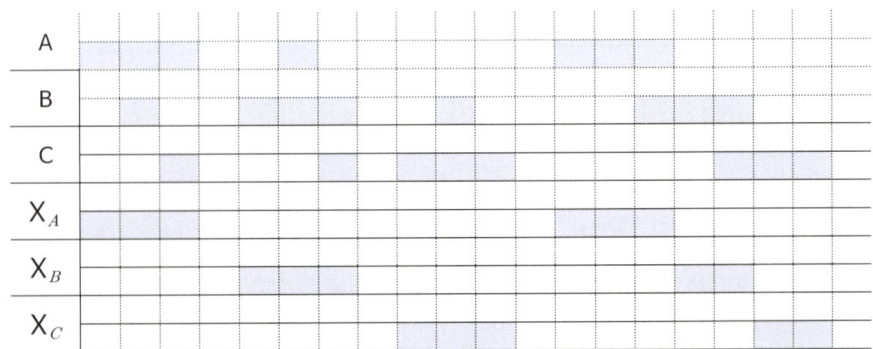

해 설

이 문제는 인터록 회로(선입력 우선회로)의 내용이다.

1. A누름버튼이 작동하면 X_A가 여자되어 X_Ab접점을 열어 X_B, X_C가 작동하지 못하게 인터록기능을 한다.

2. B누름버튼이 작동하면 X_B가 여자되어 X_Bb접점을 열어 X_A, X_C가 작동하지 못하게 인터록기능을 한다.

3. C누름버튼이 작동하면 X_C가 여자되어 X_Cb접점을 열어 X_A, X_B가 작동하지 못하게 인터록기능을 한다.

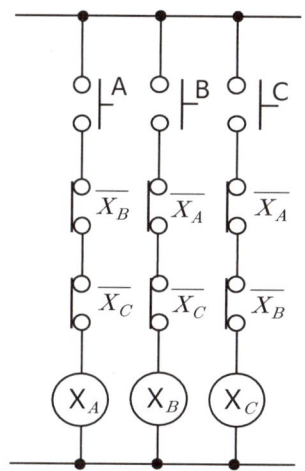

타임차트 설명

1. A 누름버튼(①) 작동 ⇨ X_A(②) 여자
2. X_A(②) 여자 중에 B 누름버튼(③) 작동 ⇨ X_B(④) 여자 안됨 - 인터록이 걸려 있음
3. X_A(②) 여자 중에 C 누름버튼(⑤) 작동 ⇨ X_C(⑥) 여자 안됨 - 인터록이 걸려 있음

4. B 누름버튼(⑦) 작동 ⇨ X_B(⑧) 여자
5. X_B(⑧) 여자 중에 A 누름버튼(⑨) 작동 ⇨ X_A(⑩) 여자 안됨 - 인터록이 걸려 있음
6. X_B(⑧) 여자 중에 C 누름버튼(⑪) 작동 ⇨ X_C(⑫) 여자 안됨 - 인터록이 걸려 있음

7. C 누름버튼(⑬) 작동 ⇨ X_C(⑭) 여자
8. X_C(⑭) 여자 중에 B 누름버튼(⑭) 작동 ⇨ X_B(⑮) 여자 안됨 - 인터록이 걸려 있음

문제 11

2012.7. 기출문제

주어진 논리식을 릴레이회로(유접점회로) 및 논리회로로 바꾸어 그리시오.

논리식 : $Z = A \cdot B + \overline{A} \cdot \overline{B}$

정 답

1. 릴레이회로

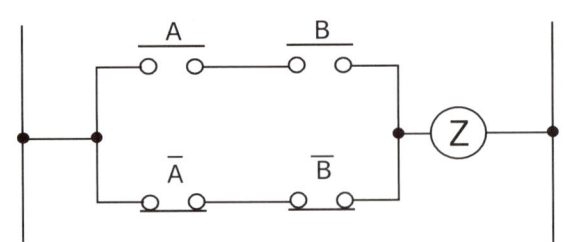

2. 논리회로

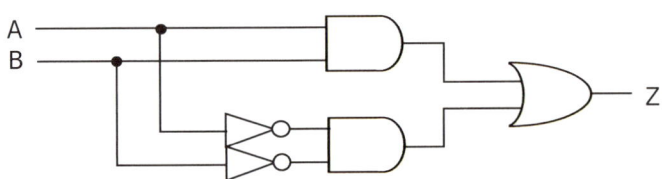

해 설

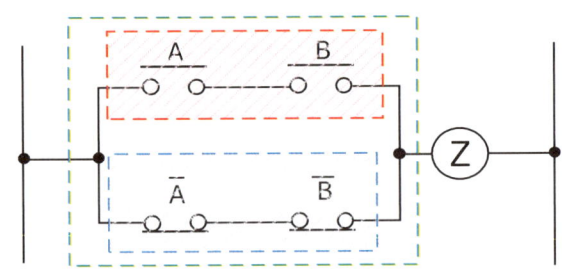

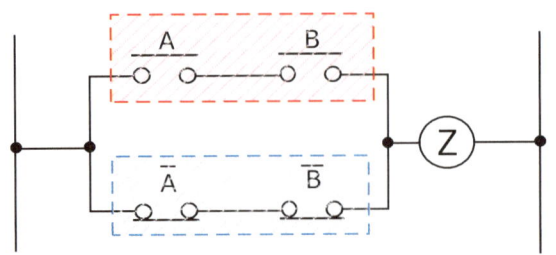

문제 12

2012.7. 기출문제

그림과 같은 논리회로를 이용하여 다음 각 물음에 답하시오..

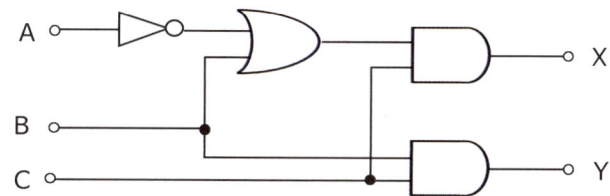

1. 3개의 입력단자 A, B, C에 각각 1의 입력이 들어간다면 출력단자 X, Y에는 어떤 출력이 나오겠는가?
2. X와 Y에 대한 논리식을 작성하시오.

정 답

1. ① X : 1,   ② Y : 1
2. ① X = ($\overline{A}$ + B) C,   ② Y = BC

> **해 설**

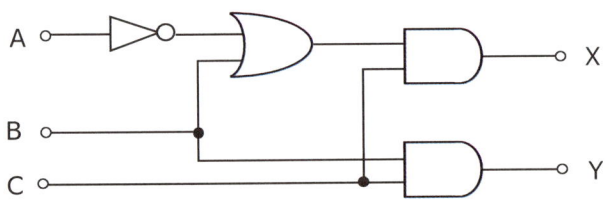

X와 Y에 대한 논리식

$$X = (\overline{A} + B)C, \quad Y = BC$$

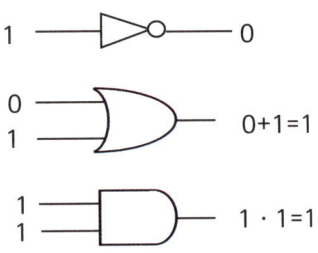

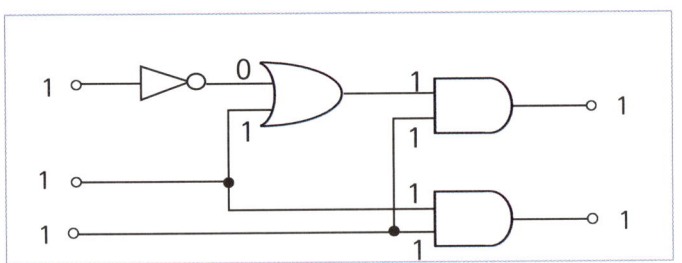

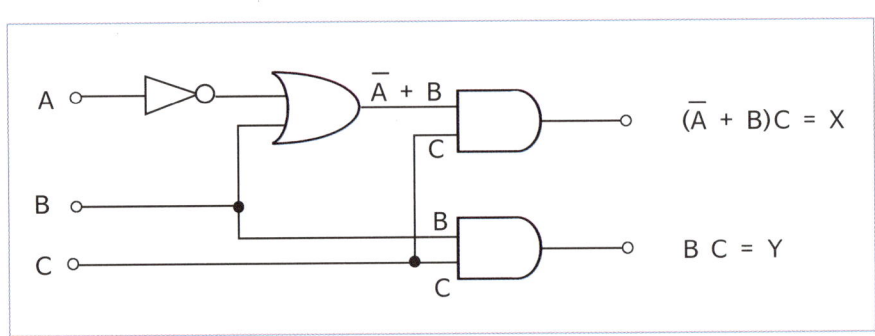

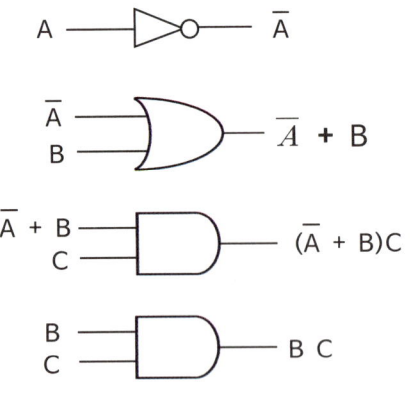

무접점 논리회로

회로	논리식	논리회로
직렬회로 AND 회로	$X = A \cdot B$ $X = AB$	A, B → X (AND)
병렬회로 OR 회로	$X = A + B$	A, B → X (OR)
a접점	$X = A$	A → X (AND) A → X (OR)
b접점	$X = \overline{A}$	A → X (NOT) A → X (NAND) A → X (NOR)

문제 13
2006.7. 2008.7. 2011.7. 기출문제

다음의 표와 같이 두 입력 A와 B가 주어진 논리소자의 명칭과 출력에 대한 진리표를 완성하시오.

입력 A	입력 B	AND	OR	NAND	NOR	NOR	OR	NAND	AND
0	0	0							
0	1	0							
1	0	0							
1	1	1							
명칭		AND회로	OR회로	NAND회로	NOR회로	NOR회로	OR회로	NAND회로	AND회로

정답

입력 A	입력 B	AND	OR	NAND	NOR	NOR	OR	NAND	AND
0	0	0	0	1	1	1	0	1	0
0	1	0	1	1	0	0	1	1	0
1	0	0	1	1	0	0	1	1	0
1	1	1	1	0	0	0	1	0	1
명칭		AND회로	OR회로	NAND회로	NOR회로	NOR회로	OR회로	NAND회로	AND회로

해설

명칭	논리회로	진리표		
AND 회로 직렬회로	$X = A \cdot B = AB$	A	B	X
		0	0	0
		0	1	0
		1	0	0
		1	1	1
OR 회로 병렬회로	$X = A + B$	A	B	X
		0	0	0
		0	1	1
		1	0	1
		1	1	1

명칭	논리회로	진리표		
NAND 회로 (NOT AND 회로)	$X = \overline{A \cdot B}$ $\overline{A \cdot B} = \overline{A} + \overline{B}$	A	B	X
		0	0	1
		0	1	1
		1	0	1
		1	1	0
NOR 회로 (NOT OR 회로)	$X = \overline{A + B}$ $\overline{A + B} = \overline{A} \cdot \overline{B}$	A	B	X
		0	0	1
		0	1	0
		1	0	0
		1	1	0

시퀀스 회로와 논리회로 내용

명칭	시퀀스회로	논리회로	진리표
AND 회로 직렬회로		$X = A \cdot B = AB$	A B X 0 0 0 0 1 0 1 0 0 1 1 1
OR 회로 병렬회로		$X = A + B$	A B X 0 0 0 0 1 1 1 0 1 1 1 1
NOT 회로		$X = \overline{A}$	A X 0 1 1 0
NAND 회로 (NOT AND 회로)		$X = \overline{A \cdot B}$ $\overline{A \cdot B} = \overline{A} + \overline{B}$	A B X 0 0 1 0 1 1 1 0 1 1 1 0
NOR 회로 (NOT OR 회로)		$X = \overline{A + B}$ $\overline{A + B} = \overline{A} \cdot \overline{B}$	A B X 0 0 1 0 1 0 1 0 0 1 1 0
XOR 회로 Exclusive OR 독점적인, 배타적인 둘다 공존하지 않는		$X = A \oplus B$ $\overline{A}\,\overline{B} + A\,B$	A B X 0 0 0 0 1 1 1 0 1 1 1 0

문제 14

2006.11. 기출문제

릴레이 접점회로가 그림과 같을 때 AND, OR, NOT 등의 논리기호를 사용하여 논리회로를 작성하시오.

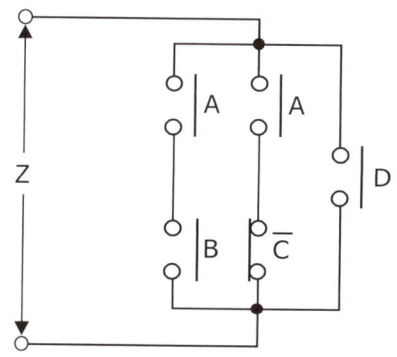

정답

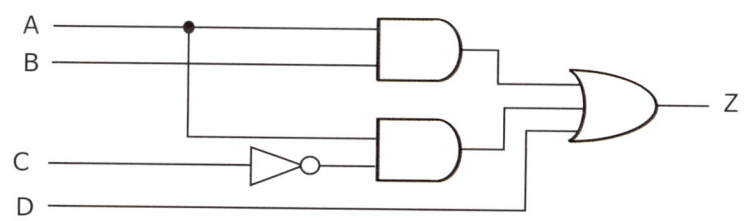

해설

- 논리식 : $Z = (A \cdot B) + (A \cdot \overline{C}) + (D) = A \cdot B + A \cdot \overline{C} + D$

- 논리회로

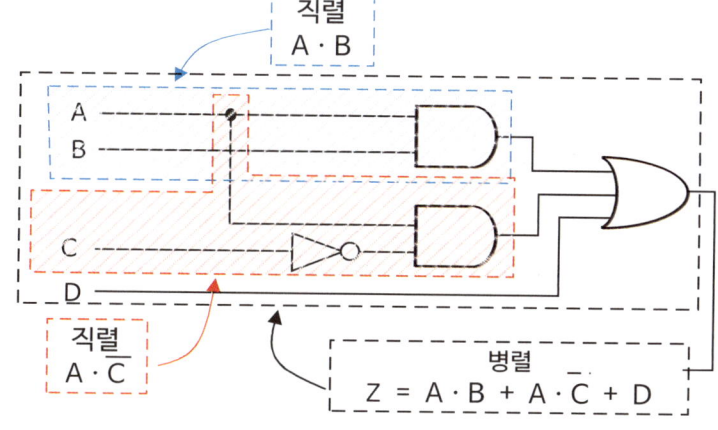

회로	논리식	논리회로
직렬회로 AND 회로	$X = A \cdot B$ $X = AB$	
병렬회로 OR 회로	$X = A + B$	
b접점	$X = \overline{A}$	

해 설

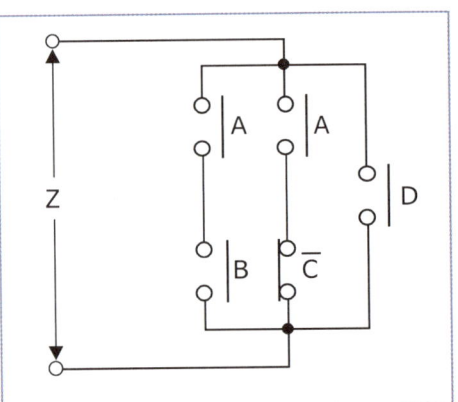

회로	논리식	논리회로
직렬회로 AND 회로	X = A · B X = AB	A, B → X (AND)
병렬회로 OR 회로	X = A + B	A, B → X (OR)
b접점	X = $\overline{A}$	A → X (NOT)

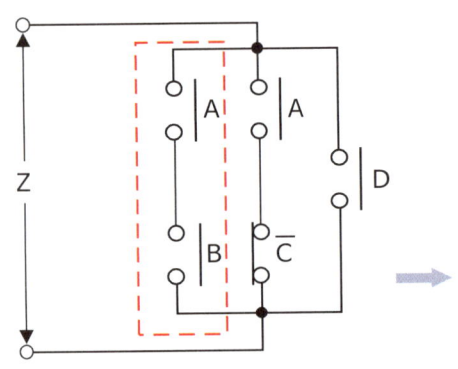

A, B는 직렬회로(AND 회로) 이다. 표현은 A · B 또는 AB이다.

논리회로 표현은 A, B → Z 으로 한다.

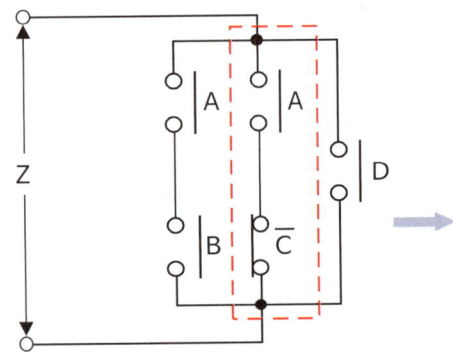

A, $\overline{C}$는 직렬회로(AND 회로) 이다. 표현은 A · $\overline{C}$ 또는 A$\overline{C}$이다.

논리회로 표현은 A, C → Z 으로 한다.

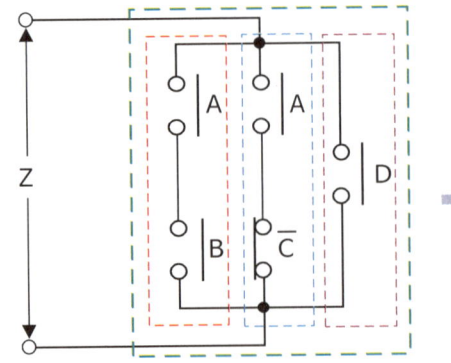

A · B + A · $\overline{C}$ + D는 병렬회로(OR 회로) 이다.

논리회로 표현은

A, B, C, D → Z

으로 한다.

문제 15

2006.4. 기출문제

유접점 제어회로를 보고 다음 물음에 답하시오.

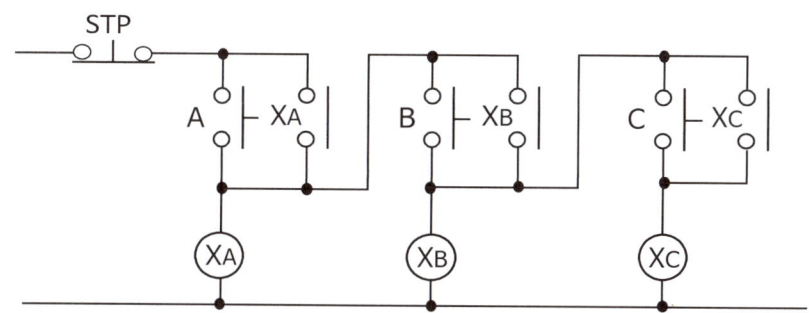

1. 유접점 제어회로에서 Xc의 논리식을 쓰시오.
2. 유접점 제어회로를 무접점 제어회로로 변경하여 그리시오(단, OR, NOT게이트의 기본회로를 가지고 표현할 것)
3. 타임차트를 완성하시오.

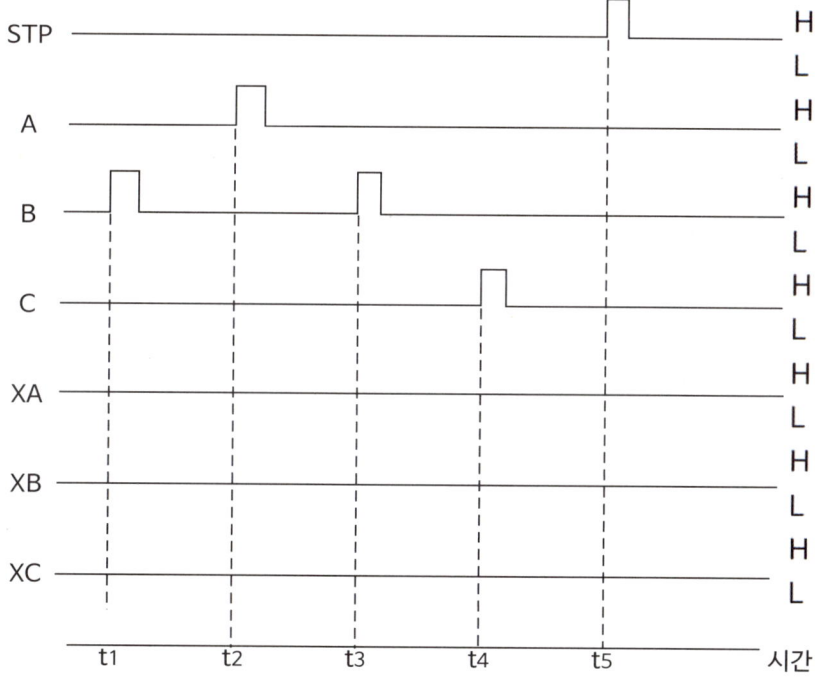

정 답

1. $X_C = \overline{STP} \cdot (A + X_A) \cdot (B + X_B) \cdot (C + X_C)$

2.

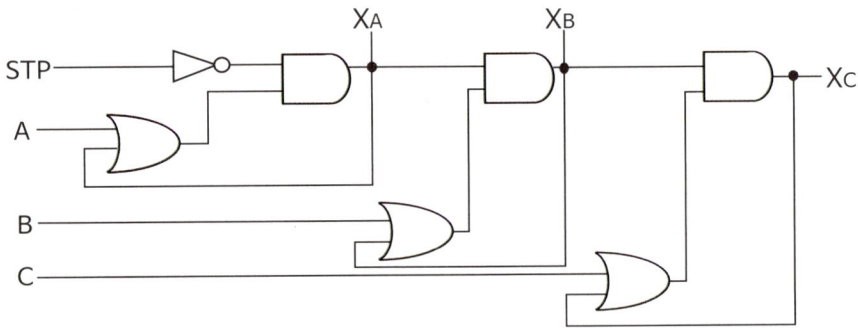

3. 타임차트

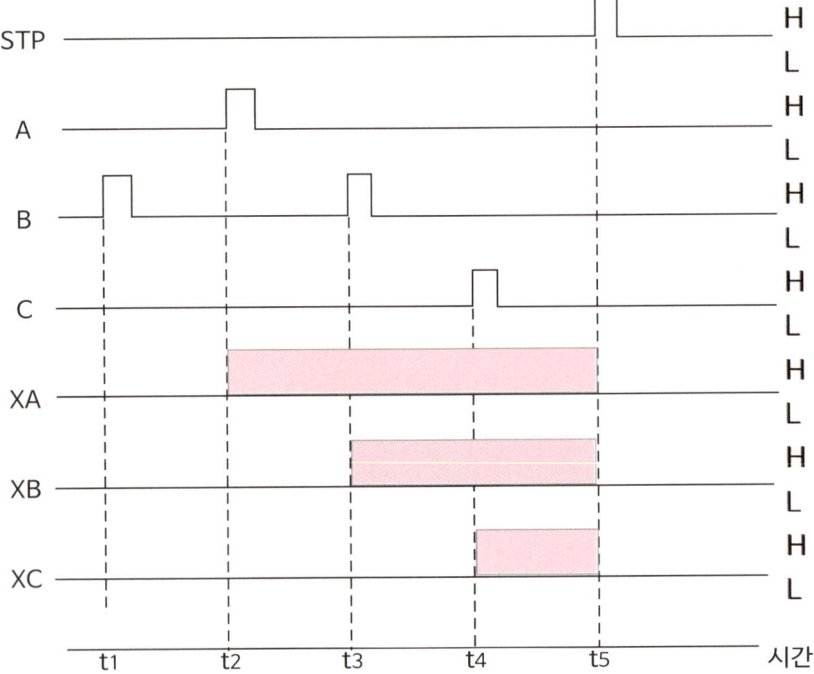

해 설

순차제어회로이므로 X_A가 여자(동작)되어야 X_B가 여자(동작)될 수 있고, X_B가 여자(동작)되어야 X_C가 여자(동작)될 수 있다.

1. 논리식

$$X_A = \overline{STP} \cdot (A + X_A)$$

$$X_B = \underline{\overline{STP} \cdot (A + X_A)} \cdot (B + X_B)$$
$$\quad\quad\quad\quad X_A\ 출력$$

$$X_C = \underline{\overline{STP} \cdot (A + X_A) \cdot (B + X_B)} \cdot (C + X_C)$$
$$\quad\quad\quad\quad\quad\quad X_B 출력$$

2.

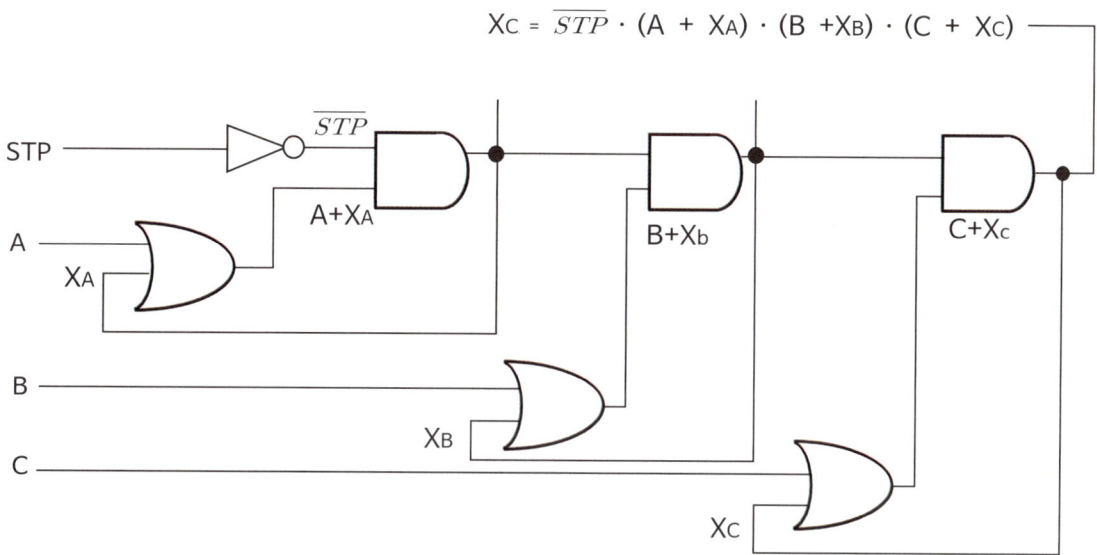

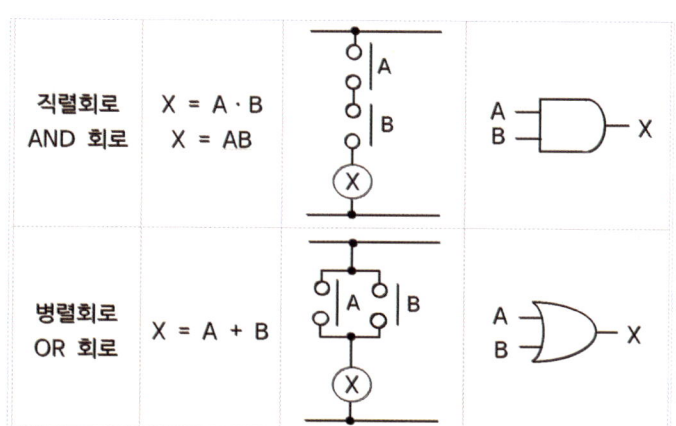

해 설

3. XA가 여자(동작)된 후 XB가 여자(동작)되고, XB가 여자된 후 XC가 여자된다. STP(정지스위치)를 동작시키면 모든 회로는 처음상태로 복귀된다.

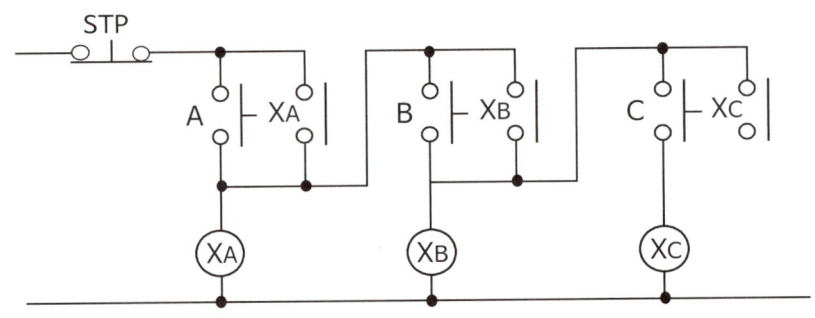

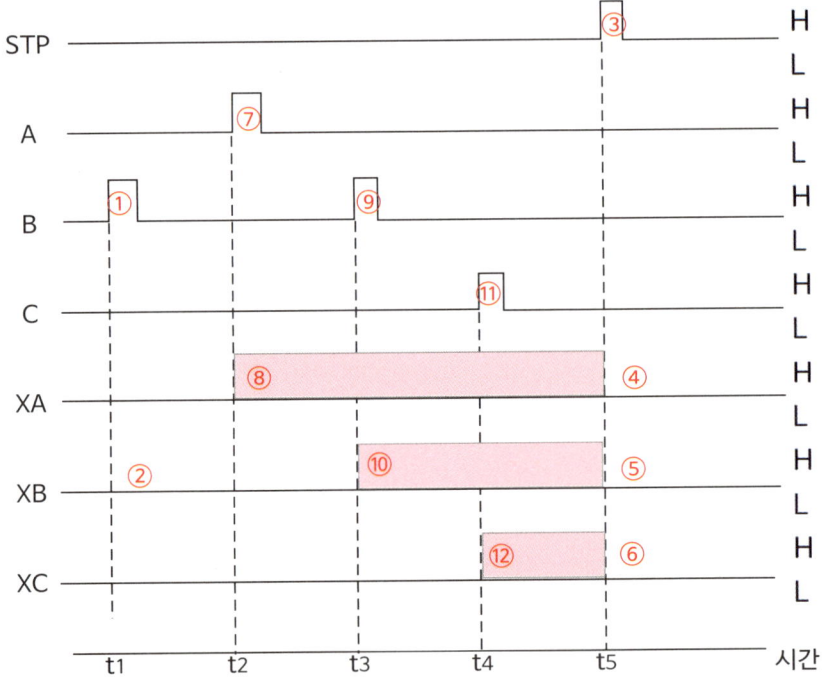

순차제어회로에 대한 내용이다.

타임차트 작동 설명

1. XA가 여자(동작)된 후 XB가 여자(동작)되고, XA와 XB가 여자된 후 XC가 여자된다.
2. XA가 여자(동작)되지 않은 상태에서 XB, XC가 여자되지 않는다.
3. XA, XB가 여자(동작)되지 않은 상태에서 XC가 여자되지 않는다.

4. B①가 작동 되어도 A작동, (XAB여자)가 되지 않았으므로 XB②가 여자(동작)되지 않는다.
5. A⑦가 작동 되어 (XA⑧) 여자된다.
6. B⑨가 작동 되어 (XB⑩) 여자된다.
7. C⑪가 작동 되어 (XC⑫) 여자된다.
8. STP(정지스위치)③가 작동하면 작동하고 있던 모든 회로(④,⑤,⑥)는 처음상태로 복귀된다

문제 16

2012.4. 기출문제

그림과 같은 논리회로를 보고 다음 각 물음에 답하시오.
1. 논리식을 쓰고 간소화하시오.
2. AND, OR, NOT회로를 이용한 등가회로를 그리시오.
3. 유접점(릴레이 회로를 그리시오.

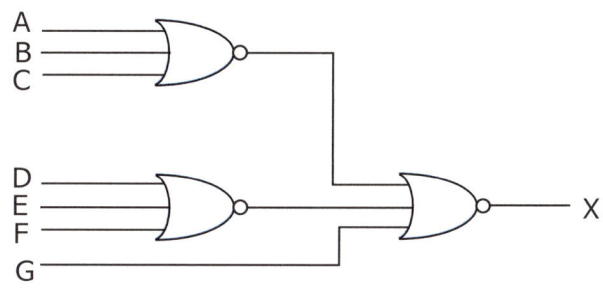

정 답

1. 논리식 간소화

$$X = \overline{\overline{(A+B+C)} + \overline{(D+E+F)} + G}$$
$$= \overline{\overline{(A+B+C)}} \cdot \overline{\overline{(D+E+F)}} \cdot \overline{G}$$
$$= (A+B+C) \cdot (D+E+F) \cdot \overline{G}$$

2.

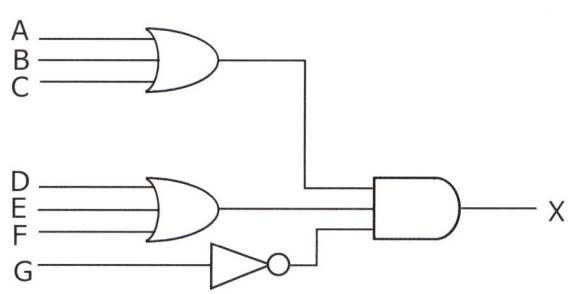

3.

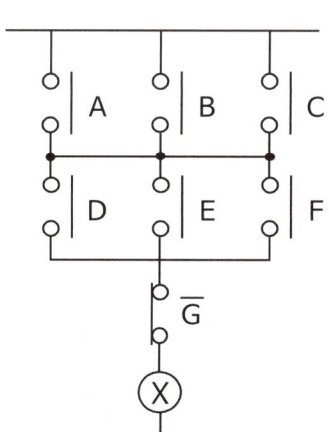

해설 1

1. 논리식 간소화

$$X = \overline{\overline{(A+B+C)} + \overline{(D+E+F)} + G}$$
$$= \overline{\overline{(A+B+C)}} \cdot \overline{\overline{(D+E+F)}} \cdot \overline{G}$$
$$= (A+B+C) \cdot (D+E+F) \cdot \overline{G}$$

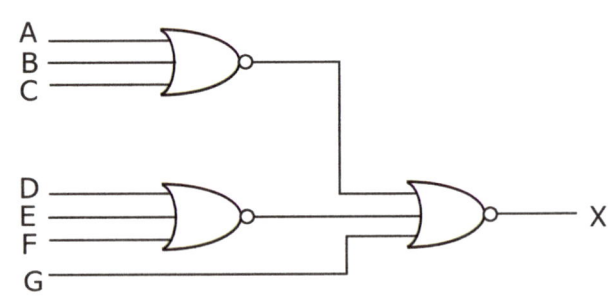

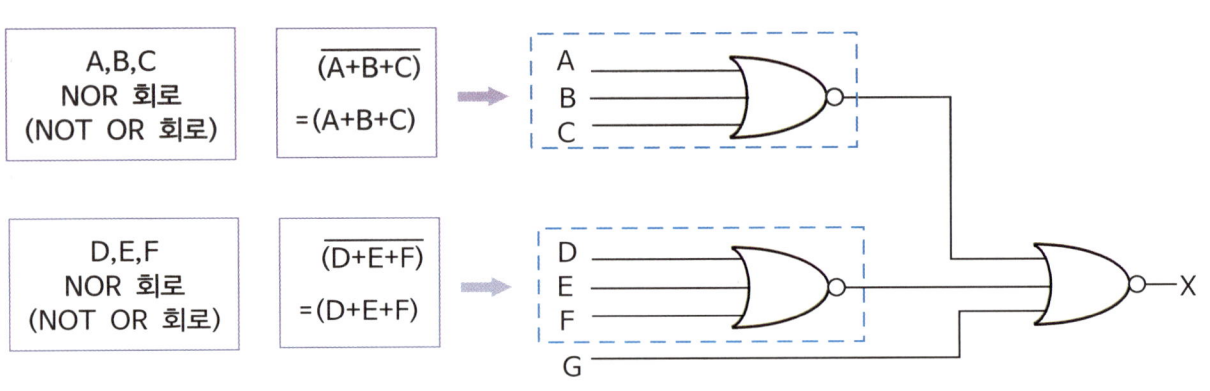

AND, OR, NOT회로를 이용한 등가회로

$$X = \overline{\overline{(A+B+C)} + \overline{(D+E+F)} + G}$$
$$= \overline{\overline{(A+B+C)}} \cdot \overline{\overline{(D+E+F)}} \cdot \overline{G}$$
$$= (A+B+C) \cdot (D+E+F) \cdot \overline{G}$$

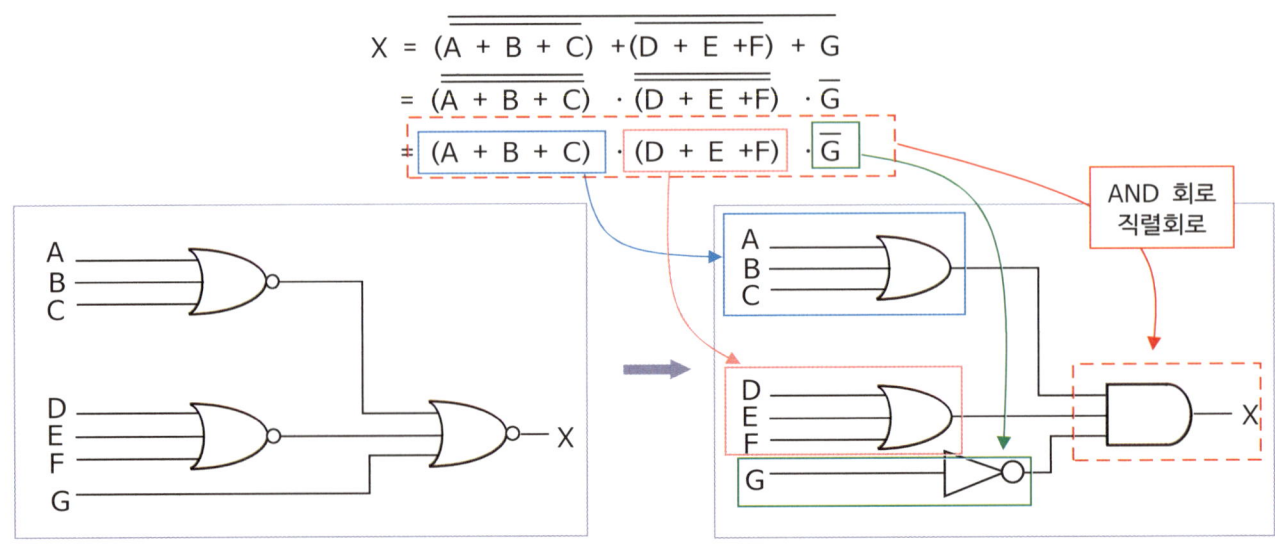

해 설 2

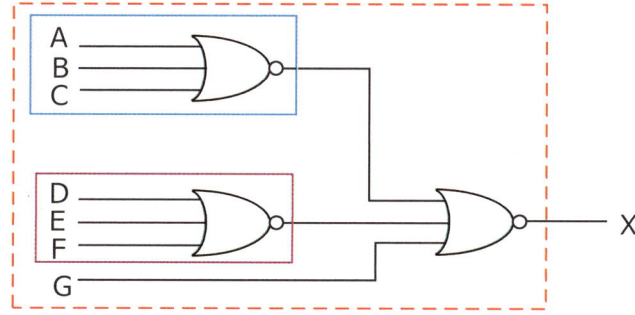

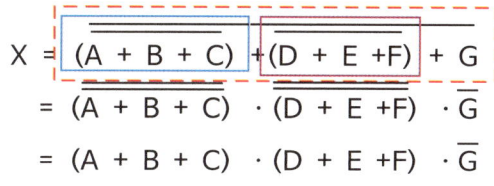

$$X = \overline{\overline{(A+B+C)} + \overline{(D+E+F)} + G}$$
$$= \overline{\overline{(A+B+C)}} \cdot \overline{\overline{(D+E+F)}} \cdot \overline{G}$$
$$= (A+B+C) \cdot (D+E+F) \cdot \overline{G}$$

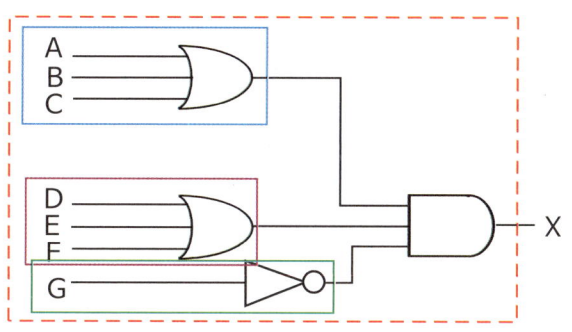

$$X = \overline{\overline{(A+B+C)} + \overline{(D+E+F)} + G}$$
$$= \overline{\overline{(A+B+C)}} \cdot \overline{\overline{(D+E+F)}} \cdot \overline{G}$$
$$\neq (A+B+C) \cdot (D+E+F) \cdot \overline{G}$$

$$X = \overline{\overline{(A+B+C)} + \overline{(D+E+F)} + G}$$
$$= \overline{\overline{(A+B+C)}} \cdot \overline{\overline{(D+E+F)}} \cdot \overline{G}$$
$$\neq (A+B+C) \cdot (D+E+F) \cdot \overline{G}$$

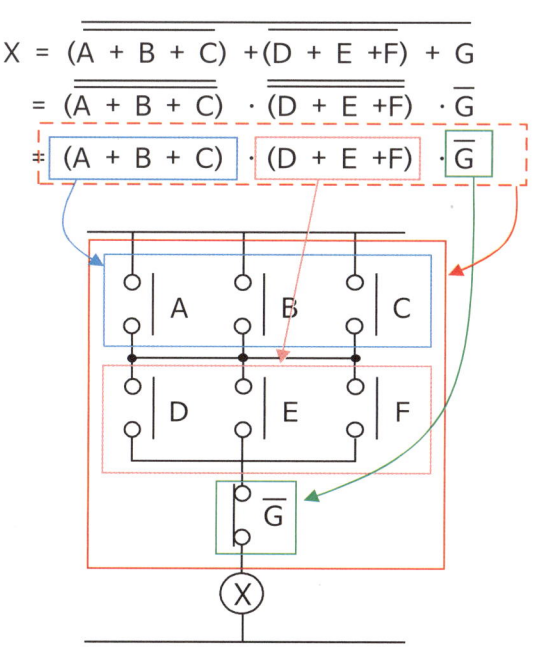

시퀀스 회로와 논리회로 내용

명칭	시퀀스회로	논리회로	진리표
AND 회로 직렬회로		$X = A \cdot B = AB$	A B X 0 0 0 0 1 0 1 0 0 1 1 1
OR 회로 병렬회로		$X = A + B$	A B X 0 0 0 0 1 1 1 0 1 1 1 1
NOT 회로		$X = \overline{A}$	A X 0 1 1 0
NAND 회로 (NOT AND 회로)		$X = \overline{A \cdot B}$ $\overline{A \cdot B} = \overline{A} + \overline{B}$	A B X 0 0 1 0 1 1 1 0 1 1 1 0
NOR 회로 (NOT OR 회로)		$X = \overline{A + B}$ $\overline{A + B} = \overline{A} \cdot \overline{B}$	A B X 0 0 1 0 1 0 1 0 0 1 1 0
XOR 회로 Exclusive OR 독점적인, 배타적인 둘다 공존하지 않는		$X = A \oplus B$ $\overline{A}\,\overline{B} + A\,B$	A B X 0 0 0 0 1 1 1 0 1 1 1 0

문 제 17

2012.11. 기출문제

그림과 같은 논리회로를 보고 주어진 물음에 답하시오.
1. 출력 X, Y의 논리식을 쓰시오.
2. 입력단자 A, B, C의 입력조건을 보고 출력 X, Y의 진리표를 완성하시오.

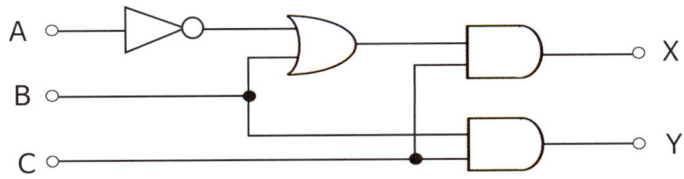

A	B	C	X	Y
0	0	0		
0	0	1		
0	1	0		
0	1	1		
1	0	0		
1	0	1		
1	1	0		
1	1	1		

정 답

1. 출력 : $X = (\overline{A} + B)C$
   $Y = BC$

2.

A	B	C	X	Y
0	0	0	0	0
0	0	1	1	0
0	1	0	0	0
0	1	1	1	0
1	0	0	0	0
1	0	1	0	0
1	1	0	0	0
1	1	1	1	1

해 설

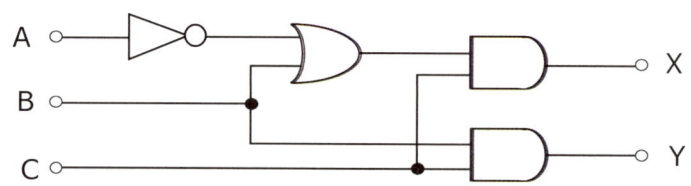

1. 출력 : X = ($\overline{A}$ + B)C
   Y = BC

A	B	C	X	Y
0	0	0	0	0
0	0	1	1	0
0	1	0	0	0
0	1	1	1	0
1	0	0	0	0
1	0	1	0	0
1	1	0	0	0
1	1	1	1	1

AND 회로 직렬회로	(회로도)	X = A · B = AB	A B X 0 0 0 0 1 0 1 0 0 1 1 1
OR 회로 병렬회로	(회로도)	X = A + B	A B X 0 0 0 0 1 1 1 0 1 1 1 1
NOT 회로	(회로도)	X = $\overline{A}$	A X 0 1 1 0

문제 18

2017.6. 기출문제

논리식 Z = (A+B+C) · (A · B · C+D)의 유접점회로와 무접점회로를 그리시오.

정답

· 유접점회로

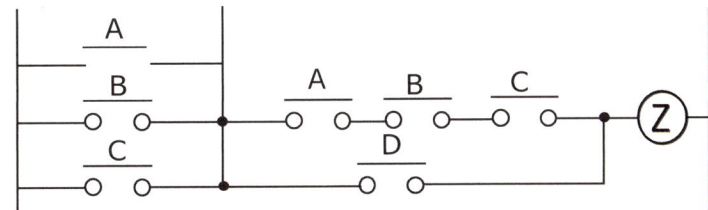

· 무접점회로

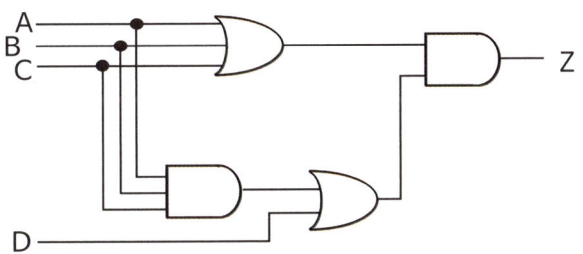

해설 1

$$Z = (A+B+C) \cdot (A \cdot B \cdot C+D)$$

· 유접점회로

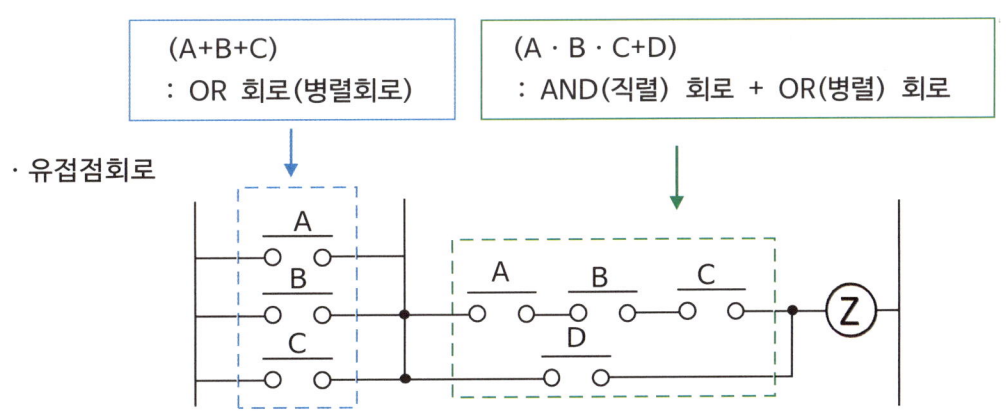

해설 2

$$Z = (A+B+C) \cdot (A \cdot B \cdot C + D)$$

· 무접점회로

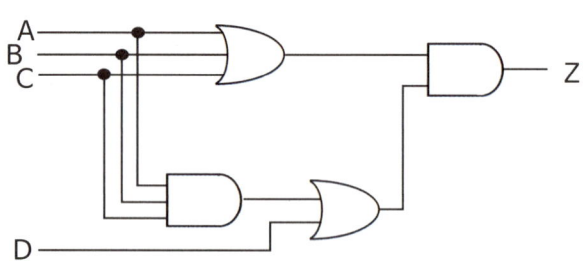

(A+B+C) 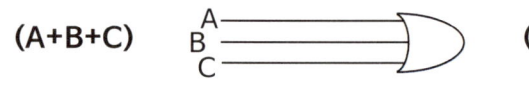   (A·B·C +D)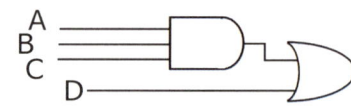

AND(직렬)

$$Z = (A+B+C) \cdot (A \cdot B \cdot C + D)$$

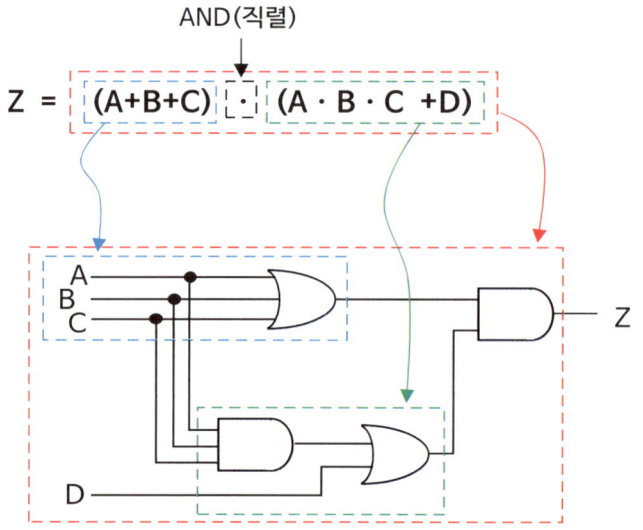

AND 회로 직렬회로	(직렬 스위치 A, B 및 램프 X)	$X = A \cdot B = AB$
OR 회로 병렬회로	(병렬 스위치 A, B 및 램프 X)	$X = A + B$

304

문제 19

2016.11. 기출문제

다음의 논리식에 대하여 각각 쓰시오.

1. $(A + B + C)(\overline{A} + B + C) + B + C$의 간소화 과정을 쓰고, 증명하시오.
2. B + C 유접점 회로(스위칭 회로)를 그리시오.

정 답

1. 논리식 간소화

$(A+B+C)(\overline{A}+B+C) + AB + BC$

$= A\overline{A} + AB + AC + \overline{A}B + BB + BC + \overline{A}C + BC + CC + AB + BC$

$= \underline{A\overline{A}} + AB + AC + \overline{A}B + \underline{BB} + BC + \overline{A}C + \underline{BC} + \underline{CC} + \underline{AB} + \underline{BC}$

 $\overline{A} \cdot A = 0$ 　　　　　　　$B \cdot B = B$ 　　　　　　　$C \cdot C = C$
　　　　　　　　　　　　　　– 같은 것은 하나만 남겨두고 모두 삭제한다

$= AB + AC + \overline{A}B + B + BC + \overline{A}C + C$

$= (AB + \overline{A}B + B + BC) + (AC + \overline{A}C + C)$

$= B(A + \overline{A} + 1 + C) + C(A + \overline{A} + 1)$

$= B + C$

2. 스위칭 회로

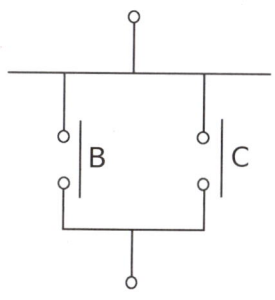

해설 1

B + C

OR 회로 (병렬회로)	(B, C 병렬 스위치와 X 램프)	$\begin{matrix} B \\ C \end{matrix}$⫘⟩— X X = B + C

1. 논리식 간소화

$$(A + B + C)(\overline{A} + B + C) + B + C$$

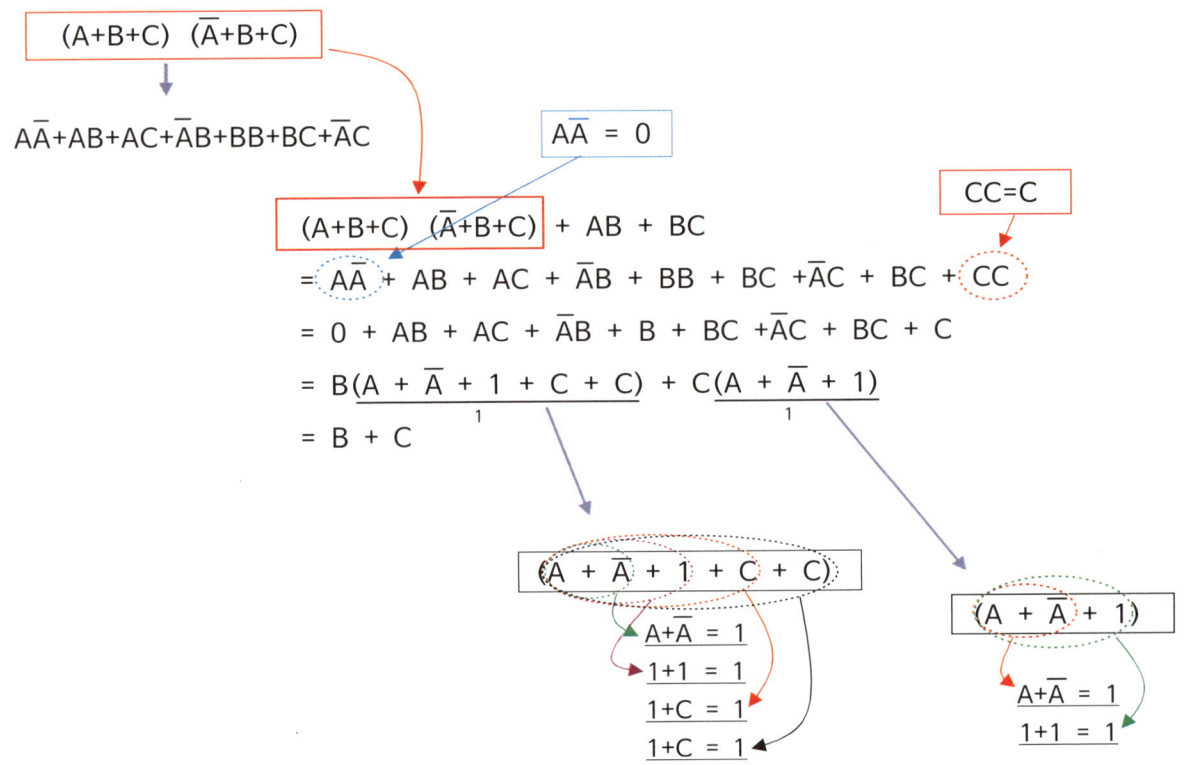

불대수의 정리

정리	논리합	논리곱
1	$X + 0 = X$	$X \cdot 0 = 0$
2	$X + 1 = 1$	$X \cdot 1 = X$
3	$X + X = X$	$X \cdot X = X$
4	$\overline{X} + 1 = 1$	$\overline{X} \cdot X = 0$
5	$\overline{X} + Y = Y + X$	$X \cdot Y = Y \cdot X$
6	$X + (Y + Z) = (X + Y) + Z$	$X(YZ) = (XY)Z$
7	$X + (Y + Z) = XY + XZ$	$(X + Y)(Z + W) = XZ + XW + YZ + YW$
8	$X + XY = X$	$X + \overline{X}Y = X + Y$
9	$\overline{(X + Y)} = \overline{X} \cdot \overline{Y}$	$\overline{(X \cdot Y)} = (\overline{X} + \overline{Y})$

문제 20 그림과 같은 회로를 보고 다음 각 물음에 답하시오.

2007.11. 2013.11. 2019.6. 기출문제

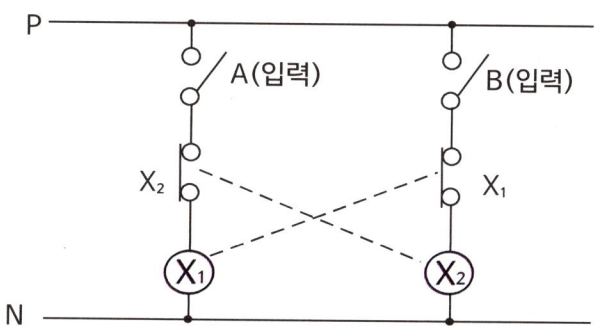

1. 주어진 회로에 대한 논리회로를 그리시오.
2. 주어진 회로에 대한 타임차트를 완성하시오.

A											
B											
X₁											
X₂											

3. 주어진 회로에서 접점 X1과 X2의 b접점(Normal Close)의 사용목적을 쓰시오.

정 답

1.

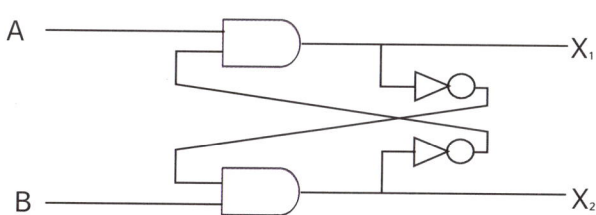

2.

A											
B											
X₁											
X₂											

3. 인터록(인터락) 기능(X1과 X2의 동시투입 방지)

해 설

1.

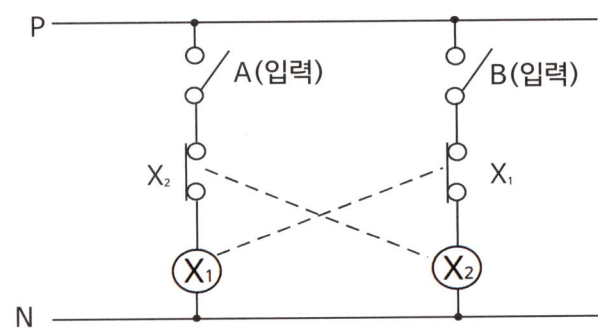

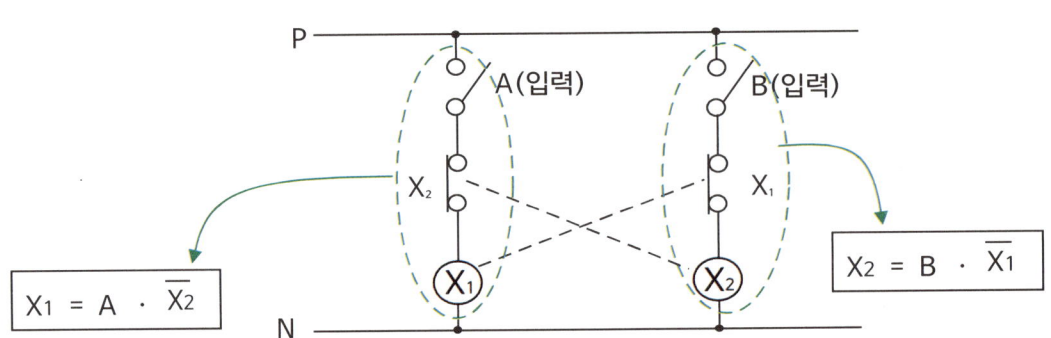

$X_1 = A \cdot \overline{X_2}$

$X_2 = B \cdot \overline{X_1}$

전선 안의 부품 A(입력) ↔ $\overline{X_2}$ ↔ ⓧ₁ 간에는 직렬로 연결되었다.
이 내용을 수식으로 표현하면, ⓧ₁ = A · $\overline{X_2}$ 이 된다.

X_2의 a접점은 X_2로, b접점은 $\overline{X_2}$ 로 쓴다.

전선 안의 부품 B(입력) ↔ $\overline{X_1}$ ↔ ⓧ₂ 간에는 직렬로 연결되었다.
이 내용을 수식으로 표현하면, ⓧ₂ = B · $\overline{X_1}$ 이 된다.

X_1의 a접점은 X_1로, b접점은 $\overline{X_1}$ 로 쓴다.

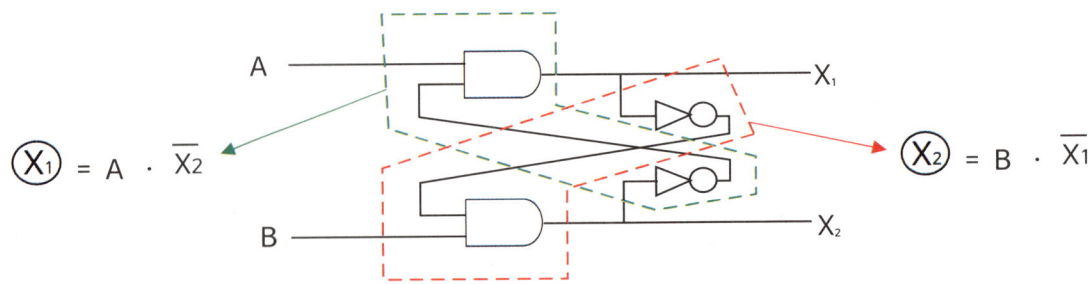

ⓧ₁ = A · $\overline{X_2}$

ⓧ₂ = B · $\overline{X_1}$

해설

2.

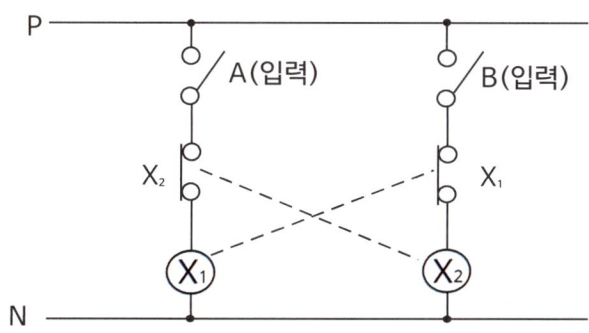

A		①			④					
B		②						⑥		
X₁					⑤					
X₂		③						⑦		

시퀀스회로에 대한 타임차트 작동 설명

1. A①가 작동(동작)하면 X₁이 여자된다. X1b 릴레이는 떨어지며 X₂는 작동하지 못한다
   X₁이 여자되어 X1b 릴레이가 떨어지게 하여 X₂를 작동하지 못하게 하는 것이 인터록 기능이다.

2. A①가 작동(동작)하고 있을 때 B②를 작동(동작)해도 이미 X1b 릴레이는 떨어져 있어 X₂③는 작동하지 못한다.

3. A④를 작동(동작)해도 B가 먼저 작동하여 X2b 릴레이는 떨어지게 하여 X₁을 작동하지 못하게 하고 있다. 그러므로 X₁⑤은 작동하지 못한다.

4. B⑥를 작동(동작)해도 X₁이 여자되어 X1b 릴레이는 떨어지게 하여 X₂를 작동하지 못하게 하고 있다. 그러므로 X₂⑦은 작동하지 못한다.

3. **인터락**(인터록)

선입력 우선회로라고도 부른다. 어떤 회로에 동시에 2가지 입력이 같이 동작(투입) 되는 것을 방지하는 회로를 말한다. 먼저 동작(투입)한 회로만 작동하고 나중에 동작(투입)된 회로는 작동하지 않는다.

인터록 = 선입력 우선회로 = 병렬우선회로

문제 21

2012.11. 기출문제

릴레이 접점회로가 그림과 같을 때, 다음 각 물음에 답하시오.

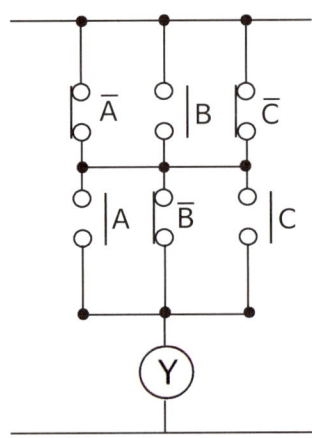

1. 이 회로의 논리식을 쓰시오.
2. 논리식을 NAND회로로만 사용하여 무접점회로를 그리시오.

정답

1. Y = (A + $\overline{B}$ + C) ($\overline{A}$ + B + $\overline{C}$)

2.
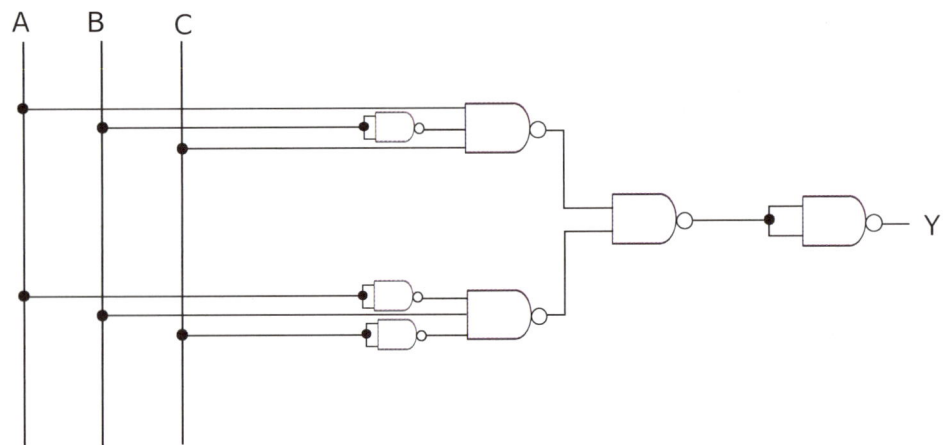

해 설

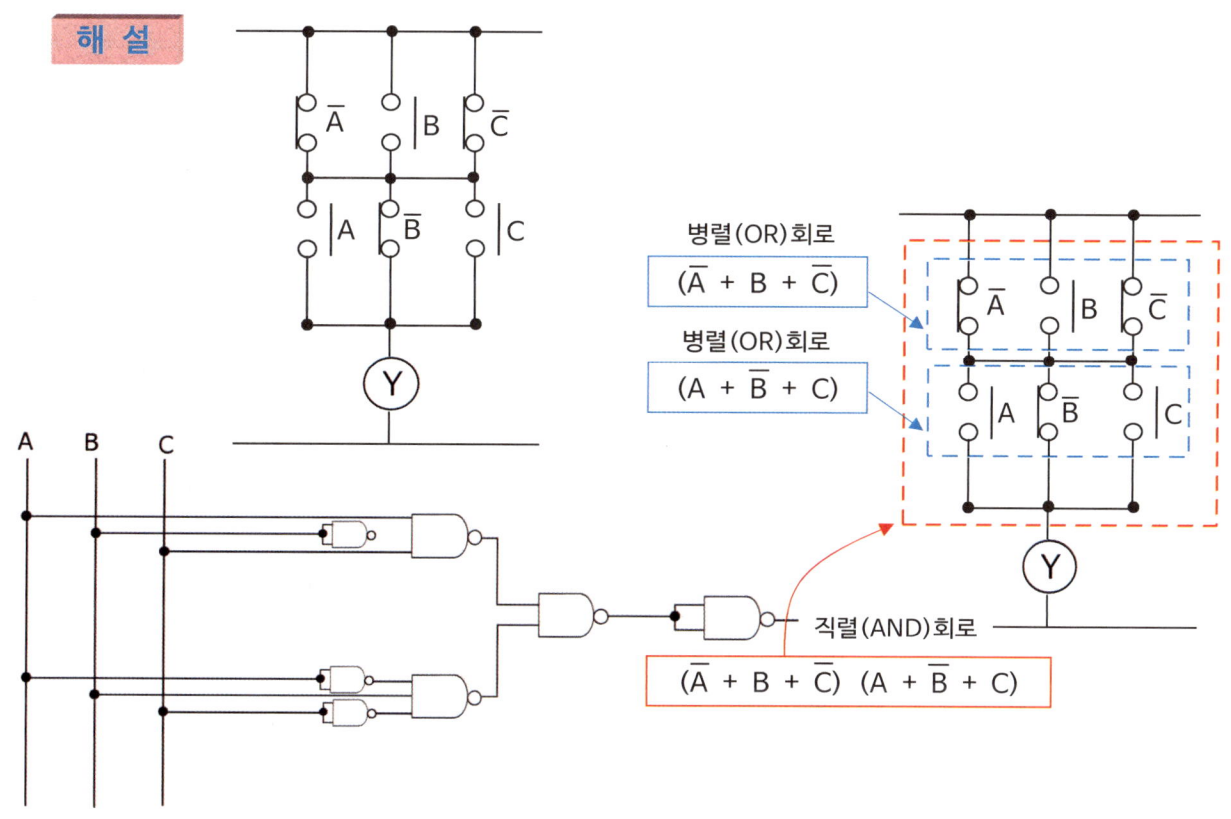

회로	논리식	논리회로
직렬회로 AND 회로	X = A · B X = AB	A, B → X (AND)
병렬회로 OR 회로	X = A + B	A, B → X (OR)
a접점	X = A	A → X (AND with feedback) A → X (OR with feedback)
b접점	X = $\overline{A}$	A → X (NOT) A → X (NAND with feedback) A → X (NOR with feedback)

논리회로	치환	명칭
버블→ (NAND with bubble)	(NOR)	NOR 회로
(NAND)	(OR)	OR 회로 병렬회로
(OR)	(NAND)	NAND 회로
(NOR)	(AND)	AND 회로 직렬회로

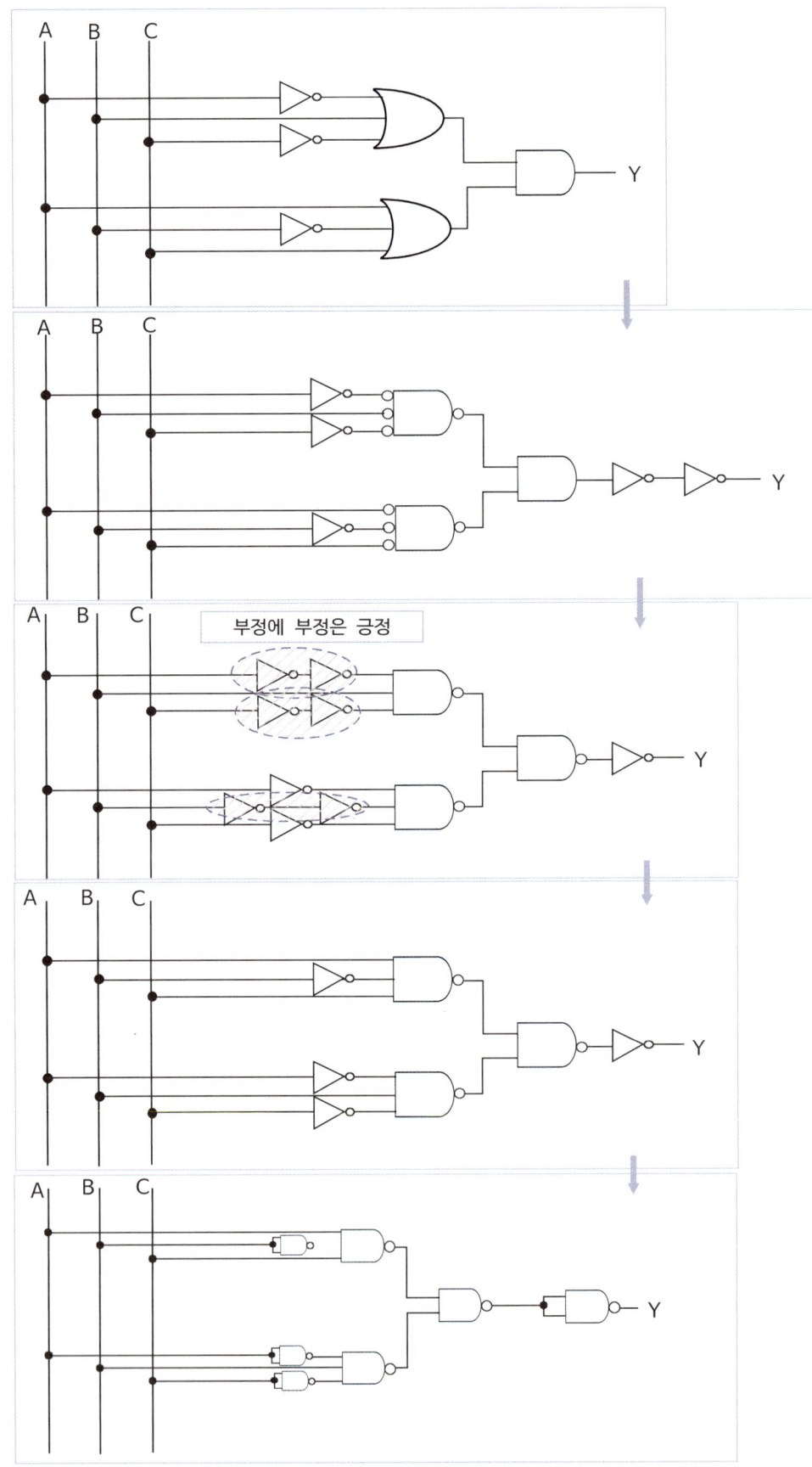

문 제 22

2023.7.22. 기출문제

다음의 논리회로를 보고 각 물음에 답하시오.

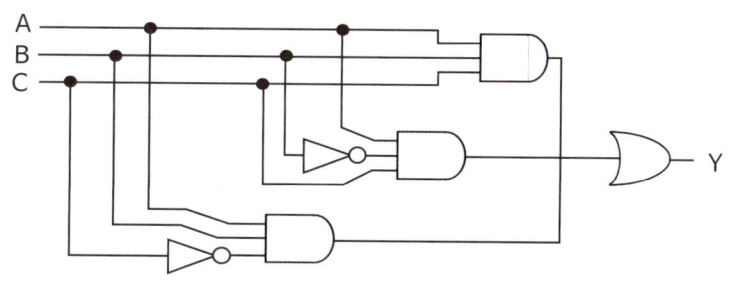

1. 가장 간단한 논리식으로 표현하시오.
2. 유접점 시퀀스회로를 그리시오.
3. 무접점 논리회로를 그리시오.

정 답

1. Y = $\underline{ABC + A\overline{B}C}$ + $AB\overline{C}$
   $\quad\quad AC(B+\overline{B})$

   = $\underline{AC(B+\overline{B})}$ + $AB\overline{C}$
   $\quad\quad AC$

   = $AC + AB\overline{C}$

   = $A(C + B\overline{C})$

   = $A(C + B)(C + \overline{C})$

   = $A(C + B)$

   ∴ Y = $A(C + B)$

2.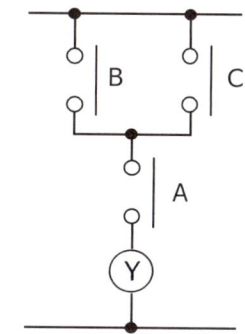

3.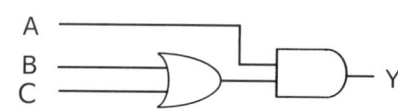

해 설

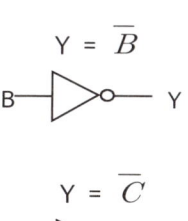

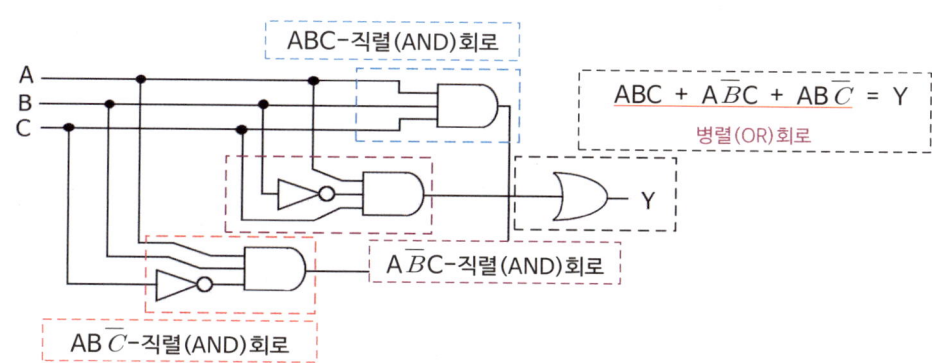

시퀀스 회로와 논리회로 내용

명칭	시퀀스회로	논리회로	진리표
AND 회로 직렬회로		$X = A \cdot B = AB$	A B X 0 0 0 0 1 0 1 0 0 1 1 1
OR 회로 병렬회로		$X = A + B$	A B X 0 0 0 0 1 1 1 0 1 1 1 1
NOT 회로		$X = \overline{A}$	A X 0 1 1 0
NAND 회로 (NOT AND 회로)		$X = \overline{A \cdot B}$ $\overline{A \cdot B} = \overline{A} + \overline{B}$	A B X 0 0 1 0 1 1 1 0 1 1 1 0
NOR 회로 (NOT OR 회로)		$X = \overline{A + B}$ $\overline{A + B} = \overline{A} \cdot \overline{B}$	A B X 0 0 1 0 1 0 1 0 0 1 1 0
XOR 회로 Exclusive OR 독점적인, 배타적인 둘다 공존하지 않는		$X = A \oplus B$ $\overline{A}\,\overline{B} + A B$	A B X 0 0 0 0 1 1 1 0 1 1 1 0

문제 23

2020.11.14. 기출문제

그림과 같은 유접점 시퀀스회로에 대해 다음 각 물음에 답하시오.

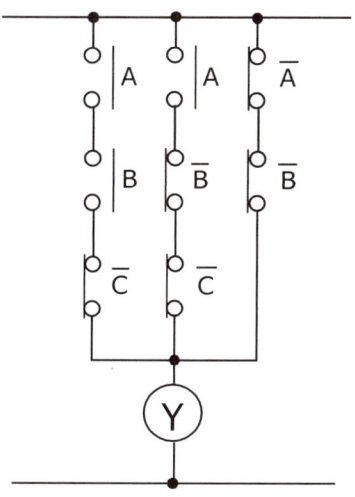

1. 그림의 시퀀스도를 가장 간략화한 논리식으로 표현하시오.
2. 1에서 가장 간략화한 논리식을 무접점 논리회로로 그리시오.
3. 위 회로를 보고 타임차트를 완성하시오.

	t1	t2	t3	t4	t5	t6	t7	t8
A								
B								
C								
Y								

정답

1. Y = A B $\overline{C}$ + A $\overline{B}$ $\overline{C}$ + $\overline{A}$ $\overline{B}$ = A $\overline{C}$(B + $\overline{B}$) + $\overline{A}$ $\overline{B}$ = A $\overline{C}$ + $\overline{A}$ $\overline{B}$

2.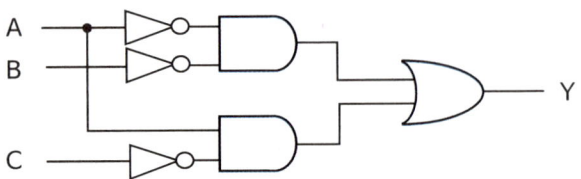

3.

	t1	t2	t3	t4	t5	t6	t7	t8
A		■	■			■		
B			■	■		■		
C					■	■		
Y	■	■	■		■			■

해설 1

1. $Z = AB\overline{C} + A\overline{B}\,\overline{C} + \overline{A}\,\overline{B} = A\overline{C}(B + \overline{B}) + \overline{A}\,\overline{B} = A\overline{C} + \overline{A}\,\overline{B}$

1. $Z = AB\overline{C} + A\overline{B}\,\overline{C} + \overline{A}\,\overline{B}$

   $= A\overline{C}(B + \overline{B}) + \overline{A}\,\overline{B}$

   $\boxed{X + \overline{X} = 1}$

   $= A\overline{C} \cdot 1 + \overline{A}\,\overline{B}$

   $\boxed{X \cdot 1 = X}$

   $= A\overline{C} + \overline{A}\,\overline{B}$

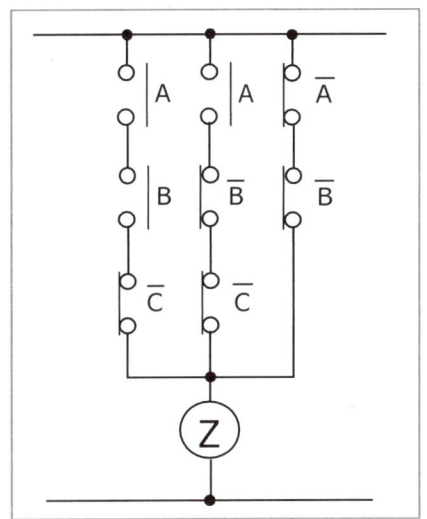

1. $Z = AB\overline{C} + A\overline{B}\,\overline{C} + \overline{A}\,\overline{B} = A\overline{C}(B + \overline{B}) + \overline{A}\,\overline{B} = A\overline{C} + \overline{A}\,\overline{B}$

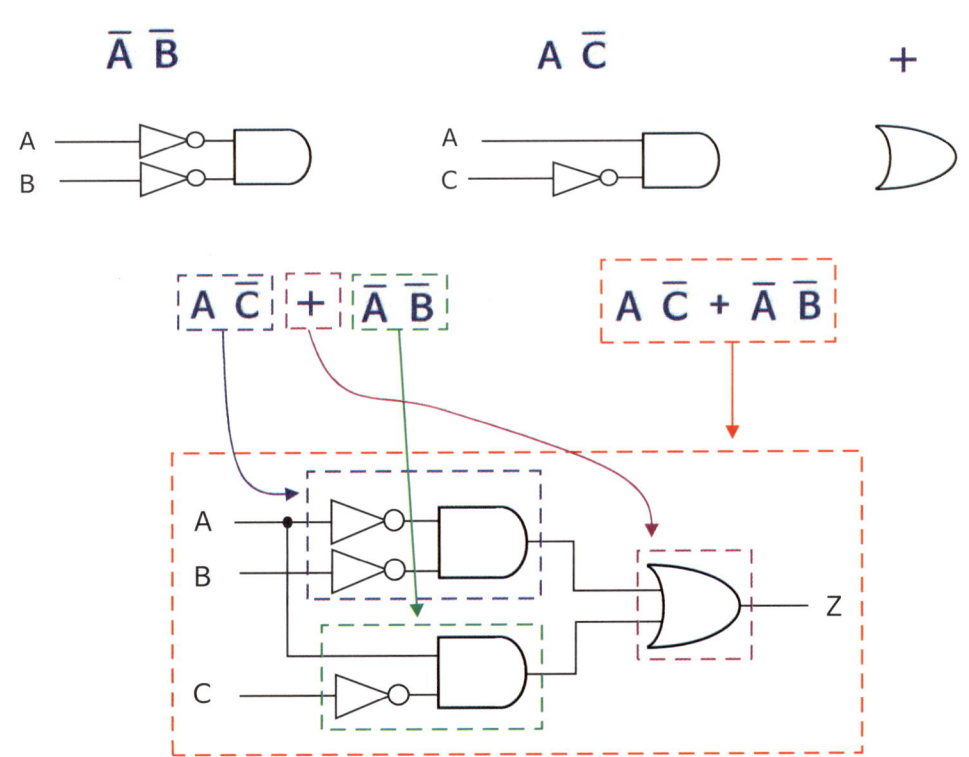

317

해설 2

(A, B, C)가 각각 아래와 같을 때를 Y = A · $\overline{C}$ + $\overline{A}$ · $\overline{B}$에 대입해서 Y출력이 1이 나오는 경우 타임차트에 표기한다.

- (0, 0, 0)일 때 Y = (0 × 1) + (1 × 1) = 1
- (1, 0, 0)일 때 Y = (1 × 1) + (0 × 1) = 1
- (1, 1, 0)일 때 Y = (1 × 1) + (0 × 0) = 1
- (0, 1, 0)일 때 Y = (0 × 1) + (1 × 0) = 0
- (0, 0, 1)일 때 Y = (0 × 0) + (1 × 1) = 1
- (1, 0, 1)일 때 Y = (1 × 0) + (0 × 1) = 0
- (0, 1, 1)일 때 Y = (0 × 0) + (1 × 0) = 0
- (0, 0, 0)일 때 Y = (0 × 1) + (1 × 1) = 1

	t1	t2	t3	t4	t5	t6	t7	t8
A								
B								
C								
Y								

불대수의 정리

정리	논리합	논리곱
1	X + 0 = X	X · 0 = 0
2	X + 1 = 1	X · 1 = X
3	X + X = X	X · X = X
4	$\overline{X}$ + 1 = 1	$\overline{X}$ · X = 0
5	$\overline{X}$ + Y = Y + X	X · Y = Y · X
6	X +(Y + Z) = (X + Y) + Z	X(YZ) = (XY)Z
7	X +(Y + Z) = XY +XZ	(X + Y)(Z +W) = XZ + XW +YZ + YW
8	X + XY = X	X + $\overline{X}$Y = X + Y
9	$\overline{(X + Y)}$ = $\overline{X}$ · $\overline{Y}$	$\overline{(X · Y)}$ = $\overline{(X + Y)}$

문제 24

2023.11.5. 기출문제

교차회로방식에 관한 다음 질문에 답하시오.
　　가. 교차회로방식의 감지기에 대한 논리식을 적으시오.
　　나. 교차회로방식의 무접점 논리회로를 그리시오.
　　다. 다음의 진리표를 완성하시오.

A	B	C
0	0	
0	1	
1	0	
1	1	

정답

가. $A \times B = C$

나. AND 게이트 (입력 A, B / 출력 C)

다.

A	B	C
0	0	0
0	1	0
1	0	0
1	1	1

해설

교차회로방식은 준비작동식, 일제살수식 스프링클러설비, 가스계소화설비, 분말소화설비 등에 설치한다.
2 이상의 감지기회로를 설치하고 2이상의 감지기회로가 연속하여 감지되었을 때 설비가 작동하는 방식이므로
동시에 작동은 아니며 A가 작동하고 또 B가 작동한 경우
직렬(AND)회로이다.

직렬은 표현은 ⓒ = A · B = A × B로 한다.
병렬은 표현은 ⓒ = A + B로 한다.

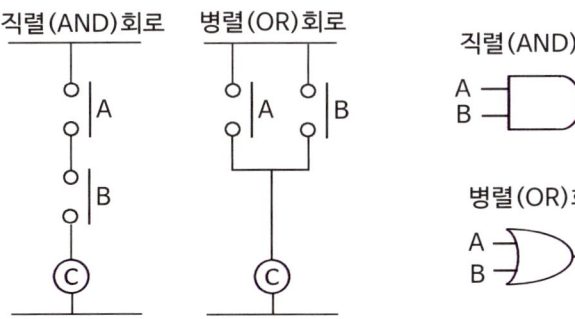

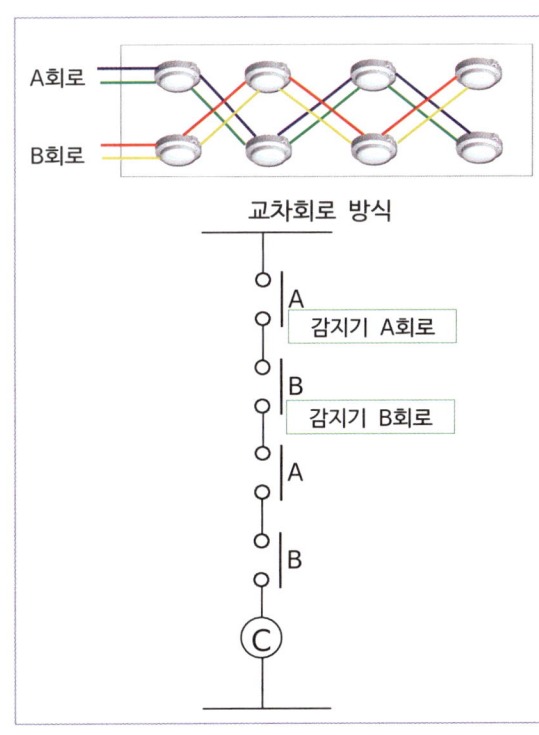

글쓴이

김태완

▶ **주요 경험**
- 화재진압 · 구조 · 구급업무 · 소방점검 · 소방시설 시공 · 완공업무
- 위험물 허가업무 · 건축허가(소방)동의 업무
- 화재조사업무 · 다중이용업 완비, 방염 후처리 등의 업무
- 중앙소방학교근무,　강의한과목 : 소방시설공학(기계, 전기), 위험물시설, 소방검사론, 민원업무
- 소방기술자 근무(공사현장)

▶ **근무한 곳은** 진해 · 동마산 · 울산남부소방서 · · · 중앙소방학교,
　　　　　　두산건설(주), 롯데건설(주) 공사현장

김민경
- 동아대학교졸업(행정학 전공)
- 소방설비기사(기계분야), 소방설비기사(전기분야)

소방시설 시퀀스회로

저　자 : 김태완, 김민경
발행자 : 하복순
ISBN　:　979-11-92928-15-9
출　판 : 소방문화사(☎ 010-4615-8414)
출판일자 : 2024 . 6. 1

● 이 책 내용의 전부 또는 일부를 재사용하려면 소방문화사의 사전 동의를
　받아야 합니다.

정가　25,000원